Urban Development in Japan
60 Best Planning Practices

60プロジェクトによむ

日本の都市づくり

公益社団法人
日本都市計画学会
［編］

朝倉書店

序 ― 60 周年記念出版にあたって

　我が国近代都市計画の特徴は何でしょうか？
時々，こうした問いを発してみると様々な答えが返ってきます．当然，答える方が頭に描いた比較対象となる国あるいは制度によって，我が国の都市計画の特徴は違って映るということであろうと思われます．
　私はこう答えることにしています．
　"我が国の都市計画の特徴は，「計画する」だけではなく「計画を実現する」ことを強く意識している
　点にある．我が国では「計画を実現する」ことが「都市計画の営み」そのものである．"

　日本都市計画学会が60周年を迎えるにあたって，我々はかつて学会が賞を授けさせていただいた60のプロジェクトを中心に据えた記念出版に取り組むことといたしました．60のプロジェクトはそれぞれの時代に脚光を浴びたプロジェクトで，その意味では我々が営んできた「都市計画」のある種の道標であったように思われます．こうしたプロジェクトを総覧することによって，学会が都市計画の実務とともに歩んできた道を今一度辿ることになります．もちろん，振り返ってただ懐かしさに酔いしれることが目的ではありません．
　60年という節目の時を迎えて，学会の責務として，これまでの歩みを冷静に省み，これからわが国の都市計画に挑戦しようとする若い皆様に，諸先輩の悩みと努力が何をもたらしてきたのかを素直に伝えなければならないと考えています．そしてともに歩んできた研究者，行政担当者，コンサルタント，民間企業，市民の方々に，わが国都市計画がこれからどこへ向うべきか，引き続き一緒に考えていただく素材を提供したいと考えています．
　ここに取り上げられたプロジェクトに関しては，その実現までに数多くの方が関与されていらっしゃいます．全ての方の見解を総括して取りまとめることは不可能です．執筆に当たっては，学会で委員会を組織して執筆いただく方の選定を行いました．そして，多くの方のご協力をいただいて，ここにこの書籍が誕生いたしました．
　この場を借りて，執筆にご協力いただいた方々に感謝するとともに，このプロジェクトの実現に関与された全ての方々に感謝の意を表したいと存じます．

　戦後の混乱がまだ冷めやらぬ時期（1951年10月6日）に誕生した日本都市計画学会は，2011年の10月3日をもって，新たに「公益社団法人」に衣替えをすることになりました．
　いろいろな意味で一つの節目を迎えたことになりますが，これからも引き続き，皆様とともに，次の時代を切り開く「都市計画の営み」を模索し続けたいと思います．

2011年10月

公益社団法人 日本都市計画学会
会長　岸井隆幸

〈付 記〉

　本書の企画は2009年の秋にスタートした．2010年3月には対象プロジェクトを選定し，執筆者の選定をはじめている．60番目のプロジェクトが2007年度受賞作品となっているのは，2008年度にプロジェクトとして該当するものが無かったことによる．また，2009年度・2010年度の受賞作が公表されたのは，それぞれ2010年5月・2011年5月であり，企画が既に進んでいた本書では取り上げていない．

　本書の内容は，日本都市計画学会が「都市計画受賞作品の変遷からみる都市計画の歴史と現在」を主題として設置する研究会の成果でもあるが，この研究会は公益財団法人 鹿島学術振興財団の2009年度および2010年度の研究助成を得ている．財団のご支援により本書の上梓に至ったことに深く感謝申しあげる．

　また，本書の作成過程では，全国の多くの方々に資料を提供いただいたり，当該プロジェクトについて情報を広く提供いただいた．原稿の中には一部の方のお名前等しか記載できなかったが，本書は，多くの方々の力でできあがっていることをここに記し，深く感謝申しあげる．

60周年記念出版事業小委員会 委員長
高見沢　実

目　　次

- ●本書の企画意図と構成 ……………………………………………………………………… *vii*
- ●『日本の都市づくり』概説 ………………………………………………………………… *x*

1960 年代　高度経済成長下の人口集中に対応しようとした都市づくり ……… 1

1 香里住宅団地計画 …………………………………………………………………… 2
　　自然環境を生かしたニュータウン計画のさきがけ

2 岡山市中心部の再開発計画 ………………………………………………………… 6
　　線的再開発から面的再開発への挑戦

3 松戸常盤平住宅団地の計画 ………………………………………………………… 10
　　土地区画整理事業への情熱によって産みだされた団地

4 駒沢公園計画 ………………………………………………………………………… 12
　　1960 年代の土木・建築・造園技術を駆使した昭和期の歴史的遺産

5 八郎潟干拓地新農村集落計画 ……………………………………………………… 16
　　将来の農業のモデルとなる農業経営の創設と新農村の建設

6 鈴蘭台地区開発基本計画 …………………………………………………………… 18
　　区画整理事業による市街形成と地域交通網の提案によるまちづくり

7 坂出市における人工土地方式による再開発計画 ………………………………… 20
　　都市問題・地価高騰を解決する有効な手法として人工土地方式を模索したが…

8 久留米住宅団地の計画 ……………………………………………………………… 24
　　初の歩行者専用道路の計画と実施

9 新宿駅西口広場の計画 ……………………………………………………………… 26
　　副都心計画にもとづいた駅前での日本的な都市デザインの実践

10 高蔵寺ニュータウン計画 …………………………………………………………… 30
　　わが国のニュータウン計画の先駆け．未来都市志向の画期的な都市像の提示

1970 年代　高度経済成長期への反省と都市づくり ………………………………… 35

11 基町・長寿園団地計画 ……………………………………………………………… 36
　　城郭地から公園用地指定を経て都心型高層住宅地へ―劇的な土地利用転換過程

12 防災拠点等の防災都市建設に関する一連の計画 ………………………………… 40
　　工学的アプローチによる計画論の構築：防災都市計画の体系化とその実現

| 13 | 豊中市庄内地区住環境整備計画の策定 ………………………………………………… 42
   再開発協議会方式による住環境整備の展開
| 14 | 名護市等沖縄北部都市・集落の整備計画 ……………………………………………… 46
   名護市庁舎及び今帰仁公民館設計による沖縄北部の都市・集落整備への貢献
| 15 | 筑波研究学園都市の計画と建設 …………………………………………………………… 48
   国際的にみても大規模な研究・教育機関を核とする，自立都市の計画を取りまとめ，事業化に成功
| 16 | 酒田市大火復興計画 ………………………………………………………………………… 52
   迅速な復興と防災都市づくりの推進
| 17 | 港北ニュータウン・せせらぎ公園の計画設計 ………………………………………… 56
   緑の環境を最大限に保存するまちづくりへの試み

1980年代　「量から質へ」移行した「地方の時代」の都市づくり ………… 59

| 18 | 神戸ポートアイランド ……………………………………………………………………… 60
   市民生活と港が一体となった「海上文化都市」
| 19 | 高陽ニュータウンの設計と開発 ………………………………………………………… 64
   地方都市における意欲的なニュータウン建設の功績
| 20 | 浜松駅北口駅前広場 ………………………………………………………………………… 68
   土地区画整理事業による交通ターミナル機能と修景機能を併せ持つ広大な駅前広場の整備
| 21 | 高山市まちかど整備 ………………………………………………………………………… 70
   スポット的な「まちかど」整備による効果的な都市空間の創出
| 22 | 多摩ニュータウン鶴牧・落合地区 ……………………………………………………… 74
   緑とオープンスペースのネットワークによる住環境の構築
| 23 | 土浦高架街路 …………………………………………………………………………………… 76
   将来の新交通システム導入を考えた都市内高架橋の整備
| 24 | 世田谷区の都市デザイン ………………………………………………………………… 80
   縦割り的都市計画から地方自治体による市民のためのまちづくりへ
| 25 | 川崎駅東口 ……………………………………………………………………………………… 82
   アーバンデザイン手法による川崎駅東口周辺の都市活性化事業
| 26 | 厚木ニューシティ森の里 ………………………………………………………………… 86
   自然環境と調和した複合機能都市づくりへの挑戦
| 27 | 東通村中心地区ならびに庁舎・交流センターの計画 ……………………………… 88
   距離的ハンディキャップを乗り越え，村民のシンボルとなる中心地区の計画設計
| 28 | 大阪市における歩行者空間の「網的」整備 …………………………………………… 90
   うるおいのある都市空間の形成
| 29 | 掛川駅前および駅南土地区画整備事業 ………………………………………………… 92
   掛川市における創意豊かな都市づくりの実践

1990年代　調整・協働・連携による新たな都市計画システムの摸索 …… 95

- 30　愛宕のまちづくり ……………………………………………………………… 96
  住み続けられるまちづくりを目指した，共同住宅への連続建替プロジェクト
- 31　ベルコリーヌ南大沢 …………………………………………………………… 100
  マスター・アーキテクト方式の実験室
- 32　幕張新都心 ……………………………………………………………………… 102
  公共主体による臨機応変の都市戦略と空間像の担保
- 33　日立駅前開発地区―遊びと創造の都市（まち） …………………………… 106
  官民一体となった新たな都市拠点の創出と景観形成への取り組み
- 34　花巻駅周辺地区における地方都市再生の試み ……………………………… 110
  都市デザインによる国鉄跡地と市街地の再生
- 35　神戸ハーバーランド …………………………………………………………… 114
  先駆的ウォーターフロント開発による新たな複眼的都市拠点
- 36　真鶴町 …………………………………………………………………………… 116
  まちに息づくまちづくり条例と美の基準
- 37　ファーレ立川 …………………………………………………………………… 118
  業務核都市立川における街とアートが一体となった都市景観
- 38　21世紀の森と広場 ……………………………………………………………… 120
  自然尊重型都市公園
- 39　恵比寿ガーデンプレイス ……………………………………………………… 124
  大規模土地利用転換による都市複合空間形成への取り組み
- 40　帯広市の駅周辺拠点整備 ……………………………………………………… 128
  都市計画事業を駆使した"都市の顔づくり"
- 41　富山駅北 ………………………………………………………………………… 132
  北陸新幹線開業を見越したとやま都市MIRAI計画と駅周辺拠点整備
- 42　阪神・淡路都市復興基本計画 ………………………………………………… 136
  震災復興と防災まちづくりへの貢献
- 43　川崎市新百合ヶ丘駅周辺地区のまちづくり ………………………………… 140
  先駆け的エリアマネジメントによる質の高い景観形成
- 44　都通4丁目街区共同再建事業 ………………………………………………… 144
  密集市街地における権利者主体の面的整備手法

2000年代　地域価値向上をめざした持続的都市づくり・都市経営 …… 147

- 45　大阪ビジネスパーク …………………………………………………………… 148
  都市経営的発想による新都心の開発と運営・管理

| 46 | ユーカリが丘ニュータウン計画 | 150 |

公共交通中心のサスティナブルニュータウン

| 47 | 初台淀橋街区建設事業 | 154 |

特定街区制度等を活用した複数敷地の一体的整備

| 48 | 神谷一丁目地区 | 156 |

複合・連鎖的な展開による密集市街地整備

| 49 | 晴海トリトンスクエア | 160 |

街づくりは地域と共に

| 50 | 御坊市島団地 | 162 |

ワークショップから住宅・生活・コミュニティ再建へ

| 51 | 神戸市真野地区 | 166 |

神戸市真野地区における一連のまちづくり活動

| 52 | 東急多摩田園都市 | 168 |

50年にわたる持続的なまちづくりの実績

| 53 | 沖縄都市モノレール | 170 |

モノレールの整備と総合的・戦略的な都市整備計画によるまちづくりへの貢献

| 54 | 醍醐コミュニティバス | 174 |

市民が担う公共交通

| 55 | 泉ガーデン | 178 |

駅と歩行者空間整備による「大街区」の更新・まちづくりへの貢献

| 56 | 中心市街地整備と一連の独自条例による金沢のまちづくり | 180 |

歴史的資源を活かした都市づくり

| 57 | 神戸旧居留地 | 184 |

企業市民による街並み，まちづくり

| 58 | 神戸市六甲道駅南地区 | 188 |

震災復興第二種市街地再開発事業における都市デザイン活動と成果

| 59 | 各務原市「水と緑の回廊」 | 192 |

21世紀環境共生都市への基盤づくり

| 60 | 高松丸亀町商店街Ａ街区 | 196 |

タウンマネジメントプログラムによる商店街再生事業

● 論説：「都市をつくる」という夢の実現 ……………………………………………… 201

● 巻末データ（プロジェクト概要一覧，受賞内容一覧） ……………………………… 209

● 執筆者一覧 …………………………………………………………………………… 216

● 索　　引 ……………………………………………………………………………… 217

●本書の企画意図と構成●

1. 本書の時代背景・対象とする時代の特徴

2011年3月11日14時46分,東日本を大地震が襲った.この地震は大津波と原発事故による被害へと連なり,その後も刻々と被害の様相が変化していった.この災害がもたらした状況を「まるで戦後のようだ」と評する論者も多い.その戦災被害は当時の215都市に及び,戦災都市と指定された115都市の罹災区域は63,153 haとされた[*1].これは,2011年東日本大震災後の津波による被災地域 56,100 ha[*2] を少し上回る規模であるが,福島第一原発から20 km圏の「警戒区域」だけでもおよそ60,000 haに達することを考えると,被災の規模は「まるで戦後のよう」と表現してもおかしくない広がりである.

今回の被災はその大きさのみならず,首都圏における「計画停電」やグローバルな自動車部品のサプライチェーンへの深刻な影響など,これまでに経験したことのない規模での影響が特徴となった.より構造的にみれば,既に時代は人口減少期に入っており,成長や拡大を前提とするこれまでの都市計画が根本的な見直しを迫られている中での出来事だった.

本書はまさに,こうした時代状況に送り出される.扱う範囲は,戦災復興事業の成果が形として現われ(当初の計画は縮小された.また,1959年度をもって戦災復興事業への国庫補助が打ち切られた),日本の社会経済も「どん底」から這い上がり始め,やがて高度経済成長へと連なる兆候の見え始めた1950年代の中頃(「もはや戦後ではない」と経済白書に謳われたのが1956年)から今日までの,ほぼ60年間である.この60年間に積み重ねてきた都市計画プロジェクトが題材となる.

1950(昭和25)年に約8,400万人だった日本の人口は,2010(平成22)年には1億2,700万人ほどとなった.人口は減少しはじめたが,ほぼピークの人口と考えてよい.この間,4,300万人ほどの増加であるが,当時の人口が1.5倍になったと考えると激しい変化である.この激しい変化を受け止めるのが都市計画の役割だったともいえる.

なお,あくまで参考値であるが,人口推計によれば,さらに60年後の2070年頃には8,000万人台に逆戻りすると考えられている.まさに私たちは転換点に立っているのである.

2. 「都市計画」という運動について

ところで,「都市計画」という社会的事業はいつから日本に芽生え定着してきたのだろうか.

渡辺によれば[*3],日本で「都市計画」という用語は,当時の急速な工業化・都市化を背景として,1913(大正2)年に関一らにより建築界を中心に用いられ始める一方,都市経営的な視点から内務省官僚の間で広まり,後者が前者を織り込む形で「都市計画」という用語が受け入れられていったという.すなわち,戦前の都市計画は内務官僚主導の実務的・都市経営的動きが中心だった.

しかし,戦後となり都市計画の専門家が内地へと戻りつつあった頃,「戦災復興院でどんどん仕事がやられる手筈が進んでいて」[*4],「もう役人はいやだ,ひとつ,計画士というものをつくりたい」「即ち計画学会というようなものが,土木学会や建築学会の一部じゃなくて計画というものは独立した立派な価値のあるものだということで」[*5],1951(昭和26)年10月に都市計画学会が設立された.この際,戦前の行政中心の都市計画の流れを受け継いだのは都市計画協会であったが,協会に対する学会の関係は,「いわば都市計画協会の学術部とも申すべきものがどうしても必要である」[*6]との位置づけにより説明されていた.

3. 「プロジェクトに読む」都市計画の意味・事例選定の方法

1951年10月に設立された都市計画学会は2011年に60周年を迎えた.本書が生まれるに至った直接の契機は,人生にたとえればちょうど還暦を迎える都市計画学会が,これまでの60年間を振り返るとともに,今後社会に対して何を課題とし貢献していくべきかを考えるきっかけにしようという主旨による.

都市計画学会が誕生した上記の経緯を踏まえるなら,都市計画を学術的視点から研究しつつその成果を

社会に発信する立場から，これまで60年の間に実施されてきた都市計画を自省的・実践的に検証しようとするものである．

では，この60年間に実践された多数の都市計画の中から何を選定すればこうした視座からの都市計画が語れるだろうか．

そこで本書が注目したのが都市計画学会賞の受賞作品である．学の確立をめざした都市計画学会自らが選定する賞には，学会が願い，めざす内容が含まれているはずである．実務としてなされてきた一般の都市計画の意義を過小評価するわけではないが，都市計画を必要と感じ，学術の立場から社会に貢献しようとする組織としての学会が選定した作品をとりあげることによって，その時々の都市計画の価値や意義・意図を確認するとともに，それらの及ぼした後世への影響をできるだけ客観的にとらえることで自省し，将来に向けて，特に都市計画にこれから関わる若い世代に向けて情報を発信しようと企図したのが本書である．

「戦後の復興がようやく軌道に乗ろうとしはじめた」*7 1951年10月6日に発足した都市計画学会であるが，そうした賞が制定されたのは1959（昭和34）年のことであった．賞の分類や名称は時代の変遷とともに変化しているので，本書では，学会から評価された都市計画プロジェクトを基本的にすべて取り上げることとした．ここでいう「プロジェクト」とは，実際の事業として空間的な形を伴い実現したものである．計画図書だけのものや条例そのものなど，直接の形を伴わないものは本書では取り上げなかった．同様な意味で，研究成果に与えられた賞も対象外とした．

ここで，本書の主題である「プロジェクトに読む」都市計画の意味・意義を3点にまとめてみる．

第一は，一般市民・国民に対する実感である．実際の空間を伴う都市計画は，一般市民に対して実感が伴うものである．これに対して都市計画の主要要素である「プラン」や「ビジョン」は，実感が伴わないという訳ではないが，ある意味「絵に描いた餅」にすぎず，実際に物ができてはじめて人々に印象づけられる．そうした具体的な都市計画の姿の変遷を見てゆくことは，都市計画というものの理解がもっとも容易である．

第二に，都市計画プロジェクトは多数の土地・建物の改変や売買を伴うため，きわめて社会経済的な行為であり，それを成し遂げるためには特段の意思と努力・工夫が必要である．受賞作にはその特段の意思や努力・工夫が観察できるはずである．第一の要素ももちろん重要であるが，プロジェクトを実施した側の意図や行動を明らかにすることで，これから都市計画にかかわる多くの人々にさまざまな知見を与えるであろう．

第三に，できあがった都市計画プロジェクトは一般に，土地や建物等の形で地面に固着して後世に残るため，良し悪しを問わず事後検証が可能である．このことは同時に，時間の経過の中で別の課題や視点をもたらす可能性ももっている．その当時は良いとされたものが，現在はどうなっているのか．逆に，当時は革新的で理解者も多くなかったものが，その後急速に世の中に受け入れられ高く評価されているものはどのようなものだったか．それらについて，できる限り客観的に把握することで，持続性が重要な規範となってきた現代の要請を受け止めるヒントが得られるのではないか．

4．本書の構成

序文に続き，選定された60プロジェクトの概説を行う．そのあとが本編となる．

本編では，60のプロジェクトを編年体で整理している．序の概説の部分で全体を俯瞰できるようにしてあるので，そのまま読み進めても良いし，拾い読みしてもよい．また，巻末の索引により，確かめたい事項から逆引きできるようになっている．

各事例はそれぞれ，2頁または4頁の見開きの形となっている．また，共通する以下の3つの内容で構成されている．

①プロジェクトの時代背景・意義，②プロジェクトの特徴，③プロジェクトその後

①はそのプロジェクトが生まれるに至った背景や，優れているとされたポイントにつき述べている．②は①を踏まえて，具体的にそのプロジェクトの特徴，特に特筆すべきあるいは注目すべきポイントにつき整理している．内容そのものが特筆に値する場合もあれば，計画のプロセスなど別の面が優れている場合もある．それらをできるだけ客観的に把握する一方，そのプロジェクトに関わった方のインタビューなどにより苦労話やメッセージを補足的に記している事例もある．最後の③は文字通りプロジェクトの「その後」である．初期の事例では「その後」が数十年にもわたる一方，近年の事例では竣工後間もない場合も多く，扱っているスパンにばらつきがある．にもかかわらず③を設けた理由は，プロジェクトが評価された時点だけではなく，プロジェクトの効果や持続性についての基礎的情報を提供したいと考えたためである．

本編に続き，プロジェクト全体を読み解く論説を掲載した．事例だけではそれぞれの意味・意義が理解しづらいと考え，独自の視点から60事例の背後にある意味を読み解いている．むしろこちらを先に読み，事例の中から関連する部分をピックアップして手に取るのもよいかもしれない．

　巻末には受賞作品リストや索引とともに，現地見学等の便宜を考え，60の各事例の概要を掲載した．

　執筆過程にはできるだけ多くの全国の都市計画関係者にご参画いただいた．プロジェクトを都市計画の観点からできるだけ客観的かつ具体的に記述することに努め，事例間の記述の差が大きくならないよう全体的観点から最後の編集作業を行っている．従って，記述内容の責任は学会側にある．

　刊行物は学会内にとどまることなく，学部・大学院生，都市・建築関係教員，行政，民間コンサルタント・ディベロッパー，NPO，一般市民など，広く社会の各層に都市計画をアピールできる内容をめざした．

　皆様からの忌憚のないご意見，ご批判をいただければ幸いである．

補注
* 1　石田頼房（1987）：『日本近代都市計画の百年』，自治体研究社．
* 2　国土地理院分析結果．
* 3　渡辺俊一（1993）『「都市計画」の誕生』，柏書房．
* 4　『都市計画』100号，p.7．
* 5　同上．
* 6　同，p.8．
* 7　同上，p.4の土木学会長祝辞より．

●『日本の都市づくり』概説●

1. 60プロジェクトの概要

選定した60プロジェクトを日本地図にプロットしたのが図1である．北は北海道から南は沖縄まで分布するが，特に首都圏と京阪神地域に事例の多いことがわかる．

これら60プロジェクト全体の流れがわかるよう，主に事業テーマや事業主体の推移に着目して一覧にしたのが次頁の図3である．およそ10年ごとに新たな特徴があらわれ，プロジェクトのテーマや主体も変遷していくさまが概観できる．

さらにプロジェクトごとに，計画を決めた時期から完了した時期までの期間を示したのが図2である．本書では，都市計画学会賞が授与された時点を起点としているので（タイトルの横にあらわれる年号は受賞年度），その時点を中心とする帯の幅がプロジェクト実施期間となる．最後の図4は，60プロジェクトのスケールを1枚の図に表現したものである．多くのプロジェクトは具体的な事業範囲が決まっているのでその外形を表現した．しかし行政区域全般にわたる都市デザインのような，表現が困難なものは除いている．

なお，各事業の概要を表すデータは巻末に一括して掲載した．

2. 60プロジェクトを読み取る七つの視点

以下では，事例を読み取る際の参考として，60のプロジェクト全体を通してさらに見えてくるポイントや傾向などについて，七つの視点をまとめてみた．

①それぞれの時代からの要請

都市計画プロジェクトが実施される最大の要因は，それぞれの時代からの要請である．需要があればそれに応じて供給される．「需要に応じて供給される」というと単純にみえるが，「需要」そのものが未知の事態であったり，「供給」側の発想や方法そのものがその時点で過去に存在しない初めての経験であったと考

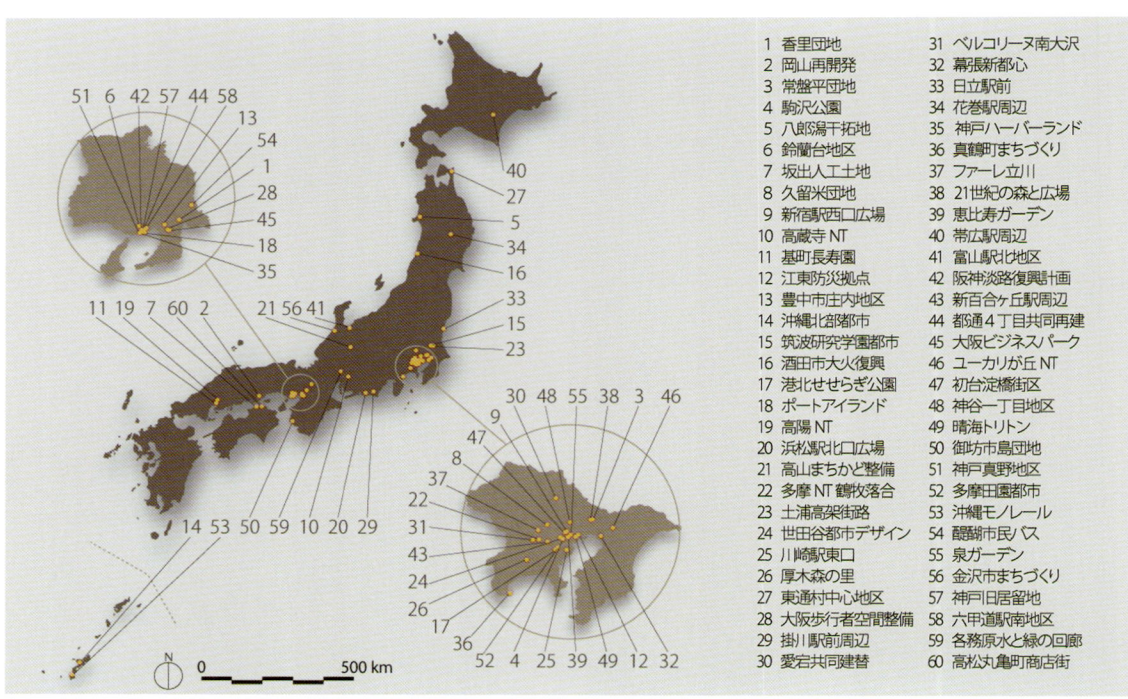

■ 図1　プロジェクト分布図

えられる．従って，その解決のためには特段の意思と努力，工夫が必要だったと想像するのがよいだろう．

本書でカバーする時代の第一の需要は，戦前から引きずってきた「都市の不燃化」という課題を受け継ぎつつ，いまだ低層・木造にとどまっていた当時の都市の中心部をつくりかえて，さまざまな都市機能を刷新することであった．また，急激に増加する人口に対応できる都市空間を新たに，そして迅速に用意することが必要とされた．さらに高度経済成長が本格化すると大都市圏に都市機能が集中し，ニュータウンと呼ばれる大規模団地をはじめとする大規模施設を新たに供給する必要が生じた．

第二に，こうした「量」の確保を主題とする需要対応型の都市計画が一巡したあと，いわゆる既成市街地の居住環境改善などの必要性，すなわち「質」の確保が求められるようになった．その背景には，国民が豊かになってきたことがあげられる．例えば，単に住宅が確保されるだけでなく「居住水準」という指標を国が初めて設けたのは1976年のことである．

第三に，1980年代に入ると「地方の時代」とも呼ばれ，各地におけるそれぞれの特徴ある都市計画が要請され実践されるようになった．逆にいうと，それ以前の都市計画は，国や一部の専門家が主導してなされる傾向にあったといえる．

これらはそれぞれの時代に一般的な特徴であり，その後も次々と新しい需要が現れるのだが，特殊な要請としては，戦災復興の区切りをつけるための事業（広島基町［⇨11］）などもあった．また，大規模災害のあとの復興都市計画事業のなかで最大規模だったのが阪神淡路大震災後の復興プロジェクトであった（復興基本計画［⇨42］，都通4丁目事業［⇨44］，六甲道駅南地区再開発［⇨58］）．

②人材と技術，事例の蓄積

都市計画学会が設立された頃，人材面ではかなり手薄だった．従って初期の頃の事業はしばらく，特定の専門家等の手により実施されている．そして新たな都市計画事業にチャレンジするたびに現場で新たな人材が育成されていく．

また，ある時代の事例は次の時代の参考事例として参照され，人材そのものも成長・充実していく．例えば1955年に創設された住宅公団は1960年前後の100ヘクタール規模の団地計画によりノウハウと人材を蓄積し，それらは次の時代の新しいニュータウン開発等に結びついていった．「防災」や「再開発」「都市デザイン」なども，人材の拡大・進化過程としてプロジェクトの推移を読み取ることができる．

さらに，本書では詳しく扱っていないが，個々の事業を支えるために生み出された制度や技術も次の時代に受け継がれ進化していく．

③特殊から一般へ

時代の要請はそれぞれの時点で一般的・共通的なものであったとしても，「そこ」で実施された事業は特殊な一回限りのものである．しかし都市計画が普及するためにはそれらをもう一度一般的・普遍的な理論等に還元し，多くの地域で使えるものとすることが必要となる．

特に地方分権が進み始めると，ひと握りの専門家から，より広く，都市計画にかかわる人材が豊富になり，各地で実践され，それらが中央を経ずに情報として流通するようになる．また，そうした効果を意図して実施された事業が多く見られるようになった．本書で取り上げる受賞作は，それらの中でも先鞭をつけ，その後の事例の模範になったプロジェクトが多い．都市計画として一般化した段階では，それが「あたりまえ」の事実となって定着していく．

④一般解とローカルの独自性

しかし一般化が無自覚に進みすぎると，全国どこに行っても同じ風景がひろがることになる．1970年代も後半になると地域固有の文化や風土を大切にする機運が高まり，歴史的街並みや地域構造等を保全しながらさらに魅力を付加するような都市計画プロジェクトが特に地方の中小都市で実践されるようになった．名護の市庁舎をはじめとする一連の取組み［⇨14］や高山の街かど整備［⇨21］などが，都市計画の分野におけるそうしたさきがけの事例である．

⑤開発と保全のバランス，機能の複合

ローカルな独自性を活かす取組みも当初は保全的な対応が中心であったが，やがて開発しながら保全的手法を組み込むプロジェクトや，新たなローカルルールを生み出しながら地域固有の文化を持続的に生成するといったような，新たなチャレンジも盛んになってきた（金沢市の一連の条例［⇨56］など）．

またこの頃より機能を複合させるプロジェクトも多くみられるようになる．これは，単一機能による都市が変化に弱く脆弱なことが問題視されるようになったことにも対応しているが，より大きな視点でみれば，近代都市計画がもたらした単一用途化，画一化の問題がもはや無視できないほど大きくなってきたことに対応している．

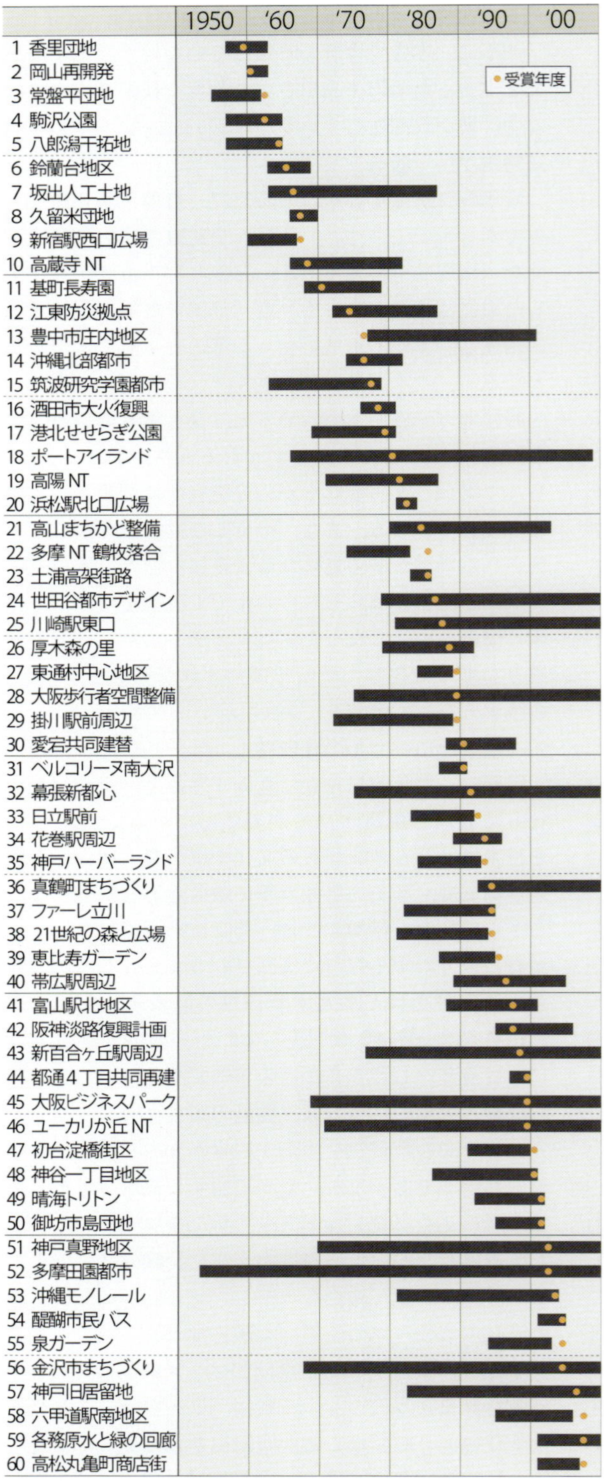

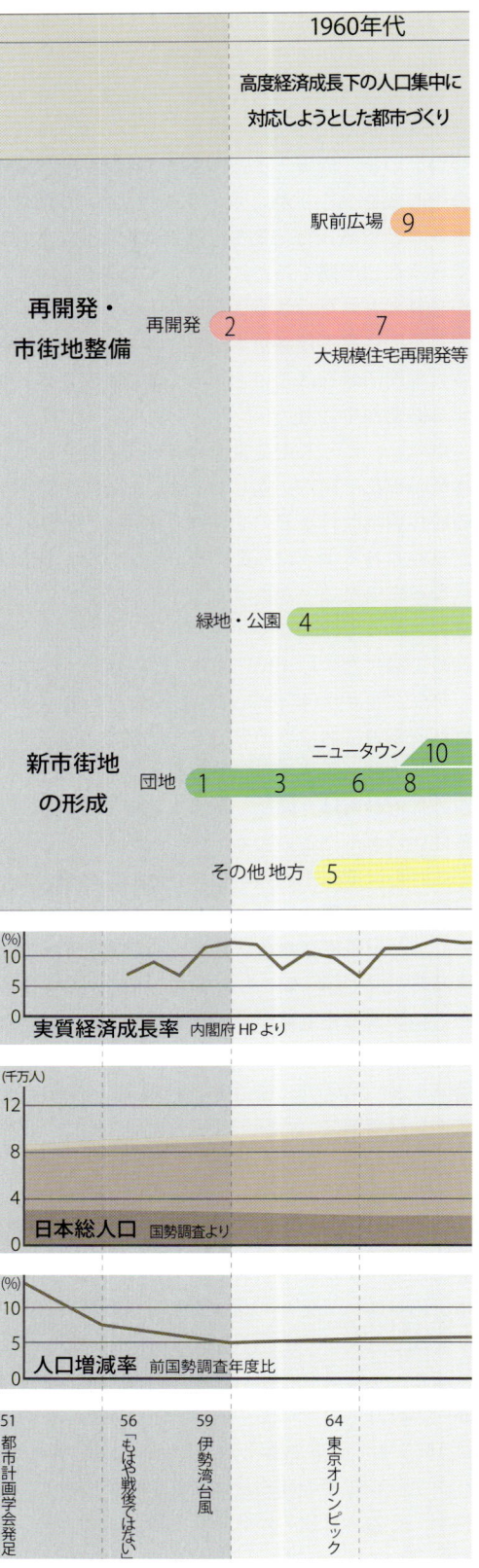

1950
'60
'70
'80
'90
'00
受賞年度
1 香里団地
2 岡山再開発
3 常盤平団地
4 駒沢公園
5 八郎潟干拓地
6 鈴蘭台地区
7 坂出人工土地
8 久留米団地
9 新宿駅西口広場
10 高蔵寺 NT
11 基町長寿園
12 江東防災拠点
13 豊中市庄内地区
14 沖縄北部都市
15 筑波研究学園都市
16 酒田市大火復興
17 港北せせらぎ公園
18 ポートアイランド
19 高陽 NT
20 浜松駅北口広場
21 高山まちかど整備
22 多摩 NT 鶴牧落合
23 土浦高架街路
24 世田谷都市デザイン
25 川崎駅東口
26 厚木森の里
27 東通村中心地区
28 大阪歩行者空間整備
29 掛川駅前周辺
30 愛宕共同建替
31 ベルコリーヌ南大沢
32 幕張新都心
33 日立駅前
34 花巻駅周辺
35 神戸ハーバーランド
36 真鶴町まちづくり
37 ファーレ立川
38 21世紀の森と広場
39 恵比寿ガーデン
40 帯広駅周辺
41 富山駅北地区
42 阪神淡路復興計画
43 新百合ヶ丘駅周辺
44 都通4丁目共同再建
45 大阪ビジネスパーク
46 ユーカリが丘 NT
47 初台淀橋街区
48 神谷一丁目地区
49 晴海トリトン
50 御坊市島団地
51 神戸真野地区
52 多摩田園都市
53 沖縄モノレール
54 醍醐市民バス
55 泉ガーデン
56 金沢市まちづくり
57 神戸旧居留地
58 六甲道駅南地区
59 各務原水と緑の回廊
60 高松丸亀町商店街

■**始点** [14 (名護市土地利用基本計画),22 (施行計画の届出年),30 (コープ愛宕着工年),40 (巻末データ40-1の都市計画決定年)] ■**終点** [2 (本文中表1建物の最後の竣工年),13 (新計画終了年),14 (名護市庁舎竣工年),22 (第1次入居開始年),30 (緑隣館竣工年),40 (巻末データ40-6の完成年),42 (基本計画の目標年),50 (第5期住棟建設完了年),57 (旧居留地連絡協議会への再編年),60 (A街区竣工年)]

図2　事業期間図　始点：事業の開始を示す都市計画決定年等
終点：事業の完成を示す竣工年等

1960年代
高度経済成長下の人口集中に
対応しようとした都市づくり
駅前広場 9
再開発・
市街地整備
再開発 2 7
大規模住宅再開発等
緑地・公園 4
ニュータウン 10
新市街地
の形成
団地 1 3 6 8
その他 地方 5
(%)
10
5
0
実質経済成長率 内閣府 HP より
(千万人)
12
8
4
0
日本総人口 国勢調査より
(%)
10
5
0
人口増減率 前国勢調査年度比
51
都市計画学会発足
56
「もはや戦後ではない」
59
伊勢湾台風
64
東京オリンピック

図3　プロジェクト分類と時代変遷

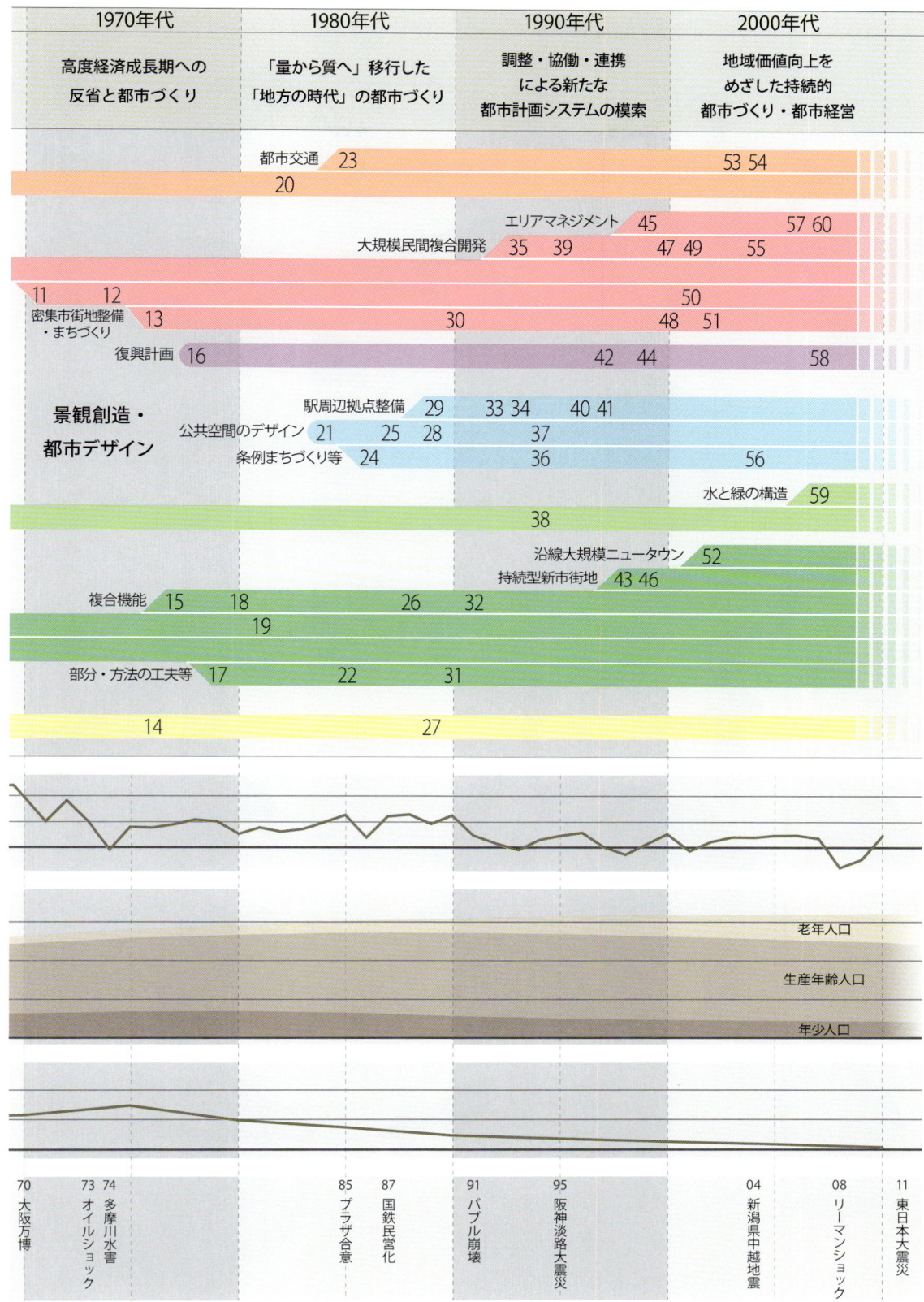

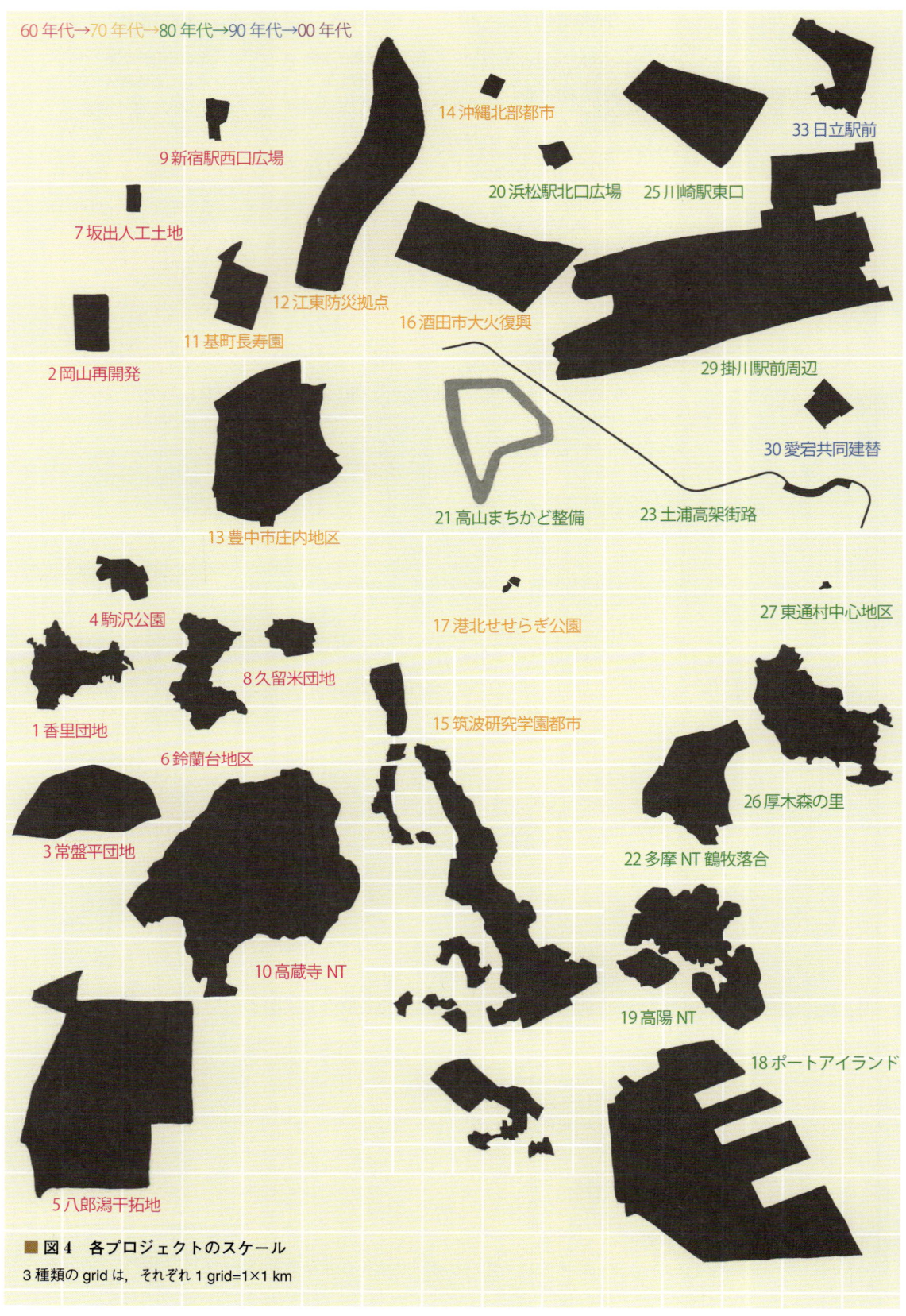

■図4　各プロジェクトのスケール
3種類のgridは，それぞれ1 grid=1×1 km

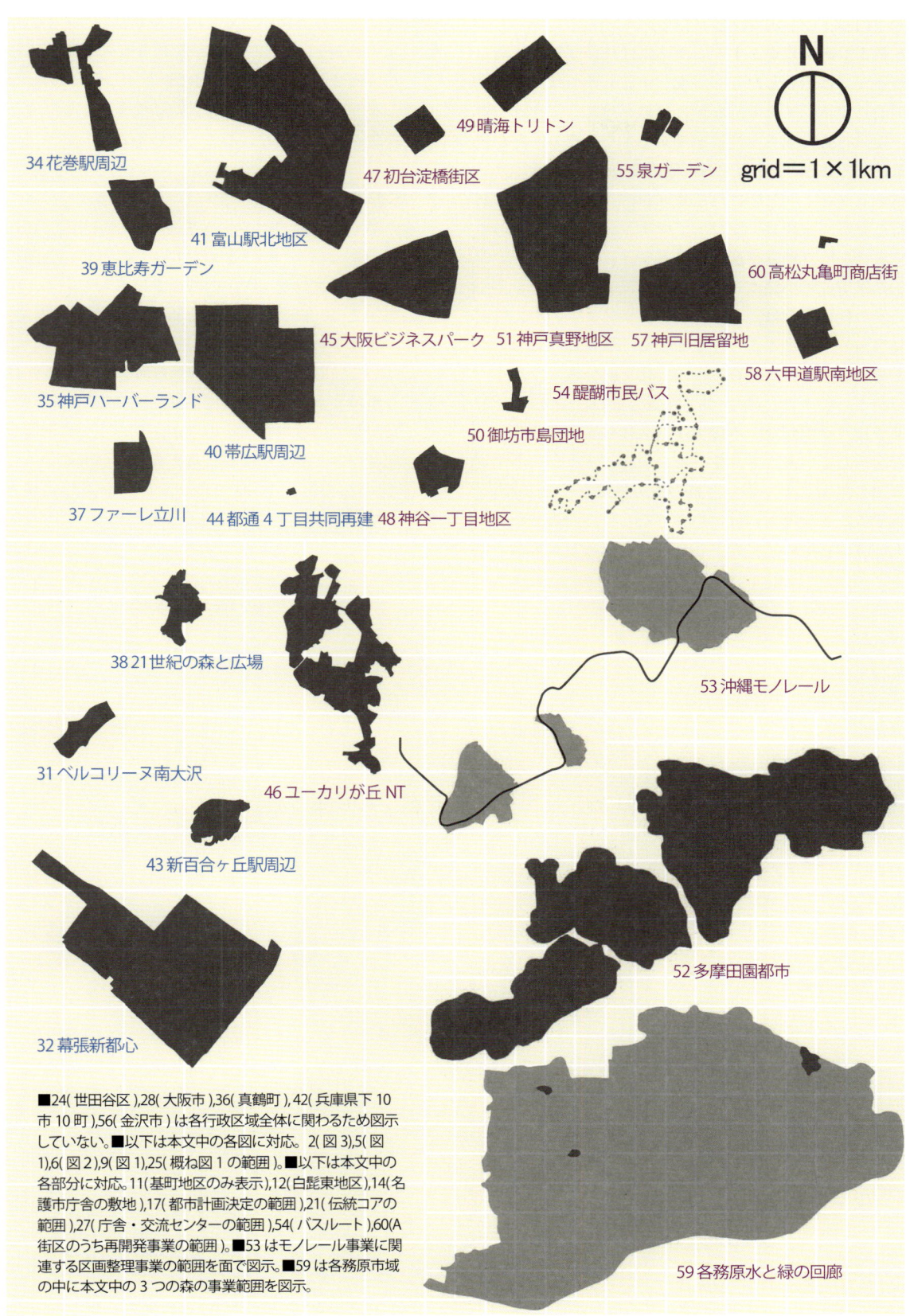

⑥**プロジェクトのマネジメントへ**

　都市計画プロジェクトも次第に性格が変質し，ある時点で「供給」したり「完成」するものではなく，長期的にマネジメントしながら目標を達成しようとする一連の行為の束へと性格を変えてきた．その傾向が現れ始めるのが1990年代の終盤頃からであり，「エリアマネジメント」と呼ばれる地区レベルのものから，都市全体を一定のコンセプトでマネジメントするものまで多様な取り組みが展開されるようになった．

⑦**持続可能性の観点**

　⑥の性格変化は，都市計画プロジェクトの中に時間軸を強く意識することを意味する．最初にプロジェクトを企図する時点で将来への変化を織り込んでおくのである．このことは，かつては信じることができた「将来予測」が困難な，不確実な社会に日本が変化したことを示している．もう少していねいに言うと，不確実なのもさることながら，解のない複雑な社会となり，将来のことを事前には決められなくなったのである．

　一方，初期の「完成」した事例をみると，事業「完成」後に新たな課題が次々と出てきていることがわかる．本書の最初の事例である香里団地［⇒1］もそうした事例であるが，この事例に限らず，各事例の「プロジェクトその後」を読むと，持続性をめぐるさまざまな課題が指摘されていることがわかる．

3. 本書の使い方

　事例編では，60プロジェクトを「1960年代」「1970年代」のように10年ごとに区切って節とし，各節の扉で各時代のプロジェクトの特徴を概説している．序章の概説と10年ごとの概説を拾い読みすることで，全体の流れをとらえられる．

　とはいえ，都市計画の60年から何を読み取るかは2.でも整理したように多様である．図2,3,4も含めて，ここに記している内容はその手がかりの1つにすぎない．読者のさまざまな関心，考え方，使い方によって60年間の都市計画を60プロジェクトを通して読み取ってほしい．

1960年代
高度経済成長下の人口集中に対応しようとした都市づくり

　焦土から再出発した戦後の都市では，戦災復興都市計画が策定されたもののその規模や内容が縮小された都市も多く，十分な都市づくりが行われたとは言い難かった．

　こうしたなか1950年代半ばから始まった高度経済成長は，三大都市圏を中心に未曾有の人口集中をもたらした．この結果，過疎・過密問題，住宅不足，スプロール開発，交通問題，公害といった様々なひずみが顕在化したのが1960年代だった．基本法である新都市計画法（新法）は1968年まで制定されず，むしろ大規模な開発プロジェクトによって対応しようとしたのがこの時代であった．プロジェクトで対応せざるをえなかったという側面もあるが，それゆえに大規模かつ意欲的な試みに富んでいるのが特徴である．

　一見して目立つのが，団地やニュータウンと言った三大都市圏の郊外部での住宅開発である．住宅公団大阪支所による大規模団地第一号として計画された香里住宅団地計画［⇨1］，同公団東京支所による最初の大規模宅地開発の一つである松戸常盤平住宅団地［⇨3］，既成市街地と一体化した整備が提案された鈴蘭台地区開発基本計画［⇨6］，歩行者専用道路を実現した久留米住宅団地［⇨8］，千里・多摩と並ぶ三大ニュータウンの一つであり「ワンセンターシステム」という特徴を持つ高蔵寺ニュータウン計画［⇨10］が該当する．当時，量的な住宅供給にいかに追われていたかがうかがわれるが，その中でも高品質な都市空間を実現したものが選ばれている．それまでに比べ，計画的配置による住宅地計画の技術が格段に進歩するとともに，その後の住宅地計画では設計が標準化され，均質化した空間が生み出されていきがちなのに対し，この時代は様々な試みがなされていた．

　一方，既成市街地でも，それまでの市街地を改造することで新たな都市構造に対応しようとした試みが見られた．線的な再開発から面的な再開発への展開を目論んだ岡山市中心部の再開発計画［⇨2］，地価高騰や複雑な土地権利関係など土地問題の解決を目指した坂出市の人工土地の計画［⇨7］は，地方都市で独自の都市再開発の試みがなされていたことを示している．また新宿駅西口広場［⇨9］はそれまでにない多層的な都市空間を生み出すものであった．当時，増加する都市人口を郊外を中心に新規開発によって収容するか，既成市街地を中心に建築を中高層化する再開発によって収容するかという都市像の議論があり，これらはそれに直結するプロジェクトであった．

　このほか，東京オリンピックに伴い建設され，土木・建築・造園技術を駆使した駒沢公園［⇨4］，日本のモデル農村の建設を目指して計画された八郎潟干拓地［⇨5］は，まさに国を挙げてのプロジェクトであった．

　いずれも興味深い提案がなされており，実験的であったがために現在に直接受け継がれなかったものも含め，現行の都市計画技術が様々な壁にぶつかりつつある現在，改めてこの時代の試みに着目する必要があるだろう．また建設から半世紀近くが経過し，更新が課題となっているものも多い．

1 香里住宅団地計画
自然環境を生かしたニュータウン計画のさきがけ

1959

■ 写真1　香里団地夏祭り（筆者撮影）
団地中央のスーパーマーケット建て替えによりこの場所では最後．

■ 1　時代背景と事業の意義

　1960年6月，第1回の旧石川賞（計画設計部門）は「香里住宅団地計画」に与えられた．

　大戦と高度経済成長期の住宅難を背景に，1955年，鳩山内閣は住宅供給を政策の重要課題と位置づけ，日本住宅公団（現独立行政法人都市再生機構）を設立した．香里団地は，大阪都市圏を管轄する当時の公団大阪支所による大規模団地第一号として計画されたものである．

　香里団地は，京都や大阪へのアクセスも良く，全体の開発面積は155ha，当初の計画人口22,000人，計画戸数5,000戸であり，生活関連施設も充実された大規模団地である．当区域は旧陸軍用地を含む国有地が80％を占め，開発前は大部分が松や雑木が生い茂る樹林であった．当団地は土地区画整理事業により1955年に着手され，1962年に換地処分が終了している．入居は1958年11月，B地区から始まり，1968年に住宅供給が終わった．今では考えられないが，ほぼ

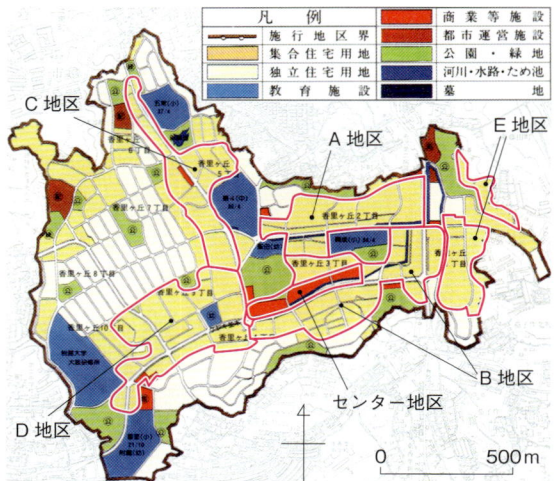

■ 図1　香里住宅団地の土地利用計画図

10年間で入居が終了したことになる．当時は"東洋一のニュータウン"といわれ，それまでの日本には見られない新しい居住空間は，その斬新性に対して関西のみならず全国的にもその名を知られることとなった．

開発構想については，公団から当時の京大西山研究室に調査研究が委託されたのであるが，その成果物にある「開発計画の基本方針」についてはほとんど生かされている．香里団地は，住宅の供給のみならず，団地内に幼稚園や保育所をはじめ，小学校3，中学校1などの学校施設，中央公園，数多くの児童公園あるいは緑地が計画され，団地中央ショッピングモールにはスーパーマーケットも先駆的に開設された．また，近畿圏では初といわれる老人ホームが実現したことにも，先見の明がある．千里ニュータウンなどと比べると小規模であるが，単なる住宅だけから構成される"団地"とは異なり諸施設も計画されたことから，「ニュータウン」とも呼ばれた．以降，数多くの団地やニュータウン開発の先鞭をつけたのである．

以上のような団地空間の先進性・モデル性は，①自然の地形を生かし自然をふんだんに残した豊かなインフラ，②戸建住宅，低層テラスハウス，中層スター型，廊下型・階段室型中層など多様な中低層住宅の選定とその配置，③団地での新しい都市生活を考えた多様な生活関連施設の整備，にまとめられよう．それらを香里団地において構想し実現した計画・設計の創造性に対して，学会賞が授与されたのである．

■ 2　プロジェクトの特徴

香里団地には，上述のように，企画や設計において先進性があり，出来上がった居住空間の良さへの評価も高い．しかしながら，これらハード面だけでなく，この半世紀にも及ぶ団地居住の歴史で，住みよい団地づくりを目指した自治会とコミュニティ活動による環境改善や各種文化イベント実現にも先進性がみられたことも大きな特徴である．

1958年11月入居がはじまったが，当初，実際の生活関連施設の整備は十分ではなかった．

まさしく，「結婚して，団地に当たったから子どもをつくる．はじめのうちは環境整備をめぐって，公団当局や地元自治体と抗争する．次が保育園，それから幼稚園というのが発展の類型である．」[1]とあるよう

表1　香里団地の自治会・コミュニティ活動変遷

年代	自治会組織	自治会・コミュニティ活動	生活関連施設整備
1950	58：B地区入居 59：香里団地自治会結成		58：香里ヶ丘公設市場 59：開成小開校，愛の像
1960	61：自治会新聞（「香里団地新聞」）発行 65：香里団地自治会解散 67：香里団地地区連絡協議会	60：囲碁同好会，香里文化会議（「香里めざまし新聞」） 66：老人会 67：朝市 68：夏祭り	60：ピーコック 61：以楽苑，第四中 62：香里団地保育所 65：新香里病院 66：学童保育 67：敬愛保育所，聖徳福祉文化会館 69：特養，病児保育，幼稚園
1970	72：B地区自治会香陽と開成に分ける	72：親子劇場 72：文化会議再スタート 74：不用品交換会 77：五常小老人クラブ，互楽会 79：ひとりぐらし老人会	70：香陽小 71：籐田川保育所 74：市立図書館香里が丘分室 75：焼却炉閉鎖，持ち出し方式 77：トップセンター
1980	88：地区協解散，六地区会 89：建替対策委員会，「すきやねん香里団地」シンポ	80：囲碁同好会20周年 80：親子劇場 82：互楽会 83：かおり会（ひとりぐらし老人会） 84：香陽仲良し会	84：聖徳老人ホームにデイサービスセンター併設
1990	92：建て替え住民総決起集会 96：A，E地区六地区会を脱会	98：夏祭り	91：駐車場率38％（1880台） 92：せせらぎ完成 95：こもれび生活館
2000		02：互楽会第28回作品展	04：南部市民センター開設

注）本表は京阪団地新聞の当初（1965年5月）から2002年12月（493号）までの記事から抜粋したものである．

に，街開き後10年間は，自治会を中心にした，様々な生活関連施設整備運動の歴史でもあった（表1）．

1959年には団地全体の自治会として香里団地自治会が結成された．その後，1962年ごろには早くも活動のピークを迎え"日本一の自治会"として，盛り上がりがみられた．全国的にも注目されテレビやマスコミにも取上げられた．しかしながら，団地の建設・入居がさらに進むにつれ，A, B, C, D, E 各地区別の自治会や婦人会などが独自性を打ち出し，活発であるだけに一方では纏まらないという欠点も露呈し，1965年に解散することになった．しかしながら，自治会間の連絡組織としては残り，社宅や分譲地の自治会も一緒になって1967年に香里団地地区連絡協議会が出来た．そして，これも10年ほどで解散し，その後は，1988年4月に再び賃貸住宅だけの連絡会である六地区会（A, B, C, D, E 各地区と香陽地区の6つ）となった．

以上のような自治会の組織変遷概要であるが，同時に任意のコミュニティ活動も盛んであったことも香里団地の特徴でもある．

文化・イベント活動としては，夏祭り，蛍狩り，運動会，金魚すくい，ファッションショー，大阪フィルハーモニー交響楽団を呼んでのコンサート等々が5～7000人規模で繰り返され，団地ぐるみの参加があったことは特筆されよう．

また，生活関連施設整備の市民運動では，総合病院の新設，京阪バスの増便，京阪電車の団地最寄り駅への特急・急行停車などが取り組まれ，一方では，断水問題や花と緑の団地運動など多彩な住民運動などが展開された．この高揚を背景に，趣味関連サークルや各種イベントも実施され，全世帯を巻き込んだ盛り上がりがあった．さらには，香里丘文化会議（居住者で仏文学者故多田道太郎らが中心）が主体となって保育所開設運動を推進させた．その結果，1962年全国初のゼロ歳児保育を実施した枚方市立香里団地保育所が開設されている（ここには，サルトルとボーヴォワールも訪れた）．また，昨今の社会状況の先取りとして1966年には老人会が結成され，1969年には全国に先駆け病児保育所と特別養護老人ホーム（先述の老人ホーム）がオープンした．まさしく生活と文化の多方面で先進性を持ったコミュニティ活動が展開されたのである．

1970年代になると，生活関連施設整備に加えて，全国的な公害問題あるいはオイルショックなどの影響を受け，団地の生活環境問題もクローズアップされ，不法駐車，焼却炉，ボウリング場などの建設反対運動あるいは，市民生協や消費者協会等の消費者運動も目覚しかった．高齢者関連では，1970年代後半，高齢化の進展を背景に老人クラブである互楽会（1977），さらには，一人ぐらし老人会（1983）も結成され，これらも活発化した．

1980年代は，それまでの大きな高揚の時期を経て，自治会を始め，コミュニティ関連の諸団体が多様化・小規模化していった時期である．つまり，香里団地全体でまとまる方向ではなく，むしろ分散化していった時期といえよう．

ちょうどその頃，1986年に公団が建て替えの方針を公表したが，これを契機に，香里団地でも，建替問題が自治会の中心課題にクローズアップされてきた．その後，自治会が中心となって建替対策委員会が設置された（1989）ものの，団地自治会一本化は実現せず，建て替えには，各自治会が独自で対応することになった．

近年では，団地全体としてまとまった自治会活動は少ないものの，個別の地区単位自治会では様々な団体との協力・共同で多彩な取り組みがおこなわれている．恒例になっている敬老会，旅行，バスツアー，夏祭りなどがそれである．また，各小学校区での防災や福祉委員会，コミュニティ委員会といった活動も地道に継続している．

香里団地自治会とコミュニティ活動の歴史は，居住者の高齢化なども合わさって，ダイナミック性には欠けるものの，小規模単位で脈々と息づいているのである．

■3　プロジェクトその後

香里団地の賃貸住宅ゾーンにおけるこの20年間の都市再生機構による建て替え事業によって，居住空間のイメージが大きく変わった．数十年かけて成熟してきた，ゆったりとした緑豊かな中低層住宅地であったものが，無秩序な高層高密居住空間に変貌しつつある．

なぜ，建て替えであって，リニューアルによる団地再生ではなかったのか，考えてみる必要がある．

3.1　建て替えの現状

香里団地の賃貸住宅建て替え事業はA地区からはじまり，すでにA, B, C地区の戻り入居者用賃貸住宅供給が終わっている．各地区の残地は民間等へ売却され，高層分譲マンションを主にして戸建住宅，スポーツ施設，飲食店あるいは高齢者施設などに建て替えられつつある．

■ 写真2　団地マニアにはあこがれのスター型中層住棟
（筆者撮影）

■ 写真3　そびえたつ民間の高層分譲マンション
（筆者撮影）

　残りのD，E地区については，2007年末に公表された再生方針（「UR賃貸住宅ストック再生・再編方針」都市再生機構のHPに掲載）によると，両地区とも，これまでA，B，Cの各地区で実施されたような建て替え事業も行なわず，「集約」という方針の下で事業化を図る団地に指定された．この「集約」とは，団地の一部居住者には引っ越してもらって，空家にしてつぶし，跡地を民間事業者などに売却するという事業である．長年かかって成熟してきた居住空間の継承と継続居住，さらにはコミュニティも否定するなど，多くの問題を持っている．

　現在，D地区は未着手ではあるが，E地区については，「集約」事業が少しずつ進んでいる．

3.2　居住空間の変貌

　香里団地の建て替えにおいては公園・緑地や街路などのインフラ関係はそのまま残される．従って，適度な起伏もそのまま残されるなど，全体フレームでは可能な限りの環境資産の継承が図られていることは評価できる．しかしながら，賃貸住宅が建っていたネット（住宅地）部分のA，B，C三地区においては，全面的

建て替えであり，戻り入居者用住宅と民間の分譲マンションなどで高層・高密化が進行中である．

　京阪電車枚方市駅から香里団地行きのバスに乗り「桑が谷」バス停で下車すると，香里団地北東の入り口に到達する．そこから，藤田川方面に向って南へ歩くとすぐ右側に，17階建民間高層分譲マンションが敷地ぎりぎりに威圧的にそびえている．建替え前の中層の居住空間からすると，見上げる高層住棟はスケールアウトである．

　しかしながら，今でも香里団地は全体として，起伏に富み自然あるいは半自然の緑が豊かである．それに隠れて判りにくいが，中低層団地から容積率3〜4倍化の高層団地に変貌したら，やはり問題は大きい．容積率については，"再生グランドプラン"[2]でガイドラインが決められているが，団地内では，それが守れていない民間分譲マンション街区もある．

　現在の香里団地全体景観はいただけない．

　景観形成についても，"再生グランドプラン"に続き，団地全体の基本コンセプトが定められ（1995）[2]，長期的視野のもとに計画され実施されてきた．そのなかには，住棟ボリューム，住棟や施設の外壁や屋根のカタチそして色彩などについてのルールはあったはずだ．事業実施段階での都市再生機構によるコントロールが不十分だったのだろうか．

　香里団地は，その有していた自然環境を最大限生かした全体計画により第1回の石川賞を獲得した．ところが，50年経ってみると，インフラは残されたとはいえ，反ヒューマンスケールの高層・高密の団地に変ぼうしつつあるのである．

◆注
1) 鈴木沙雄（1966）：「新市民層の意識・・団地の小集団活動をみる・・」．朝日ジャーナル vol.8，p.40，1204，朝日新聞社．
2) 京大巽和夫教授（当時）を主査とした懇談会で1993年8月に策定された全体マスタープランであり，基本構想と計画の枠組みを設定している．また，この"再生グランドプラン"を踏まえ，策定委員会において「香里団地景観形成基本コンセプト（暮らしいきづくまち香里〜緑豊かでやわらかな風景のまち〜）」が1995年12月策定された．

◆参考文献
1) 増永理彦編（2008）：『団地再生　公団住宅に住み続ける』，クリエイツかもがわ．
2) 住宅・都市整備公団関西支社（1985）：『まちづくり30年　近畿圏における都市開発事業』，p.41．

2 岡山市中心部の再開発計画
線的再開発から面的再開発への挑戦
1960

■ 写真1　再開発事業対象地区（表町一丁目（上之町・中之町））の現況
1991年9月に竣工した岡山市表町一丁目地区第一種市街地再開発事業（岡山シンフォニービル）に合わせたアーケード街再整備によって，1960～61年の事業当時とは街並みが大きく変わっている．

■ 1　時代背景と事業の意義・評価

岡山市には，表町（おもてちょう）と岡山駅周辺という2つの都心商業核がある．1960年度石川賞（計画設計部門）の受賞対象となった「岡山市中央商業地区再開発計画」（受賞者：三宅俊治・川上秀光）[1]は，上記のうち表町を対象とした事業である．

表町の歴史は，宇喜多秀家が1590年に岡山城の新規築城と城下町整備に着手したことに始まる．その後，岡山城下町は小早川氏，池田氏による治世の中で拡充され，明治維新に至った．

現在の表町商店街は，表町一丁目〜三丁目の住居表示となっているが，地区の歴史的経緯から「表八ヶ町」（上之町，中之町，下之町，栄町，紙屋町，西大寺町，千日前，新西大寺町）と通称され，商店街の構成単位を形成している．

岡山市は，太平洋戦争末期の1945年6月29日未明に大空襲を受け，死者1,737人，罹災者約12万人という大きな被害を被った．市街地は約73％が罹災し，表町もほとんどが灰燼に帰した．

終戦直後の岡山市では，岡山駅前にヤミ市が形成されたが，表町商店街の復興も目覚ましかった．特に，下之町に立地する天満屋百貨店が1949年にバスターミナルを併設したことにより，商圏が拡大し，県内における表町の商業拠点性が強化された．さらに，県庁が1957年に表町東の旭川近辺に移転したことも，商店街の繁栄につながった．

一方，当時の表八ヶ月町において，地区の不燃化・高層化は大きな課題であり，1959年頃に，県政振興計画の推進や県南広域都市計画の具体化に端を発して，表町一丁目地区（上之町・中之町）における再開発事業への気運が高まった．そして，建設省から岡山県建築課に出向してきた三宅俊治氏の強い後押しの下で，同地区の再開発が進められ，構想段階から1期工事完了まで1年6ヶ月という短期間で竣工を見た．この事業は，岡山市における本格的な再開発の幕開けになるとともに，大規模かつ急速に実施された点で，全国的にも注目を集めた．

さらに，岡山県が日本建築学会に委託し，東京大学・

高山英華教授を中心とする都市再開発委員会が取りまとめた「岡山市都市再開発地区の検討と中央・駅前商業地区再開発計画」（1960年3月委託），及び「岡山市都市再開発マスタープランに関する計画・研究」（1960年11月委託）は，それまでの線的再開発（線的不燃化・防火建築帯建設）から面的再開発への転換を目的としており，日本の都市計画に新たな展開をもたらす構想であった[2]．

■2 プロジェクトの特徴
2.1 再開発事業の経緯[3,4]

再開発事業の対象地区は，図1に示す表町一丁目地区（上之町・中之町）であり，1959年9月から年末にかけて基本構想がまとめられ，建設・大蔵両省へのヒアリングが行われた．

そして，1960年1月15日には，表町の上之町薬業会館に上之町・中之町の関係者全員が集合し，計画具体化への協議が開始された．その結果，基本計画策定は岡山県及び岡山市，事業実施は岡山県開発公社建築部不燃事業課が分担することとなり，日本建築学会にマスタープランの調査研究を委託するとともに，事業計画立案ならびに設計・施工・発注の諮問機関として，岡山県都市再開発技術委員会が設置された．さらに，地区再開発促進会や市単位の協議会，商工会議所を主体とした連合会等も設立され，計画・事業実施・広報の各面において事業実施に向けた準備が整えられた．

再開発事業は，1960年度を初年度とする5ヶ年計画とされ，同年度内に第1期工事を完了するために，7月着工・年末一部竣工の方針が打ち出された．従って，着工までの半年間という短期間に，基本構想策定，借地借家の権利調整等の多くの業務を処理する必要があり，関係者による頻繁な会合が開催された．

計画に対しては一部反対派の強い抵抗もあったが，中之町の天満屋百貨店寄り南半分のほとんどは一致・協力して事業参加に踏み切った．しかし，北約半分は足並みが揃わず，次年度に持ち越しとなり，全町揃っての事業実施は断念された．

特に，前面街路幅員が最大の課題であり，検討を重ねた結果，最終的には図2に示すように，現状幅員6.5mを8mに拡幅し，2階以上の壁面距離を11mとすることが決定された．また，中央に排水溝，電話，ガス等を集中することも計画された．

その後の事業経過は以下の通りである．
・1960年6～7月　設計業務．最盛時は100名を超える技術者により20日余りで設計完了．

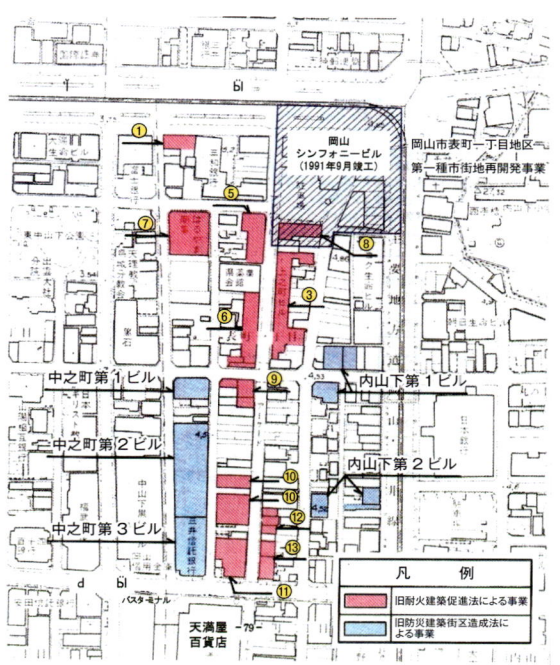

■ 図1　表町一丁目地区における再開発事業
（文献2）より転載・追記）

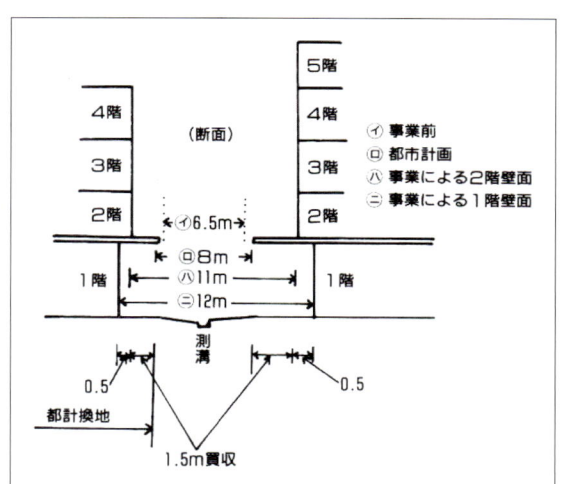

■ 図2　再開発事業の横断面図[1]

・7月　土地買収を概ね完了．分譲規則等を制定．第一期工事として防災建築街区面積7.5ha，地区店舗540戸のうち，上之町54戸，中之町30戸の参加を得た．設計完了．工事入札．仮店舗に移転．木造家屋取り壊し．
・7月23日起工式．直ちに着工．
・12月10日　一部工事（1，2階）竣工．落成式．
・1961年3月末　残工事完了（3階より上）．
・11月末　第二期工事竣工（7号，8号ビル）．

写真2に，再開発前後の状況を示す．なお，岡山県

立図書館ホームページのデジタル岡山大百科に，再開発の様子を記録した岡山県ニュース映像が収録されている．

2.2 再開発の進捗状況

上之町・中之町の再開発は，耐火建築促進法による事業として実施され，11棟の建物が建設された．表1は各建物の概要であり，表中の建物番号は前出の図1における①〜⑬に対応している．

以上の事業に加えて，1961年11月には表町一丁目及び中山下の約6.5haが防災建築街区造成法による防災建築街区の指定を受け，1962年10月末までの間に，表2及び前出の図1に示す各ビルが建設された．

2.3 日本建築学会都市再開発委員会の計画案

岡山県は，表町一丁目地区（上之町・中之町）の事業が進行中の1960年3月に，日本建築学会に対して「岡山市都市再開発地区の検討と中央・駅前商業地区再開発計画」の検討を委託し，東京大学・高山英華教授，川上秀光助手を中心とする都市再開発委員会が計画立案を担当した．森村[5]によれば，計画による提案内容は以下の通りである．

1) 面的に開発してゆくために，移転によりなるべく同種の用途を集めて，まとまった商業的競争力を強くするよう育成していく．
2) 地上4mのレベルを境にして機能の分離を行う．商店と住居，人と車をこのレベルで分離し，生活環境と機能の整理を行う．
3) 防火建築対建設事業の遅れた部分の事業化に際しては，適宜壁面線を後退させ，地上レベル，4mレベルに買物広場を設ける．
4) 商店街の西側には住宅（フラット形式）を，東側には事務所（ポイント形式）を立地させる．
5) 商店・事務所・問屋等に対するサービス道路とパー

■ 写真2　再開発前後の商店街の状況[1]

表1　上之町・中之町再開発における建築の概要
（参考文献2）に基づいて作成）

建物番号	延べ面積(m²)	工事費(千円)	着工年月	竣工年月	階数
1	798.78	23,492	1960.7	1961.1	4
3	4,737.37	203,337	1960.7	1961.4	4
5	1,103.50	34,560	1960.7	1961.1	3
6	1,914.03	61,712	1960.7	1961.1	3
7	4,315.21	112,936	1960.12	1961.9	地下1〜5
8	1,317.98	59,918	1961.7	1962.3	地下1〜4
9	1,208.83	36,240	1960.7	1961.2	4
10	1,705.99	48,801	1960.7	1961.1	3
11	3,220.09	134,458	1960.7	1961.3	地下1〜5
12	634.18	19,182	1960.7	1961.1	3
13	1,013.82	31,070	1960.7	1961.1	3

表2　内山下・中之町における防災建築街区造成事業による建築の概要
（参考文献2）に基づいて作成）

組合名	組合人数	施行区域面積(m²)	事業費(万円)	着工年月	竣工年月	階数
内山下第1	6	924	7,650	1966.3	1966.10	地上3 地上4
内山下第2	5	489	5,600	1966.12	1967.8	地下1・地上4 地上3
中之町第1	6	427	8,300	1968.3	1969.10	地上4
中之町第2	12	1,728	67,500	1972.3	1974.1	地下2・地上4
中之町第3	9	980	46,600	1971.7	1972.10	地下2・地上6

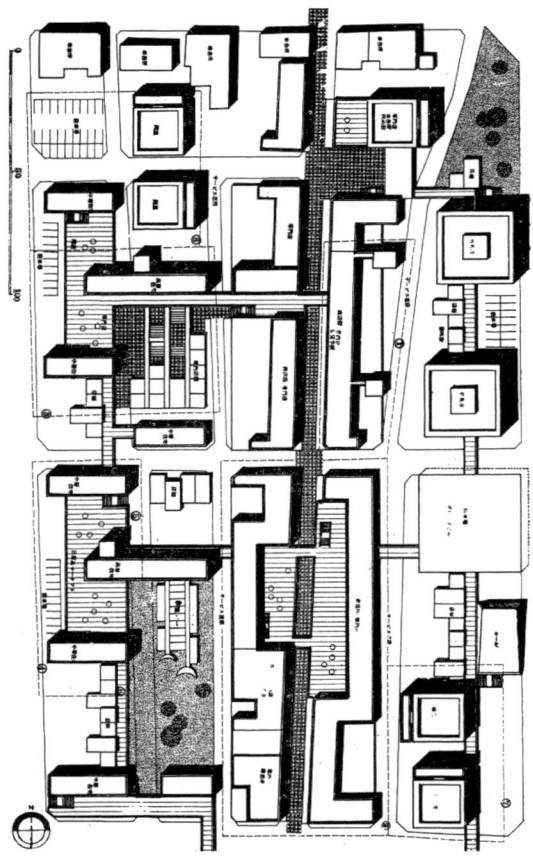

■ 図3　上之町・中之町地区再開発計画（配置図）[3]
図1の天満屋百貨店より北側の街区．

キングを確保する．
6) 容積率は，既存の約100％の2倍の約200％で計画する．

図3は，上之町・中之町の再開発に関して提案された配置図である．

岡山県は，表町一丁目地区における事業竣工後の1960年11月に日本建築学会に対して，岡山市街地全体を対象とする「岡山市都市再開発マスタープランに関する計画・研究」を委託した．1961年9月に提出された報告書では，基本計画（マスタープラン）をふまえた「各地区の動向予測と再開発のプログラム」，及び「市街地中心部再開発の基本構想」が立案され，表町については，対象を延長1kmに及ぶ商店街南端まで拡大した計画案が示された．詳細は，参考文献[6]を参照されたい．

3　プロジェクトその後

日本建築学会都市再開発委員会が提案した表町一丁目地区の再開発計画は，線的再開発（線的不燃化・防火建築帯建設）から面的再開発への飛翔を目指す内容であったが，現実の再開発事業は，計画による提案とは相違した形で進行した．また，岡山市都市再開発マスタープランも，策定以後は十分に活用されなかったことが報告されている[7,8]．

表町商店街では，その後も「天満屋岡山店再開発事業」（1967年4月〜1969年9月），「中之町地下街事業」（1972年7月〜1973年11月）等が実施され，商業地としての拠点性が強化された．

しかし，1972年3月に山陽新幹線が岡山まで開通すると，岡山駅前に大型商業施設の立地が相次ぎ，都心部における岡山駅周辺と表町周辺の2極化とともに，表町の地盤沈下が進んだ．

岡山市は，1985年3月に「岡山市都市再開発基本構想」を策定し，都市再開発の方針を明確化した．表町地区では，「岡山市表町一丁目地区第一種市街地再開発事業」により，1991年9月に岡山シンフォニービルが竣工するとともに，上之町商店街が「アムスメール上之町」としてリニューアルされた（前出の写真1参照）．さらに，優良再開発建築物整備促進事業による「岡山市表町三丁目14番地区（アークスクエア表町）」（1998年6月竣工），民間によるNTTクレド岡山ビル整備（1999年2月竣工）等の再開発も行われたが，表町商店街の地盤沈下には歯止めがかかっていない．

岡山市は，中心市街地活性化基本計画（1999年3月策定）の基本理念として，「様々な人が暮らし賑わう生活交流都市」を掲げ，岡山駅周辺と表町周辺の2地区間での回遊性強化を提案している．2009年4月に政令指定都市昇格を果たした岡山市において，表町と岡山駅の連携を強め，拠点性の高い都心を形成していくことは急務と言える．

◆参考文献
1) 川上秀光（1960）：「岡山市中央商業地区再開発計画」，都市計画 **33**，21-34．
2) (社)全国市街地再開発協会編（1991）：『日本の都市再開発史』，p.88-91．
3) 岡山都市整備株式会社（1885）：『岡山都市再開発事業のあゆみ』．
4) 岡山市都市整備局（2010）『生まれ変わる街・岡山市の都市開発』．
5) 森村道美（1998）：『マスタープランと地区環境整備』，学芸出版社，p.25-26．
6) 前掲5)，p.26-30．
7) 前掲2)，p.89-90．
8) 前掲5)，p.31-32．

3 松戸常盤平住宅団地の計画
土地区画整理事業への情熱によって産みだされた団地
1962

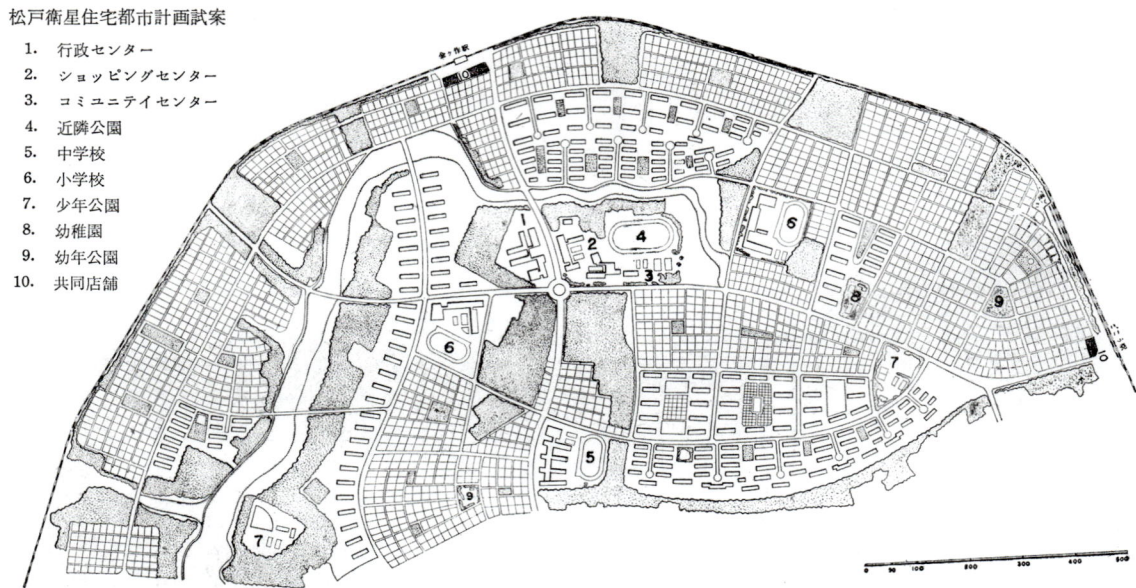

松戸衛星住宅都市計画試案
1. 行政センター
2. ショッピングセンター
3. コミュニテイセンター
4. 近隣公園
5. 中学校
6. 小学校
7. 少年公園
8. 幼稚園
9. 幼年公園
10. 共同店舗

■ 図1　松戸衛星住宅都市計画試案　秀島乾による初期の検討案[1]

■1　初期の住宅公団と宅地開発事業

　常盤平地区は住宅地としては2種に分けられる．日本住宅公団の賃貸住宅団地と，宅地開発事業による土地分譲地である．公団は発足当時二つの大きな役割を担っていた．一つは住宅建設（つまり団地），もう一つが宅地開発（つまりニュータウン）であった．その実施部隊として，公団本所にも東京支所にもそれぞれ，建築部と宅地部が設置された．1955年7月，年度途中に発足した公団の，初年度（実質半年間）のノルマは年度中2万戸建設であった．東京支所はその半分の1万戸を任された．しかし，すべての住戸の年度内竣工は無理なので，年度内発注が目指された．このため，立ち上がり期の公団ではとにかく団地用地買収，設計，発注までの業務が火急であった．

　一方で，宅地開発方面でも，首都圏整備委員会が既に検討していた大規模開発適地の候補地から，松戸・金ヶ作地区（常盤平団地），日野・豊田地区（多摩平団地），川崎・生田地区（百合丘団地）の3地区が選ばれ，11月，松戸市では現地説明会が行われた．そして翌年1月，東京支所宅地部下に松戸宅地開発事務所が設立された．

　事業は，のちに公団のお家芸となる用地先行買収方式の土地区画整理事業で行われた．その課題は以下の4つであった[2]．1. 土地収用法が使えない．2. 坪当たり買収平均単価が千円と安い．3. 買収農地の宅地転用許可が必要．4. 土地は中間業者に頼らない直接買収方式．

　松戸では，現地開発事務所が開設したころ，「金ヶ作地区市街地造成計画反対期成同盟」が結成され，買収反対運動が起きた．これは最終的には政治的な決着を見たが，上記4つの課題がその遠因であった．ここで記憶したいのは，公団初代の名物総裁だった加納久朗が，反対運動に難儀する公団職員を激励しに，自ら馬に乗って現場に駆けつけたことであった．英国紳士であった加納総裁の人柄を示すとともに，初期の公団が，いかに上から下まで一致団結して，熱い情熱をもって仕事に当たっていたかを示すエピソードである．

■2　基層としての近隣住区

　こうして，公団常盤平団地では1959年に最初の入居募集が行われたが，常盤平という名称は公募によって選ばれた．松戸の松，常盤の松，にかけた名前であった[2]．その後区画整理事業が完了を見た翌年の1962年，都市計画学会石川賞が，秀島乾，竹重貞蔵，渡辺孝夫，田住満作4名の技術者に贈られた．

　この計画ではまず，本所宅地部長の竹重を中心にマ

■ 写真1 団地のセンター地区
センターの交差点脇の店舗，南面平行の中層階段室住棟，斜面地のスターハウス．

■ 写真2 センター前の「星形住宅」のバス停
黄色のアクセントカラーを意識した粋な配慮．

スタープランが練られた．一方で，この方面の権威者であった民間のプランナー，秀島に委嘱して理想案（図1）をつくらせ，これをとりいれながら実施案が検討された[4]．

秀島は戦前，満州集団住区制理論を新京都市計画に適用しようとした人物である．近隣住区は彼のネーミングであったらしい[3]．「理想案」では宅地分譲地区に，戦前の近隣住区が採り入れられている．実際には，その後相当変更され，スターハウスが建ったりしたが，センターや主要街路はほぼこのままである（写真1）．

ちなみに本所宅地部長の竹重は，戦前戦後を通じて広島・名古屋の土地区画整理を実施した実力者．公団の先買方式は彼の影響である．そして東京支社開発部長であった渡辺も，戦前戦後一貫して東京都で区画整理の第一線の技術者であった．また，東京支所宅地部工事課技師の田住は，戦前から緑地系の都市計画技術者であり，後には福岡区画整理協会理事長になっている人物である．若手だった当時は，松戸の現場の最前線で苦労した人物であった．

このように，戦前戦後一貫して区画整理に心血を注いだ技術者たちによって，艱難辛苦を乗り越えながらつくられた宅地に，戦前からの近隣住区の考えを入れ込んだのが，常盤平の基層だったといえよう．

3 建替えと見守りと再生

2011年，常盤平団地は50周年を迎えた．都市計画学会の10年後輩ということになる．団地はいまだに建設当初の姿を保っている．実は，これは結構珍しいことではある．

かつて，国策により，昭和30年代の団地はすべて建て替え対象であるとされた．このため，当団地も建て替え中の団地内仮住まいの確保のために，募集停止措置がとられた．これにより，比較的元気な家族はこの団地から出て行くようになった．

一方で，精力的な建て替え反対運動が起こり，結果として政策転換のために団地建て替えは中止され，ストックを生かした団地経営路線に切り替えられた．しかしながらこの間，結果的に高齢者単身世帯が多く住む団地となってしまった．このため，孤独死が発生するようになり，団地自治会では孤独死防止に全力を入れなければならなくなった．全国に先駆けて行われたこの取り組みは，マスメディア等を通して広く知られるようになった．

しかしながら近年では，団地が黄色のアクセントカラーで塗られ，景観が少しばかり若返るようになった．そればかりではなく，募集停止も解除され，若い人々も住むようになった．バス停のネーミング（写真2）も，この歴史性豊かな団地の価値を再発見しているようだ．

◆参考文献
1) 秀島　乾（1957）：「松戸衛星都市計画試案」，都市計画 **18**，29．
2) 『創業時代―日本住宅公団東京支所』同刊行会，1985年5月．
3) 関　研二（2006）：「都市計画コンサルタント第一号」，都市計画 **263**，2．
4) 渡辺孝夫（1961）：「松戸市金ヶ作地区の宅地開発事業の全貌」『新都市』．

4 駒沢公園計画
1960年代の土木・建築・造園技術を駆使した昭和期の歴史的遺産　*1963*

■写真1　第18回オリンピック東京大会時の駒沢オリンピック公園　(提供：駒沢オリンピック公園総合運動場)
中央広場を真ん中にグリッドに沿った施設配置．視覚的効果から管制塔は中心線をずらした位置に配された．

■1 時代背景と事業の意義・評価のポイント

　1960年代の東京は，人口が急増，郊外に向かって市街地が拡大し，高速道路や鉄道，河川，公園など首都としてのインフラ整備が必要とされていた．1958年，首都圏整備法に基づき主に既成市街地の整備と10カ年の事業計画を内容とする第一次首都圏整備計画が告示された．翌年，1964年の東京オリンピック開催が決定，それに向けて東京の都市づくりが急務となっていた．

　東京都世田谷区の駒沢公園計画は，新宿副都心計画，首都高速道路の建設，葛西沖の埋立などのビッグプロジェクトと共に首都圏整備計画に位置づけられ，オリンピック開催に向けて進められたプロジェクトである．

　当地の歴史は，1914年，日銀職員が私有農地を借りて駒沢ゴルフ場を開設したことから始まる．1942年に防空中緑地として都市計画決定，1943年駒沢緑地として全面買収された．その後，第四回国民体育大会（1949），第三回アジア競技大会（1958），第14回国民体育大会（1959）の会場となりその都度スポーツ施設の整備がなされてきた[1]．

　そして第18回オリンピック大会の東京招致決定に伴い，第二会場として使用するため，新たに全面的な整備が都市計画事業として実施された．3年余りの歳月と約46億円の工事費をかけて陸上競技場，体育館，屋内球技場，第一球技場，第二球技場，補助球技場の6つの施設がつくられ，1964年12月1日「駒沢オリンピック公園」として開園した（駒沢公園は都市計画名称）．

　2010年現在，開園面積は41.4 haで日比谷公園の約3倍の広さを有し，世田谷・目黒の両区にまたがって位置する都立公園として親しまれている．

　この公園事業の意義は次の三点である．

　第一に，綿密な基本計画を作成し，公園内外の動線を考慮した施設配置や道路の計画，空間認識の視覚的効果を活用したアプローチ空間など，当時最新の計

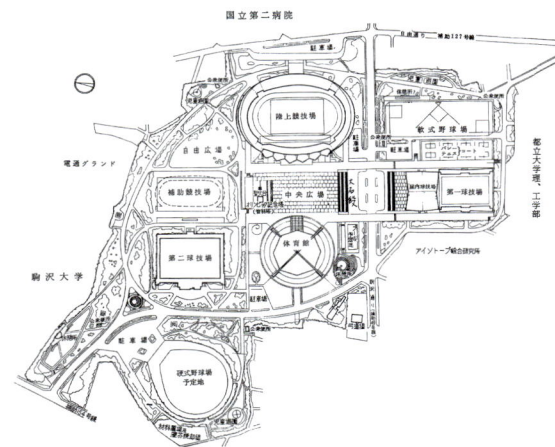

■ 図1　当初の駒沢オリンピック公園施設配置図（（財）東京都公園協会所蔵）

駒沢通り（補助49号線）を貫通道路とし，バス停から中央広場へ上がるアプローチとし，2つの連絡橋で南北を結んだ．

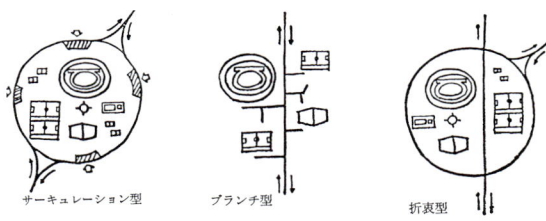

■ 図2　公園の施設配置と動線のパターン[3]
サーキュレーション型とブランチ型の折衷型を採用．

画・設計手法を用いている点である．

　第二に，数年前から慎重に計画した樹木や芝生など，竣工と同時に建物と調和したボリュームの緑を提供できるよう日本の造園技術を駆使した修景植栽を行った点である．

　第三に，これら最新の土木・建築・造園技術が同時に短期間で施工され，見事に一つの空間として調和していることである．

　これらの点から当公園は，明治の日比谷公園，大正の明治神宮内外苑と関東大震災の帝都復興3大公園と小公園に次ぐ，昭和期の造園傑作の一つと称され，完成当時も各国から緑と施設の調和の美しさが絶賛された[2]．

■ 2　プロジェクトの担い手と特徴
2.1　プロジェクトの担い手

　公園の基本計画は，東京大学高山英華教授を中心に，東京農業大学横山光雄教授，八十島義之助教授，早稲田大学秀島乾講師のもとに策定された．

　中央広場を挟んで，陸上競技場が村田政真建築設計事務所，管制塔と体育館の部分は芦原義信建築設計事務所が基本設計を行った．そのほかの屋内球技場，第一・第二球技場などの建築・設備工事，道路・広場・橋梁などの土木工事，植栽・園路・児童遊園などの造園工事については，すべて新しく設置された東京都オリンピック施設建設事務所で設計を担当した．土木・建築・造園の各職種の技術者が一つの事務所に常駐し，各計画・各工事間の調整，設計・工事監理がきめ細か

に行われた[2]．

2.2　プロジェクトの4つの特徴

　本公園は，東京オリンピックに向け，日本の復興を国際社会にアピールすることを目指して進められた．その特徴は以下の4点に集約される．

（1）貫通道路を取り込んだ動線計画　整備前，周辺では都市計画街路放射3号，4号線，補助154号線，補助127号線が走り，放射4号線上には東京急行玉川線が運転されていた．敷地の広さに比べ，周辺の道路に接する部分が短かったため，約2 haの土地を買収し，東西に貫通している補助49号線（駒沢通り）を全面的に改良して植樹帯を配し，オープンカットにして上にはオーバーブリッジを東西二本かけ，南北に分かれた園地を結んだ．この人道橋は，出来るだけ桁高・橋脚を薄くした見通しの良い構造としている．

　また，貫通道路の真ん中にバス停を配し，正面入り口とした．貫通道路を公園の中央よりやや南寄りに縦貫させる動線と，園内を一周する幅員8〜12 mの園路の動線を組み合わせ，その中に公園施設を配置した．公園の動線としては，サーキュレーション型とブランチ型の両方のメリットを享受できる折衷案としている[3]．

（2）視覚的効果の活用　来園者は貫通道路を通って掘割状のバス停に入り，閉じられた視野から正面階段を上がって公園にアプローチする．階段を上がると，次第に管制塔の先が見え始め，上がり切って中央広場に出て初めて公園施設の全貌を見ることができ，来園者が期待感を持って進む効果を生み出している．

　このアプローチ空間と中央広場は，建築家芦原義信氏の外部空間の考え方[4]を実現したものである．すなわち，日本では珍しいイタリア広場のような樹木のない石畳だけのドライな空間づくりに拘り，様々な視覚的手法を意欲的に用いている．例えば，正面右にある陸上競技場と左にある体育館は，陸上競技場の方が相当大きいため，管制塔の位置はシンメトリーではなく中心より左に振ってある．広場は100 m×200 mの

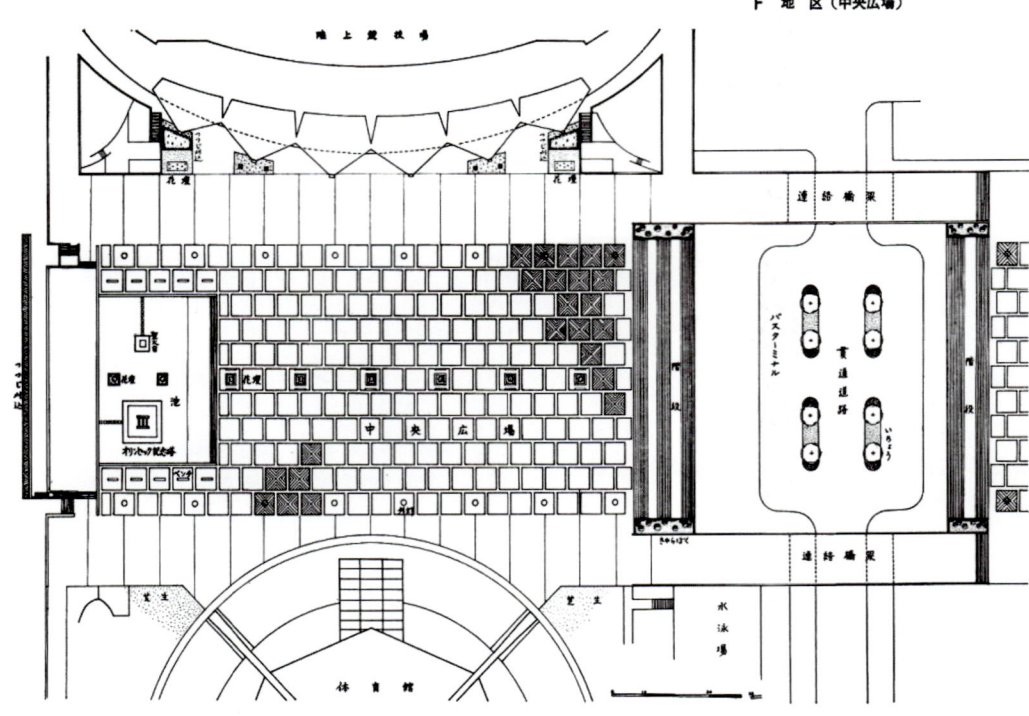

■ 図3　中央広場[2)]
都電の敷石が用いられ，花壇が21.6 mピッチで配されている．階段の踊り場の広さも視覚的効果を考慮して計画された．

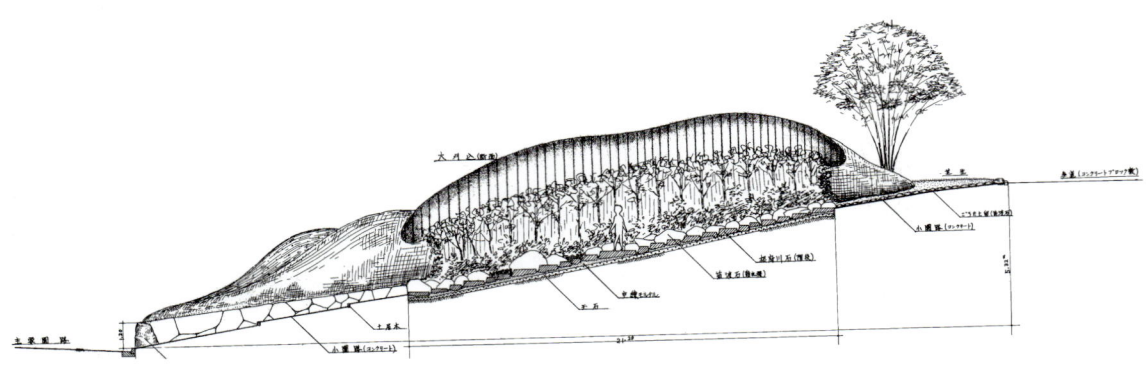

■ 図4　大刈込　((財)東京都公園協会所蔵)
日本庭園の築山の手法を用いた．

広さであるが，芦原氏の提唱するまとまりのある外部空間のモジュール（20〜25 m）を意識して21.6 mごとに花壇と照明を配し，うるさすぎず，かつ単調さを避けた空間を構成している．

また，軸線を合わせて中央広場を中心に各施設を囲み，中央広場の面を基準として陸上競技場，体育館，管制塔，バレーボール場のみ中央広場より高く配置し，その他の施設は低くして，巨大な施設群による視覚的な圧迫感をなくしている．

(3) 緑の量感を強調　植栽については，幹回り60 cm以上の大樹を約1,000本，灌木類は53種類114,293株，地被類92,195 m²を用いた．大きな競技施設の修景に合わせ樹木も完成当初からバランスのとれた状態に見せるため，あらかじめ関東近県で巨木を育成管理し，これを移植して公園植栽の骨格とした．最大施設の陸上競技場の巨大なコンクリートの質量感に対しては，部分的に植栽の密度を高くし，緑の質感を視覚に強く訴えるように4,000 m²にも及ぶ大刈込みを作った．これは日本庭園の手法である築山をアレンジしたもので，その樹種は21種類に及び，四季それぞれ変

■ 図5　現在の駒沢オリンピック公園施設配置図
（提供：駒沢オリンピック公園総合運動場）

■ 写真2　現在のジョギングコースと大刈込　　■ 写真3　管制塔と中央広場

化のある景観をつくりだしている．

　1964年8月23日の朝日ジャーナルで，建築評論家の川添登氏は完成直後の公園について，次のように述べている[2]．「駒沢オリンピック公園で最大の功労者は，都の公園緑地部と造園課であろう．（略）あの広大な敷地に，見事に植え込まれた樹木こそ，世界に誇ってもよい日本庭園技術の勝利であり，敷石などの計画とともに全体の調和に非常に大きな働きをしている」

(4) 和を想起させるデザイン　中央広場の管制塔の概観は五重の塔を思わせ，都電の敷石を再利用した石畳は和服の模様に似ている．街路樹には，イチョウ，ケヤキ，ヤナギ，植込地には，クスノキ，シイノキ，ウメ，サクラを用いるなど，植栽も我国固有の郷土植物を主に用いており，さらに刈込みや岩組で日本庭園の趣を取り入れている．これら和のデザインイメージは当時オリンピックに来園した外国人にも好評であったという[2]．

■ 3　プロジェクトその後

　1966年，財団法人日本オリンピック委員会（JOC）から寄贈された水泳場の新設，1988年トレーニングセンターを開設し，その後1993年に体育館・管制塔，1998年第二球技場，2008年中央広場のそれぞれ大規模改修を行っている．

　近年の中央広場改修の際には，①舗装面の凹凸が激しく，バリアフリー上の問題がある，②非透水・非保水のためヒートアイランド対策・雨水流出対策に対応していない，など現代的な機能に適していなかったため，芝生広場への全面改修が検討された．しかし，最終的には日本の中でも稀有なドライな広場空間であり，建築家芦原義信氏の外部空間の考え方を具現化したデザインという公園の歴史性・デザイン性を重視することとした．それまで用いていた都電の敷石を再利用して凹凸を削り，透水性・保水性の確保は目地材を透水コンクリート洗出し舗装とすることで対応した[5]．これでデザイン性を損なわずに現代に必要な機能を付加する改修に成功している．

　現在の駒沢オリンピック公園は，天気の良い休日ともなると多く市民で賑わっている．整備から半世紀が経とうとしている今でも，周遊道路はジョギングやサイクリングに利用され，正面から中央広場に向けて階段を上がる時の高揚感・期待感は変わらない．大きくなった緑のボリューム感は無機質な中央広場と好対照をなし，年月を経たことによる美しさを呈している．ドッグランやトレーニングセンターなど，時代のニーズに合わせて公園の施設内容は変化してきたが，時代を超えたデザイン性と緑のバランスは，市民に愛される昭和の造園遺産として残り続けるであろう．

◆参考文献
1) （財）東京都スポーツ文化事業団（2007）：『駒沢オリンピック公園総合運動場要覧（平成19年度）』．
2) 東京都公園協会（1967）：「東京都駒沢オリンピック公園造園施設について」，都市公園 **42**．
3) 三橋一也（1981）：『駒沢オリンピック公園（東京都公園文庫10）』．
4) 芦原義信（1975）：『外部空間の設計』，彰国社．
5) 細岡晃（2010）：都市公園 **188**, 38-41.

5 八郎潟干拓地新農村集落計画
将来の農業のモデルとなる農業経営の創設と新農村の建設

1964

■ 写真1　干拓地を貫く幹線排水路
両側の樹木は並行する幹線道路の防雪機能を兼ねる．

1　時代背景と事業の意義

　八郎潟干拓は，戦後の緊迫した食糧事情対策として検討され，1957（昭和32）年に着工が決定された．1959年には学識経験者を委員とする八郎潟干拓事業企画委員会が設置され，営農，農村建設，行財政の3分野に分かれて検討が進められることになった．しかし，すでに食料不足の懸念は弱まりつつあり，新農村建設計画は16年間に渡って検討され，6回の変更がなされている．

　1957（昭和32）年における当初の営農計画は，農家数4,700戸，1戸当たりの営農規模は2.5 haである．委員会において当初計画はあまり重要視されることはなかったが，当時秋田県および周辺市町村の営農規模は，2.5 haを超えるものは10%以下であったという．このように社会環境の変化とともに見直されてきた新農村計画は，その過程で「経営的な内容のみにとどまらず，その社会生活面においても生産基盤の面においても真に将来の日本農村の指標たるにふさわしいものを建設すべきである」とされ，営農方法，集落形態が検討された．

　当初案は，1961（昭和36）年に農家数2,400戸，営農規模5 ha，自動車通作に変更され，最終的に1973（昭和48）年には，農家数580戸，営農規模15 haとなった．営農方法も，個別営農・水稲単作から，水稲直ま

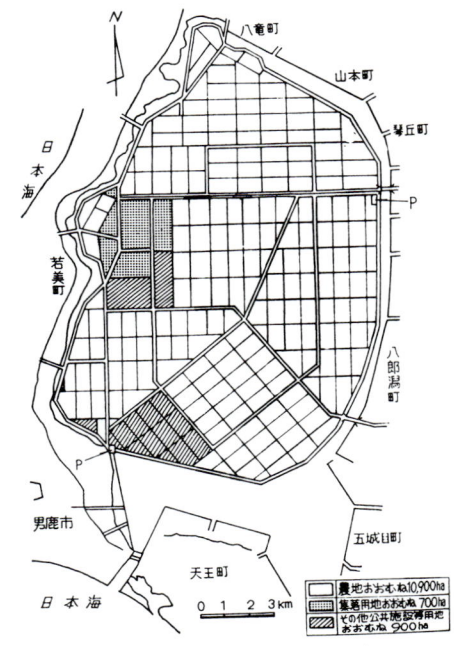

■ 図1　八郎潟干拓地の集落位置図[1]

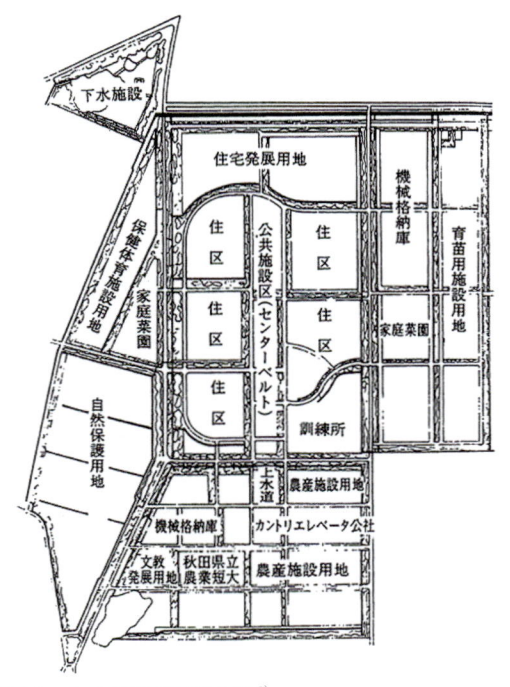

図2　中心集落計画概念図[2]

き・協業営農が検討され，その後大型機械の共同利用，田畑複合経営となっていく．

営農規模の拡大，農家数の削減にともなって，集落計画も変更されている．1957（昭和32）年計画で道路沿列状集落であったものは，6つの集落と2つの中心地および総合中心地から構成される8集落案や，3つの集落と総合中心からなる4集落案などが検討され，最終的に1つの集落（総合中心地）とされた．

2　評価のポイント

干拓事業により，1964（昭和39）年に大潟村という新しい農村が誕生した．新農村の集落としての特徴の一つは，生活の場と営農活動の場を完全に分離していることにある．すなわち，営農規模の拡大，戸数減少に伴って，居住地を集約するとともに，営農活動の場である機械格納庫などを生活の場の外側に置いている．もう一つの特徴は，徒歩による生活が可能となる計画としていることである．総合中心地の中央には，センターベルトという南北に1.6 km，幅200 mの公共施設地帯が設けられ，役場や学校，農協，商店，郵便局，診療所などが集中して配置された．また住宅も日常生活を徒歩で営むにはコンパクトな居住空間設計が望ましいことから，一戸あたりの宅地面積が500 m^{2}とされた．これは当時の農家住宅として相当狭いもので，台所が狭い，車庫がない，親戚が来ても泊まるところがないなどの理由から，入居直後からさまざまな増築が行われた．

大潟村の農村計画はまさにこれまでの農村にはない，将来のモデルを目指したということがいえる．1960年頃の日本の状況を考えると，都市においては，戦後復興が終わり，新しい住宅や生活様式としての団地が登場したが，ニューヨーク郊外のラドバーンに導入された歩車分離の思想や，職住の分離，農家としては小規模で団地化された住宅など，当時の地区計画の考え方が強く意識された計画であったといえる．その意味で新農村に導入された計画理念は，農村にとどまることなく，わが国郊外住宅としての，将来モデルの一つであったといえよう．

また，通過交通を排除することは，結果的に地区内の交流性を低めることにもなった．一方で，住宅地内には新しい入植者が集まることのできる公園のようなものは整備されなかったこともあり，事業が終了し新農村建設事業団が解散した後に最初にできたものは神社であった．

3　プロジェクトその後

大潟村に限らずわが国の農業は，国内外の食料ならびに農業事情，農業政策に大きく影響を受けており，今後とも厳しい状況は続くと思われる．しかしながら約12,000 haに及ぶ広大な農地と，そこに新たな農業を目指して入植してきた開拓者精神の伝統は，安全・安心な食料生産基地として，また環境創造型農業の推進や，風力発電などの新エネルギー生産などの役割のほかに，都市と農村との交流，さらには農業生産だけではなく，加工，流通・販売を含めた6次産業の促進など，今後の地域づくりにおいて，大いなる可能性を有しているといえよう．

◆参考文献
1) 農林省構造改革局・農業土木学会（1977）：『八郎潟新農村建設事業誌』．
2) 日本建築学会農村計画委員会（1965）：『八郎潟干拓地建設計画』．
3) 日本都市計画学会集落計画委員会（1963）：『八郎潟干拓地新農村計画』．
4) 石田頼房・井出久登・浦　良一（1978）：「八郎潟干拓地新農村集落計画の計画意図と事後評価」，都市計画 **100**．
5) 谷野　陽（2004）：『国土と農村の計画』，（財）農林統計協会．

6 鈴蘭台地区開発基本計画
区画整理事業による市街形成と地域交通網の提案によるまちづくり
1965

■ 写真1　現在の鈴蘭台地区と周辺（2010年8月撮影）
周辺には官民による住宅開発が進んだ．手前の建物は日本住宅公団の集合住宅．

　昭和30年代（1955～）には，住宅開発が都市近郊に広がり始めた．六甲山系の北側に位置する，山林と農地が広がる自然豊かな鈴蘭台地域には，日本住宅公団による住宅地開発計画が始まる．136 haに及ぶ新たな住宅地開発（土地区画整理事業の施行主体は神戸市）であった．

　受賞作品は，この事業に先駆けて，大阪市立大学都市計画研究室を中心に作成され，新規開発地を含む一帯の開発基本計画を定めたものである．

■ 1　地区開発計画のポイントと時代背景
1.1　既成市街地と一体化した整備の提案

　計画地区では，神戸電鉄鈴蘭台駅を中心に既成市街地が形成されており，単なる新規開発というわけでなく，既成市街地や都市計画道路といかに一体化させるかが課題となった．また駅前広場や道路整備は十分に整備されておらず，開発が進むことで今後の課題が想定された．

　そこで開発計画では，地区内の道路計画にとどまらず，既成市街地を含めた鈴蘭台地域の道路網の提案がされた．具体的には地区内の幹線道路を鈴蘭台駅前に接続して，地域環状道路（コレクター道路と称された）として機能させる提案である．

　また，地区内に新駅（西鈴蘭台駅）を設けることで，鈴蘭台駅への集中を緩和するよう意図された．

1.2　区画整理の手法を生かした市街地形成

　用地を確保するに当たり全面買収ではなく，住民にも受け入れやすいように，区画整理事業が適用され，また飛び換地を行って土地をまとめる集合換地が行われた．そして公団用地では速やかかつ計画的に公団住宅建設が進められた．一方，そのほかの換地区は，時間をかけながら施設や住宅などの建設が進むこととなり，無理のない市街地形成となる．計画的に短期間で建設される事業（民間開発や新住開発など）とは異なる市街地形成となり，地区全体が単一的機能に偏った土地利用となることを防ぎ，人口構造においても広

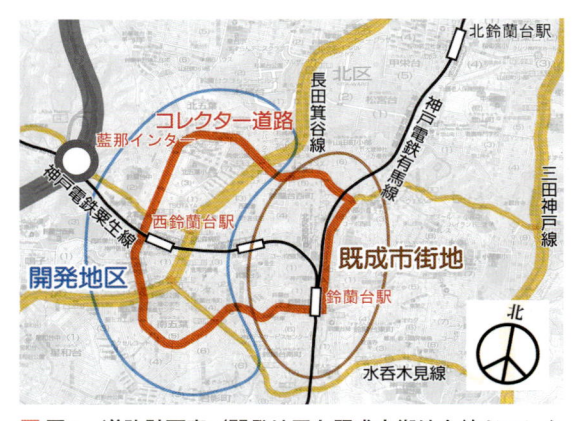

■ 図1　道路計画案（開発地区と既成市街地を結ぶコレクター道路）

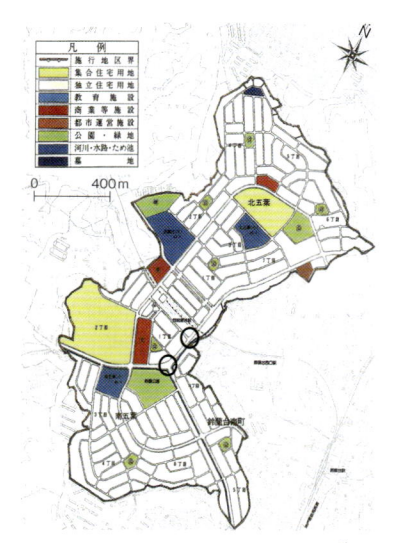

■ 図2　新開発地区の土地利用計画図[2]
○部分がT交叉．なお，開発基本計画の段階では
この計画はまだ策定されていなかった．

がりが期待された．

1.3　都市計画道路はT交叉

地区には南北に都市計画道路長田箕谷線と東西に交差する都市計画道路水呑木見線が計画されており，交差の形状は，海外の事例を参考にT交叉（三叉路）とするよう計画された．交通事故を少なくすることができるとの判断と，交差する場所の地形状況や土地利用計画など総合的に分析した結果であった．

1.4　分水嶺の変更をしない土地造成

開発を原因とする市街地での河川災害は度々起こることから，分水嶺の変更は行われないことが，地区開発の条件の一つとして提示された．

■ 2　市街地形成の期待と現状

2.1　コレクター道路（地域環状道路）の役割は

提案通り鈴蘭台駅前には都市計画道路鈴蘭台幹線が計画されたが，整備は遅れている．駅の北と南近くまではコレクター道路が整備できたが，駅前との接続は十分でなく整備を急ぐ必要がある．

コレクター道路は，新駅（西鈴蘭台駅）と接続していることで鈴蘭台駅への集中を緩和することとなり，地域での役割は果たしている．

2.2　区画整理手法による市街地形成

公団住宅が計画的に建設され，人口集積ができることで生活施設が新駅周辺に整備された．長田箕谷線沿いには現在も大型店舗や沿道型施設など生活施設の集積と変化が活発に起こっており，地域の中心としての役割を果たし続けている．

2.3　都市計画道路のT交叉評価は

兵庫県神戸北警察署交通事故係によれば，交差点の形状による事故の比較はできないが，T交叉は流れが単純であることで事故が少なくなる可能性は考えられるとのことである．また，ゆとりがあり見通しよい設計になっているので，事故防止の条件に繋がるとの指摘があった．

当時は高速道路の計画はなかったが，中国道の西宮より阪神高速7号北神戸線が整備された．地区の西方にインターチェンジが設置され，水呑木見線に接続された．長田箕谷線にT交叉で接続されることになり，計画はこの点でも評価できよう．

■ 3　プロジェクトその後

以上みてきたように，この開発計画は，全面買収型のニュータウンとは異なり区画整理手法で進められたことで，隣接する既成市街地とのつながりを重視し，より広域に多様な対応ができたことから，鈴蘭台地域の総合的な計画となりえた点に特徴がある．そして，そうした点で当時，ある程度実効的な役割を果たしたと言える．

しかし，当時を振り返ると，自然環境や社会環境の構造変化への対応には十分でなかったと，この計画作業に携わった一員として反省する．

今回，鈴蘭台地域を歩き，当時の思いに今の思いを重ねるとかみ合わないことが多い．当時はベストの提案と確信していたが新しい課題が生まれている．今回若い仲間と歩いたときの第一声は「環境破壊や」であった．なるほどそうである．

新都市計画法（1968年）による線引きの時期にしっかりとした運用ができていなかったことへの反省である．当時は工場誘致，住宅の建設など官民による開発が競いながら進んだ．また，特定者の利益追求や地元民による開発意欲は，計画論を曲げた要因ともなった．この時期に将来を見越した総量計画をたてて，開発と保全の区切りをしっかりとすべきであったと考える．

今後は自然環境や社会構造の変化に対応しながら，綿密に練られた計画と行政指導を望むところである．

◆参考文献
1) 住宅・都市整備公団関西支社（1985）：『まちづくり30年：近畿圏における都市開発事業』．
2) 神戸市企画局調査部（1968）：『神戸市の建設事業』．

7 坂出市における人工土地方式による再開発計画
都市問題・地価高騰を解決する有効な手法として人工土地方式を模索したが… *1966*

写真1 人工土地再開発西側の商店街の通り

1 時代背景と事業の意義・評価のポイント

　バブル経済（1986年～1991年）がはじけて以降，地方都市の中心商店街の佇まいは，うらぶれた姿となった．閉じられた数々の店のシャッターと，閑散とした駐車場に寂しさを感じざるをえない．昭和30年代からの日本の高度成長期の活気に満ち溢れた中心商店街の姿は，今は昔．坂出市の中心商店街も，その例外ではない．しかし，当地区は，この商店街の北端に位置し，坂出駅に近く，まだ，ある程度のポテンシャルをもった地区にあり，現在でも通りに面した一階の店舗は，あまり閉じられてはいない（図1）．

　坂出市は，1960年代初頭，工業都市への変革期を迎え，戦前から栄えた塩田業が衰退した．そこで，工場誘致と市街地の整備が急務となった．当地区（清浜・亀島地区）は，当時，坂出駅周辺の市街化が進むなか，駅から200m北に位置し，塩田業に従事する人々が多く住む密集した「不良住宅地」であった．坂出市は，この裏宅地と表通り沿いの商店街をつなげ，立体的な利用を図る「人工土地方式による再開発計画事業（以下，「坂出人工土地」という）」を計画した．なお，人

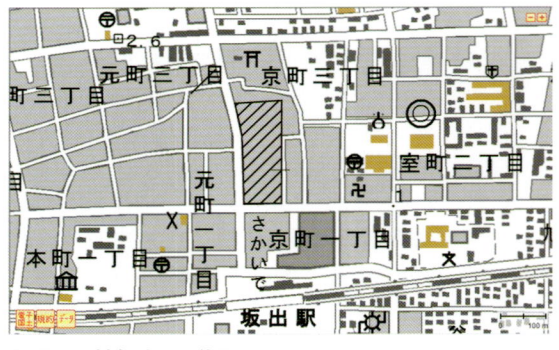

図1 対象地区の位置

工土地という言葉は，1970年代後半からは，「人工地盤」という言葉に置き換えられ，それが主流となるが，この当時は，「人工土地」が主流であった．また，坂出人工土地の正式名称は，清浜・亀島住宅地区改良事業である．

　坂出人工土地の計画及び事業の経過は，表1のとおりである．1963年から事業は開始されたが，屋上権等の権利調整の難航（1971年～1973年）や，オイルショックの影響による事業の停滞（1975年～1979年），

関係者との権利調整，買収・補償（1980年〜1983年）等で，事業は長期化し，ようやく1986年に完成している．

この再開発事業の意義は，当時の市長の言葉を借りれば「わが国で最初に人工地盤を設けた住宅団地」で，それは，コンクリートの人工地盤をつくることによって「土地を立体的に利用し，都市空間を生み出し，その空間を効率的に最大限に活用した」ものであるといえる．

また，坂出人工土地は，1960年代に黒川紀章，大高正人らによって提唱された「メタボリズム（新陳代謝）」という建築理論の事例として，建築史上，高い評価を得ている．

さらに，この坂出人工土地の計画は，1969年の都市再開発法制定以前に，裏宅地に住宅地区改良事業，表通り沿いに防災建築街区造成事業を適用し，新たな都市再開発の手法を見出そうとしたもので，いわば，現在，事業実施されている都市再開発法に基づく都市再開発事業の先駆けと位置づけられる．

■ 2 プロジェクトの特徴と関わった人々
2.1 プロジェクトの特徴
(1) 人工土地構想の背景　都市の近代化，モータリゼーションの進む中で，地上の道路は，次第に自動車に奪われていった．そこで，スミッソン夫妻は，車に邪魔されずに安全に生活できる空間を空中に建設する構想を提示し，それらはゴールデン・レーン計画（1952年），シェフィールド大学増築計画（53年）などとして結実している．また，ヨナ・フリードマンも「空中都市」（1959年）を発表し，「パリ空中都市」（1959年），「チュニス空中都市」（1960年）等の計画で，地上に広がる既存の都市を壊さずに，空中に新しい都市を建設することを提案している．

世界の建築界で若手の建築家たちが議論していた空中都市のビジョンは，本計画の設計者である大高正人も十分に意識し，ここに実現したといえる．

(2) 坂出人工土地の計画　記録によれば，事業施行以前，この地区の建物現況は，木造平屋125戸，木造2階33戸，耐火構造1戸の計159戸で，不良住宅128戸，良住宅27戸，住宅以外4戸となっている．

これを，すべてクリアランスし，鉄筋コンクリートの人工土地を構築した．人工土地の上には，歩道・広場・児童公園などのある集合住宅（住宅地区改良法による改良住宅142戸）を，また，人工土地の下には，商店街，駐車場，市民ホール（防災建築街区造成法による）を設けている．市民ホールは，収容人員800人，延べ床面積2,417 m²である（写真2）．

人工土地全体の面積は，10,111 m²で，その内訳は，改良住宅3,015 m²，集会所160 m²，児童公園678 m²，住宅周囲の緑地1,561 m²，広場歩道4,697 m²となっている．改良住宅の住棟周辺に植栽，人工土地下から突き出した樹木が設けられ，さらに広場，公園が設計され，豊かな外部空間を目指した住棟配置計画となっている（写真3）．

人工土地の高さは，当初計画の4 mから5.3 mと9 mに引き上げられた．これは，当時裏宅地で商店を営んでいた人の為に人工土地下へ市営の改良店舗を建設することや，1層の駐車場を将来的に2層で使用すること，商店を2階建てにすること等のためである（図2）（図3）．

(3) 街路と広場の計画　さらに，地権者の土地を集約し，道路から後退させた．南側街路では6 m，西側街路では3.5 m，東側・北側ともに6 mの道路を拡幅している．これを普通の道路事業として行うと，1.5〜2.0倍の事業費が必要となる．また，表側の商店街の土地を集約することで，南側の角地と北側の市民ホール前に広場を造成することが可能となった．

これにより，歩道に水路と街路樹，ポケット広場が

表1　坂出人工土地計画・事業の経過

年度	計画及び事業工程	工期
1962	清浜亀島地区住宅地区改良事業（単純なスラムクリアランス案）の認可	
63	第1期用地買収開始	
64	清浜亀島地区住宅地区改良事業計画変更（人工土地案）防災建築街区造成事業の街区指定認可	
65	清浜亀島地区住宅地区改良事業計画変更（市民ホール併設案）	
66	第1期工事：裏宅地のスラムクリアランス　人工土地上部に改良住宅，下部に駐車場の建設	1期
67		
68		
71	第2期工事：人工土地上部に改良住宅の建設	2期
72	第3期工事：市民ホールと上部の改良住宅の建設	3期
74	坂出市民ホール条例制定，使用開始	
77	2期：店舗営業開始	
84	第4期工事：上部の改良住宅の建設	4期
85		
86	坂出人工土地の完成	

＊文献3) 表1より（ただし，筆者による修正あり）

■ 写真2　遠景から人工土地の上に立つ共同住宅

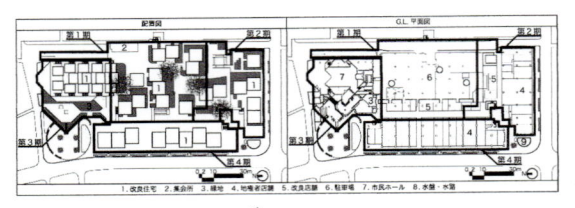

■ 図2　配置図・平面図 3)

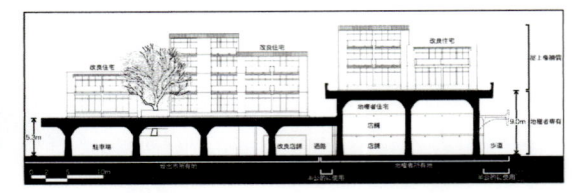

■ 図3　断面図 3)

■ 写真3　人工土地の上に立つ共同住宅の路地は，植木鉢等により生活感のある下町的な情緒を醸し出している

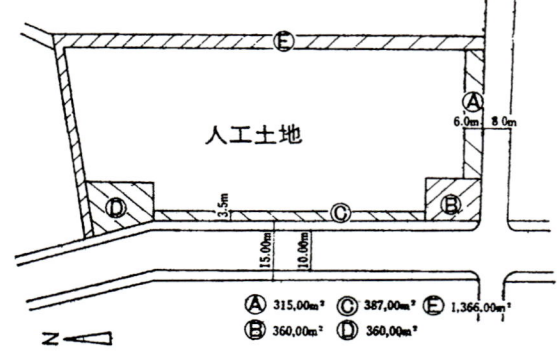

■ 図4　街路・広場分の土地区分図

■ 写真4　市民ホール前の広場

設けられ，豊かな歩行空間を創り出している（図4）（写真4）．

2.2　関わった人々の思い

受賞者は，浅田孝―環境開発センター代表，大高正人―大高正人建築設計事務所長，北畠照躬―建設省住宅局，番正辰雄―坂出市建設課長，山本忠司―香川県建築課長（役職名はいずれも当時）である．

浅田孝（1921-90）は，戦後，活躍する丹下健三の右腕として，数々の建築作品に関与し，他にも，デザイナーグループ「メタボリズム」を結成するなどしている．また，浅田はプロフェッショナルの実務家として，環境開発センターを開設し，地域開発のエキスパートとして数々の計画に携わる．特に，浅田は香川県出身であり，四国関連の都市計画を多く手がけ，その関係から，本計画もチームリーダーとなっている．川添登（1968）は，浅田を「建てない建築家，書かない評論家，教えない大学の教授」と評している．

大高正人は，1960年に開かれた世界デザイン会議では，「メタボリズム・グループ」のメンバーとして名を連ね，槇文彦と共同で「人工土地」の考え方にもとづき，「群造形」をコンセプトとした立体的な再開発計画を提案している．本事業は，その概念を具体化させたものといえる．

北畠照躬は，1962年に日本建築学会に人工土地部

会を組織し，人工土地を都市開発の手法として実用化するための調査研究を行っている．

番正辰雄（1916-89）は，1948年坂出市役所に入り，この計画策定および事業初期は担当課長であったが，1967年助役，1973年には市長となっている．番正は，都市計画—100号記念特集号で「坂出市における人工土地方式による再開発計画」を寄稿しており，「この事業を構想段階から手掛けてきた私にとって，ともかくもここまでやってこれたことは，この上ない喜でもあり，ひとしお感慨深いものがある」と述べている．

本事業で作られた市民ホール前の広場には，番正の銅像が建立されており，この事業に対する貢献がうかがえる（写真5）．

山本忠司は，この事業の県の窓口として尽力している．一方，香川県建築課長時代の1973年，「瀬戸内海歴史民俗資料館」で学会作品賞を受賞している．1985年，山本忠司建築事務所開設，瀬戸大橋記念館，小豆島民俗資料館等の公共施設のほか，数多くの民間施設の設計を手掛けてきた．また，日本建築家協会の初代四国支部長を勤めている．

■ 3 プロジェクトその後

人工土地に改良住宅を建設（第1期，1966～68）してから，約45年が経過している．当然，現在は設備や外壁等の改修が実施されている．しかし，1戸当りの住戸規模は，その当時の補助基準に規定され，たいへんに小さく（2K-30 m^2，3DK-42 m^2），今後，住戸の改修時に，2戸を1戸とする改修や単身者向け等への改修が必要であろう．しかし，バルコニー周りや玄関扉の自己改修など，入居者の工夫がうかがわれ，かつ，住戸前の植木鉢など，何か下町の路地を連想する風景に親しみを感じる．

この坂出人工土地は，通りから一見すると，1階が商業施設で，上階が集合住宅という，今では，どこにでもある再開発ビルに見えなくもない．しかし，上記に見たように，坂出人工土地は，それとは異なる．

坂出人工土地は，技術的に独立した架橋体として位置付けようとした．構造や設備的には，土地として捉える試みがなされている．人工土地の構造は，上下の建物とは独立して建設され，許容境界線を設け，人工土地上での新たな建築・解体を可能にした．一方，設備に関しては，関係公社・会社に対して，人工土地を限りなく土地と同等に捉えるように交渉を行っている．また，人工土地下の利用を制限しないように，人工土地上を避難階として設定した．

しかし，第二の土地として位置づけるには，法的根拠を持たなければならないが，法律の専門家等による人工土地の法的位置付けの検討がなされなかったこと，事業が長期化したこと等から，人工土地としての法的裏付け（法制度整備）ができず，結局は，今日，一般的に採用される区分所有や立体換地の考え方で処理され，新しい再開発手法としての概念や意味が曖昧になってしまったことは，残念である．

戦後に夢として現れた「メタボリズム」と「人工土地」の思想と手法を，私たちは，今という時代において再検討・再評価する時期に来ている．

さらに，この人工土地は，現在は，周辺の街並みに違和感なく馴染んでおり，景観形成の価値も，また，建築的価値も高い．それらを，その根底から捉えようとするならば，思い切った手を打って，一つの時代の記念碑として，また「空間の履歴」として受け継いでゆく努力も必要であろう．

［なお，この稿を作成するにあたっては，野村瑠衣さん（高知工科大学2010年度卒業）に協力をいただいた．］

◆参考文献
1) 川向正人：現代建築ギャラリー．第43回坂出人工土地（http://www.noda.tus.ac.jp/m.asato/ca_g/index.htm）2010.05.08取得
2) 番正辰雄（1978）：「坂出市における人工土地方式による再開発計画」，都市計画100号記念特集号，45-49．
3) 近藤裕陽・木下 光（2008）：「坂出人工土地における開発手法に関する研究」，都市計画論文報告集，475-480．
4) 川添 登（1968）：『建築家・人と作品（上）』．

■ 写真5 市民ホールの前の広場にある番正辰雄の銅像

8 久留米住宅団地の計画
初の歩行者専用道路の計画と実施

1967

写真1　住宅地と一体となった歩行者専用道路の空間

1　時代背景と事業の意義・評価のポイント

「久留米住宅団地の計画」は，日本で初めて「歩行者専用道路」を計画実現し，人と車の分離という新しい道路の概念を構築したプロジェクトとして，1967年（昭和42年度）に「日本都市計画学会　石川奨励賞計画設計部門」を受賞している．

昭和30年代から40年代にかけての日本は，高度経済成長とモータリゼーションの進行する中，都市構造の急激な変化が起きていた．日々増えていく車を前に，歩行者の安全な動線をどう確保するかはまちづくりの大きな課題となっており，その解の一つとして歩行者専用の道路を計画し実現したことはその後のニュータウンなどの広域計画に大きな影響を及ぼした．

2　プロジェクトの特徴

歩行者専用道路がはじめて実現された「久留米土地区画整理事業」は1966年から1969年にかけて日本住宅公団（当時）によって実施された．所在地は東京都東久留米市滝山，施行面積は約156haで，公共用地，施設用地と住宅用地で構成されている．計画戸数6,400戸，一般住宅と計画住宅として滝山団地が建設され，当時の大規模郊外住宅地開発の一つである．

プロジェクトの特徴である歩行者専用道路は計画区域内に5路線あり，バス通りを中心に，5つのバス停留所から南北に地区を縦断する形で配置されている．これらの歩行者専用道路は，住宅地とバス停をむすぶと同時に学校や商業，行政施設にもネットワークされている．また，滝山団地内は歩行者専用道路に連続して団地内の緑道が計画され，歩行者の安全な動線が連続して地域の骨格を形成している．

歩行者専用道路の空間構成は幅員10mで，道路に面する門，柵，塀を生垣や見通し可能なフェンスとするよう譲渡契約にもとづく特約として建築協定を定め，個人の庭と道路植栽の一体的な緑空間の確保をめざしている．

この事業に関わった計画設計部門の代表として今野博氏，吉田義明氏，村山吉男氏の3名が受賞している．今野博氏によると，歩行者動線について，

「歩行者専用道路の集合住宅地内の貫通」「地区内諸施設とのネットワーク」「児童公園，団地内植栽と一体となった景観，雰囲気作り」「建築協定によるフェンス，柵の指定，植栽の義務付け」「こういった処置による緑の軸線の形成」を計画し，「結果として，区画道路を通行する交通が限定され，速度が低くおさえられる効果をうむこととなった．また，閉鎖的と見られていた住宅団地と一般住宅地が歩行者専用道路で結合されることにより，より開かれた地域社会の形成を図ることとなった．」

■ 図1 マスタープランと歩行者ネットワーク（5本の歩行者路がバス停から設定されている）[3]

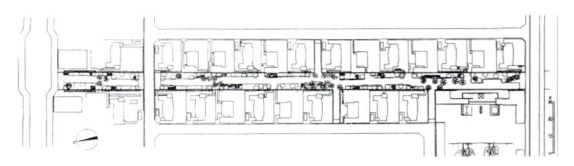

■ 図2 歩行者専用道路の構成（植栽帯や通路部分に変化をもうけ，歩いて楽しい景観形成を試みている）[3]

と述べ，久留米地区以降ほとんどの開発地区で歩行者専用道路の導入が図られるようになった．

また，その後つづくニュータウン開発にあたり，歩行者専用道路は安全な動線としてのみならず，都市の構造を形づくる基本的な生活軸として位置づけられ，多摩，筑波，港北地区などではネットワークとして地域全体に組み入れられ，ニュータウンを構成する重要な要素となっていった．

■ 3 プロジェクトその後

(1) 歩行者専用道路とまちなみ形成

歩行者専用道路沿いの宅地に住宅が建設され，庭と道路の緑化は一体的空間として成熟し，屋外については計画時の思惑通りの深い緑の軸が現在形成されている．公園や既存の緑地をつなぐ緑の軸と人間の活動の場が重なる歩行者専用道路は地域のエココリドールとなっており，また緑陰がもたらす日陰は夏場の貴重なクールスポットとして効果を発揮している．

高齢少子化の社会を迎え，歩行圏での買い物の必要性が増すなか，高齢者や子供の安全な日常動線として歩行者専用道路は有効に機能しており，安全な生活空間と動線のネットワークは現在もコミュニティー空間として重要な役割を果たしている．

景観面においては多くの宅地が出入り口を歩行者専用道路にむけて設置しなかったため，住宅は歩行者専

■ 写真2 近隣センターと歩行者専用道路の連続

用道路に向かってやや閉鎖的となり景観的には表情にとぼしい箇所もある．初めての歩行者専用道路に対し，多くの居住者は接し方に戸惑ったと思われる．

(2) 昭和40年代の郊外団地の暮らし

滝山団地の初期入居では，ほとんど同じ年齢層，所得層の新規入居者が一斉に集まり，新たに共同的な暮らしが始められた．またこの時代の新規居住者は，地元にあまり縁のない場合が多く，まったく新しいコミュニティーが子供を通じて形成されていくことが多かった．

当地では生活施設は一応そろっており，主婦の日常の買い物の大半は歩行者専用道路でむすばれた地区内で済まされた．また子供たちもほとんどの日常行為を学校と住宅と周辺の店や公園で行い，たまに周辺に遠出をし，神社や川，武蔵野の原風景や自然を体験し，新たな世界を広げていったという．歩行者専用道路が地区内において居住者の日常活動をささえると同時に，地区外につながっていくことの重要性が伺える．

(3) 歩行者専用道路の今後

高齢少子社会，そして環境共生社会になっていくこれからの日本を考えるとき，歩行者専用道路や緑地のネットワークは，生活者の安全と快適性を確保する都市の重要な基本軸としてその役割を果たしていくであろう．久留米住宅団地での歩行者専用道路の成果はその先駆けとして大きなものであった．

◆参考文献
1) 今野 博（1980）：『まちづくりと歩行空間』，鹿島出版会．
2) 公団まちづくり研究会（1992）：『まちをつくり まちをはぐくむ』，鹿島出版会．
3) 住宅・都市整備公団（1999）：『住都公団のまちづくり技術体系』．
4) 原 武史（2007）：『滝山コミューン一九七四』，講談社．

9 新宿西口広場の計画
副都心計画にもとづいた駅前での日本的な都市デザインの実践　　1967

■ 写真1　新宿西口駅前地下広場[1]

■ 1　時代背景と事業の意義・評価のポイント

　高度経済成長の始まった1955年から10年間で，東京では人口が実に300万人以上増加した．そうしたなか，1960年代には都市への集中に対応するための大規模な再開発プロジェクトが相次いでいた．その代表的な例が新宿西口副都心計画であり，その一環として実現した本事例は計画設計部門の石川賞を受賞することとなった．

　新宿西口にはそれまで33 haにも及ぶ淀橋浄水場や工場が存在し，これらを移転することで都心機能を担う業務地を開発しようとするものだった．1960年には財団法人新宿副都心建設公社が設立され，新宿西口副都心計画が計画決定されている．これに伴い，国鉄（当時），小田急，京王，地下鉄が乗り入れる新宿西口は交通量の集中が予想された．これに対処すべく1966年に駅前広場は完成している．限られた土地を高度利用し，交通処理機能を高めるため，地上と地下の二層の広場と地下駐車場が計画された．世界でも類のない立体的な駅前広場の誕生であった．

　評価のポイントとしては大きく三つを挙げることができる．第一は急速に進む大都市集中に対し，広域的な計画に基づいて副都心を整備しようとし，それを実現するための象徴的なプロジェクトであった点である．1958年に首都の過大化の防止を目指した首都圏整備計画が策定され，1963年には建設省が設置した大都市再開発問題懇談会が中間答申を報告している．いずれも多心型の都市構造を打ちだし，丸の内付近に集中していた業務機能を，新宿西口などに分散しようとしたものであった．とくに当時急速に激化しつつあった自動車交通に対応し，都市高速道路や容積率規制など新たな都市計画技術を動員し実現が図られたのだった．

　第二は立体的な広場，地下と地上を結ぶ二つの螺旋状の自動車道路などが当時の都市デザインの一つの達成であった点である．当時，都市デザインのあり方をめぐり多くの建築家や都市計画家により様々な提案がなされていた．しかし，実現したものは少なく，本事例は実現した日本的な都市デザインの希少な試みとして位置づけられる．そこでは参画した建築家により様々な工夫がこらされていたのだった．

　第三は新宿副都心建設公社という特殊法人が設立され，小田急が特許を受けて工事にあたるという建設手法（主体）としての意義である．前者は副都心全体の基盤整備を担い，地上と地下広場の設計に関与した．

後者は広場周辺の名店街と地下二階の有料公共駐車場の設計、さらに工事全体を委託された。当時の東京都は多額の事業資金の捻出は困難であり、国もこうした都市再開発を直接担うことはなかった。これに対し、都が全額出捐し債務保証する特殊法人を設立して民間資金を導入するとともに、公共性を認めた者に限って民間に工事が委託されたのである。現在のように民間ディベロッパーが発達していない当時、こうした主体が当時のプロジェクトを担っていたのだった。

■2　プロジェクトの特徴

設計にあたっては、まずそれまで例のなかった地下広場の換気が問題になった。計算上はビルのような巨大な換気塔が必要とされたが、中央に長径60 m、短径50 mほどの開口部を設け、それにそって二本のランプウェイを螺旋状に回す案が生まれた。これによって車の出入りとともに、広場周辺の階段に設けた吸気設備から地下に空気を取り入れ、開口部から自然に排気することが可能となった。しかも、開放感が生まれ、経費も削減できるといった一石何鳥にもなる設計となったのだった。こうして生まれた駅前広場は三層からなり、広場は地上と地下一階に、地下の二階には駐車場をつくることで面積的な不足を補った。また副都心地区から広場に接続する自動車道も二層にすることで倍の幅員に相当する効果がでるようにしてあった。

受賞対象者は山田正男と坂倉準三である。ここでは彼らをめぐり、本事例の特徴を見ていこう。

戦災復興計画を主導した石川栄耀の後を継ぎ、東京都の都市計画を担った山田正男は、在職十五年の間に首都整備局長、建設局長を歴任し、「山田天皇」との異名を持つほどの人物だった。山田は本プロジェクトを含む新宿西口副都心計画を、「線的平面的都市計画から離脱し、空間的、立体的都市計画へ移行した第一歩」と表現している。戦後の東京では区画整理事業を

■写真2　竣工当時の写真[6]

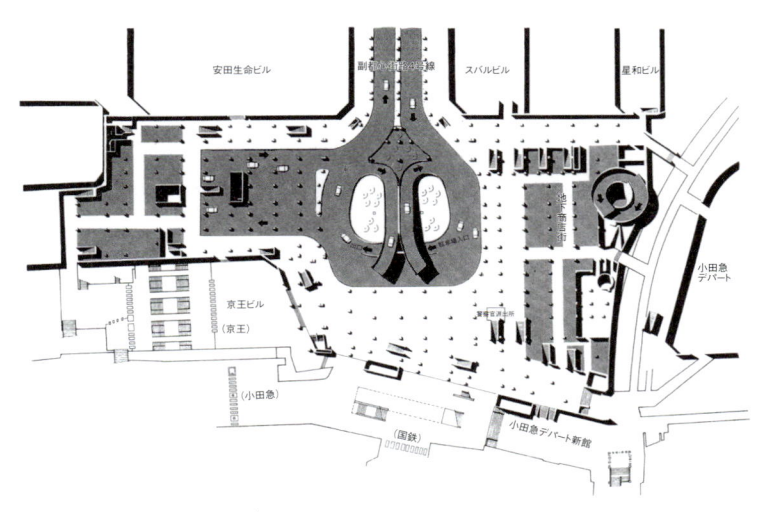

■図1　地下一階平面図[4]

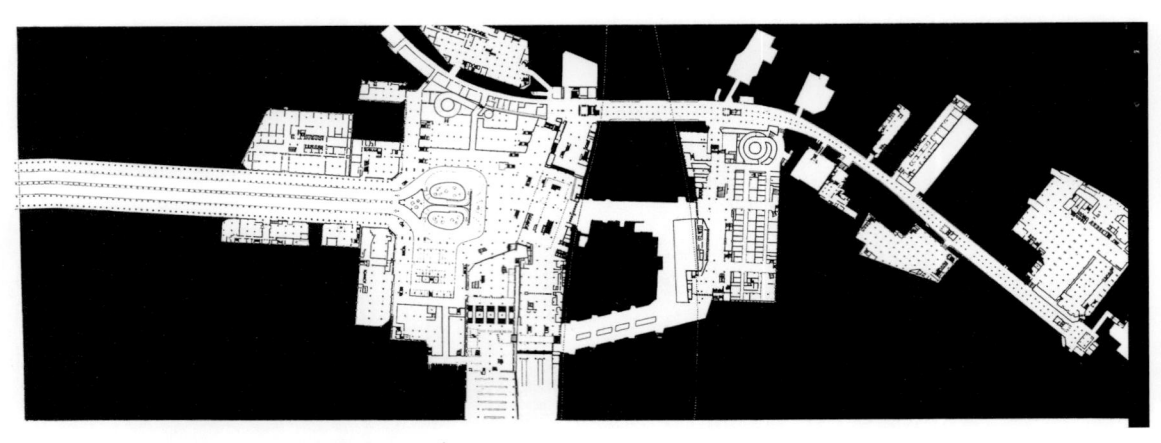

■図2　新宿駅周辺の地下一階の連続平面図[6]

中心とする戦災復興都市計画が満足に行われないまま，高度経済成長に突入し，焼け跡に続々と高層建築物が建ち始め，道路は自動車交通で混乱を極めていた．これに対し，首都高速道路の建設や容積率規制の試行などによって上物である建築と道路を始めとする公共施設のバランスをとろうとしたのが山田であった（実際にまだ制度はなかったにも関わらず，副都心の敷地の売却の条件として建築容積などを定めていた．ただ落札者が現われなかったため，大幅な緩和を余儀なくされている）．

山田によれば，当時，淀橋浄水場を移転して，その跡地を商店街にしたいという地元の請願が東京都議会に出されていた．これは当時がまだ戦後のバラックの時代であり引き揚げ者もたくさんいたことから，業務街と言うよりは歌舞伎町のような商店街を建設してほしいというものだったという．これに対し，山田は区画整理事業はもともとの街区や敷地を細分化してしまううえに，接道するための細街路が増えるのが問題だと述べ，スーパーブロックによるオフィス街として副都心を建設する方針を決めたのだった．

しかし，当時の国や地方公共団体には公共事業は税金でやるものという観念があり，200億円（当時）にも及ぶ事業の実現には困難が予想された．そこで，新宿副都心建設公社が設立され，民間資金を導入してスピーディな事業化が目指されたのだった．これはある意味では国の都市政策の無策に対する抵抗でもあり，また都市再開発法が制定されていない時代の一種のデモンストレーションでもあった．

山田は建築と公共施設の整備を総合して行うことで，平面的な計画から立体的な都市計画への移行を図ったのだった．

一方，坂倉準三はル・コルビジェに師事しモダニズム建築を実践した建築家であり，建築家としては珍しく渋谷や大阪・難波の再開発計画にも実際に関わった点でも知られている．同事務所の東孝光らは錯綜する新宿駅の歩行者動線について，地下一階レベルに国鉄，小田急，京王の改札口を置き，既存の地下鉄コンコースと連結させることで，地上や地下一階の車道から安全に分離された歩行者のスペースとなった点を述べている．連続平面図で見ると1階，2階レベルでは東口と西口の間がいくつもの建物によって分断されているのに対し，地下1階レベルでは自動車や鉄道が排除され，歩行者のための空間としてつながっている様子がわかる（図2）．東らは地下空間が広がっていく過程について，「自己増殖的に拡大して行く都市スペースの中で，複雑な条件を一つ一つ解決しながら他の部分と連続させてやがては，まとまった都市スペースへと発展させて行くアーバンデザインの実践的方法こそデザイナーとしてのわれわれに課せられた命題であると考える」と自らの立場を表明している．以下では彼らの述べるいくつかのキーワードごとにその特徴を見ていくことにしよう．

①**透明な空間**：広場を取り囲む周辺の空間を結びつけ，それを積極的に引き入れて広場の表情を形づくることが目指された．具体的には同じ材料を繰り返し使うことで，広場の拡がり，連続感，一体感を高めようとしている．例えば微妙なグラデーションの現われる窯変タイルを使用することで，それぞれが微妙に異なりながら調和する印象を与えるようにしている（写真3）．

②**ランドマークとしての開口部**：地下空間はいわば密室空間であり迷路的であるだけに，歩行者にいか

■写真3　窯変タイルの使用による空間の演出

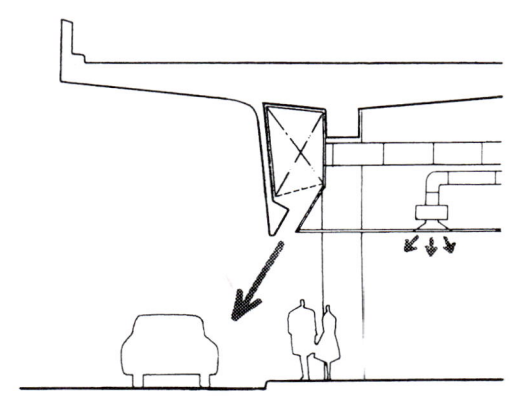

■図3　地下スペースにおける空気の流れ

に位置確認をさせるかが重要となる．ここでは地上への巨大な開口部が，地下空間に地上の空間を取り込むという全く新しい経験を与え，ランドマークとして人々の体験に訴えかける空間となっている．

③**コントロールされた地下スペース**：巨大な開口部を設けることで，人間に対してむき出しの自然が直接ぶつかるのではなく，屋根のある半ば気候的にコントロールされた環境の中に，太陽の光や空気を取り込むことを可能とした（開口部周辺の天井のスリットの吹出口からエアーカーテン的な風の壁を造り車路からの排気ガスの進入をシャットアウトしていた）（図3）．地下には陽光が差し込み，噴水が設けられるなど「太陽と泉のある広場」と称された．

■**3　プロジェクトその後**

建築史家の伊藤ていじは，まだ新宿西口広場が竣工する前の1965年12月時点で，「国鉄，京王線，小田急線，地下鉄線の駅舎，民衆駅（筆者注，現ルミネエスト新宿），京王デパート，小田急デパート，さらに現在工事中の小田急・地下鉄ビルよりなる建築複合体が，ことさらに優れているとは思われないが，もっとも日本的な都市空間が開発される可能性がここにある」「それらが総合された機能は，巨大な現代都市のみが持ちうる特異なものであり，世界にその類例を見ない」と，新宿駅に新たな都市空間の誕生を見出している．確かに狭小な面積の中で交通や空気環境の処理に追われた本事例は美的に優れたとまでは言えないかもしれない．しかし，世界史的に見ても稀な高度経済成長という時代のエネルギーを背景に，大胆な造形が生み出されたのであり，それ以前に比べ圧倒的な容量を追い求め，インフラストラクチャーの機能や建築の複合性が卓抜した点で，この時代を象徴するプロジェクトというにふさわしい．

そして，この場所はその後も公共空間のテストケースであり続けた．1968年にはギターを抱えた人々の集まるフォーク集会が開催され，「新宿西口広場」から「新宿西口通路」と名称変更されて集会が規制され，1990年代末には地下通路を占拠したホームレスの排除が問題になるなど，様々な物議をかもしてきた．乗降客数が最大という新宿駅の足下に位置する本事例は，鉄道という大量輸送機関に頼った日本の都市を象徴する都市空間であり続けているのである．
［なお資料収集に際して，石榑督和氏（明治大学）のお世話になった．］

◆参考文献
1) 坂倉準三建築研究所（1967）：「新宿西口広場・地下駐車場」，新建築 **42**（3），157-164．
2) 財団法人新宿副都心建設公社（1968）：『財団法人新宿副都心建設公社事業史』．
3) 山田正男（1980）：「新宿副都心はこうしてできた」，『明日は今日より豊かか　都市よどこへ行く』，p.161-190，政策時法社．
4) 山田正男（1973）：「新宿副都心の再開発計画」，『時の流れ都市の流れ』，p.365-371．
5) 青井哲人（2009）：「難波・新宿・渋谷――戦後都市と坂倉準三のターミナルプロジェクト群」，『建築家坂倉準三　モダニズムを生きる　人間，都市，空間』，p.171-178，アーキメディア．
6) 東　孝光・田中一昭（1967）：「地下空間の発見」，建築 **79**，62-67．
7) 東　孝光（1967）：「新宿西口広場造成にあたって」，商店建築 **12**（3），101-103．
8) 伊藤ていじ（1965）：「新しい伝統はこうして形成される―日本の建築複合体―」，国際建築 **32**（12），19-44．

10 高蔵寺ニュータウン計画
わが国のニュータウン計画の先駆け．未来都市志向の画期的な都市像の提示　　*1968*

■ 写真1　高蔵寺ニュータウン鳥瞰（2008年）
右下の緑地は未着工の第三工区（自衛隊用地）．幹線道路はほぼ計画どおりに実現したが，集合住宅棟は大部分公団型の並行配置．

■ 1　本計画の意義と時代背景
1.1　高蔵寺ニュータウン計画の意義（都市は都市計画によって創ることができるか）

「都市」は「都市計画」によって創ることができるか．「高蔵寺ニュータウン計画」は，戦後日本の都市計画陣が，この問いに対して真正面から取り組んだ挑戦であり，二人の秀でたリーダー（高山英華，津端修一）の下で，各方面からの多数の人々が幾多の課題を克服してまとめ上げて提示した未来への都市像である．

石川賞受賞は1968年で，高蔵寺ニュータウンの事業そのものは端緒についたばかりであり，また受賞の理由は明らかではないが，①提示されたマスタープラン（都市像）が画期的なものであったこと，②その策定プロセスが包括的かつユニークなものであり，その後のニュータウンをはじめとする大規模開発に先鞭をつけ，手順や技法に道筋をつけたことが評価のポイントと考えられる．

因みに1968年には，高蔵寺ニュータウンの入居が開始され，マスタープランに沿って事業が着々と進行し始めているかに見えたが，その前途について，リーダーの津端氏は「時化る海に船出する思いだった」と後に当時の思い出を語っている[2]．

1.2　時代背景（計画策定の経緯−1）

我が国のニュータウン開発の背景として一般的に語られるのは，高度経済成長とそれに伴う都市化と都市への急激な人口の流入の受け皿の必要性と言われているが，その前段および住宅公団の生い立ちに触れておかなくてはならないだろう．

戦後10年，我が国の経済はいわゆる傾斜生産によって驚異的な復興を成し遂げたが，こと住宅に関しては戦後を引きずっていた．1955年には住宅建設10ヶ年計画を掲げる鳩山内閣の下で公約の42万個の住宅建設が決まり，その使命を果たすべく，同年住宅公団が設立された．その活動により，「住宅団地」が各地に

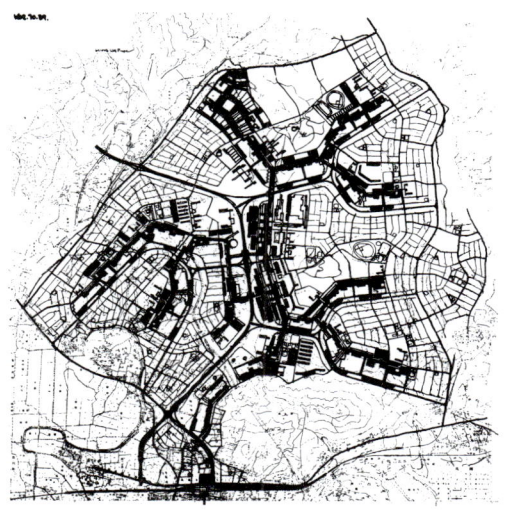

■ 図1　マスタープラン（空間構成）[1]
谷筋に幹線道路を走らせ，尾根筋に高層の住棟を配してセンターから伸びる都市空間．高層棟足下に歩行者デッキ．

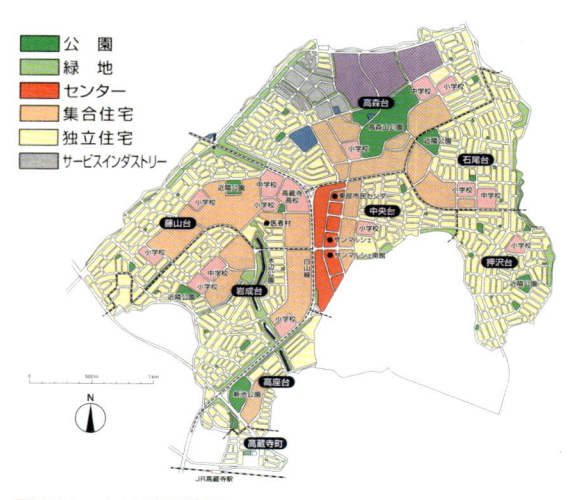

■ 図2　土地利用計画（文献3）を加工）
当初計画（マスタープラン）にほぼ沿っているが，都市計画の用途地域計画で若干の変更．空白部は未完工区．

造られ，2DKとか，団地族など新造語とともに新しいライフスタイルが定着していった．

一方，都市への人口流入は続き，特に三大都市圏への人口集積は著しく，大都市圏としてまず首都圏について，大ロンドン計画をモデルとした首都圏整備計画（1958年），続いて近畿圏整備計画（1963年），中部圏整備計画（1966年）が策定された．これらは広域的に都市圏をとらえ，既成市街地・既成都市地域・都市開発区域など，区域ごとに開発整備（あるいは抑制）計画を定め，規制と誘導によって都市圏のスプロールを抑え，調和ある発展を促そうとしたものである．

こうした動きの中，1960年，住宅公団の理事会において「高蔵寺ニュータウン」は産声を上げた．なぜ名古屋（圏）だったのか．その理由としては名古屋圏での'50年代〜'60年代の人口が54％と急増だったこと．事業推進の前提として土地区画整理事業があったが，戦災復興事業でその実績があった等があげられるが，「住宅建設」を使命に設立された住宅公団の「都市計画」へのチャレンジではなかったか．公団はそのために，例のなかった「特定プロジェクトチーム」をつくった．そしてプロジェクトリーダーとして阿佐ヶ谷団地や赤羽団地，高根台団地などの計画で高く評価された津端修一氏に白羽の矢が立った．

■ 2　プロジェクトの特徴
2.1　高蔵寺ニュータウン計画の特徴－1
　　（計画策定の経緯－2）

はじめに記したように，この高蔵寺ニュータウン計画の意義は，計画自体もさることながら，その策定プロセスにも意味がある．すなわち，策定の過程で突き当たった数々の問題およびその解決の仕方が，その後のこうした事業計画への蓄積となり，またこの計画に携わった数多くの関係者が，その後の人材として育っていったからである．

住宅公団は，住宅あるいは住宅地の計画としての大規模団地の計画の経験はあっても，「都市」の計画は未経験の分野であった．当初，我が国のニュータウン計画の教科書は英国のニュータウンで，千里ニュータウンは1940年代から50年代にかけてのハーロウなど，英国における第1次のニュータウンに習って，近隣住区構成理論等の計画技術によっている所が大きい．

高蔵寺ニュータウンは，当時発表されたばかりの，戦後の英国のニュータウンを総括した，『新都市の計画』をテキストとし，ニュータウン＝衛星都市ではなく，ロンドン周辺の地方都市を母都市として拡大融合していくという未来志向都市で，英国では新世代のニュータウンとして「フック・ニュータウン」が提案されていた．

マスタープランは当初，当時の都市計画研究の中心，東大の高山研究室に委託されたが，住宅公団は事業遂行のために，前述の「特定プロジェクトチーム」を考え，公団の枠を超えて公団と大学が一体となった独特のプロジェクトチームが編成された．現地に拠点を置き，熱気のある検討と作業が続けられ，マスタープランのアウトラインが見えてきた．しかし，事業化のための実施計画に移す段階になって問題が生じた（実際

には数々の問題点を抱えてのスタートだったのであるが，便宜的に「この段階で」ということで整理しておく：詳しくは文献[1]参照）．

ひとつは事業手法としての土地区画整理事業に係る問題．もう一つは事業施行者としての住宅公団内部の組織のあり方とそれに関連して「プランナー」の立場．さらにもう一つは関連する公共公益施設を受け持つべき，国をはじめとする関係諸機関，特に春日井市との関係等の問題である．

これらが絡まりあっての難問に対して，プロジェクトチーム（計画チーム）は粘り強く修正を重ね，協力する大学研究室も学校や医療施設などの住宅地施設の分野で東大吉武研究室が加わるなど体制も拡大した．また，都市経営の点では東工大の石原舜介教授（当時）の尽力により春日井市の正確な財政試算を行い，自治省（当時）をはじめとする関係5省の関連公共事業の予算化，5省協定など，国の政策策定や協力体制も得て，漸く事業が開始されるところまでこぎつけた．

2.2　高蔵寺ニュータウン計画の特徴－2

高蔵寺ニュータウン計画の特徴を一言で言うなら，「ワンセンターシステム」で，センターに集約された都市機能と，谷筋を走る幹線道路と尾根筋に予定された高層集合住宅棟およびペデストリアンデッキによって提示された明快な都市空間構成ということに尽きる．

その他の高蔵寺ニュータウンの特徴は，我が国のニュータウンのさきがけとして計画された「千里」「高蔵寺」「多摩」の，いわゆる三大ニュータウンの比較で見るのがよいだろう．

「千里」は大阪万博を控えて事業開始は1960年．続いて「高蔵寺」（1965年），「多摩」（1966年）の順．「千里」は万博もあって急ピッチで建設されたのに対し，「高蔵寺」はゆっくり建設された．これは先に触れた春日井市の財政負担を大きくしないためで，この「ユックリズム」は早く事業を終わらせたい公団内部としては不評だったようだが，住民にとっては良かったと思われる．

大きさは計画人口・面積規模ともに「多摩」（2,984 ha 30万人）が最大で，次いで「千里」（1160 ha 15万人）．「高蔵寺」（702 ha 8.1万人）は第三工区に当たる自衛隊基地の移転がなかったためコンパクトである．

事業施行者として，「高蔵寺」は住宅公団がこれに当たった（これが事業終了後の管理運営に当たる春日井市との間に課題を残した）．「千里」は大阪府が単独，「多摩」は東京都も行政側として事業に加わっている．

開発手法として「千里」「多摩」は用地買収の容易な「新住宅市街地開発事業」によっているのに対して，「高蔵寺」は初めに決定していたこともあって土地区画整理事業で臨み，このためさまざまな問題に直面した（詳しくは文献[1]参照）．

「高蔵寺」が他の2つと最も異なる特徴は，前述の通りワンセンターであること（住区サービスセンター的なものは計画されたが，地区センターはない），しかも鉄道は区域にわずかに接しているが，センターに鉄道駅がないことである．

計画では車社会を想定し，主要幹線は6車線で計画され，当初計画では3つのジャンクションで立体交差まで考えられた．駐車場不足の指摘もあるが，計画チームとしては，車所有は'80年時点で2世帯に1台と予測したが，住宅公団本所の査定で10世帯に1台となり，さらに住宅建設が単独予算のため将来の駐車場予定の予備地にも住宅が建設されたため，駐車場不足になった．いずれにしても想定外の車の所有率（1世帯2台，場合によっては1人1台）になったという他ない．

大学がないのも「高蔵寺」の特徴のひとつかもしれない（近傍には中部大学をはじめ幾つかの大学が立地している）．当初の計画では誘致施設ゾーンを設け，大学・研究所・博物館等の文化施設を誘致する構想があったが実現しなかった．後にそのゾーンの用途変更が問題となったが，現在は物流倉庫等になっている．

「高蔵寺」は雇用を生み出す施設を誘致し，センターの高度複合都市機能と併せ「ニュータウン」＝「都市」を目指したが，結果としては，良好な環境のハイレベルな「ベッドタウン」に終った．

■3　プロジェクトのその後

3.1　高蔵寺ニュータウン計画のその後－1

その後も日本経済は成長を続け，国は政策として過疎過密の解消をうたったが，一向に大都市（特に首都圏）への人口流入は衰えず，全国各地の大都市での住宅地開発が続いた．「高蔵寺」などの3つの先行ニュータウン開発の直接の影響とは言わないが，そこでの経験やそこで培われた手法や人材，あるいは制度や仕組みによって，ニュータウン開発は首都圏をはじめ全国各地で次々と着手され広がった．

名古屋圏でも，「桃花台」や「菱野」をはじめとするニュータウンや大規模団地が開発され，さらに県境を越えて多治見市や可児市にも及んだ．一方，この地で発達した土地区画整理によって，名古屋市はもちろん外延の市町でも，農地を埋め立て，山林を切り拓いて宅地造成が進み，独立した「ニュータウン」であっ

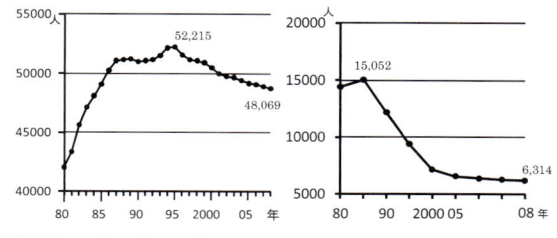

■ 図3 人口と14才以下の子供の数の経年変化
人口総数は1995年の52,215人をピークに減少．児童数は1985年の15,052人をピークに激減．学校統廃合も．

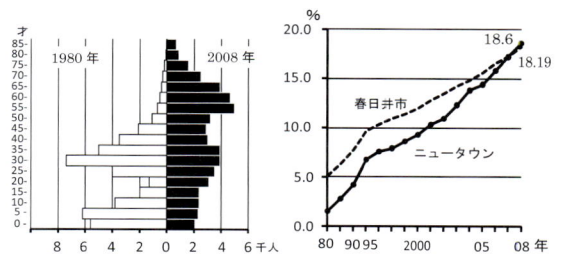

■ 図4 年齢別人口と高齢化率の変化
入居時期と団塊の世代の来住時期が重なったため人口構成のコブがさらに顕著．そのため高齢化率の推移も速い．

た筈の高蔵寺ニュータウンの足元にまで及び，郊外住宅地としてだらだらと連担してしまった．

3.2 「計画」のその後－2（高蔵寺ニュータウンの建設と変遷）

第Ⅰ期（1968年～78年）；創生期

5省協定など国の政策・体制が整ったことで，事業凍結が解除され，1967年から住戸建設開始．翌年に入居が開始され，5月には最初の小学校も開校．新市民を交えての「まちづくり」が始まった．津端氏はじめプロジェクトチームの何人かはまだ名古屋支所に残り，陰になり陽になりして「まちづくり」を支え，市民に手を渡していこうとしており，「計画」がまだ実質的にフォローされていた．小学生，PTA，住民が「住民参加」を行ったことで有名な高森山の緑化運動「どんぐり作戦」はこの時期のもので，団塊の世代を中心とした若い入居者層がユートピアを目標にこうした活動に参加した．活気ある創生期といえる．

第Ⅱ期（1978年～88年）；成長期

待望のタウンセンター開業（1981年）．建設が進み人口も増え，ようやくまちらしくなる．1983年，文化施設の東部市民センターも完成．文化活動その他の住民活動が盛んになる．1985年，児童数はピーク（15,502人）．その後，急激に減少．

第Ⅲ期（1988年～98年）；成熟期

人口も増え，諸施設も整備され，緑も育ち，まちは順調に成熟に向かっているかに見えたが，窃かに翳りが忍び寄っている．1995年をピークに（51,225人），計画人口に届かぬまま人口減に転じ，児童数が急減する．遅くともこの期に，都市経営の観点から何らかの施策が講じられるべきであった．しかし，公団はすでに役割を終え，行政もまた手を拱くばかりである．

第Ⅳ期（1998年～）；衰退期

21世紀に入り，ニュータウンは40歳に．人口は減少を続け，2008年に48,000人．団塊の世代がリタイア期を迎え，高齢化率はついに春日井市平均を抜き18.6%（地区によっては3人に1人が高齢者）．福祉サービス関係のニーズが増え，「ドングリ作戦」を引き継いだ「ニュータウンの緑を育てる会」他，住民活動が高齢化のために相次いで閉幕．「ニュータウン」転じて「オールドタウン」になった．高度に整備され維持されてきたストックを，このまま見捨てることになるのは忍びないと，住民から「再生」の声が上がり始めた．

3.3 ニュータウンのこれから（「計画」のその後－3）

バブル崩壊後，我が国の経済はさまざまなグローバルな影響を受け，かつての勢いを失った．首都圏を別として，都市への人口流入圧力も小さくなり，2005年には日本の全人口が減少に転ずると予測され，少子高齢化が進み，超高齢社会が目前に迫っている．初期の他のニュータウンと共に未来都市を目指した高蔵寺ニュータウンも，このままでは静かに衰退するばかりである．高蔵寺ニュータウン計画は「計画」としては実に魅力的な未来都市を志向していた．しかし現実の情況変化は激しく，残念ながら「計画」を状況に応じてフォローし続ける仕組みがなかった．

近代都市計画は，産業革命でかき乱された英国の都市に対する対応策から始まった．「都市計画は都市を再生することができるか」．改めて新たな問いかけがなされている．

◆参考文献
1) 高山英華（1970）：『高蔵寺ニュータウン計画』，鹿島出版会．
2) 津端修一・津端英子（1997）：『高蔵寺ニュータウン夫婦物語』，ミネルヴァ書房．
3) 住都公団中部支社（1998）：『topika winter 1998』．
4) 中日新聞社（2009）：『40年目の再出発─高蔵寺ニュータウン』，中日新聞春日井支局．

1970年代

高度経済成長期への反省と都市づくり

　1973年のオイル・ショックとそれに伴う高度経済成長の終焉は，都市計画学会賞の対象にも大きな影響を及ぼしたように見える．1970年代前半の受賞作が1960年代の住宅供給を中心とした大規模プロジェクトの延長としての性格を色濃く持つのに対し，以後は既成市街地の整備を主眼においたプロジェクトが目立つようになる．この背景には，前の時代から進んでいた市街地の高容積化・高密度化，スプロールといった問題に対し，住民運動の高揚や革新自治体の登場などにより，量的な問題から質的な問題により目が向けられるようになったことがある．

　基町・長寿園団地計画［⇨11］，防火都市建設に関する一連の計画［⇨12］はいずれも大規模で公的な高層住宅であり，前者は多くの老朽・不法住宅の建ち並んでいた地区の土地利用を抜本的に改め，住戸，住棟，オープンスペースなど様々なレベルの工夫が評価されたもの，後者は工場跡地を利用して宅地供給だけでなく，周囲に広がる木造密集市街地の防災拠点とすることを目指したものであった．しかし，現在ではいずれもその規模故に，ヒューマンスケールを越えた空間をいかに維持・活用するかが課題となっている．

　これに対し，現在のまちづくりに直接つながる活動の初期のものと言えるのが，豊中市庄内地区住環境整備計画［⇨13］と沖縄北部都市・集落の整備計画［⇨14］である．前者は住民参加の協議会方式による地区改善的なアプローチが評価され，後者は地域の風土を綿密に調査するとともに，地元住民の立場に立って計画立案を行った点が評価されたものであった．

　筑波研究学園都市［⇨15］と酒田市大火復興計画［⇨16］は，それぞれ首都圏への集中，大火を繰り返す木造都市という前時代からの課題の解決を目指すものである．しかし，前者は首都圏整備計画にもとづく拠点開発事業の一方で，地元の事情を勘案するなど地方分権としての側面を有し，後者は耐火建築化にとどまらず地域商業の再生や良好な住環境の整備をも目指すといった点で，それまでのものにとどまらない意義を有していた．港北ニュータウン・せせらぎ公園［⇨17］も首都圏での大規模開発事業でありながら，むしろ緑の環境を最大限に保存しようとした点が積極的に評価されたものだった．

　このように1970年代は既成市街地の整備など現在のまちづくりにも通じる活動が見られるとともに，大規模なプロジェクトにおいてもそうした側面に注意が払われ始めた時代であった．

11 基町・長寿園団地計画
城郭地から公園用地指定を経て都心型高層住宅地へ
―劇的な土地利用転換過程

1970

■ 写真1 [1)] 都心付近に様々な先駆的試みを包含して実現した再開発・公的な高層集合住宅と中央公園
1978年撮影．この地区の北側に離れて長寿園地区がある．

■ 1　時代背景と事業の成立過程，その意義

　広島城築城とその城下町の形成以来，圧倒的な存在感を示してきた基町地区において，被爆後の混乱期を経て最終的に再開発されて姿を現したのが高層住宅街であった（写真1）．かつてほどの輝きは失われたとはいえ，隣接する長寿園地区とも連担して，今なお広島の都心に近接して屏風状に屹立する高層アパートとして目立つ存在感を保持している「広島市基町・長寿園団地計画」は1970年度学会賞石川賞（計画設計部門）が長松太郎元広島市助役，広井正治元広島県土木建築部次長に授与された．

　基町は藩政時代広島城のある「広島開基の地」「基（もとい）の地」として君臨した．この城郭地は明治維新後広島鎮台，西練兵場など軍関係諸施設が置かれ，1886年には広島鎮台は第5師団と改称され，日清戦争，日露戦争を経て太平洋戦争に突入すると，様々な側面で軍事色を強めていき，市民生活に多大な影響を及ぼす中枢部となった．そして1945年8月被爆，終戦を迎えた．

　そこは爆心地からほぼ1km圏内という至近距離での被爆であり，人的にも物理的にも壊滅的な打撃であった．戦後は軍が解体されて瞬間的に空白地帯となったことから，新たな戦後史が始まった．元の西練兵場など軍用地は転用されて住宅用地となった．それは被爆・戦災による住宅不足に加えて，海外からの引揚者や復員兵に対して，取りあえず応急的な住宅を供給する場所として絶好の地と判断された．1946年6月まず広島市が480戸を緊急住宅対策として建設した．10軒長屋で越冬住宅と呼ばれ，丸太杭打ち土台敷き，ソギ葺，無天井の粗末な住宅であったが競って入居した．さらに1946年度中にセット住宅と称するいわば7坪のプレファブ住宅267戸を供給した．戦時中に役割を担った住宅営団が再び機能することとなった．その後も住宅建設が進み，基町地区は一大住宅地となり，被爆した都市に新たな息吹を与えたのである（図1）．

　この基町地区は，戦災復興計画において公園の適地と判断され，中央公園という70.48haの大公園として1946年11月都市計画決定に供された．一方で大量の住宅供給を続けながら，そこが都市計画としては公

36

園用地であるとしたことが，後の一連の再開発に至る土地利用の大転換事業を必要とした．また，公的に建設された住宅群西側に隣接して太田川河川堤塘敷の相生橋から三篠橋に至る約 1.5 km に，無計画的に民間による住宅が 1947 年頃から建ち始め，さらに他地区からの立ち退き等で周辺にも増殖していき，1960 年頃には 900 戸にも及び，相生通りとも原爆スラムとも呼ばれる不法占拠地帯となった．そこは頻繁に火災が発生したりして大きな問題となった．併せて公営住宅地も著しく老朽化が進行した（写真 2，3，4）．

1965 年頃，戦災復興事業として施行された土地区画整理事業が終息期に向かうや，基町地区の扱いが最大の懸案事項として浮上していった．高密度で密集して老朽化し，衛生環境など多大な問題を抱えた住宅群をどうするか，この再開発が戦災復興事業の最終段階の大きな課題となった．

この間，基町地区における重大な転換点は，中央公園予定地を変更して 1956 年 12 月「一団地の住宅経営」地区が指定されたことであり，中央公園の計画決定面積が 42.32 ha に縮小されたことである．1956 年度から公営住宅の建替工事が進められ，1968 年度まで中層住宅として市営 630 戸，県営 300 戸が完成した．一団地として公認されたが，しかし公園予定地は依然として多くの老朽住宅・不法住宅が立地したままであった．すなわち，一団地に中層での公営住宅建替計画を進めていってもこの地区全ての住宅を収容しきれないことが明らかとなり，より高層高密の集合住宅地とする計画が必要となった．

基町地区を再開発するとしても，それまでは河岸等での不法占拠地では強制的に立退を迫り，最終的にこの基町に押し込まれてきた経緯があり，さらに別の場所に立退きを迫るのか，ここで何らかの救済策をとるのか，激しいやりとりが展開され，事業手法をどうするか大問題となった．結果的には，公営住宅の枠組みを超えて住宅地区改良法を適用した事業として進める方針とし，1968 年 5 月県・市で基町地区再開発促進協議会を発足させて協議を進め，併行して基町地区マスタープランを，続いて長寿園地区マスタープランづくりを大高正人建築設計事務所へ委託したのである．基町地区マスタープランの策定は早くも 1968 年 5 月であり，長寿園地区マスタープランは 1969 年 3 月に策定された．こうして基町の改良地区指定という画期的な事業が成立したのである．基町・長寿園地区と連

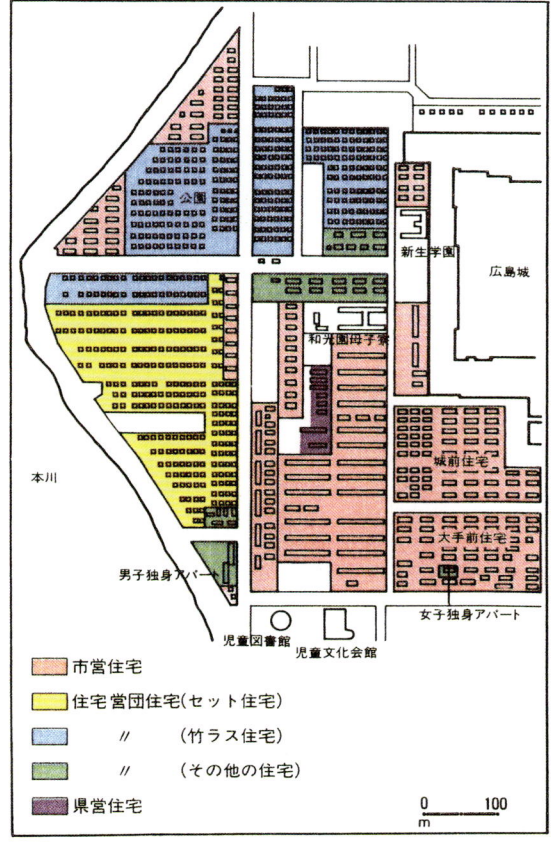

■ 図 1[3)]　基町地区に建設された住宅区分（1949 年）

■ 写真 2[3)]　戦後直後に建設され，密集老朽化した市営木造住宅

■ 写真 3[3)]　太田川堤塘敷きに不法に建設された住宅街・相生通り

■ 写真 4[3)]　堤塘敷きの住宅は度々火災に見舞われた

動して計画されたのは，河川堤塘敷を中心に立地していた住宅の移転先に対して市側の基町地区だけでなく県側が引き受け，県関連事業とした長寿園地区を合わせて再開発事業としたためである．

■2 プロジェクトの特徴とその評価

大高事務所によるマスタープランは，日照，通風，プライバシー等を確保するように高層住宅を南北方向に伸びた「く」の字型を基本とした住棟形式としていくつかに分散させて囲むように配置し，人車分離をはかる人工歩廊で店舗や小学校等とも一体的に整備しようというものであった（写真5）．またほとんどの1階レベルをピロティとして地上を開放し，また住棟を連結して屋上庭園を設けるという独特のスペースを構成するものであった（写真6，7）．大高正人氏は，ル・コルビュジェの提唱したピロティや屋上庭園など近代建築5原則のいくつかを適用し，坂出市で人工地盤による公営住宅地の設計で実践したメタボリズム理論を基町でも展開した．建築は変容を繰り返しさらなる形に至るように，長期的な構造的枠組みと住戸プランなど取り替え可能な部分を位置づけていた．

その他の特徴としては，大架構方式の鉄骨純ラーメン構造で，9.9 m×9.9 mの正方形に2戸を2階分の1ユニットとした住宅を収容する平面構成であり，こうして8階建から20階建（長寿園では13階建から15階建）でほぼ南から北に向けて盛り上がっていくように配置された．すなわち住戸は廊下階住戸（A型）とそこから階段であがる上階住戸（B型）によるスキップフロア構成（図2）がなされた．基町地区では向き合った住棟群の中に商店街が配置された．長寿園地区では東西幅のやや狭い敷地条件の下で，ほぼ河川と併行となる配置で屋上庭園が見送られるなど，基町地区とは異なるが，基本的設計方針は貫かれている．設計担当者であった藤本昌也氏によると，丹下健三氏が平和記念公園設計で導入した平和記念資料館―慰霊碑（広島平和都市記念碑）―原爆ドームという都市軸をここ基町地区での配置計画で受け入れて，敢えて住棟間を離して軸線を通過させたというのである．かくて基町長寿園高層住宅は配置的にも立体的にも広島の都心を特徴づける空間として出現したのである．

広島の戦災復興事業を締めくくるように基町地区では1968年度から開始された建替公営住宅，そして改良住宅，一般の公営住宅建設を含めて1978年度まで進められ，長寿園地区では1969年度から1973年度まで県が改良住宅2棟と山陽本線を挟んで北側に公営住宅1棟を建設し，さらに公団賃貸住宅や公社分譲住宅といった異なるタイプの住棟が配置された．かくて総計4566戸（公団公社を除く）の住宅と商店街そのほかコミュニティ施設，利便施設を建設したが，特に基町地区では7.551 haの敷地に小学校，幼稚園他と住宅2964戸という高密度住宅地となった．

1978年に設置された基町地区再開発事業完成記念

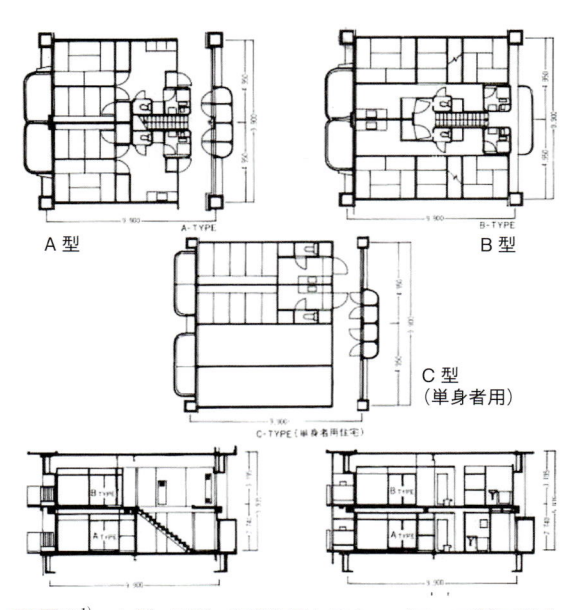

■ 図2[1)]　A型，B型，C型住戸とスキップフロア断面構成

■ 写真5　ショッピングセンター屋上から見た高層住宅群

■ 写真6　1階の地上部分を開放するピロティ，通路と駐車場

■ 写真7　屋上庭園，異なる階数の住棟の屋上をつないでいる

碑には「この地区の改良なくして広島の戦後は終わらない」といわれたことに対して，広島の戦後を終わらせるための再開発事業であったことを記述している（写真8）．

このように再開発計画とは，公園用地として決定されていた部分に立地していた住宅地を，本来の公園用地に返していくという土地利用転換事業であったということになる．そのような大規模な土地利用転換が必要となった理由こそは，広島の被爆という歴史が強く関わっていて，もし公園用地であるとして応急的な住宅を建設していなかったなら，再開発という事態にならなかったかも知れないし，もし不法であるという理由で堤塘敷きの住宅を追い払っていたなら，果たして広島の戦後はどうであったか，被爆者や貧しい居住者はどうしたであろうか，そのような思いを持ってこの高層住宅街を眺める必要がある．

■ 3 プロジェクトのその後と評価

日本都市計画学会賞を受賞した時はまだ建設途上にあったがその後完成し，さらに変容を続けている．都心近くに公的に建設されたという環境条件の中で，当初の居住者も入れ替わり，改良住宅的側面から公営住宅的側面への転換という新たな居住者層も増大し，また社会の縮図のように多くの問題も発生したりするが，そういったことを住宅管理は抱え込んでいかなければならない．基町では原則としてエレベーターホールの両側に廊下でつながる一定数の住戸を縦方向でもまとめてコアと呼び，コア方式によるコミュニティ構成としているが，このエレベーターや廊下の維持管理などにコミュニティの様々な実態が表出してくる．また再開発前のように店と住まいが一体的ではないため独立店舗の経営条件は厳しく，商店街の不振も懸案となっており（写真9），児童の減少による小学校統合問題も顕在化している．

ピロティ空間もある程度は駐車場化するのはやむを得ないにしても，現状は果たしてこれで本来の空間利用なのかという疑問も湧く．屋上庭園が非居住者に閉鎖されるようになったのは1996年からであるが，計画者の思いに答えるには，社会の成熟を待たねばならないということかもしれない．

最も大きな変化は，比較的画一的であった住宅を，いくつかのタイプに改修することが進められていることで，広島市では基町再整備事業の一環として規模増改善を2005年度から2DK 2戸を3DK 1戸に，2DK 2戸を2DK 2戸に，3K 3戸を3DK 2戸に，1K 2戸を2LDK 1戸にする計画であり，広島県では住戸改善計画として1979年度から廊下階の単身用2戸を1戸にする事業を進めている．当初計画で当時の標準設計を先取りした規模であったが，その規模を固定すれば後に問題が生じる．居住層によっても様々な住宅の規模やタイプが必要となり，転居のシステムや，基町・長寿園高層住宅街をより生かすための仕組みづくりといった新たな課題等，当初計画や事業の欠陥というよりは，現在を生きる関係者に課せられていると考えなければならないであろう．

◆参考文献
1) 基町地区再開発促進協議会編（1979）：『基町地区再開発事業記念』，広島県・広島市．
2) 広島市公文書館編集（1989）：『図説広島市史』，広島市．
3) 広島都市生活研究会編（1985）：『広島被爆40年史都市の復興』，広島市．
4) 石丸紀興他（1983）：「基町相生通りの出現と消滅」，「基町高層住宅における空間と文化」，広島市編『広島新史都市文化編』，広島市．
5) 千葉桂司・矢野正和・岩田悦次（1973）：「不法占拠」，都市住宅1973年6月号．
6) 広島市・大高事務所（1973）：「高層団地」，都市住宅1973年7月号．

■ 写真8　基町地区再開発事業完成記念碑と裏面の碑文

■ 写真9　賑わいの消えたショッピングセンター

12 防災拠点等の防災都市建設に関する一連の計画

工学的アプローチによる計画論の構築：防災都市計画の体系化とその実現

1974

図1　十字架防災ベルト構想[1]

写真1　白鬚東防災団地（提供：東京都，1995年撮影）

1　時代背景と事業の意義・評価のポイント

戦後復興は，高度経済成長期に突入し，1964年の東京オリンピック開催に向けて絶頂を迎える．この間，急速に都市は過密化し，多様な都市問題が顕在化した．「都市防災問題」もその一つである．

この時代，都市への集積により制御不可能な自然災害リスクが蓄積しつつあった．現在の問題につながる木造密集市街地も大半はこの時代に形成された．

1964年6月の新潟地震の発生，同年7月に公表された河角廣氏の「関東南部地震69年周期説」を契機として，東京の防災問題に対して社会的関心が高まった．さらに1967年7月東京都より公開された被害想定では，地震火災による江東地区の壊滅的な被害が描き出され，都市防災問題が社会的な課題として認識されるに至った．

こうした中，防災都市建設がポスト・オリンピックの都市づくりのテーマと位置づけられ，江東再開発構想をはじめとする一連の計画・事業が進められた．

一連の計画の意義は下記の4点である．

第一に，ハードとしての地震火災からの避難場所の確保，ソフトとしての避難システムの計画論という現在の防災都市計画の計画論を構築したことである．第二に，実験等を通した災害事象の解明という工学的・科学的アプローチを計画論と結びつけたことである．現代の都市防災研究に通底する方法論を確立した．第三は，マルチハザードを対象としている点である．当時の限られた知見，計算機能力を思えば，偉大な業績といえよう．大規模地震火災対策であることが著名であり，その陰に隠れがちであるが，当初より地震水害も対象としていた．江東地域は地盤沈下による海抜ゼロメートル地帯である．地震による堤防破損を想定し，水害からの安全性を考慮したものとなっていた．第四に過密化のトレンドの中，開発圧力を活用しつつ，一見相反するオープンスペースの確保の実現を図ったことである．現在，防災拠点は，過密市街地の中で市民に対して貴重なオープンスペース，地域活動の拠点空間を提供している．

2　プロジェクトの特徴

防災拠点等の一連の計画論は，東京大学工学部都市工学科高山研究室[1]（高山英華教授）の十字架防災ベルト構想（1968年）を経て，東京都の江東再開発基本構想（1969年）に結実した．

当時，江東地区に拡がる海抜ゼロメートル地帯に拡

がる木造密集市街地は，地震火災，及び，地震水害の大きなリスクに曝されていた．防災拠点は，災害から人命を守ることを目的に構想，建設された．地震火災による「多量集中死」を防ぐ最後の砦を都市内に建設しようとしたものである．周辺よりも高い地盤面に地震火災の巨大な炎を遮蔽する耐火建築物群に守られた，数万人規模の避難空間を建設するものである．

この構想は，6つの防災拠点を有しており，そのうち，白鬚東地区（白鬚東防災団地）は，他に先立って1972年に都市計画決定がなされ，1983年以降，順次竣工した．その他の防災拠点についても時代にあわせて計画変更しながら順次竣工した．

■ 3 プロジェクトその後

白髭東防災団地については，竣工から20年以上経過しており，すでに設備更新の時を迎えている．計画立案当時と比べれば，後背の木造密集市街地の延焼危険性は相対的に低くなった．難燃化がすすんだ状況をふまえると，地震火災が発生したとしても当時想定したような巨大な炎となる可能性は小さい．現在ではややオーバースペックともいえる．昨今の財政難と相まって設備更新の予定は凍結されており，ある意味，歴史的役割を終えつつあるとも見方もできる．

しかし，2011年3月に発生した東日本大震災は，想定をはるかに超える事象が発生することを示した．大震災後の防災計画見直しでは，「想定以上」にどう備えるかが大きな課題の一つと位置づけられるであろう．都市内に防災の砦として確実に安全な空間を確保するという白鬚東団地建設の思想は，「想定以上」にも備えるという今後の防災の考え方として重要であり，改めて今日的解釈を行うに値するものといえる．

防災拠点計画は，この他にも今日の視点からも先進性を読み取ることができる．例えば，気候変動の影響により今後，大規模水害のリスクが高まるとされている中，一連の計画によって実現した防災拠点は，海抜ゼロメートル市街地において大規模水害時に沈まない貴重な避難空間を提供している．現在の防災計画ではマルチハザードについては，発生確率の低さとある意味，技術への過信から軽視，あるいは，無視されがち

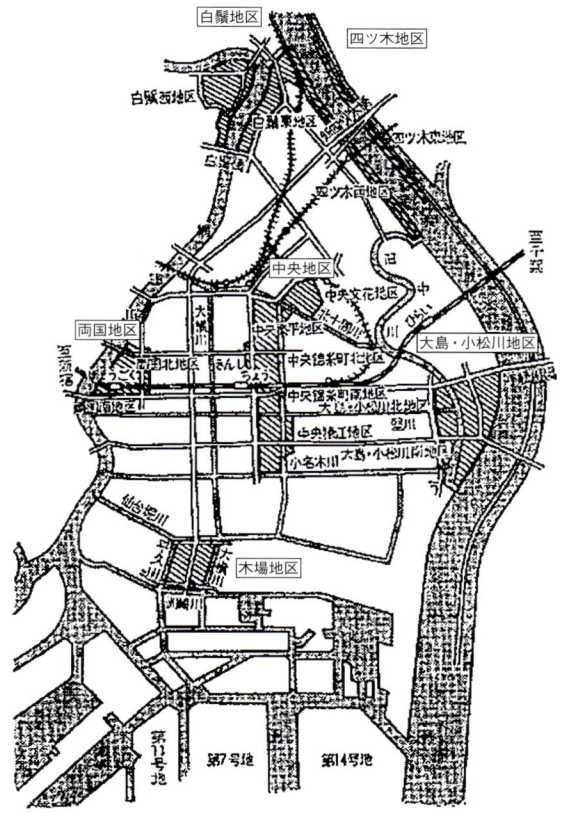

■ 図2　江東防災拠点構想（東京都，1969年）

だが，これをこの時代に考慮した点は特記すべきことである．

昨今の防災まちづくりでは，財政難からくるハード整備の限界の裏返しとしてソフトに偏重したものが一般化しつつある．一連の計画は，最近の防災まちづくりのトレンドに対して再考を促しているのかもしれない．

◆参考文献
1) 東京大学工学部都市工学科高山研究室（1968）:『都市住宅』，pp.7-22，鹿島研究所出版会．
2) 村上處直（1970）:日本建築学会大会学術講演梗概集計画系45，615-616．
3) 村上處直（1970）:建築雑誌 **85**(1028)，669-673．
4) 村上處直（1971）:建築雑誌 **86**(1039)，563-567．

13 豊中市庄内地区住環境整備計画の策定
再開発協議会方式による住環境整備の展開

1976

■ 写真1 住民懇談会開催風景（1986年1月）（豊中市「庄内再開発のあらまし」）

■1 時代背景と計画の意義・評価のポイント

戦後の高度経済成長期（1955～73年），地方圏から大都市圏へ人口の大移動に伴う借家需要に応えるため木造賃貸共同住宅（木賃住宅）等が大量に供給された．母都市周辺の鉄道駅徒歩圏の農地・空閑地等に木賃住宅がスプロール（虫食い）状に建設され密集地を形成した．入居者からは交通利便で低廉な家賃と庶民的な暮らし易さが評価された．しかし一方で住宅は狭小・低質，前面道路は狭隘，公園・幹線道路等公共施設は未整備，過密による日照・通風の欠如，低地盤の開発による浸水危険，住宅密集による火災の延焼危険や避難困難（庄内地区では加えて住工混合による公害問題）等多岐におよぶ弊害・問題が顕在化しあるいは懸念された．関西圏ではほかに門真市北部，寝屋川市萱島地区等が代表的である．こうした密集地の生成の背景には急速な民間開発に対し建築行政・都市計画制度が十分に対応できなかったことが大きいといえる．

こうした課題対応の法制度もない中，自治体が独自にとり組んだのが大阪府豊中市だ．1972年府・市・学識経験者からなる「庄内地域再開発基本計画作成委員会」および地域各界の代表からなる「庄内地域整備のための住民懇談会」を組織し庄内地域（425.5 ha，図1）の「防災避難緑道と広場の庄内住環境整備構想（基本計画）」（1985年目標）を作成する．

基本計画を具現化するため市は，1974年庄内再開発室を設置，また地区の実情に即した計画とするため東西南北の4地区に分けて詳細計画づくりに着手，まず南部地区から始まる．このため住民代表からなる地区再開発協議会（協議会）を組織し，住民と研究者・コンサルタント・行政（作業グループ）が連携・協力して進める仕組みが採られ，住民参加の協議会方式のまちづくりの先駆けとして注目を集めた．

1976年都市計画学会賞はこの作業グループによる「豊中市庄内地区住環境整備計画の策定」が対象であるが，実際は南部地区の協議会案がまとまった段階のものである．引き続き他の3地区の整備計画が順次策定されこれら4地区の計画が集約されて「庄内地域住環境整備計画」（1985年目標）とされる．

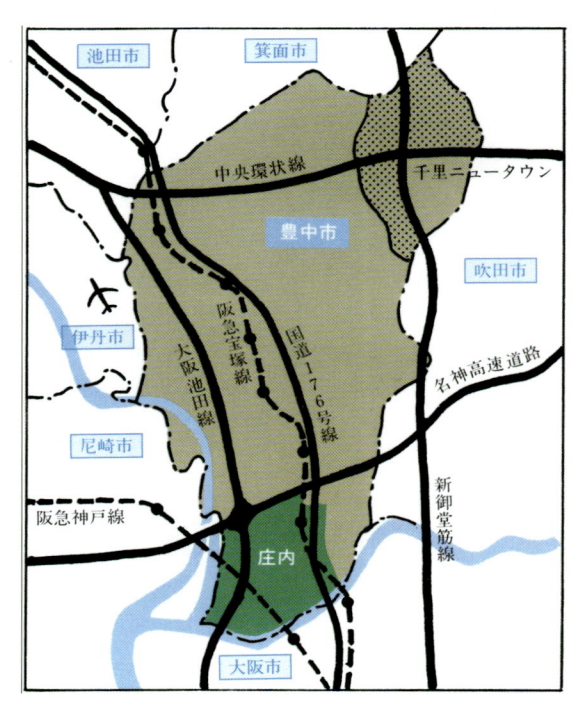

■ 図1 庄内地域の位置[1]

学会賞の評価のポイントは，①地区の形成過程や住民の生活をふまえた計画立案，②種々の手法の組み合わせによる地区改善的なアプローチ，③住工混合地域への対応の姿勢，④住民とプランナーの協力による住民参加の計画過程の確立，また住民ニーズの地区整備計画への反映等の諸点をあげる．さらに豊中市スタッフや協議会メンバーのバックアップ等が特筆されるとする．つまり，協議会方式の計画策定が評価された．

■ 2 プロジェクトの特徴

授賞対象は「地区住環境整備計画の策定」（目標年次 1985 年）であるが，併行して展開された整備事業も含め，このプロジェクトとみなす．

2.1 地区整備計画の考え方・性格

基本計画における整備の考え方は，①地域住民の参加による計画，②都市計画的な手段に重点をおく，③大規模な全面建替え型再開発ではなく修復的な再開発，④公共の責任，住民の協力と負担等の検討による実現可能な計画とする．

計画作成のフレームは，①現況の土地利用を基礎に居住地の整備，②地域のもつ「住み易さ」を守り育てる，③人口は現在以上増さない，④都市計画道路の尊重等である．

地区整備計画は，基本計画の基本方針に即しつつも地区の特色や住民要求に合致した計画とする．

また計画の性格は将来のあるべき姿を示したもので，即実施に結びつくものではなく条件を整えて事業実施計画につなげていくものとする．

2.2 協議会方式による計画策定方法

計画策定の流れは図 2 に示される．住民目線による住環境問題の摘出，改善要求の集約，計画案の協議・合意形成等専門家と協議会との丁寧なフィードバック（相互作用）を基本とする．南部地区では構想案作成まで約 2 年間で 30 回以上の協議会が開催された．協議会は住民総意の計画づくりとするため，計画・事業化に対する住民意向の集約，委員の見学等研修，協議会ニュースの発行による計画内容，事業進捗状況の住民への広報等を行う．行政は協議会の事務局を担う．（協議会委員数は南部地区 17 名で以下北部 30 名，西部 17 名，東部 22 名）

2.3 基本計画等の達成状況とその評価

学会賞の評価点である地区改善的アプローチは計画方法論であるが，これを事業面から評価する．事業は基本計画および地区整備計画と併行して 1972 年から取り組まれ，1985 年までの事業達成状況をみると，緑道，道路，公園，コミュニティ施設等の公共施設の整備と公営住宅の建替，公的住宅の供給が大半を占め

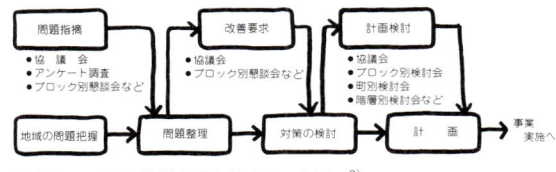

■ 図 2 地区整備計画づくりの流れ 2)

■ 写真 2a 幅 4〜10 m の水路の改修工事，下水道幹線の整備の後埋め立て緑道整備 1)
上：事業前，下：改修工事（背割）．

■ 写真 2b 下水道工事と協調して整備した庄内水路（幹線緑道）

る．事業化は各事業の担当部門が庄内再開発室の調整により進められた．用地確保性から公共施設が優先せざるをえず，それらの個別事業の連携・複合による地区改善の効果，住民からみた可視化効果がある程度得られたといえる．事例としては庄内水路の整備による歩行者専用道路（緑道）（写真2），公営住宅の建設と保育所，保健センター，緑道の一体的整備（写真3），工場跡地におけるコーポラティブ住宅の建設と連携した公園，緑道，集会施設の整備をとりあげた．

一方住宅整備重点地区として位置づけられていた共同建替地区は木造賃貸住宅地区総合整備事業制度（密集事業）を適用した1ケ所でのみ成立した．その隘路は，任意事業に伴う合意形成の困難性，コーディネート力の弱さが指摘されていた．

なお学会賞の評価点「混在地の対応」については，工場集約地区（新・計画では生活産業拠点整備地区に変更）として位置づけられ，中小企業高度化事業，工場アパート制度による集約化手法の研究がいろいろされたが，現実には課題が多く事業化には至っていない．

■ 写真3a　従前の土地利用（中古車センター）

■ 写真3b　グリーンタウン島江（府営住宅，府公社分譲住宅，公益施設を複合化）[1]

2.4　新・計画の作成

目標年次における計画達成状況を事業費ベースでみると半分以下（想定事業費937億円，1985年までの事業費424.8億円，進捗率45.3％）であり，整備目標に対し成果が十分に達成できていない面があること，また生活環境の水準向上といった時代背景の変化により計画の見直しが必要とされた．その視点は基本計画の考え方は継承しつつ問題解消に加えて「庄内らしさの創出」をめざすこととし，見直し作業は協議会方式を踏襲し1987年8月「新・庄内地域住環境整備計画（2000年目標）」（新計画）として決定した．

■ 3　プロジェクトのその後

庄内地域住環境整備計画は，新計画に引き継がれるが，「その後」の節目を，ここでは「新計画」（87年8月）策定以降とする．

3.1　木賃住宅の建替促進

「新計画」では木賃住宅の建替促進に力点がおかれるが，この課題への対応のため大阪府としても大阪市外縁部のインナーリングエリアに集積する密集地区対策の推進のため1990年，大阪府まちづくり推進機構（現大阪府都市整備推進センター）を設立し木賃住宅の建替支援を精力的に進めていくことになる．

3.2　震災復興による「新計画」の促進

こうした事業推進のさ中，1995年1月阪神・淡路大震災が発生，庄内地域は木賃住宅を主に甚大な被害を受ける．同年10月市は「庄内地域の震災復興整備指針」を策定し，①行政主導による面的事業の推進，②防災ラインとしての都市計画道路の整備推進，③被災木賃の建替促進支援等の基本方針を決定する．

「新計画」として震災前から取り組んでいた面的整備事業（6地区選定）について早期実現を図ることとし，大阪府まちづくり推進機構がコーディネーターとして大きな役割を果たす．震災復興は，新計画を推進する契機となった．以下主たる事業を簡単にみる．

①面的整備事業の展開

「新計画」で重点事業地区の1つとされた野田地区は，空港周辺整備関連で空地化していた土地を整理・集約して再整備するため1994年12月土地区画整理事業が決定された．被災が住民，行政の背中を押す形となって事業化への意志決定を促したといえる．土地区画整理，市街地再開発，密集等の各事業が同時適用されて狭小宅地の集合換地，戸建住宅の建替，借家人対策（コミュニティ住宅）等きめ細かく講じられた．減歩率緩和，負担力調整等生活再建策の工夫により事業

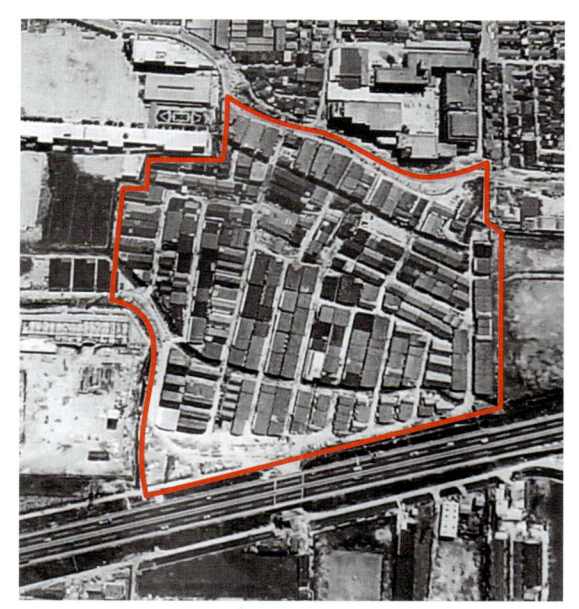

■ 写真4 木賃住宅で密集した野田地区（1973年頃）

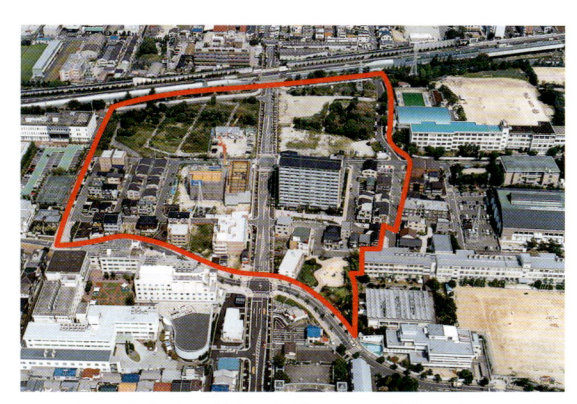

■ 写真5 都市計画道路の整備，再開発事業の竣工，コミュニティ住宅が工事中の野田地区（2003年末）

■ 写真5 大黒町2丁目地区，地区改良事業
（左は従前の被災直後の地区，右は事業後）

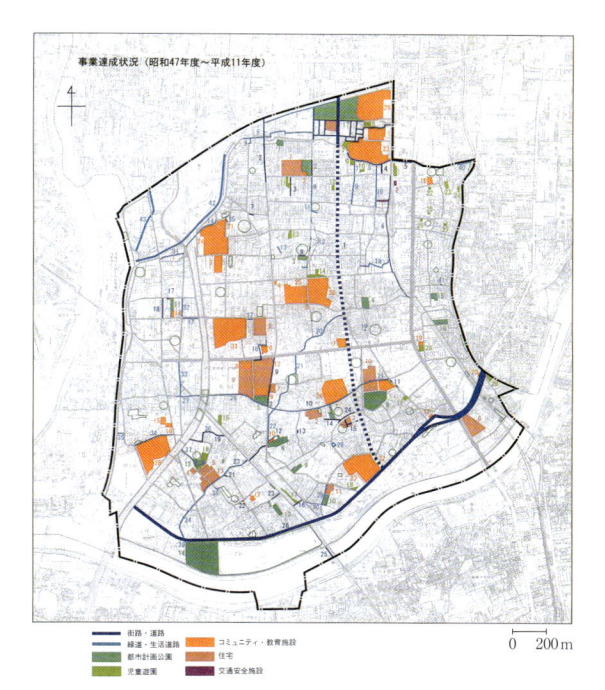

■ 図3 事業達成状況[3]（1972〜1999年度）（図中の数字は事業箇所リストとの対応を示すが省略）

化合意形成の促進要因になった（写真4，5）．

震災前から懸案であった大黒町2丁目は被災が甚大のため地区改良事業が適用された（写真6）．

②都市計画道路の整備推進

都市計画道路の整備は，基本計画「防災避難緑道と広場の庄内住環境整備構想」の主要な柱であり，震災復興により整備促進がされることになった（写真4）．

3.2 新計画までの事業評価

庄内地域住環境整備計画について「基本計画」以降「新計画」までの28年間（1972〜99年）の事業実績の空間的分布を図3に示す．公共投資額は合計977億円，単純比較はできないが，当初計画段階の試算額938億円を若干上回る規模である．

庄内地域の人口はピーク（1970年）の約9.0万人から2005年4.8万人へ大幅に減少，人口密度は市平均に近づき過密は大幅に緩和した．

市は「新計画」の目標年次（2000年）を終えるにあたり事業全体を総括し，従来の住民参加方式をさらに発展させ住民を計画の主体と位置づける「第3次庄内地域住環境整備計画」を策定（2020年目標）した．
［最後に資料をご提供いただいた大阪府都市整備推進センター，豊中市まちづくり推進部に深く謝意を表します．］

◆参考文献
1) 豊中市（1991）：『庄内まちづくりのあらまし』．
2) 豊中市企画部庄内再開発室（1981）：『庄内地域住環境整備計画のあらまし』．
3) 豊中市（2000）：『第3次庄内地域住環境整備計画』．

14 名護市等沖縄北部都市・集落の整備計画
名護市庁舎及び今帰仁公民館設計による沖縄北部の都市・集落整備への貢献　　1976

■ 写真1　名護市庁舎
何層ものアサギテラスが展開し広場へとつながる

■ 1　時代背景と事業の意義・評価のポイント

　この計画は象設計集団を中心とするグループが，5年間にわたって手掛けてきた沖縄北部の都市・集落の整備に関する一連の計画作業の成果である．

　この計画の特徴は調査，計画，実現の3つの段階にそれぞれみられる．第1に調査については，計画立案の基礎的条件を明らかにするため，沖縄北部の歴史，風土，そして都市・集落における人々の生活や施設について，足で歩き，人々と語り合うことによって得られた情報を精力的に収集し，綿密に記録整理している点が評価される．第2は地元の住民の立場に立ち，日常生活を確立する視点から計画の立案を行っている点である．第3は計画の内容の一部が次々と実現に移されている点である．（選考委員会講評より抜粋）

　1970年，1町4村の合併により，名護市が発足した．合併後の人口増加，市の業務量増加などから，市庁舎建設は，かねてから市の懸案事項であった．1976年8月市民各層の代表からなる「名護市庁舎建設委員会」を設置し，庁舎の位置，規模などの検討を行った．庁舎の設計方法については，市庁舎という市民の財産となる建物を創るなら，設計案は広く公募して求めるべきである，という意見が委員より出され，その方法として「2段階・公開設計競技」によって市庁舎の設計を行う旨の答申がなされた．

　それを受けて，1978年8月より，1979年3月まで設計競技が行われた．全国より308案もの応募が第1次段階においてあり，このうちより5案を選出して2段階目の競技を行った結果，Team Zoo（象設計集団＋アトリエ・モビル）の設計案が入選と決定した．設計の条件としては，敷地の立地条件，気象条件を生かし，省資源，省エネルギーを考慮し，大規模な空調方式に頼らないこと，地場材料・地元の施工技術を使いこなすこと，社会的弱者への配慮を行うこと，などが要求され，1980年1月実施設計案が作成された．

■ 2　プロジェクトの特徴

(1) 連続する地域環境の文脈　設計者の意図は大胆に広く展開しているアサギ空間に表れている．アサギとは本来は神を勧請して祭祀をおこなう場（広場空間）であり，この原型は沖縄の古集落における信仰の拠所として象徴的な上屋とともに広場に配置されている．アサギの建築様式は，軒が深く屋根を柱で支えている素朴なものである．これが風を取り入れ強い日差しから守る沖縄の建築の原点であり，市庁舎のストラ

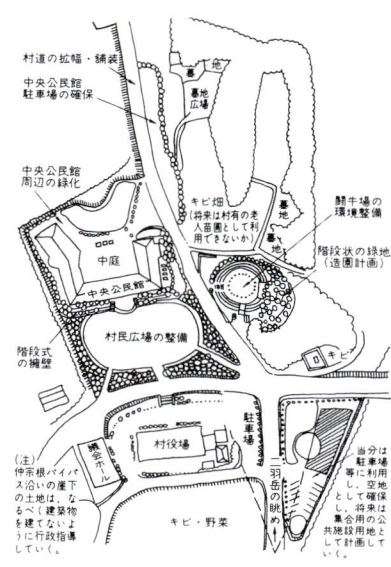

■ 図1　今帰仁村のセンター地区
（出典：森村道美編（1979）『コミュニティの計画技法』p.106, 鹿島出版）

■ 写真2　今帰仁公民館　回廊が続き屋根を覆うツタ

クチャーとして形態と平面を決定している．設計に先立って各集落地域の体験的な実態調査の積み重ねが「むらからまちの象徴へと連続する地域環境の文脈」として捉えられたといえる．

(2) 開放性と集合体を表現する庁舎　アサギテラスと直結する市民サロン会議室は市民の自主管理ゾーンであり，アサギテラスは，あらたまった応接間や会議室ではなく，気軽な雰囲気のコミュニティの場となっている．それはまた，名護岳，嘉津宇岳（かつう），名護湾，21世紀の森公園を結ぶ4本の軸線として，まちにひらく大広間，公園から湾に展開する日陰の広場のようにアサギテラスの方向性を決定している．住宅やマチヤグワァ（小店舗），小ビルの建ち並ぶ街並みに連続する市庁舎の表情はアサギテラスの積層するヒューマンスケールとなっている．他方，南側は国道バイパス，21世紀の森などの広々とした大スケールの環境が広がる．これらは庁舎を象徴としながらも山並みから街，海へと繋ぐ都市集落（まち）としての集合体を表したものと見れる．

(3) 光と風の道　外廊下，室内を貫通する風のダクト，高い欄干と床上の通風孔を交錯させ風の道をつくる．二重スラブ，土のせの屋根，アサギテラスのルーバーは太陽熱を遮断する．アサギのルーバーはブーゲンビレアやウッドローズがからみ緑で市庁舎を覆っている．沖縄の気候風土が持つ特性を建築集合体が受け入れ流していく構造となっている．

■ 3　プロジェクトのその後

名護市庁舎の評価は賛否両論ある．当初の理念である「風のミチ」は，沖縄の海洋性微風を受け入れ涼しさを提供するものであったが，同時に高温多湿の湿気と結露を呼び，オフィスとしての書類管理に支障をきたすことから，結局は廊下やテラスを除いた空間は開口部を閉じ，クーラーを設置した執務空間となってしまった．

また，正面の外壁に多立するシーサーの飾りは，沖縄の守り神を象徴したのは良いが，神様の乱用との批判もでた．観光客にとっては写真のスポットとして好評のようである．

■ 4　コミュニティ原点としての今帰仁公民館（なきじん）

名護市庁舎とともに北部地域の集落コミュニティの場を象徴する今帰仁公民館は，象設計集団の沖縄での体験的な調査・生活活動を，建築＋広場づくりに結晶させたものである．1977年の芸術選奨文部大臣賞を受賞した．この公民館は建物全体を覆う大屋根により広場に面した回廊空間を生み出し，集落建築の特徴である庇下の半屋外空間「雨端」（あまはじ）を再現している．また大屋根をツタを絡ませたパーゴラで覆って自然との同化を目指したこと，多くの住民が貝殻を埋め込むなど建設に参加したことも特徴である．

■ 5　沖縄北部都市・集落整備への貢献

地域の風土を建築の構成要素に巧みに受け入れ，導入・表現した設計手法は沖縄の建築界に大きな影響を与えた．それはまた，綿密な集落調査に裏付けられた地域風土の表現であり，同時期の今帰仁公民館の設計と併せて沖縄北部地域のコミュニティの拠点形成から地域整備計画への展開へとつながった意味での貢献は大きい．

15 筑波研究学園都市の計画と建設

国際的にみても大規模な研究・教育機関を核とする，自立都市の
計画を取りまとめ，事業化に成功

1977

■ 写真1　研究学園都市の変遷（1993年撮影）

■ 1　時代の背景と事業の意義

　1946年9月，戦災復興事業を進めるため，特別都市計画法が公布された．復興事業を推進する東京都計画課長石川栄耀の将来計画では，戦前の東京区部人口が約650万人であったのを350万人に抑制し，これから流入する約400万人を，40～50 km圏の10万人衛星都市と，50 km以遠に20万人の外廓都市を育成して収容するという，現在の首都圏の範囲まで思慮に入れた構想をもっていたが，公的な決定が出来なかったために構想は実現されること無く，1955年23区人口は700万人になってしまった[1]．

　1958年，首都圏整備委員会（首都委と略称する）が，首都圏整備基本計画（以後，首都圏計画と記す）に基づいて公布した「首都圏の既成市街地における工業等の制限に関する法律」（1959年）は，石川構想の延長上にあったと考えてよい．

　1960年池田内閣の「国民所得倍増計画」に，「新首都造成の可否について検討する」ことが盛り込まれて，首都委は1961年「首都改造懇談会」の検討を経て，同年4月「学園都市案」，5月「官庁都市案」「首都圏衛星都市建設公団案」が提出され，同年9月1日「官庁の移転について」が閣議決定された．

　この閣議決定を受けて，関係7省庁事務次官会議が開催され，「移転官庁の選定方針」，「官庁の集団移転に伴う受け入れ態勢の整備（①新都市の位置は首都から70～100 km，②人口規模は10～18万人）方針」が同年10月27日に決定された．

　同年11月工業技術院は，9試験研究所の施設水準を引き上げ良好な環境のもとに集団移転させることを決定．一方，行政管理庁は「移転官庁の選定方針」を各省庁に示し，移転可能な機関の意向調査を実施し，同年12月10日の集計結果によれば，移転可能な付属機関は39，そのうち試験研究機関は22であった．

　科学技術庁の諮問機関「科学技術会議」は1962年7月「国立試験研究機関の集中移転」を総理大臣に具申した．かくして，首都委が構想した「官庁都市案」の実現性は高まることとなった．

　首都委は1963年「首都圏基本問題懇談会」を設置して，首都から70～100 kmにある富士山麓・赤城山麓・那須高原・筑波山麓の検討に入った．

　同年8月27日首都委委員長は閣議で，筑波地区で進めることを報告し了承された．

　同年8月茨城県と関係市町村による「筑波地区新都市誘致促進協議会」が結成された．

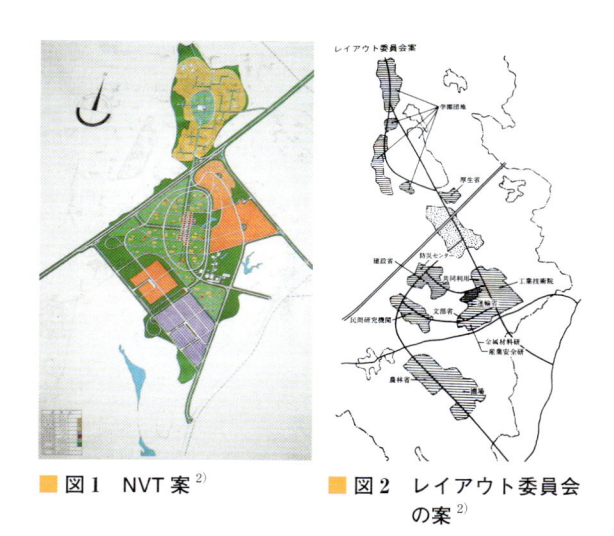

■ 図1　NVT案[2]　　■ 図2　レイアウト委員会の案[2]

同年9月6日「首都圏基本問題懇談会」は，日本住宅公団を指名して，早急に用地買収に着手すべきことを報告書としてとりまとめ，同年10月4日首都委は，建設計画の試案「筑波新都市」（計画区域面積が5,527 ha，内訳は，緑地と記された「農地」1,579 ha，市街地面積3,668 ha，地域外道路280 ha）を定めた上で，茨城県知事と地元町村長に，土地利用方針図（NVT案；Nouvelle Ville de Tsukuba）を提案した．

この提案を示すにあたって，首都委友末洋治常任委員は「農業振興策も含めて，県・町村と相談しながら，納得できる案にこぎつけたい．そのために，試案を白紙の状態で考えてもよい」と語ったと常陽新聞は伝えている．このようなゆるやかな提案を受けて，茨城県は「新都市建設用地案」を提示，1964年5月28日首都委は，関係省庁の担当者による移転機関を配置する事務局会議を招集し，県の建設用地案を丸呑みにした「通称レイアウト委員会案」を発表した．すなわち，首都委の計画と，県の計画が一致した案が，首都圏計画として設定されることになった．

首都圏計画策定以前，国大規模開発事業は農業基盤整備・資源開発・工業基盤整備・公営住宅等の単一機能の大量供給に絞られていたが，首都圏計画の登場により，筑波研究学園都市開発事業が浮上し，わが国の都市計画にはなかった，広域計画による拠点地域の綜合開発事業分野を切り開くことになったのである．

■ 2　プロジェクトの特徴
2.1　開発の場所が決定される経緯

1961年9月1日「官庁の移転」閣議決定以前の筑波地区のよりどころは観光産業ぐらいであって，このような大開発を想像した人はいなかった．常陽新聞；「つくば報道1954～1999」の記事（以下「記事」と記す）を見るとそのことをうかがい知ることができる．

54・11・23：筑波山にケーブルカーが再建され，町には連日1万人の観光客が来る
55・9・16：銚子・筑波山・大洗の観光地を国定公園に指定する可能性大（1959年3月に指定）
60・9・27：筑波山開発懇談会発足
61・2・26：矢田部町議会の自動車高速試験場誘致でチャンスを逃すな

「記事」は，1961年9月1日「官庁の移転」閣議決定以後，様相は一変する．

62・12・15：河野建設相の現地視察を岩上知事らが出迎え，誘致の要望書を提出
63・8・16：9市町村で筑波新都市促進委員会を結成して中央に働きかけることを県会全員協議会で決議

1963年10月4日首都委が茨城県知事と地元町村長に示した「筑波新都市」案に対する反応を「記事」で見てみよう．

63・12・8：岩上知事の談話「新都市開発を契機として，近代農業地帯への脱皮を図りたい．マスタープラン実現のために移転が必要な農家のための農地も創出すべきである」．
63・12・10：県が学園都市計画大綱を議会に説明し，県会も特別委を設置して，土地買収を推進することを決定

県・町村が一致して土地買収に入ることを決議し，開発反対者対策が本格化して，次の記事のような状況さえ発生させたと考えられる．

64・3・13：学園都市開発反対のリーダーが夢を海外に託して移転を決意．所有地は県が買収し，乳牛も処分．ブラジルに土地1,000 haを準備した．

このように，市町村をまとめる力を持つ茨城県が，国家プロジェクトを引き寄せることになったと考えることができる．

2.2　マスタープラン実現への努力

NVT案に対する岩上知事の談話「新都市開発を契機として，近代農業地帯への脱皮を図りたい」（63・12・8の記事）は，知事のマスタープランは「近代農業地帯への脱皮のストーリー」であったことを，物語るものである．しかしながら，「レイアウト委員会の案」は，移転機関の場所を決定した区域図であって，農業振興地区の区域図は書き込まれず，国・県共通の目的としての農業振興策を公的決定しなかった．1961年の「関係7省庁事務次官会議」に農林省が入っておらず，茨城県選出の赤城農林大臣に期待して，組織化

を忘れたのが原因かもしれない．

一方，1963年9月6日「首都圏基本問題懇談会」に，用地買収事務を指名された日本住宅公団にとっての，マスタープランを考えてみよう．

「事業」の記録を見ると，1964年，学園都市開発室に室長として久保田誠三が就任し，石黒俊夫（最初から最後まで計画部門を担当することになる）が公団に入社し，マスタープランが都市計画学会へ委託された．1965年，高蔵寺ニュータウン計画を担当していた土肥博至が転勤して，東大の高山研究室との共同作業が進められた．当時の思い出として，久保田室長は「若い人たちの案は，過大な交通量の推定などをして，100m道路などを提案する傾向があり，50mに縮小させるのに苦労した」と語っている[2]．一方，土肥博至は「『できるだけデザイナーに近いプランナーでありたい』という思いで転勤し，行動し続けた」と語っている[3]．たぶん，室長と室員の間で，壮絶な論争をしたのであろう．ベテランと新人との自由な議論の中から生み出される空間計画が，公団のマスタープランである．それ故，公団のマスタープランは，事業に参加した職員たちの理念の結晶として，DNAとして後輩に引き継がれる性格を持っている．「理念の結晶」は1966年1月，都市計画学会の第1次〜第2次マスタープランとして答申された．

（第1次マスタープラン）

中心に住区を配置し，2本の広幅道路で散在する研究機関と教育機関を結びつける都市構造で，NVT案を無視した「レイアウト委員会の案」を修正する案

（第2次マスタープラン）

第1次案の中心住区と，国立大学と工業技術院を一体化した，自立都市の核となるコンパクトな都市区域を配置する．

コンパクトな都市区域は，南北方向中央部に研究・文化機能を，北端に大学，南端に工業技術院，東西方向中央部に商業サービス機能を形成させる（図5）．散在する研究機関は，広幅員の道路で，高サービスの都市区域に結びつける計画．

第2次マスタープランをベースに，学者グループが都市計画の基礎となる基礎理論をまとめたものが，第3次マスタープラン（「記録」p.51参照）で，筑波研究学園都市建設委員会（学者・建設省・茨城県で構成）から1967年提出されたが，修正されることになる．

第4次マスタープラン1968年は，移転研究機関側の条件を優先した計画で，1969年5月都市計画決定された．当時，高山研究室の大学院生であった土田旭は[4]，第3次案との決定的な相違について，「第3次案ではコンパクトな都市区域の北端に大学165haを当てることが可能であったが，大学当局は200ha以上欲しいと主張し，1km北の区域に移動してしまった．これで『自立都市の核となるコンパクトな都市区域』構想は崩された」と語っている．とはいえ，公団事業の区域が決定し，1970年5月「筑波研究学園都市建設法」が公布され，「研究学園地区」と「周辺開発地区」に二分され，「研究学園地区」の研究機関の先行建設と整備資金が確保されて，一気に造成事業が進み，1978年，主要な研究機関と大学の移転が完了して「筑波研究学園都市は概成した」と公表された．ここまでが筑波研究学園都市開発事業の第1ステージと呼ばれている．

1977年度の都市計画学会賞は，以上の複雑な利害を調整し，纏めあげた人たちの，企画・調整力を評価したものである．石川充が計画部門をまとめた人たち

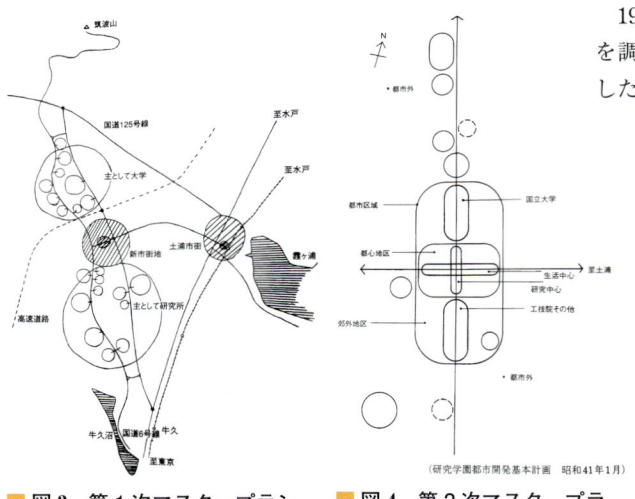

■ 図3　第1次マスタープランの都市パターン図[2]

■ 図4　第2次マスタープランの都市パターン図[2]

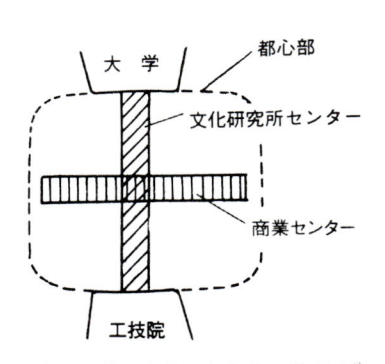

■ 図5　第2次案の都心部の構造図[2]

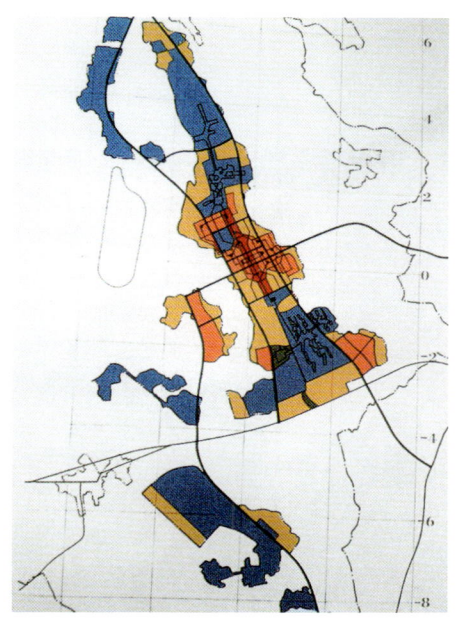

■ 図6　第4次マスタープラン[2]

の代表，今野博が事業部門をまとめた人たちの代表として授与された．第1ステージは，清濁併せ持つ計画者の存在によって展開された仕事である．

■ 3　「プロジェクトその後」：更なる発展を予想させる，まちづくりの芽．

1985年の科学万博は，「周辺開発地区」における，国立研究機関移転事業の総仕上げとなった．1978～1985年の間の施設整備事業が，第2ステージのまちづくりである．

1985年の首都改造計画で，筑波研究学園都市は，業務核都市に指定され，県は「新つくば計画」を策定した．この計画に沿って，つくばエクスプレス計画が生まれ，実現することになった．1998年，筑波研究学園都市建設法に基づく，学園地区と周辺地区の計画変更が行われ，第3ステージが始まった．第3ステージは，第2次マスタープランの自立都市の中核が復活し，周辺地区の方向性が見えてくる「計画作りのDNA」が活性化する過程である．

常磐新線沿線開発，首都圏中央連絡道路も確定するなかで，葛城駅とつくば駅をつなぐ東西軸には新たな商業・業務・都市型アミューズメント機能が充実されつつあり，南北軸の中心には，国際的な科学技術交流施設が増設されて，軸北部の筑波大学の学生4,000人を収容する寮が田園の核として成熟している．更に北部周辺地区では，住民による「つくば独自の産業や文化」[4]が育ちつつある．

全国の国立研究機関は125機関あって，筑波研究学園都市へ移転した機関は106で，テクノエキスパート派遣事業など，12,000人の科学者集積を活かした試みも実現した[5]．

2010年11月20日「つくばエクスプレスタウン中根・金田台，緑・住・農と永久保存された屋敷林が織り成すまちづくり」シンポジウムが開催された．「緑住農開発モデル」の登場による第4ステージへの移行を確信させる企画であった．

筑波のよさを熟知している，酒井泉（地元出身の物理学者）を中心とする，地元集落の人たちが，開発とは何かを研究し，開発を活かした環境つくりの理念を明示し，住民と都市再生機構と行政が，住民主導で協働するまちづくりへのスタートである[6-8]．

まちは，あるがままに出来ていくのがよいという説もあるが，利益重視の市場経済政策によって，取り返しの付かない環境を作ってしまう恐れがある．その恐れを排除するための壮大な事業が筑波研究学園都市開発であった．この開発事業は，そのときどきの地元事情を優先しながら，妥協しながら進めたまちづくりで，地方分権型開発のモデルとなった．

一方，「国・県・市町村」がプロジェクトを発想し，参加事業者が特殊解を立案・修正しながらすすめた仕事で，事業参加者の開発理念間の壮絶な論戦の中で，共通した理念『①自立した都市圏の確立，②研究・教育・農業が共存した科学都市の形成』を貫くために，何度も舵が切り返されるという事業組織文化を生み出した事業でもあった．

◆参考資料
1) 石田頼房（2004）：『日本近現代都市計画の展開』，自治体研究社．
2) 都市基盤整備公団茨城地域支社（2002）：『筑波研究学園都市開発事業の記録』．
3) 土肥博至：TUTCLibrary-23（シンポジウム）．
4) つくばヒューマンヒストリー研究会（1996）：『つくば30年 101人の証言 つくば実験／情熱劇場』，常陽新聞社．
5) 岡田雅年：TUTCLibrary-23「21世紀に向かって，つくばを考える座談会」
6) 酒井　泉（1998）：『常磐新線沿線開発・土壇場での解決策』．
7) 都市再生機構茨城地域支社（2005）：『報告書：中根・金田台地区緑農住に係る意向調査関連資料作成義務』．
8) NPO 美しい街住まい倶楽部：『「まちづくり事業者」登録のご案内』；
http://big-garden.jp/jigyo/panf_jigyo_re.pdf

16 酒田市大火復興計画
迅速な復興と防災都市づくりの推進

1978

■ 写真1　1979年頃の航空写真
復興市街地を西側から望む．手前には再開発事業が行われた第4〜6街区が見える．第4街区と第5街区の間にはモール街，その奥には中通り商店街が軒を連ねる．

■ 1　時代背景と事業の意義・評価のポイント

　山形県酒田市は日本海に面した人口11万人あまりの県内人口第3位の都市である．江戸時代に河村瑞賢が西廻り航路を開拓して以降，特に米穀の物流拠点として栄え，「西の堺，東の酒田」と呼ばれるまでの港町として発展した．

　酒田市では冬場を中心に季節風が吹き荒れることが多く，幾度となく大火に見舞われている．過去の火災で，廻船問屋で栄えた街の面影はすでにわずかなものとなっていたが，1976年10月29日の夕方にも中心市街地の映画館が火元となる火災が発生し，翌朝にかけて22.5 haが焦土と化した．後に酒田大火と呼ばれるようになったこの大災害では，地域商業の屋台骨がすべて焼け落ちた．死者が消防組合長の1名だけで済んだことは不幸中の幸いであったが，早期の生活の復興は自ずと全市民にとっての喫緊の課題となり，そこで取り組まれたのが大火復興計画であった．

　戦後最大級の大火であった鳥取大火（1952）では，大火の翌月に市街地の耐火性能を高めるための耐火建築促進法が施行され，区画整理事業と併せて同法に基づいた防火建築帯が設けられたことはよく知られている．市街地の建築物がRC造やコンクリートブロック造に生まれ変わるこの仕組みは，昭和中期における都市防災手法の潮流となったわけだが，制度的には市街地の一体的整備ながらも，現実には個々の地権者による非共同建築の建設に留まった事例が多い[1]．このことからも鳥取大火後の復興事業は，地域商業活性化を面的に取り組むという色合いよりも，市街地の防災力向上のために各々が注力したものであったことがうかがえる．

　一方で，酒田市における大火復興計画事業の最大の特徴は，「防災都市づくり」の理念の下に，同時に「近代的な魅力ある商店街の形成」と「良好な住宅街の整備」を実現したことにあったといえよう．上物の耐火建築化に向けたアプローチや都市基盤の防災性能を高めるアプローチを行いながら，地域商業の再生に向けた取組みや良好な住環境の整備に関しても同時実現が目指された視点は，従来の防災都市づくりの発想を超えるものであった．

■ 図1　復興における制度資金利用状況[2)]
多様な資金を投入することで，市街地の防災性を高めながら，地域商業の基盤整備や住環境の整備を実現した．

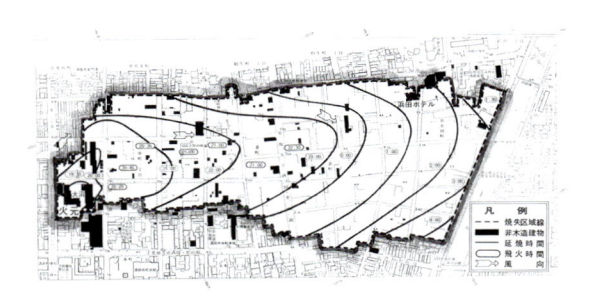

■ 図2　大火による消失区域[3)]
火元から東方向へ半日かけて延焼区域が広がった．

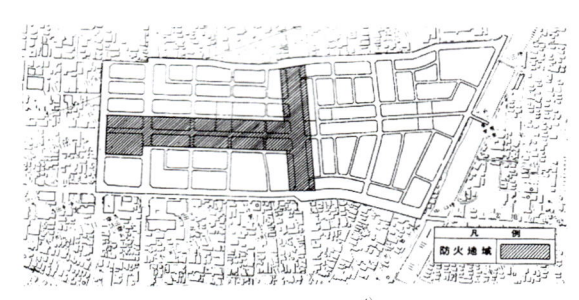

■ 図3　新たに指定された防火地域[4)]
各方角への延焼を防ごうという意図が読み取れる．

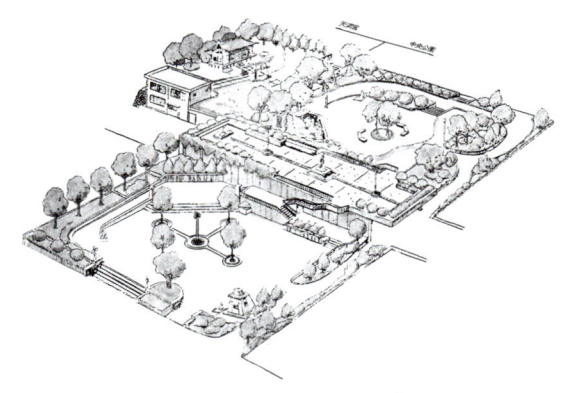

■ 図4　中央公園の設計時に作成された鳥瞰図
南北2つの街区に一体的に作られた公園．街区間では市道を跨いでいる．また地下には100台収容の自走式駐車場が整備され，中心部の駐車場需要に応えている．

■ 2　プロジェクトの特徴

2.1　耐火建築化に向けた動き

　耐火建築化に向けては，準防火地域の見直しと防火地域の新設が行われた．準防火地域は1952年に商業地域を中心とした86 haが指定されていたが，この復興計画策定にあたり，旧市街地のほぼ全域に相当する248.7 haに拡大された．一方で，防火地域5.3 haが新設され（図3），幅員32 mに拡幅された大通りの両側各15 mや中通りに面する街区などは，防火帯としての機能を果たすことになった．この指定は大火から2ヶ月足らずの12月27日に酒田市都市計画審議会で下されたものであったが，このスピード決定の背景には，被災から2ヶ月にあたる12月29日が建築基準法における建築制限の期限として意識されていたからである．

2.2　防災性の高い都市基盤づくり

　防災性の向上に向けては，土地区画整理による都市計画道路の拡幅や延焼防止のための都市公園の整備などが行われた．公園整備においては，中心部に少なかった緑地空間を確保することも強く意図されており，このうち中央公園は商店街における憩いの場として計画された（図4）．ここは児童公園（現制度下の街区公園）

でありながら遊具は一切置かれず，代わりに屋外ステージが整備されるなど，商店街の多様なアクティビティを予感させる作りとなった．

2.3 地域商業の再生

酒田大火よりも早い1972年，中心市街地の東側を大きく迂回する国道7号線・酒田バイパスの完成により，酒田市でもモータリゼーションが進行し始めていた．そこでこの復興計画においては，中心市街地の老舗を守る立場から，商業機能の強化が目指されることになった．

当初からショッピングモールの建設は復興計画の柱として位置付けられていたため，このモール街の一部を形成する第4街区と第5街区（写真2）の再開発の検討は迅速に進められた．その結果，2つの街区は大火の翌年6月1日には高度利用地区および市街地再開発促進地域の指定を受け，いずれの街区も同年中に再開発の事業認可を受けることとなった．1978年3月には第6街区も同様の都市計画決定を受け，事業が推進された．モール街や第5街区の地元デパート，第6街区の立体駐車場を核とした一体的な再開発は，大火からわずか2年ほどで開業に至った．

防火地域に指定された中通り商店街では，アーケードの整備にあたって1階部分だけをセットバックさせる方式が採用された．1階部分のセットバックの事例としては沼津市本通の防火建築帯（1954）が有名だが，沼津のセットバック部分は市有地で，その空中を住宅が占有する方式である一方で，酒田では自らの商業床を提供する方式でアーケードの拡幅を実現させた．これは商業床を削ってまでも緩衝帯を広げて防災性を高めることが重視された結果であるが，同時に通り一帯に空間的な広がりをもたらすことで，心地よい商業空間の形成にも寄与した．

2.4 住環境の構築

商業地域の一部では，用途指定が住居地域に改められた．これは閑静な住環境を求める住民の要望に応える形で計画され，大火からわずか2ヶ月で策定された当初の都市計画で決定されている．一方，住居地域に変更された街区に近接する商業地域のある街区では，地元デパートの移転進出が模索されていたが，早期に良好な住環境を確保したいという地権者や周辺住民の意に反する結果となり，計画を断念することになった．

ところで，この用途地域の変更により，地区からの風俗営業の排除，日照や通風の確保などが実現したが，これは結果として商業エリアと住居エリアの単なる切り分けではなく，中心市街地での多様性なライフスタ

■ **写真2　竣工直後の第5街区の様子**
地元デパートが入居し，中心市街地の核店舗として長年機能していたが，2012年2月いっぱいでの撤退が決まっている．

■ **写真3　中通り商店街の街並み**
アーケードが設置される前の1979年頃の様子．

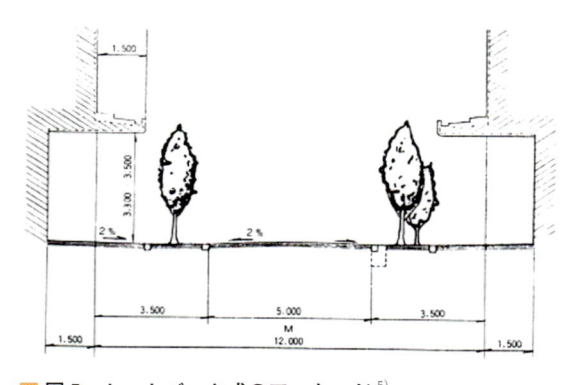

■ **図5　セットバック式のアーケード**[5]
両側3m幅のアーケードは，各戸が1.5mずつセットバックすることで実現した．

イルを担保するものとなった．この事例は，用途純化が進んでいる現代の都市においても学ぶべき点が多いものと思われる．

2.5 多様な主体の連携と事業の迅速さ

この復興計画のもう1つの功績は，行政機関の迅速

な対応と役割分担にあった．大火の鎮火からわずか半日後の10月30日の夜には，酒田市は市執行部と市議会の合同会議を開いた．ここでは土地区画整理方式による火災復興防災都市づくりを行う方針を固め，11月1日は原案策定，さらに翌日には市議会建設常任委員会や市都市計画審議会などからなる協議会での了承を取り付け，この日には復興に向けた住民説明会が始まった．

一方で，山形県や建設省の担当者も30日夜に酒田入りし，市に対して速やかに助言を行える体制を構築した．県計画課長であった本田豊は，「何もかも一度に行政処理を要する中で，第三者（国，県）の適切な進言助言が本当に必要であり，また進路を誤ることなく事業を促進しなければならないこと，今一つは時機を逸せず復興計画を作成し人心の安定を図るべきことであった」[6]と3者の連携の重要性を振り返っている．

この事業で特徴的なのは，山形県の主導による区画整理事業の実施を酒田市議会が要望したことである．その理由は，事業内容が膨大でありながら短期間で完了する必要があり，かつ財政や組織上の課題は市の能力を超えていたことにあった．要望から4日後，県は要望を受け入れ，12月1日には県計画課技術補佐の田中清右エ門を所長とした山形県酒田大火復興建設事務所が酒田市内に置かれ，県職員9名と市職員14名による前線基地が機能し始めることとなった．被災から2ヶ月間で区画整理の大臣認可を得なければ，建築基準法で許されていた建築規制が解かれてしまうという危機的な状況の中，国・県・市のタッグに住民も加わる体制が構築された．市建設部長だった大沼昭は，「田中所長さんから酒田市民は優秀だと言われたが，私も確かにそうだと思う」[7]とスピード感のある復興を後押しした住民の姿勢を賞賛した．

■3 プロジェクトその後

大火から歳月が経ち，成熟社会を迎えた地方都市を取り巻く経済状況も大きく変化しつつある．防火地域指定を受けた中通り商店街では，他都市に比べれば空き店舗は少ないが，昼夜とも人通りの寂しさがある．郊外化の進行も一因であるが，併せて街区が南北2面で接道する形状になったことから，各店舗裏側の駐車場に車を停めて入店する客が増え，結果としてアーケード街の人通りが減少したものと思われる．また2012年2月には第5街区の百貨店の撤退が決まっており，客足の流れが大きく変わることが心配されている．

ところで，復興地区の一部を対象とした調査[8]によると，防火地域の指定を受けた街区は他の街区に比べ，地権者が地区外への転居を進めており，商業機能の純化が進んでいることが明らかになっている．一方で差押え件数の増加など，経営上の苦境がうかがえるが，権利移転は他地区ほど進んでいないこともわかっている．固定資産税の負荷が大きな地区であるがゆえ，資産維持と生活経済の両立を一刻も早く企図すべき局面を迎えている．

とはいえ，地区一帯の防災性の高さは，復興から30年以上経った今も他都市に比べ十分に秀でており，また迅速な復興は阪神淡路大震災の復興時にも参考にされたほどであり，功績は大きい．この迅速な政策判断を行えた経験は地方都市の現代的な都市課題の解決においても活かせないだろうか．殊に地域経済の再興は，東日本大震災の被災地をはじめ，多くの地方都市でも喫緊の課題である．酒田で実現した地方における強いリーダーシップは，復興における1つの解であるように思われる．

［本項目において特に断りのない写真・図版は酒田市から提供いただいた．ここに謝意を表します．］

◆参考文献
1) 岡田昭人他（2010）：「鳥取市における防火建築帯再生に関する研究（1）地方都市中心市街地における防火建築帯造成の実態について」，2010年度日本建築学会大会梗概集，都市計画分冊，383-384．
2) 酒田市建設部（1977）：『酒田大火記録と復興のあゆみ…』，付録資料．
3) 同上，p.6．
4) 同上，p.38．
5) 同上，p.29．
6) 酒田市（1979）：『酒田大火復興建設のあゆみ』，p.10．
7) 同上，p.152．
8) 小地沢将之（2010）：「防火地域指定による土地所有への影響」，2010年度日本建築学会大会梗概集，都市計画分冊，381-382．

17 港北ニュータウン・せせらぎ公園の計画設計
緑の環境を最大限に保存するまちづくりへの試み　　*1979*

■ 写真1　モデル公園としてのせせらぎ公園
自然環境や地形の襞，ふるさとをしのばせる環境資産が活かされている．

■ 1　時代背景と事業の意義・評価のポイント

1960年代には，首都圏の旺盛な宅地需要に応えるために郊外部で1,000 haを越える大規模開発事業が相次いで進められた．多摩ニュータウンは首都圏域における大規模開発への挑戦であり，つくば研究学園都市は大都市機能の分散に主眼があった．こうした中にあって，港北ニュータウンは，横浜市の中心から北北西へ12 kmに位置するなだらかな丘，美しい川と谷戸，雑木林，竹林等の良好な自然環境が残る地域であることから，都市化の流れと自然との調和を基本に「緑の環境を最大限に保存するまちづくり」「ふるさとをしのばせるまちづくり」を目標に計画・整備が進められた．

この「緑の環境を最大限に保存するまちづくり」の具現化にあたって，「せせらぎ公園」は，港北ニュータウン全体の空間構成や土地利用の骨格・基軸となる緑道の一部（地区南東部，仲町台駅近接部分）の整備を，街づくりに先行して試行的にモデルケースとして実施したものである．

現況の沢筋に設定された「緑道（幅員10～40 m）」沿いを，既存のコナラやクヌギの雑木林を公園・緑地等として計画的に保全し，さらに，緑道にはせせらぎ，公園には池を配置して水と緑が一体的な谷戸空間を保存・再現し，景観的にも機能的にも水・緑の存在意義を拡大し，自然と調和した生活環境の創出を可能にした．

この計画・実施に対し，第一に，ニュータウン開発において緑の計画を重要なテーマとし，自然環境計画として計画・設計されたこと，第二に，既存樹林の保全と活用，緑と水の一体化された緑道など緑をシステム的に計画したこと，第三に，その計画を先行的に実施したことから，新市街地開発における新たな外部空間の設計と実現の可能性を示唆する先駆的実践として，高く評価された．

■ 2　プロジェクトの特徴

「せせらぎ公園」をモデルとするニュータウン全体のオープンスペース計画・実施の特徴は以下の3点に集約される．

(1) グリーンマトリックスシステムの導入

ニュータウン内の緑道を基軸に，公園・緑地等の「公共の緑」と集合住宅等の大規模街区の斜面樹林や屋敷林等「民有の緑」を束ね，連続させ，さらに歴史文化資産，水系，歩行者専用道路などと結合させて再構築するもので，緑地の空間系と都市内諸活動の行為系の

■ 図1　グリーンマトリックスシステム
緑地空間系と行為系の相関・ネットワーク.

■ 写真2　公園側に開かれたオープンカフェ・テラスと公園奥の古民家
木洩れ日の中，くつろぎ・潤い・安堵感が熟成されている.

多様な相関（マトリックス）により，スペースが一定の時，行為が最大のスペースを利用しうるシステムの追求がなされ，歩行者優位・人間性回復の街が形成された.

(2) せせらぎと保存緑地　「せせらぎ計画」は，全長8kmの6系統の流路とこれに付帯する池を公園内に配置し，雨水を池に貯留し，その放流とポンプによる循環，盲暗渠や井戸からの補給等を組み合わせ，下水道計画とも調整をとりながら，「より自然の水循環に近づけたシステム」としたもので，子供のたちの遊び場や環境学習の場，水辺の動植物の生息の場としても効果的に機能している.

開発前に残っていた雑木林や屋敷林（クヌギ・コナラなど二次林）は，民有の「保存緑地」として緑のシステムの大切な要素として担保され，「ふるさとをしのばせるまちづくり」の実現に寄与している．また，市の条例の適用により奨励金交付などの特典措置も付与された．

(3) 市民参加と公民連携　1980年の「せせらぎ公園」完成以降，公園緑地の整備計画方針が定められ，市民参加による公園づくり，自然調査研究会，愛護会活動等が始まった．

持続的な水・緑の保全管理を目指した公民連携による初動期からの体制づくりは画期的であった．

■ **3　プロジェクトその後**

現在は，野鳥・水鳥の多い，大きな池のある公園として，春の桜や初夏の睡蓮の花が訪れる人の目を楽しませている．公園の奥には古民家が移築され，かつて農村であった頃の風情や文化を伝えている．ニュータウンでありながら自然・歴史・景観が融合した落ち着きのある潤い空間が保たれている．「緑」をフロントヤードとしたテラスやオープンカフェでくつろぐ人々など都市的な緑を楽しむライフスタイルへの熟成も見られる．

一方，緑道沿いの斜面樹林は，夏場は鬱蒼とし，外来種への遷移がみられ，林床はササ，斜面下部はドクダミが優占している．せせらぎは澱み・とどまっているところもある．

間伐・林床管理・自然観察や調査・清掃などボランティア市民による支援活動の輪が拡がっているが，景観・レクリエーション・アメニティ・防災機能の充足感に比較して，種の多様性を含む生態系の管理の難しさ・限界も見えてきている．

農地を農業専用地区としてニュータウンのフリンジに集約化し・分離したため，谷戸山の営みとしての持続的一体的維持管理システムが希薄化したことも指摘できる．今後，「都市と農」の連携，「緑と水の持続的管理システム」について，人材・コスト両面からの拡充が期待される．

◆参考文献
1) 支倉幸二・春原　進 (1980)：「港北ニュータウン せせらぎ公園の計画・設計」，都市計画 **113**，8-11.
2) 春原　進・石綿重夫・小山潤二 (1980)：「都市開発と緑地」，都市計画 **109**，44-48.
3) 住宅・都市整備公団都市開発事業部 (1999)：『まちづくり技術体系6（オープンスペース編）』.

1980年代
「量から質へ」移行した「地方の時代」の都市づくり

　我が国の社会・経済状況は，1980年代を通じて，様相を徐々に変化させていった．前半は1970年代のオイルショックと高度経済成長の終焉を経て，それでも続く経済成長に一安心しつつ，経済的価値だけではない，新たな生活的価値が探求され始めた時期であった．しかし，1980年代後半になると再度，好景気が到来し，国際都市東京の地価は急上昇し，民活の掛け声のもと，各地で強気の都市開発が進むことになる．この時代に完成し，高く評価された都市計画プロジェクトは，どちらかというと前半の時代の雰囲気を反映したものが多い．目立った特徴としては，第一に地方都市における先進的なプロジェクトが高く評価されるようになったこと，第二に景観やデザインといった空間の質にまで踏み込んだ評価が前面に押し出されるようになったことであった．こうした特徴を持つプロジェクトが生み出された背景には，都市計画行政における「地方の時代」の到来が指摘されよう．

　地方都市における都市計画プロジェクトは，三大都市圏で次々と開発されていたニュータウンの地方での高水準の展開であった高陽ニュータウン［⇨19］，駅周辺区画整理事業に合せてシンボリックな駅前空間を生み出した浜松駅北口［⇨20］や掛川駅前［⇨29］などが代表的であった．これらは地方独自の試みというよりは，中央，地方を問わず純粋に高質な都市空間の創出を目指したものであったが，高山市まちかど整備［⇨21］や東通村中心地区整備［⇨27］などは，地方の小都市ならではの都市像や生活像を追求したものであった．

　一方，景観，デザインの側面が高く評価されたのは，町並み保存から景観創造へと前進した前述の高山まちかど整備［⇨21］，後に住民参加のデザインへと発展していく世田谷区の都市デザイン［⇨24］，そして，駅周辺のイメージの一新をアーバンデザインというコンセプトで成し遂げた川崎駅東口［⇨25］などである．いずれも自治体が積極的に景観やデザインを政策的課題として取り上げたものであった．街路のアメニティ向上を目指した大阪市の歩行者空間整備［⇨28］や，景観的側面を重視した土浦高架街路［⇨23］なども，当時のこうした「量から質へ」という文脈において，実施されたものである．

　他にも，新交通システムの導入が特徴であった神戸ポートアイランド［⇨18］や土浦高架橋［⇨23］，これまで以上に大きな緑地を確保した高陽ニュータウン［⇨19］，多摩ニュータウン鶴巻・落合地区［⇨22］，森の里を基本コンセプトとした厚木ニューシティ［⇨26］など，従来とは異なるこの時代ならではのテーマに挑戦しながら，新都市開発関係のプロジェクトも続いていた．本書で取り上げた1980年代の都市計画プロジェクトは，こうした新都市の開発と既成市街地の再編とが，数で言えばちょうど半々であった．1980年代の都市計画プロジェクトは，「地方の時代」の到来とともに，都市計画の主対象が新都市の開発から既成市街地の再編へと次第にシフトしていく様子を反映している．つまり，現代都市計画の一つの原点はこの時代のプロジェクト群に見出されよう．

　なお，1980年代は，世田谷区の都市デザイン［⇨24］での住民参加や，掛川駅前［⇨29］での官民協働のように，都市計画の主体の拡張，再編が具体的に開始された時代であったが，それらが都市計画プロジェクトの主流をなすまでには，もう少し時間がかかるのであった．

18 神戸ポートアイランド
市民生活と港が一体となった「海上文化都市」　　　　　　　　　　1980

■写真1　現在のポートアイランド
手前が神戸空港島.

■1　時代背景と事業の意義・評価のポイント

　2010年,神戸市にあるポートアイランド（以下「PI」と略す場合がある）のまちびらきから30周年を迎えたが,PI誕生のきっかけは,昭和30年代まで遡らなければならない.

　当時は,日本経済の急速な発展と世界的な物流の増大により,神戸港の取扱貨物量が増加し,船舶の大型化とコンテナ化という輸送革新の波が押し寄せていた.また,神戸市の人口は,1955年に98万人,1965年には122万人と増加していたが,人口の90％が市域面積の10％にすぎない六甲山系の南側に集中している状態であった.

　こうした背景から新しい都市空間としての「沖合人工島構想」が浮上し,神戸市・国により,様々な案が練られた末,1966年2月「PI埋立基本計画」が神戸市会に提案,可決された.

　1966年6月に護岸工事着手,1967年4月に埋立工事着手,1970年4月には神戸大橋が開通し,同年7月にはコンテナバースが供用開始した.その後,1980年3月に最初の住宅入居を迎え,埋立事業は1980年度に完了した（その後進められたPI（第2期）につ

■写真2　埋立て当初（1969年）のポートアイランド
三宮の沖合に広大な人工島が広がることを当然に思う現在の神戸市民にとっては,この光景は奇異に感じる.

いては後述する）.

　このように,PIは港湾と都市の機能を併せもつ複合新空間を生み出したが,これと連携して,既成市街地の更新と内陸部の新規開発等が総合的に実施されたため,PIは神戸の持続的発展を牽引したと言え,また,20世紀における斬新,かつ大規模な都市整備であるとの観点から,内外から高い評価を受けた.

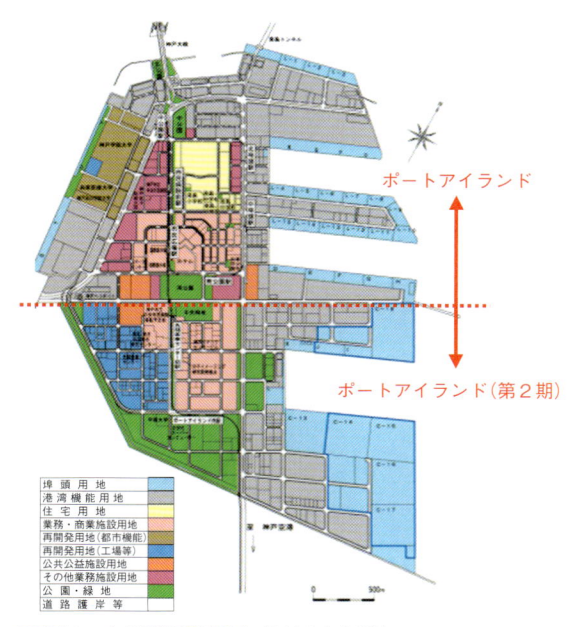

■ 図1　土地利用計画図（2009年以降）

■ 写真3　ポートピア'81会場
当時関西では珍しかったパンダの展示をはじめ，32のパビリオンが設けられた．180日間に1,600万人を超える人々が訪れ，その後の全国の地方博ブームのさきがけとなった．

■ 写真4　土砂運搬システムの流れ

■ 2　プロジェクトの3つの特長

(1) 複合機能を持つ「海上文化都市」　前節の繰り返しになるが，PIの特長として挙げられるのが，従来の単一機能の埋立地ではなく，当初から，「みなと」と「まち」の機能が共存し「住み」「働き」「憩い」「学ぶ」という都市の4大機能を備えた人工島として計画されたことである．

(2) 先導的な取り組みの導入　PIを計画・建設するにあたり，様々な先導的取り組みがなされたが，ここでは3点紹介したい．

まず1点目は，国際会議場，展示場，ホテルの3点セットを近接して設けた日本初の本格的なコンベンションセンターを計画したことである．

次は，国内初の新交通システムの導入である．新交通システムは現在では各地で見られるが，神戸の「ポートライナー」は世界初の無人運転システムとして注目を集めた．

筆者自身，まるで幼い頃に夢見た「未来型列車で未来都市に行く」思いで，ポートライナーに乗り込み，「ポートピア'81」の会場に足を運んだ感動を今でも忘れることができない．

そして，最後の点は，そのポートピア'81である．「海上文化都市」のお披露目事業として博覧会を成功させ，コンベンション施設をPRするとともに，その後の企業誘致にはずみをつけるという手法も特筆すべきことである．

(3)「山，海へ行く」　これまで，主にPIの機能面について述べたが，神戸市全体としての都市開発戦略や建設技術における特長を忘れてはならない．

PIの埋立土砂は，内陸部の土砂採取地からベルトコンベヤで須磨桟橋まで運搬，そこからプッシャーバージに積み替え，海上運搬した．水深－2mまでは底開バージにより直接埋立てし，－2mより浅い部分は揚土船等による揚土，運搬，埋立ての一貫システムで造成を行った．

臨海部の埋立てと同時に，内陸部の土砂採取地もみどり豊かな住宅・産業団地として整備する手法は，神

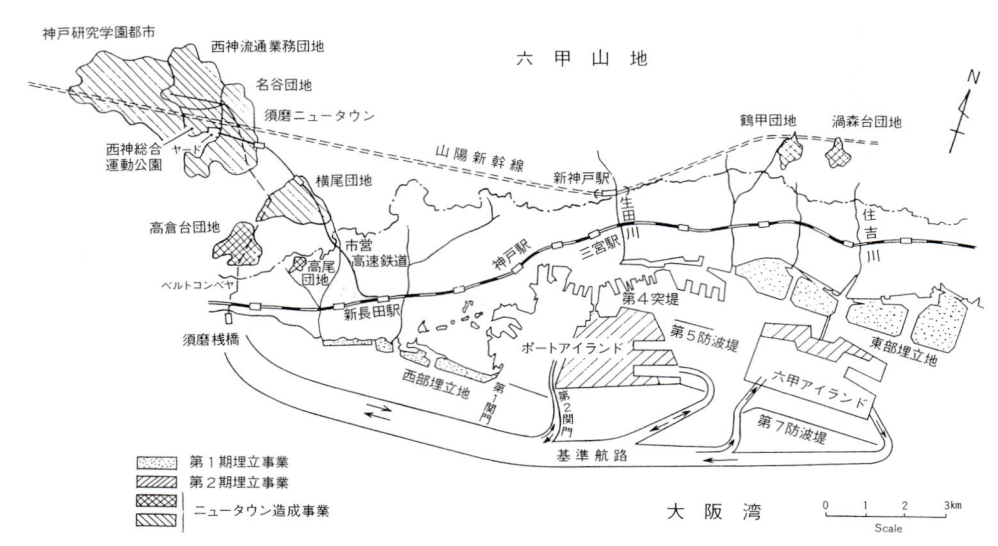

■ 図2　ポートアイランドと内陸部のニュータウン団地との一体開発[1]

戸の都市開発を特徴づけるものであり，「山，海へ行く」と称された．

埋立事業の終息に伴い，2005年度に役割を終えたが，ベルトコンベヤが搬出した土量は東京ドーム約260杯にあたる3億2,600万 m^3，生み出した新市街地はPIを含めて臨海部で1,700 ha，内陸部で約1,100 ha，現在の市域の5％に及ぶ．

■ 3　プロジェクトその後
3.1　ポートアイランドのその後
(1) 阪神・淡路大震災の被害と影響　1995年1月17日午前5時46分に発生した兵庫県南部地震は，神戸市内で約4,600人もの尊い命を奪い，都市機能を完全に麻痺させた．

PIにおいても，港湾施設を中心に壊滅的な被害を受け，当時，既成市街地とを結ぶ唯一の連絡橋である神戸大橋も通行不能となった．

なお，震災当時，報道により液状化現象が大きく取り上げられたが，これは主として港湾ゾーンでの被害であり，中心部の都市機能用地では建築物の倒壊などの致命的な被害は出なかった．

後述するPI（第2期）は，震災当時，埋立造成中であり，コンクリート系瓦礫を埋立用材の一部として受け入れた．また，既に造成済の用地約50 haでは，木質系瓦礫約200万tを集積し，仮設プラントによる焼却処分を進めた．

■ 写真5　被害を受けたコンテナバース
岸壁を形成するケーソンは海側に流動し，その後，「前出し」による復旧が行われた結果，PIの面積は当初の436 haから443 haとなった．

■ 写真6　利用転換前後のPC1～5地区
コンテナバースがキャンパス地区として生まれ変わった．

■ 写真7 「港島たそがれコンサート」での「港島太鼓」
港島太鼓は、ポートピア'81営業参加協議会による博覧会最終日の売り上げをもとにした学校への寄付を活用し、新しい街の心のふるさととなることを願って誕生した

さらに、1,2期を含めたPI全体では、3,000戸を超える応急仮設住宅を建設することができ、被災者の一時避難先としての機能を果たした。

(2) "神戸海上新都心"の誕生 近年のコンテナ船の大型化・コンテナバースの大水深化に伴い、かつて最新鋭のコンテナバースであったPC1～5地区は、震災後、都市的な利用へ転換を目指すこととなった。

当該地区は2002年10月に都市再生緊急整備地域に指定され、04年度までに臨港地区の解除手続きを終え、2007年春に神戸学院大学、兵庫医療大学、神戸夙川学院大学の3大学の開学を迎えた。現在は、既に進出していた神戸女子大学・神戸女子短期大学と合わせて、学生約8,000人が集うエリアとなっている。

(3) "ふるさと港島（みなとじま)" PIは人々の息遣いが感じられる街として成長を続けていることを言及しておきたい。

PIは人工島という性格から、もともと伝統や文化が無かった場所と言えるが、地域の人々の手による催し・活動が活発に行われ、地域コミュニティが醸成されている。また、島内には公立の幼稚園・小学校・中学校がすべて一つという特色を生かし、幼小中一貫教育が進められている。

こういった取り組みの象徴が、毎年夏に開催される「港島たそがれコンサート」であり、港島小学校で代々受け継がれている「港島太鼓」である（写真7）。

これまで地域・学校が一体となって築きあげてきた歴史をもとに、PIは、地域の子ども達に自慢できる「ふるさと港島」として、今後ともめざましい発展を遂げるであろう。

3.2 「第2期」の誕生、そして神戸空港の建設へ

(1) ポートアイランド（第2期) 前節と相前後するが、PI（第2期）は、国際化・情報化など新たな時代のニーズに対応した港湾施設及び都市機能を整備し、PI（第1期）と一体となった都市空間の形成を図ることを目的として、1986年から埋立てが進められた（2009年度に完了）。

神戸市では、震災後の1998年から、先端医療技術の研究開発拠点を整備し、産学官連携により、21世紀の成長産業である医療関連産業の集積を図る「神戸医療産業都市構想」を推進している。そのメインステージがまさにPI（第2期）であり、構想発表以来10年以上が経過した現在、10を超える中核施設をはじめ、200社以上の医療関連企業が進出し、ライフサイエンス分野のクラスター（集積拠点）として着実に整備が進められている。

(2) 神戸空港 PI・六甲アイランドに続く、神戸市による埋立事業の集大成となった神戸空港島において、2006年2月に開港したのが神戸空港である。

また、南から神戸空港、PI、都心＝三宮、そして新神戸という、神戸の経済・文化の中枢となる中央都市軸が形成され、もともと東西に長い神戸の市街地に新たな南北軸が加わったことで、市街地が面的に発展し、神戸におけるPIの位置づけ・役割がますます重要なものとなった。

■ 4 おわりに

PIは、明治の開港以来、常に外に向かって開かれてきた神戸の"開放性"や、"先進性""独自性"を表す最も象徴的なものと言っても過言ではない。

30年一世代と言われるが、PIはまさにその30年を迎え、次のステージに向かおうとしている。2011年11月、参加者2万人規模で初開催され、PIがゴール地点となる「神戸マラソン」では、これからも挑戦し続ける街＝ポートアイランドが多くの方々に注目される機会になると思われる。

◆参考文献
1) 神戸市 (1981):『ポートアイランド 海上都市建設の十五年』.
2) 日本経済新聞神戸支社編 (1981):『六甲海へ翔ぶ ポートアイランド誕生記』.

19 高陽ニュータウンの設計と開発
地方都市における意欲的なニュータウン建設の功績

1981

高陽ニュータウン開発竣工図

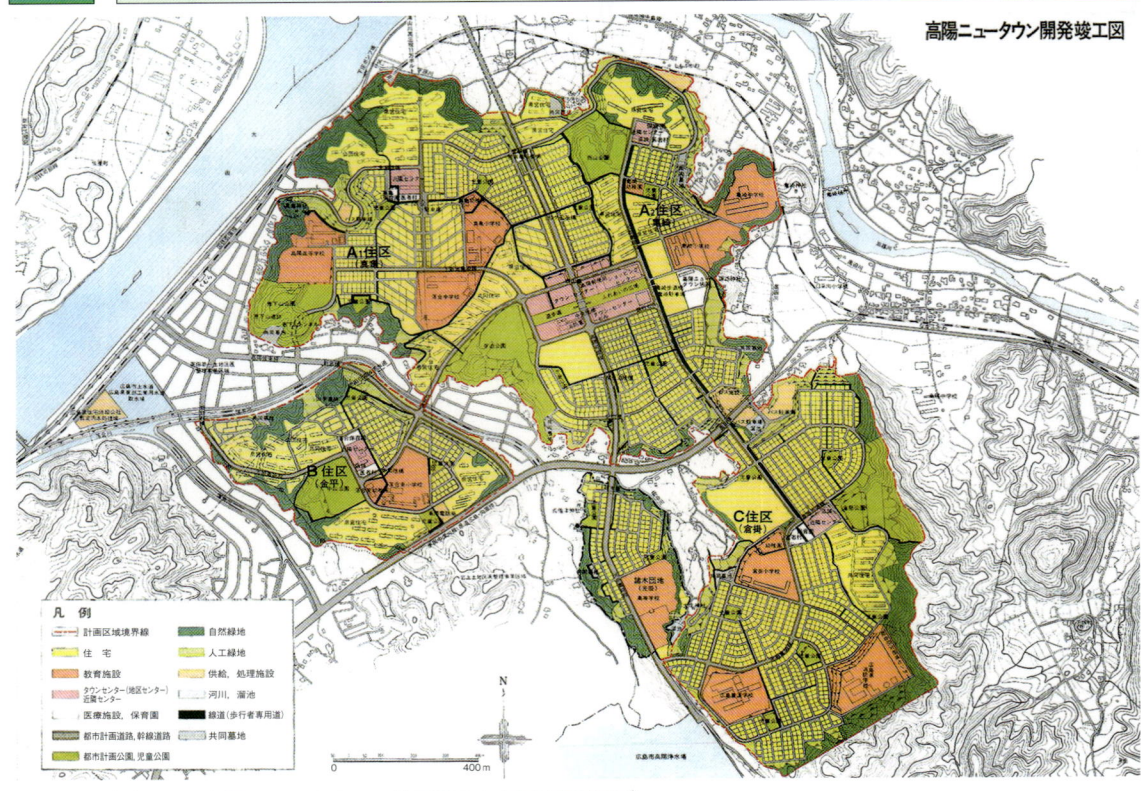

■図1　丘陵地での高陽ニュータウンの住区構成と主要施設配置[6]

■1　プロジェクトとその事業の時代背景

　広島市の高陽新住宅市街地開発事業によって開発された住宅地は，高陽ニュータウンと呼ばれて，開発当時は西日本一ともいわれる規模で，オーソドックスなコミュニティ・近隣住区理論と可能な限りの歩車道分離システムを採用した計画であった．特にニュータウン周辺の豊かな法面緑地は他地域との間を画す存在として景観的にも大きな役割を果たしていた．このニュータウンは作品名「高陽新住宅市街地開発事業の計画と建設」として1981年度日本都市計画学会賞設計賞が広島県代表の竹下虎之助広島県知事に授与された．その選考理由としては地方都市における地方公共団体の果たした業績が認められ，「広島都市圏開発の一環となる好環境の住宅市街地の開発と周辺集落を含む一体的街づくりを行うという基本理念のもとに事業が進められ」たことが評価された．また1982年7月には広島県住宅供給公社が時の建設大臣より，高陽ニュータウン開発と廿日市ニュータウン阿品台タウンハウス建設とを併せて居住環境の良好な住宅団地の形成に寄与したとして表彰された．

　今や高陽ニュータウン周辺部にはいくつかの集合住宅地・団地が開発され，その中に埋没しているように見えるが，詳細に見ればなお際だって緑の多い，施設整備水準の高い地域として存在している（図1）．

　この開発が進められたのは高度経済成長期の終盤，地方都市でも郊外化の波が著しく展開した時期で，民間開発では細切れの規模となり，施設整備も理想的な設計というわけにはいかない中で，広島県との連繋で広島県住宅供給公社が事業主体となって設計開発した一大事業が高陽ニュータウンであった．

■2　事業の成立過程とプロジェクトの特徴

　高陽ニュータウンは，新住宅市街地開発法を適用し開発した住宅地である．広島市の中心部から北方約10～12kmのこの地（写真1）をニュータウンの適地として基本構想を策定したのは1969年12月のこと

■写真1　開発前の高陽ニュータウン敷地付近の状況

■写真2　多くの緑を残した高陽ニュータウン（1982年撮影，広島県住宅供給公社）

■写真3　タウンセンターへ立体交差してつながる歩行者専用道

■写真4　歩車道分離された空間がネットワーク化されている

■写真5　整備された公園で軽いスポーツ競技に興じる高齢者

であった．さらに，1970年4月より基本計画，基本設計の策定が進められ，1971年1月に広島都市計画高陽新住宅市街地開発事業の決定，1972年7月に総面積約267.7 haに同事業の認可がなされた．すなわち「新住」という制度のもとでの事業であった．そして，広島県住宅供給公社と協同で宅地開発研究所が「高陽ニュータウン基本設計報告書」（1972年9月）をまとめ，基本的な方向性・基本方針とニュータウンの基本設計が明らかにされた．

なお，この頃広島都市圏を対象とした交通計画が検討され，広島市交通問題懇談会著『広島の都市交通の現況と将来』（大蔵省印刷局，1971）においてここが住宅適地として少し詳細な交通計画が報告されていることも注目される．

この地域は広島中心部と当時の国鉄芸備線（現JR芸備線），県道広島向原線（現県道広島三次線）によって結ばれていた．計画内容として特徴的なことは，この県道を挟んで大きく2ブロックでニュータウンを構成し，大きな固まりの方をA住区，B住区とし，他方をC住区とし，さらにA住区は可部方面と直結する県道高陽・可部線を設けこれによってA1住区と

■ 写真6　高層住宅群

■ 写真7　県営住宅地区

■ 写真8　斜平行境界壁共有型分譲住宅

A2住区に区分しているので全4住区であった（写真2）．これらのA1，A2，B，C住区はかつての大字である真亀，亀崎，金平（後に落合と改称），倉掛にそれぞれ対応していた．この住区相互を結ぶ歩行者用道路は幹線道路と立体交差とし，歩行者ネットワークも緊密に張り巡らすように配置された（写真3，4）．土地利用としては宅地が39％，教育施設10％，業務施設3.5％，近隣地区センター3.5％，公園緑地19.4％（写真5），道路水路河川24.1％と，公園緑地の比率の高さが目立つ．住宅戸数は約7,300戸（当初計画約10,000戸）で，その内訳は公団住宅346戸，県営住宅3,480戸，分譲住宅3,474戸で，計画人口は約26,000人（同約36,000人）とされた（写真6，7）．

住宅形式についていえば，中高層共同住宅地においては囲み配置ではなく平行配置を採用しているが，画一的にならないように変化を持たせる工夫と100～150戸グループ毎に設けたプレイロットが緑道につながるよう計画している．パーキングは集中式と分散式のミックス方式であった．また独立住宅では細街路の

交通をコレクティブ道路で受けてこれらをまとめて住区幹線に流していくというパターンが採用されている（図2）．また細街路は通過交通を入れないようピンスタイル方式とし，場所によっては車道の行き止まりとなるクルドサック形式も見られる．もちろん歩行者には行止まり感がないように緑道のネットワークが用意されている．広島地区では珍しい新たな形式として斜平行境界壁共有型住宅ともいうべきコンパクト化した分譲住宅を供給している．雁行型に並んだ住宅群は独特である（写真8）．

なお，敷地内から出土した文化財の扱いにも一定の配慮がなされたことを付記しておこう．

■ 3　プロジェクトのその後と評価

このニュータウンは当時まさに待望されていた開発であった．1972年10月に造成工事が始まり，2月より分譲住宅が販売される中で持家需要層の人気も高く，購入応募者が集中した．一方で県営住宅等への応募者，入居者も多く，賃貸住宅としての立地も不適ではなかった．広島市中心部等とも比較的利便性の高いバス交通で結ばれ，ニュータウンには活気があり，タウンセンター，近隣センターにも多くの顧客が訪れ，コミュニティ活動も展開された．ある商業関係者によると，当時子供用品など店頭に並べると片っ端から売れたという．造成工事は，1987年3月に終了し，1990年3月までが分譲期間であった．

開発後の変化としては，入居者の年齢層が高齢化したことである．県営住宅等の賃貸住宅では一定の若手居住者の入居が認められるが，分譲住宅地においては1970年代に入居した40～50歳代中心の世帯がそのまま加齢しており，一般市街地以上に特定の年齢層に著しく偏った日本型ニュータウンとして，また共同住

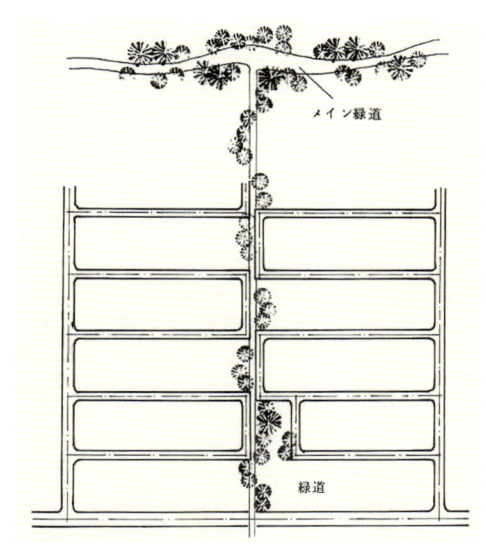

■ 図2　細街路パターン[1]

■ 写真9　空き家の目立つ近隣センター

■ 写真10　かつては賑ったタウンセンター

宅の比重の低い地方大都市型ニュータウンとしての特質を強く有することが指摘できる．現在，住宅内部だけでなく道路から段差のある宅地へのアプローチのバリアフリー化が問われており，今後どのように住み継がれていくかも大きな課題となっている．また全国的に少子化による学校への影響が著しいが，特にこのニュータウンでは建設後の児童増という短期ピークを越えての急減傾向となったため，現在では過大施設をかかえて利用効率の悪さに直面している．

　計画として予測がはずれたのが，近隣センターの存在である．今や全く賑わいを失い，その存在価値はかなりの程度失われている（写真9）．タウンセンターもかつての賑わいはなく（写真10），買い物客は地区外の大規模ショッピングセンターへの流出の傾向がみられる．住宅地でも住み手がいなくなって空家化し，売り出しても買い手のつかないで放置された住宅も散見される．とはいえ，高陽ニュータウンがもはや役割を終えたということではない．ここには確実に多大な公共投資と私的な資金の投入が成されたはずであり，本来資産価値は莫大なものであるが，現在のまま推移すれば利用価値も資産価値も著しく減少することになり，公的に私的に大きな損失である．

　すなわち，このニュータウンにおいて早急に不動産の流通システムを確立すること，新たな居住者を迎え入れ，可能な限り高齢層だけでない多様な年齢階層化をはかること，近隣センター等の有効な活用を図ること（場合によっては建て替えてでも居住を含む新たな機能集積を図ること），そしてニュータウンとしてここを終の棲家とする人たちへの有効な対応を確立しフォローすること，等が問われていると考えられる．そのため広島県住宅供給公社や住民，住民組織，行政等の新たな対応が迫られているといえよう．

◆参考文献
1) 広島県住宅供給公社・宅地開発研究所編（1972）：『高陽ニュータウン基本設計報告書』，広島県住宅供給公社．
2) 広島県住宅供給公社編（1982）：『わが街高陽ニュータウン』，広島県住宅供給公社．
3) 広島県住宅供給公社"ひびき"編集部編（1989）：『ひびき第37号』，広島県住宅供給公社．
4) 広島県住宅供給公社40年記念誌編集委員会編（1992）：『広島県住宅供給公社40年のあゆみ』．
5) 広島県住宅供給公社編：『高陽新住宅市街地開発事業計画設計図』（1972〜1986）．
6) 広島県住宅供給公社（1973）：『高陽ニュータウンパンフ，高陽ニュータウン開発竣工図（最新版）』．
7) その他平成12〜14年度の広島大学工学研究科修士論文および工学部卒業論文（石丸紀興研究室関連）．

20 浜松駅北口駅前広場
土地区画整理事業による交通ターミナル機能と修景機能を併せ持つ
広大な駅前広場の整備

1982

■写真1　現在の浜松駅北口駅前
完成直後（写真3）と比べると駅ビルも新しくなり緑も若干増えている．

■1　時代背景と事業の意義・評価のポイント

　本事業は，日本経済がニクソンショックや第1次オイルショックを経て，高度成長から低成長に移行しつつも，まだ勢いを失ってはいなかった昭和40年代後半（1970年代半ば）に構想され，計画設計に約5年，工事に約2年を要して1983年に完了した．本事業は東海道本線高架化事業，浜松駅周辺土地区画整理事業等の一連の広域根幹事業の「しめくくり」的な役割をもつものである．これら一連の事業は地方中核都市の抜本的な都市改造に寄与し，新たな時代につながる都市基盤を形成するものとして推進されたが，本駅前広場は，これらの事業の結果生まれた豊かな空間に思い切った設計内容を展開・実現しえたものである．すなわち，歩行者と自動車の流れの完全分離の実現，バス利用の利便性の確保，都市美形成へのシンボリックな環境の創成，そして駅周辺市街地形成への対応性等の設計内容を有していることから，当時における都市改造，駅前広場整備の先進モデルとして位置づけられ，高く評価されうるものと判断されて，1982年度の日本都市計画学会設計賞が授与されている．

■2　プロジェクトの特徴

　本プロジェクトの第1の特徴は，交通ターミナルとしての機能と修景広場としての機能を整合せしめるに十分な広大な用地が確保されたことである．これは，土地区画整理事業の手法によるものであり，巨額の減価補償金の承認がなされたことから，従来の標準的な基準による場合の約2倍の用地が確保されたのである．第2の特徴は，計画・設計・施工に要した約7年間，常に市民各層の代表者および学識経験者によって設立された「浜松駅周辺整備計画協議会」の市長への提言を尊重する形で進められたことである．これにより，広場に潤いと安らぎを持たせるための植栽，人工滝，花時計，花壇，ベンチ等が設置され，市民に親し

■ 写真2　着工前の浜松駅北口駅前
駅前広場は狭く周辺には倉庫群が乱立していた（昭和30年代の匂いが漂っている）．

■ 写真3　バスターミナル完成直後の浜松駅北口駅前
バスターミナル中央部の地下からモニュメントが聳えている．

■ 写真4　花時計の代わりに設置された「噴水のステージ」
プロムナードコンサートやイベント時の出し物で利用されている．写真はサンバフェスティバルの様子．なお，ステージの後ろには「浜松モザイカルチャー2009（浜名湖立体花博）」の作品が飾られている．

■ 写真5　バスターミナル地下中央部の吹き抜け
モニュメントの向こうに駅東街区のアクトシティのアクトタワー（地上45階）が見える．

まれる修景広場の機能が充実したと考えられる．

　バスターミナルは直径77mで16角形であり，16箇所の乗り場に各方面のバスが発着する公共交通の重要な結節点として機能している．その地下にある直径55mの円形広場の中央部分（シンボルゾーン）は直径28mの吹き抜けとなっており，この部分には「伸びゆく浜松」をテーマとするモニュメント（高さ20m，底辺2m角および4.5m角）が設置されている．

■ 3　プロジェクトのその後

　その後，浜松駅北口駅前地区では遠州鉄道高架化事業（1985年完成）や駅東街区（アクトシティ）開発（1995年完成）など様々な事業が進められ，現在に至っている．駅前広場に関しては，バスターミナルは当初から大きな変化はない．一方，当初は駅出口1階の向かいにあった花時計が移設され，代わりに市民コンサート用の「噴水のステージ」が作られ，イベントの賑わい空間が創出されている．また，暗く重厚だった既存シェルターが，その構造を活用しつつ軽快で透明感あふれる新たなシェルターとして改装されている．これらの改修は，音声サインを含む明快なサインシステムの整備，トイレのユニバーサルデザイン化等とともに，当初の整備後20年を経て実施されたものであるが，その改修計画に対して「土木学会デザイン賞2007・優秀賞」が授与されている．

　現在，本駅前広場は，平成の大合併により政令指定市となった大都市・浜松の顔としての役割を担うとともに，北口の「北」と「みんなここに来たら」を併せ，かつギターの語源となった古代ギリシアの弦楽器「キタラ」に由来する愛称によって市民に親しまれる交流空間となっている．

◆参考文献
1) 浜松市（1983）：「日本都市計画学会設計賞　浜松駅北口駅前広場」，都市計画 **127**，21-24．

21 高山市まちかど整備
スポット的な「まちかど」整備による効果的な都市空間の創出　　　1984

■写真1　高山陣屋側から中橋方向を見る

■1　時代背景と事業の意義・評価のポイント

　岐阜県高山市では，1960年代から他の自治体に先駆けて，町並みの復元・保全，河川の浄化の活動を進めてきた．その端緒を開いたのが，1965年の岐阜国体に向けて始まった市民による町を美しくするための様々な運動である．河川の浄化の取り組みでは，宮川に清流を復活させようという子供会の活動や「川を美しくする会」などの市民活動組織が結成された．町並み保全の取り組みでは，1966年に上三之町で上三之町町並保存会が結成され，その後，上二之町にも保存区域が広がった．これらの動きを受けて，1972年に高山市市街地景観保存条例が制定され，1979年に重要伝統的建造物群保存地区に選定された．
　こうした景観保全の取り組みは一部の地域では効力を挙げたが，都市化や観光地化の進展により，市街地全体の町並み景観の悪化が同時進行していた．これらの課題に対応するために，これまでの町並みの復元・保全の取り組みから一歩前進して，近代的な町並みも含めた市街地全体の都市整備手法を後述する伝統的文化都市環境保存地区整備計画の中で検討した結果，1）まちにゆとりをもたせ，住みやすい環境をつくる，2）景観を美しく見せる，3）市民と観光客との間にふれあいの場を設ける，などの視点から「まちかど」整備が提言された．
　学会賞授賞理由によると，「まちかど」整備の意義・評価のポイントは以下の3点にまとめられる．第1に，歴史や伝統を日常生活に溶け込ませ，歴史的町並みだけではなく，市街地全体の良好な景観形成を「都市景観づくり」という一連の都市設計政策として展開していることである．第2に，少ない投資で，すぐに目に見える形で町並みに「メリハリ」をつけることができ，市民や観光客に対する環境の改善効果が大きいことである．第3に，「まちかど」を整備したあと，地域住民が「まちかど」の管理を引き受けたり，自分の家の周囲の美化に務めたり，他地域の住民から「まちかど」整備の要請がでるなど，「まちかど」周辺への波及効果が多方面にわたっていることである．

■2　プロジェクトの特徴
2.1　伝統的文化都市環境保存地区整備計画における「まちかど」整備の概要

　「まちかど」整備は，国土庁の地方都市整備パイロット事業の対象都市に選定されたことを機に策定された「伝統的文化都市環境保存地区整備計画—飛騨高山—伝統と調和した文化環境の創造—「まちかど」の発見」（1980年）が基になっている．高山市伝統的文化都市環境保存地区整備事業策定小委員会（以下，伝文小委

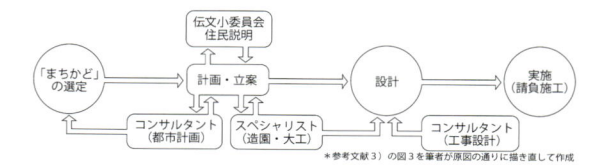

■図1　「まちかど」整備のプロセス
様々な主体間のやりとりの中で計画・立案が策定された．

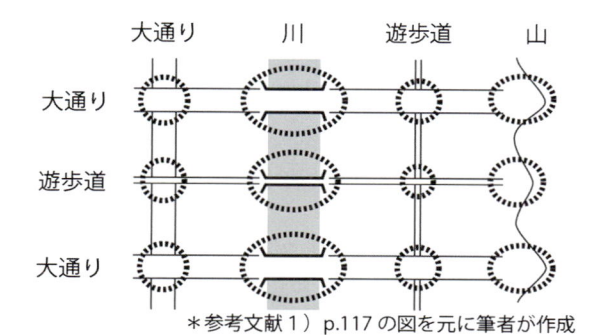

■ 図2 「まちかど」の選定
街路の交差点や橋詰，山あてスポットを「まちかど」に選定した．

■ 写真2 中橋（左岸）スポット
観光客が集まる橋詰広場に面する．

■ 写真3 大雄山スポット
中心市街地の東の玄関口に位置する．

■ 写真4 城山スポット
城山公園の入り口に位置する．

員会）には，学識経験者として，伊藤鄭爾氏（当時工学院大学学長），川上秀光氏（当時東京大学教授），加藤晃氏（当時岐阜大学教授），渡辺定夫氏（当時東京大学助教授）という当時の都市計画の第一人者が入っており，都市計画コンサルタントとしてTAKE-9計画設計研究所が参画していた．「まちかど」整備のプロセスは図1のように整理できる．以下，整備計画書の内容について，特に「まちかど」に着目してみよう．

(1)「まちかど」の論理　「まちかど」整備の目的と意義は，1）伝統的文化の環境が人間の知覚や意識に及ぼす効果をより高めるための仕掛けとして「まちかど」を活かすこと，2）「まちかど」が市民と観光客の交流する場となること，3）市の広報やポスター類等を「まちかど」の一角に置くことによって「まちかど」を市民文化創造の地域小拠点とすること，4）「まちかど」に市民生活を側面から支える装置（公衆電話，ポスト等）を置くこと，5）「まちかど」を景観の基本的要素とし，町並みをより豊かにすること，6）行政が少ない予算で景観保存地区の整備を行うとき，「まちかど」整備の方向を採ることによって，より広範な効果が期待でき，しかもそれが市民の日常生活のなかで納得されやすいこと，7）公共による「まちかど」整備が，分散拠点的に環境の水準を高め，それが呼び水になって近傍の民間建築物のデザインの質を高めること，である．

(2)「まちかど」の配置　旧城下町のエリアを伝統コア，伝統コアを約300mの幅で包み込むエリアを周辺ベルトと定義した．伝統コアと周辺ベルト内の100箇所に及ぶ「まちかど」を詳細に現地踏査し，一体的に整備した方がよいものを数個にまとめるなどして，合計43箇所の「まちかど」を整備対象として選定した（図2，写真2〜4）．なお，整備計画書の中で提案された43箇所はその後，整備対象の見直し等が行われ，伝統コアと周辺ベルト内には現在までに53箇所が整備されている（図3）．次に「まちかど」の重要性の評価のために2種類の評価基準を設定した．ひとつは現地踏査による調査グループの実態評価，もうひとつは景観体系を構成する線的要素のうち，1）河川，2）幹線道路とミニバス・ルート，3）伝統コア

と周辺ベルトそれぞれの外周線の3つの線を想定し，これらの線が何本重なるかによって等級付けを行った．

(3)「まちかど」の構成　「まちかど」の構成手法は大きく5点ある．第1に，立地する位置により，それにふさわしい性格づけを行った．伝統コアへの出入口に当たる「まちかど」は門らしく，伝統コア内の「まちかど」は町並みになじむようにし，橋を含む「まちかど」は一体的な雰囲気を醸成するものとする．第2に，「まちかど」の空間にゆとりをつくる．隣接して公共用地の取れるところやデッドスペースは拡張し，また歩道を拡幅したり，不法駐車の出来ない構造とする．第3に，歩道に植栽したり，花壇を設けたりすることで，緑を増やす．また，「まちかど」内に植栽することにより四季を感じさせ，「まちかど」から通りへ，さらに，まちを潤いのあるものにする．第4に，交通安全，交通形態を考慮する．歩車道の分離のほか，「まちかど」は交差点が多いため，車の見通しや，自然にスピードを落とさせるように線形を直す．第5に，「まちかど」にモニュメント，案内板，雰囲気ある照明等のさまざまな装備を施す．

2.2 「まちかど」整備事業（点的整備）と街路・河川修景事業（線的整備）の連動

高山市では，点的な整備である「まちかど」整備事業同士を連結するように，線的な整備である街路・河川修景事業を実施している．すなわち，点と点を線で繋ぐことで，面的な修景整備の効果を図っている．な

■ 写真5　鍛冶橋左岸通路
民有地と官地に跨るように歩行者空間が整備された．

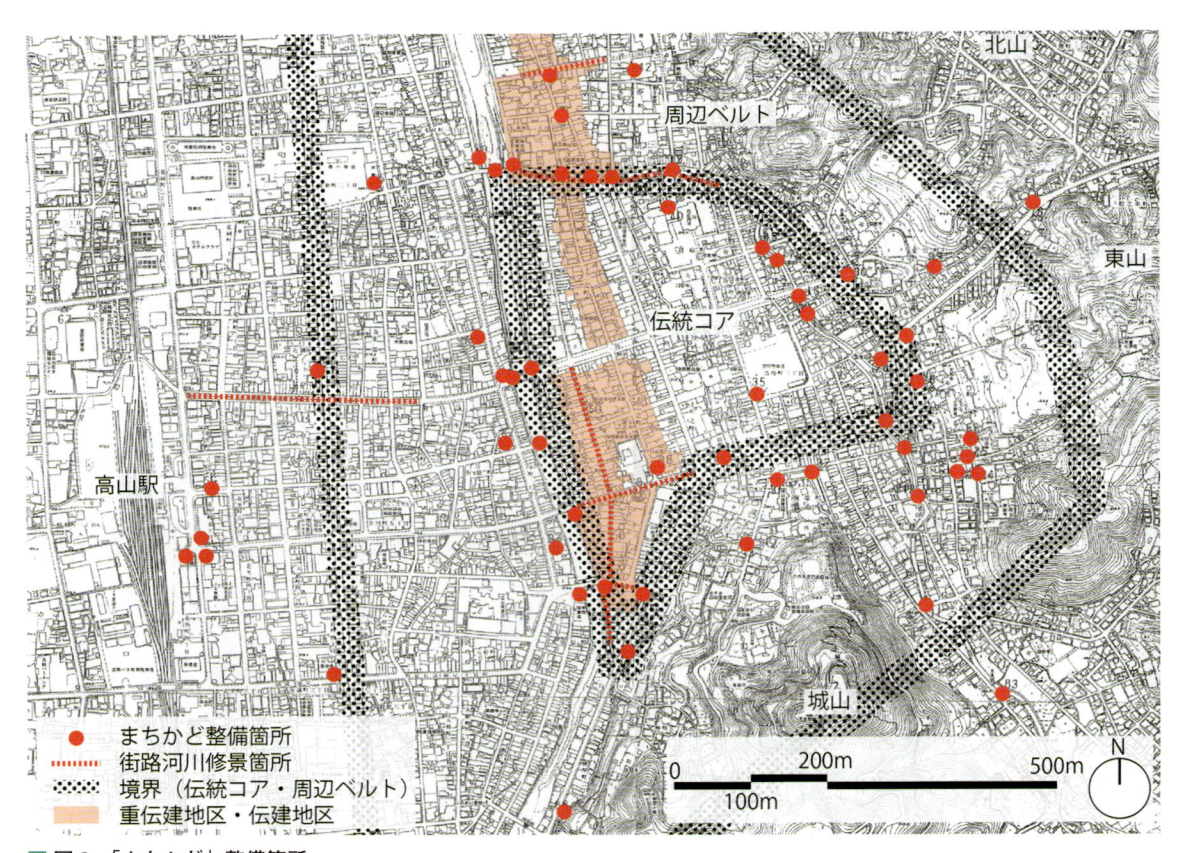

■ 図3　「まちかど」整備箇所
伝統コアと周辺ベルト内では現在までに53箇所が整備されている．

お，街路・河川修景事業については，伝統的文化都市環境保存地区整備計画でも『「とおり・みずべ」の計画』として整理されている．

街路・河川修景事業のひとつである鍛冶橋(かじばし)左岸の例では，3軒ほどの共同建替えに合わせて，宮川沿いの歩行者空間の路面整備を官民協働で行った例がみられた(写真5)．歩行者空間は民有地と官有地に跨っており，路面整備を一体的に行っている．なお，民有地の整備費用については高山市から補助金が出ている．

■3 プロジェクトその後

「まちかど」整備事業は，1980年度から1983年度にかけて継続して実施する事業として，高山市の第3次総合計画に位置づけられ，約3億円（うち国庫補助金約5千万円，県補助金約3千万円）の事業費をかけて計60箇所が整備され，当初の整備計画で位置づけた「まちかど」の全体像がほぼ出来上がった．そして本事業の意義や効果が市役所内で一定の評価を得たことなどの理由から，1985年度から2002年度に至るまで事業は継続されることとなった．整備エリアは当初の伝統コアと周辺コアに限定することなく，広く市街地全体を対象としながら臨機応変に推し進められ，最終的には計105箇所が整備された．

「まちかど」の整備にあたっては，地域住民との関係が重視され，事前に地域住民の意見を聴くように努められているが，特に完成後の維持管理に関しては，全体の約2/3が高山市によって地域組織（自治会・敬老会・婦人会など）に委託され，数多くの市民の理解や協力のもとで無償のボランティアによる清掃などが行われている．

なお，「まちかど」整備事業は2002年度で単に終了となったのではなく，高山市は新たに市街地内の路地や水路沿いの通路などの整備を目的とした横丁整備事業を設け，「まちかど」整備事業の延長上に市街地の景観整備に取り組み，現在に至っている．

最後に改めて「まちかど」整備事業を振り返り，その特徴についてまとめてみたい．

第1に，「まちかど」整備を含めて，高山市の景観整備の取り組み全般にみられる先進性が上げられる．国土庁のパイロット事業の対象都市に選定されたのは，当時，まだ全国的に数の少なかった重要伝統的建造物群保存地区を有していたという理由が大きいと思われるが，その基礎となった1972年の高山市市街地景観保存条例は，国による1975年の伝統的建造物群保存地区制度創設の前であり，1960年代後半から制定され始めた市町村独自の歴史的景観保全条例の初期の事例の1つに位置づけられる先進性の高いものである．そして1979年に重要伝統的建造物群保存地区として選定された三町地区を面的整備の核として位置づけ，それを取り巻くように多数の点的整備を「まちかど」として行い，全体としてネットワーク化させて，市街地全体の魅力を向上させるという整備手法も，当時としては高い先進性があったといえる．

第2に，事業の継続性と総合性が上げられる．「まちかど」整備事業は約20年間という長期間に渡り，市の事業として定着して実施され続けてきている．さらに現在は横丁整備事業へと発展してきているとともに，景観法にもとづく高山市景観計画の運用による市街地の総合的な景観形成，歴史まちづくり法にもとづく高山市歴史的風致維持向上計画に位置づけた景観整備事業（横丁整備事業など）の実施といったように，単発による景観整備事業に終わらせることなく，継続性と総合性を持たせて，ひろく景観まちづくりを実施し続けている点も他市では見られない特徴である．

将来の課題の1つとしては，数多くの「まちかど」を末永く維持管理するには，今後も地域組織による協力体制を構築していくことが欠かせないため，「まちかど」を含めて様々な景観整備事業の成果を上手に次世代に引き継ぐことが上げられる．

初期に整備された「まちかど」は約30年の年月が経過し，既に十分にまちの景観にとけ込み，存在感を放っている．将来においても高山市と地域住民の手によって継承され，さらに新しい手が加わり，一層の成熟した景観となることが期待される．

◆参考文献
1) 岐阜県・高山市 (1980)：『国土庁伝統的文化都市環境保存地区整備計画─飛騨高山─伝統と調和した文化環境の創造─「まちかど」の発見』．
2) 丸山 茂 (1983)：「「まちかど」は語らいの場─高山（特集・観光地と環境整備）」，月刊観光 197，26-29．
3) 小林 浩 (1988)：「高山市まちかど整備（県内各都市のまちづくり（都市計画）事例）」，新都市 42(8)，88-94．
4) 松浦健治郎 (2002)：「スポット的に「まちかど」を整備」，佐藤滋＋城下町都市研究体『図説城下町都市』，p.111，鹿島出版会．
5) 阿波秀貢 (2010)：「高山市の新たな景観形成法の展開─「まちかど整備」─「横丁整備」30年間の歩み」，地域政策研究 51，61-71．

22 多摩ニュータウン鶴牧・落合地区
緑とオープンスペースのネットワークによる住環境の構築   *1985*

■ 写真1[1)] 富士山へのビスタをもつ基幹空間「富士見通り」

■1 時代背景と事業の意義・評価のポイント

　日本の高度経済成長は，東京都市圏への人口集中をももたらしたが，この都市問題に対処するため郊外地域に住宅を大量に供給することを目的として，計画的な住宅市街地として建設されたのが多摩ニュータウンであった．わが国最大のこのニュータウン整備は，1965（昭和40）年に始まったが，長期にわたるまちづくり事業であり，時代の流れとともに大きく変貌する社会の要請に応える新しい住まいのまちを模索つづける実験的都市でもあった．初期の整備事業でつくられた諏訪・永山地区では，「近隣住区論」に基づいて，公園や小・中学校が均等に配置された典型的な中層集合住宅団地が開発され，住宅建設の効率性を優先したまちづくりであった．しかし，昭和50年代になって，環境問題への関心が高まるとともに，住宅供給は量から質へと変わっていった．多摩地域のめぐまれた自然の緑をできるだけ取り入れた「職」と「住」のまちづくりへと転換され，鶴牧・落合地区では「自然環境」と「居住環境」が調和した低層の集合住宅団地が実現したのである．富士山や周辺景観の遠景をビスタとして取り入れ，サクラの大並木道とともに景の視覚化を図るとともに，公園や緑地をネットワークで結ぶこと

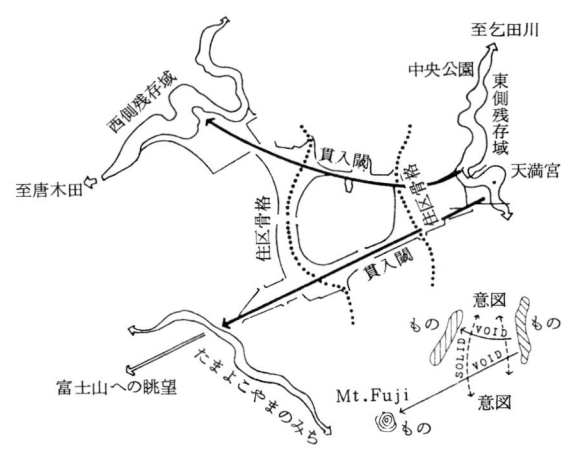

■ 図1　基幹空間の構成[2)]

によって，さまざまなオープンスペースを集約化し，連結化したのである．この公園や緑地を骨格とした住環境の構築は，居住者にも評価され，ニュータウンのオープンスペース計画のモデルとして高く評価されたのである．

■2 プロジェクトの特徴

　オープンスペースによって空間構造の骨格を体系づけた住宅地計画が特徴であり，「空間の構造化」「財産

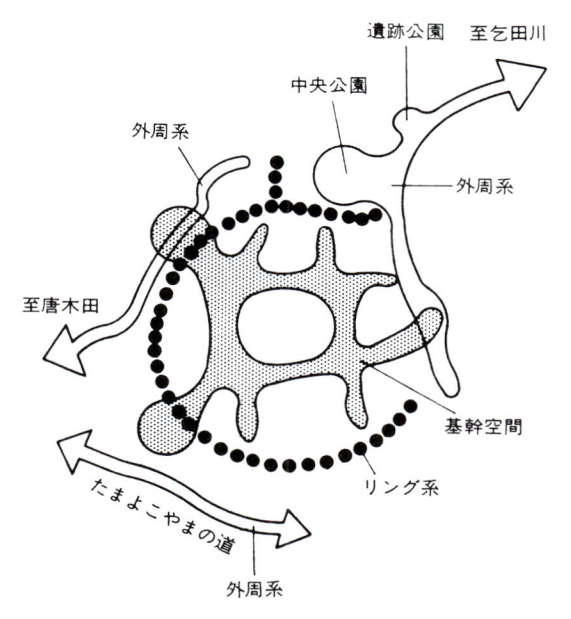

■ 図2　オープンスペースの概念図[2]

空間の造出」「エレメントデザインの充実」の3点が開発指針とされた．住宅地の空間構成を視覚的に構造化する「基幹空間」概念が導入され，そのコンセプトは，①さまざまな性格のオープンスペースによって構成する．②多摩川，たまよこやまのみち，乞田川など広域的なオープンスペース構造に位置づける．③連続する住宅地を分節化するように自然緑地を保全する．④緑地を地区の空間構造の骨格とする．⑤近隣公園や歩行者専用道路に連続性と基幹性という二つの性格を共有させる．⑥住宅地の面的空間を画一的に形成させない．⑦居住者が財産として意識できる施設や空間をつくりだす．⑧地域性・歴史性を表出したデザインの空間とする．であった．そして，住宅地全体の画一化をさけるため，「図」となる基幹空間と「地」としての住宅地との差異をきわだてるようにした．

また，これらの基本コンセプトに基づいて，外周系，基幹空間系，リング系からなるオープンスペースのネットワークを構築し地区全体の系統化が図られた．すなわち，周辺の公園や保全緑地で形成する外周系，近隣公園・街区公園を基点とした環状の緑地や富士山へのビスタラインを通した軸となる帯状の緑地で形成する基幹空間系，近隣センターや小中学校などの公益的施設を結ぶみち空間の創出により基幹空間系の外側に環状に形成したリング系である．

さらに，居住者の誇りとなるような風景の創出や文化的な財となるようなエレメントの導入により，財産空間の造出が図られた．

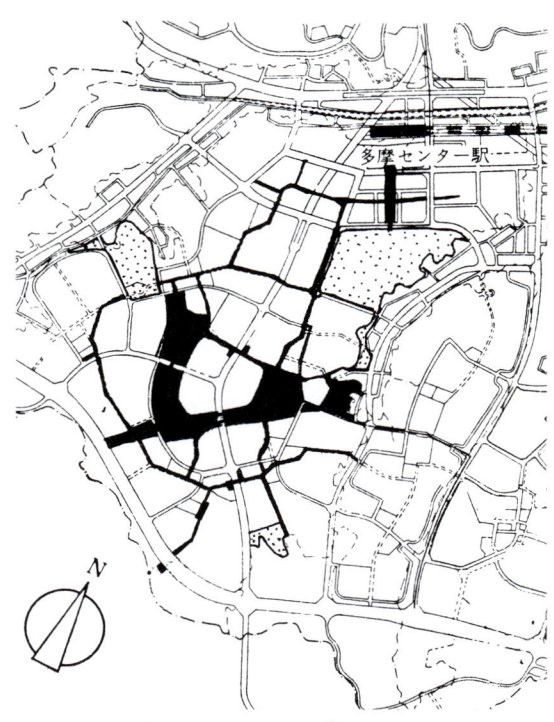

■ 図3　オープンスペース配置図[1]

3　プロジェクトその後

1981年の宅地分譲から，30年余りを経過し，豊かな自然と成長した緑につつまれた公園群は，住宅地環境に馴染み，そして居住者の生活の中にも浸透している．都市圏の多くの土地では中高層の高密度な土地利用がなされている中で，青空の広がる開放的な環境につつまれた自然と住まいが共存したまちが形成されている．居住者も第二世代，そして第三世代へと移りつつあるなかで，こうした緑や自然とのつきあい方は変わりつつあるだろうが，開発当初に目論んだ「ふるさとと誇りをもてるまち」「生涯住みたくなるまち」として居住者に親しまれ，サクラの大並木，遠く聳える富士山の眺望は，ここに暮らした人々の思い出の景，なつかしい景として，心に刻まれているに違いない．

◆参考文献
1) 吉岡昭雄・浅谷陽治・笛木　坦（1986）:「多摩ニュータウン鶴牧・落合地区の緑とオープンスペースの構築について」，都市計画 **142**, 28-29．
2) 造園家集団（1984）:「特集 多摩ニュータウン落合，鶴牧地区―上野泰の空間デザイン―」, ula No8, 1-37．
3) 上野　泰（1984）:「多摩ニュータウン落合・鶴牧地区オープンスペースの計画について」，造園雑誌 **48**(1), 48-54
4) 都市再生機構（2005）:「TAMA NEW TOWN SINCE 1965」．

23 土浦高架街路
将来の新交通システム導入を考えた都市内高架橋の整備　　*1985*

■ 写真1　ショッピングモールと高架街路上のバス停に上るエスカレーター（市施行区間）（鈴木宏志撮影）

■ 1　時代背景と事業の意義・評価のポイント
1.1　土浦市と筑波学園都市の一体化

　茨城県土浦市は，首都東京より北東60km，筑波研究学園都市から南東10kmに位置し，人口12万人を擁する県南地域の経済・教育・文化の中心都市として発展してきた．首都改造構想（素案，1983）において，土浦市と筑波研究学園都市は，東京を取り巻く自立都市圏の核となる業務核都市に位置づけられており，両市が適切に機能分担しながら一体化する構想であった．土浦市は国鉄常磐線の特急停車駅を擁し，筑波研究学園都市の表玄関口として，都市再開発事業，駅前広場整備等が計画されていた．一方，研究学園都市における大学，国の研究機関等の移転は相当に進捗していたが，都心部の熟成が進んでおらず，全体として都市的な魅力に乏しい状況にあった．筑波における国際科学技術博覧会（科学万博：1985年3～9月）は，研究学園都市の今一段の充実を期して誘致したものであった．

1.2　筑波新交通システムの段階整備構想

　筑波研究学園都市の新開発地区は縦長で，北端に位置する筑波大学と中央に位置するセンター地区とを結ぶ，新交通システムの導入が1972年頃から構想され，将来的には土浦駅まで延伸，結節させる構想（図1）

■ 写真2　高架橋（県施行区間）（鈴木宏志撮影）

が示されていた．筑波新交通システムは，1978年には，国庫補助による都市モノレール等整備事業（筑波研究学園線，延長1.5km）として採択され，事業化に向けた導入システム，採算性の検討ならびに詳細設計が開始された．

　また，筑波研究学園都市建設法に基づき，1980年に策定された「筑波研究学園地区建設計画」において「新交通システム筑波研究学園線を整備する」ことが謳われた．しかしながら事業化区間である研究学園都市の都心部の熟成が未だしの状況にあること，延伸構想区間である土浦・研究学園都市間の都市開発の見通しも立たないことから，当初はバス又は簡易ガイドウェイバスを走らせ，需要が高まってきた段階で新交

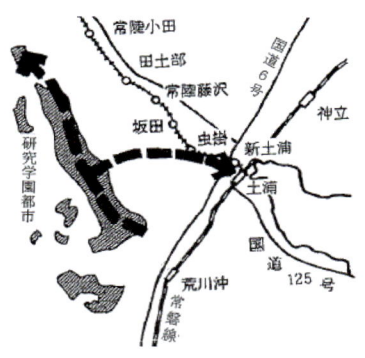

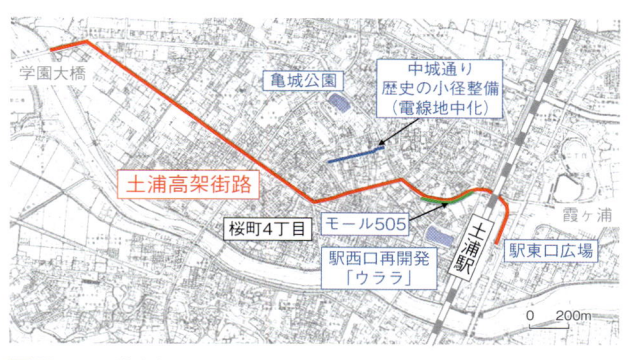

■ 図1　新交通システム構想[4]　　　　■ 図2　土浦高架街路位置図（土浦市都市整備部提供）

通システムに転換する段階的な整備が必要とされ，1982年に至り国庫補助に基づく都市モノレール等整備事業そのものは休止の扱いとなった．

なお，広く県南地域についてみると，首都圏の他の方面と比べ放射方向の鉄道網の密度が低く，国鉄常磐線に集中する交通需要を分散させるとともに，沿線地域の開発を促進することを企図して，常磐新線が構想されていた．しかしながら，当時の国鉄財政は破滅的な状況であり，国鉄を事業主体と想定した構想は暗礁に乗り上げていた．

1.3　プロジェクトの意義・目的

本プロジェクトは，土浦市街部区間において，複断面（高架・平面）構造の街路を計画・建設したもので，その意義・目的は次の4つである．

(1) 中心市街地の交通混雑解消と商業の活性化

土浦駅東口駅前広場整備とあわせて，都市計画街路の一部を高架構造で整備することにより，一般平面街路上の通過交通を削減し，平面街路の交通混雑を緩和し，あわせて都心部商業地域へのアクセス性を向上させ商業活動の活性化を図る．

(2) 筑波研究学園都市と土浦市を結ぶ交通軸の形成

当面，土浦駅東口と筑波研究学園都市を結ぶバスのサービスレベルの向上を図る．将来は新交通システムをこの交通軸上に導入し得るよう，高架街路は新交通システムの下部構造として転用し得るよう必要な設計諸元をもたせる．

(3) 国際科学技術博覧会開催時の観客輸送

科学万博の開催時，土浦駅東口から万博会場へスムーズにバス輸送するため，高架街路は科学万博の開催までに開通させる．

(4) ショッピングモールの設置

高架街路のうち土浦駅に近い区間は，旧来からの沿道商店街を縦断する形で計画するため，立ち退きを迫られる商店街の移転と中心市街地の活性化を視野に入れたより積極的な対策として，商店街を収容する建物整備と周辺の歩行者空間整備を実施する．

1.4　プロジェクトの評価

本プロジェクトは，計画及び事業の両面から当時高く評価された．まず計画面では，本プロジェクトは新交通システムの段階的整備の考え方（参考文献3）参照）の先行事例であって，高架橋は交通混雑緩和対策としての単なる高架橋ではなく，将来新交通システムのインフラとして転用し得るよう，計画・建設された点であった．新交通システムの経営には沿線の交通需要が十分に高まる必要が不可欠であるが，需要の低いうちは高架街路上のバスサービスで対応し，需要の高まりを見極めてから，高架街路上に新交通システムの走行路，電力線，通信線等を付加し，従来のバス停を新交通システムの駅へと改造することが段階整備の眼目である．この考え方は，交通需要の相対的に小さい地方中核都市および大都市圏内の周辺都市において，現在も適用可能な考え方である．

次に事業面での第一は，土浦市が実施したショッピングモール事業（川口ショッピングモール，通称モール505）は，移転を迫られる店舗を一括して高架橋の沿道残地に新築した商業ビルに収容したばかりでなく，高架橋の足下周りに造成された歩行者空間と相俟って，中心市街地に新しい賑わいの都市空間を創出した点である．高架街路上のバス停から直接モールにエスカレーターで連絡したことも併せ，本プロジェクトの計画に反対していた住民からも評価を受けた．

事業面の第二は，高架橋のユニークな設計で，小手先のお化粧の美しさではなく，基本構造型式の根本から景観に配慮して設計した点にあった．完成した高架橋は圧迫感があるのではないかとの事前の予想を超えて軽やかであったし，高欄のデザイン，橋梁の色彩などのディテールまでの配慮は，その後の各都市における市街地の高架橋設計の手本の一つと目された．

■2 プロジェクトの特長
2.1 新交通システムを考慮した高架街路

本事業は，都市計画道路土浦駅東学園線の土浦駅東口駅前広場（8,500 m^2）から市外縁部の桜川に架かる学園大橋手前までの延長約3 km区間を整備したものである．標準断面構成は，平面街路部2〜4車線（幅25〜30 m），高架部2車線（幅7.5 m）で，途中高架橋上3箇所にバス停留所を設置している．

事業の区分は，市道区間である土浦駅東口から桜町4丁目交差点までの延長約1.3 km区間が土浦市施行，県道である同交差点から学園大橋までの延長約1.7 kmが茨城県施行であった．なお，県施工区間，市施工区間とも国庫補助の街路事業として実施されたが，国庫補助金以外の地元負担分は，住宅・都市整備公団が負担した．

土浦高架街路に係る都市計画決定は，1983年4月に行われたが，その後当該計画に反対する住民による公害調停および都市計画事業認可取り消し訴訟が出された．これらの対応を終え工事着手からわずか約420日で工事を終え，1985年3月科学万博開催前の供用にこぎつけたものである．

なお，将来の新交通システムとしては，1編成4両（1両当たり75人），満車時重量18 tのものであれば，高架街路をそのまま新交通システムのインフラとして転用することが可能なよう，平面線形および橋梁構造を検討した上で設計した．また，将来の転用に備えて新交通システムの走行路等の設置に必要な鉄筋の受け口を舗装面下に設置済みである．

2.2 移転店舗のためのショッピングモール事業

高架街路と併せてモール事業を行った区間は，土浦市の中心街の東側の道路の沿線に，旧来からの商店が雑然と並び，それら商店街の裏側は，昼間でも薄暗い一団の街並みを形成していた．高架街路建設を契機として，それら商店街の面目を一新する方向で市と商店街の間に話合いがまとまった．その結果，商業用建物59棟（RC構造物33戸，鉄骨構造8戸，木造18戸）を高架街路脇に新設した3階建ての線状ビルへ一括移転することが短期間に実現した．また，中心市街地の狭い道路に接して設置されていた市営駐車場を土浦駅東の霞ヶ浦ドック埋立地に移転し，その跡地に高架街路と一体となった線状の歩行者広場整備を行った．多数の樹木，水路・池等を配置するほか，市民が集い，催し物ができるようイベント広場やお祭り広場を設置した．歩行者広場の上を通っている高架橋上には，バスで中心商店街へ来る人達のためにバス停留所が設けられ，停留所から広場へスムーズに乗降できるよう，エスカレーター2基が取り付けられている（写真1）．

■ 写真3 学園大橋取付部（県施工区間）（鈴木宏志撮影）

2.3 都市景観に配慮した軽やかな高架橋

高架橋の設計にあたっては，施工性や工事の簡易さよりも景観を優先した．

①上部工は，T桁等により底版面の暗さを無くするため，主桁とスラブが一体となったPCホーロースラブ橋とした．また下部工形状との一体感と合わせて柔らかさを出すため，曲線ハンチの入れた逆台形型とした（写真1参照）．

②下部工は，コンクリートの固いイメージを取り除き，スマートに見せるよう，三味線のバチを立てたような形状とした（写真1参照）．

③また橋面排水のためのドレーンの設置については，橋脚面に10 cmの凹みを付け，そこにコンクリートと調和する亜鉛メッキを施した排水パイプを収納した．

④高欄は，壁高欄とし，外側の水平方向に2本の目地ラインを入れ，視線を横方向に誘導することにより，高欄の幅広さを感じさせないようにした．

⑤主要道路との交差点，曲線部となる箇所に使用した鋼橋の塗装の色彩決定にあたっては，シミュレーションを実施したり，模型を作ったりして，明るいソフトな色調で塗装した．

■3 プロジェクトのその後
3.1 学園都市における立体街路と新交通システム

科学万博終了後，筑波研究学園都市は概成し熟成の秋を迎え，1991年度に研究学園都市における新住宅市街地開発事業等を終了することになった．これを契

機として，1991年に筑波研究学園地区において立体街路が計画・整備され，1995年に供用された．この立体街路は土浦高架街路の対として位置づけられ，当面は従来型のバスが通行するが，将来は土浦と研究学園都市を結ぶ新交通システムの学園地区におけるインフラ部として転用しうるよう設計された．

立体街路は，都市計画道路土浦学園線の竹園高校付近から同学園中央通り線の交通ターミナル付近までの延長約1 km区間に堀割・地下トンネル形式の2車線街路（幅7.5 m）を整備するもので，途中にバス停を1箇所設置している．また，この立体街路を受け入れるため，都市計画街路学園中央通り線を約1 kmにわたって40 mに拡幅する事業が行われた．事業主体は茨城県であった．この立体街路の完成により，将来両都市を結ぶ新交通システムの受け入れ体制が両中心市街地においてできあがったこととなった．

しかしながら未だに新交通システムの導入は実現に至っておらず，2010年末現在，土浦高架街路上には高速バスを中心として5路線，1日12～13往復のバスが運行されるにとどまっている．

3.2 浮上した常磐新線

科学万博が開催された1985年には，運輸政策審議会答申第7号において常磐新線は要検討路線として新たに位置づけられた．国鉄分割民営化直後のJR東日本はこの路線の事業主体となることを拒んだため，関係都県等が出資する第3セクターがその建設・運営を担うこととなった．また一方で，バラ買いした鉄道用地を土地区画整理の手法を援用して鉄道駅として線状に集約換地することを眼目とした，いわゆる宅鉄法が1989年に制定された．これら一連の強力な後ろ盾を得て，通称「つくばエクスプレス」が2005年8月に秋葉原・つくば間の開業をみた．筑波研究学園都市が鉄道により東京に直結したことで，土浦市の研究学園都市の表玄関としての機能は著しく低下し，両市が機能分担しながら一体化する当時のイメージは大きく変化してしまった．

3.2 続く中心市街地活性化の努力

高架街路およびモール505の完成を受けて，土浦市は1985年に中心市街地活性化計画（シェイプアップマイタウン計画[5]）の大臣認定を受け，市街地再開発，土浦駅西口広場整備，土浦城址（亀城）復元などを核的事業とする中心市街地の総合的な再整備に乗り出した．しかしながら，その後中心市街地に所在する大型店の相次ぐ撤退，大規模商業施設の郊外立地により，中心市街地の商店街は往年の賑わいを失い，モール

■ 写真4 高架橋（市施行区間）下のイベント広場（土浦市都市整備部提供）

505もその例にもれなかった．

待望の土浦駅西口再開発（ウララ）および西口ペデッキがようやく完成したのは，1997年10月であった．2000年4月には1985年の計画を受け継ぎ拡充する形で，（旧）中心市街地活性化法に基づく基本計画を策定し，中心市街地活性化の努力が継続された．その結果，現在では亀城復元および亀城公園整備，亀城モール整備（駅・亀城間のシンボルロード），中城通り（旧水戸街道）などの歴史の小径整備が完成し供用されており，2007年4月からは，まちづくり活性化バスも運行されている．モール505の空き店舗の一部は，起業家支援施設，市民が集い憩う場，公共学習スペース，ランニングやサイクリング愛好家の活動拠点などに使われている．モール505の周辺および高架街路下の歩行者空間は，市産業祭，キッズマート（子供達による商い体験）など，様々なイベントの会場として活用（写真4参照）されている．これらの努力の結果，2010年には土浦市中心市街地地区は「まちづくり効果賞」（まちづくり情報交流協議会・（財）都市みらい推進機構主催）を受賞した．現在，改正中心市街地活性化法に基づく基本計画の内閣総理大臣認定に向け準備が進んでいる．

◆参考文献
1) 鈴木宏志ほか（1985）：「新しい景観を形成する高架道路とモール事業」，第16回日本道路会議特定課題論文集，395-397.
2) 田沢 大（1985）：都市と交通，通巻第6号，24-29.
3) 神崎紘郎（1985）：新都市，39巻12号，24-31.
4) 土浦市，住宅都市整備公団ほか（1986）：『土浦・研究学園都市における新交通システムの整備に関する調査』．
5) 土浦市長・箱根 宏（1985）：新都市，39巻6号，22-25.

24 世田谷区の都市デザイン
縦割り的都市計画から地方自治体による市民のためのまちづくりへ　　　*1986*

■写真1　用賀プロムナード（現在）
自治と参加，および都市デザインをキーワードに道路のイメージを大きく変えたいらかみち．

■1　時代背景と事業の意義・評価のポイント

　1970年代は横浜市を始めとする革新自治体により，中央政府による縦割り的な都市計画に対して，地方自治体によるいわゆる「まちづくり」の概念が展開されていった時代である．70年代後半には，横浜市におけるアーバンデザインの実践が先例となり，「景観」や「都市デザイン」に対する関心が全国に広がっていく．

　東京都世田谷区は，1979年に基本計画を策定し，本格的な計画行政をスタートさせている．基本計画策定に先立つ1977年，「文化の核」として世田谷美術館の構想が生まれたことが，区内在住の専門家としてその後重要な役割を果たすことになる林泰義氏の文章に生き生きと刻まれている．「ある日，1977年のことだが，世田谷の地図の上に大きな丸を二つとそれを結ぶ軸を一つ描いた．『生活と文化の軸』と人びとはこれを呼び，世田谷区基本計画の柱のひとつとなった．東京の西に文化の核をつくる提案が，丸の一つに込められた．美術館建設は，『生活と文化の軸』のプロジェクト化の第一歩となった」[1]

　この時代のキーワードは，「都市（アーバン）デザイン」と「自治と参加」である．世田谷区では都市デザインという概念を前面に掲げ，企画部の下に都市デザイン室を設置（1982年）し，ここを司令塔として具体的な空間形成に加え，市民の意識形成を目的とした「都市美の啓発」プロジェクトを展開したことが評価のポイントとなっている．具体的なプロジェクトが，次頁の年表にあるように次々と展開され，1986年の受賞につながった．この時代の専門家による市民のためのデザインの実践は，やがてより先進的な「住民参加」のデザインに展開していくことになる．

■2　プロジェクトの特徴

　一連のプロジェクトは，「景観」という切り口で関連づけられ，「都市デザイン」というビジョンのもとに展開されたという特徴を持っている．風景，景観と

表1　受賞の対象となった一連のプロジェクト

1980年	都市美委員会の設置
1980年	『みどりとみずのまちづくり計画』 拠点親水公園プロジェクトスタート （岡本民家園，等々力渓谷，丸子川親水公園，次大夫堀公園）
1980年	『文化の核づくり』 区立美術館プロジェクトスタート
1981年	『文化の核づくり』 生活と文化の軸プロジェクトスタート （馬事公苑けやき広場） 『楽しく歩けるまちづくり計画』 桜丘まちづくりプロジェクトスタート
1982年	『文化の核づくり』 用賀プロムナードプロジェクトスタート 『楽しく歩けるまちづくり計画』 ショッピングプロムナードプロジェクト
1983年	『みどりとみずのまちづくり計画』 緑と水の軸プロジェクトスタート
1984年	『楽しく歩けるまちづくり計画』 サイン案内板プロジェクトスタート
1984年	『都市美の啓発』 せたがや百景，せたがや界隈賞，都市美シンポジウム
1985年	『ふれあいのあるまちづくり計画』 梅ヶ丘地区まちづくりスタート
1986年	『都市美の啓発』 まちづくりコンペ，宮坂界隈，公共トイレ，煙突

■ 写真2　落ち着いたたたずまいを見せる桜丘界隈

■ 写真3　中学校の敷地と一体となった梅ヶ丘地区ふれあい通り

いうテーマが前面に出され，サインや案内板にいたるまできめ細かく体系的に計画が作られていたことは，当時の充実した『5地域の個性化のためのデザインガイド』に良く表れている．

さらに一連のプロジェクトが，公共空間である道路を対象にしたデザイン提案になっている点が大きな特徴でもある．「楽しく歩けるまちづくり計画」，「ふれあいのあるまちづくり計画」のコンセプトのもと，都市デザインの要素として『うち』と『まち』をつなぐ『みち』に着目した．用賀プロムナード，馬事公苑前けやき広場，桜丘周辺コミュニティ道路計画，梅ヶ丘地区ふれあい通りなどである．加えて用賀プロムナードでは象設計集団，梅ヶ丘地区ふれあい通りには建築家の新居千秋氏を起用するなどアーバンデザイナーの役割に対する強い期待が込められている．

一連のプロジェクトでは，「コンペによるまちづくり」「市民による原寸模型点検」「現場における市民参加」「市民目線でのまち歩き」など，その後，世田谷区から全国に情報発信することになる参加のデザインで花開くデザイン手法がいくつも試みられている．

■ 3　プロジェクトその後

用賀プロムナードは，「車から生活道路を取り戻す」ことを目的として，歩車融合の道路というコンセプトでデザインされ，あくまでもラディカルな発想とイラカブロックと呼ばれる刺激的な素材，夢の中に出てきそうな造形により話題をさらった作品である．完成して25年を経てみると，樹木の成長したせいもあるが，宅地と道路の境界が自然に解け合って，新たな公共空間の在り方を改めて教えてくれる．桜丘区民センターは，周辺街路と見事に溶け込んで，まさに「みち」が「まち」をつなぎ界隈形成の意味が実現されていることが分かる．この一連の事業を経て，「住民参加の都市デザイン」で有名な世田谷区のまちづくりは，その後全国に発信されていった．

◆参考文献
1) 林　泰義（1986）:「道と広場・風味萬感」，建築文化 **41**，53-68.

25 川崎駅東口
アーバンデザイン手法による川崎駅東口周辺の都市活性化事業　　1987

■ 写真1　現在の川崎駅東口駅前広場

■1　川崎駅東口とアーバンデザイン行政

　川崎市における都市デザインの取り組みは，1980年代の初頭よりはじまった．当時の川崎駅周辺は歴史的資源や観光資源などに乏しく，公害のまち，ギャンブルのまちといった負のイメージが定着していた．当時，東口駅前広場及び地下街，東西自由通路の公共事業と，旧大日電線跡地などの大規模な民間再開発事業が予定されていたため，これらを相互に調整することによって，都心部における都市デザインの展開が模索された．

　このため，渡辺定夫氏（東京大学助教授，肩書きは当時のもの），土田旭氏（都市環境研究所）ら学識者・専門家と行政による「川崎市都心アーバンデザイン委員会」が組織され，アーバンデザインの観点から，官民の複数の事業を相互に関連づけるための計画，川崎市都心アーバンデザイン基本計画が1981（昭和56）年に策定された．

■ 写真2　東西自由通路

　この基本計画では，それまでの工場，公害，ギャンブルなどの雑然としたまちのイメージを一新し，「明るさ，優しさ，清潔さ」という新しいコンセプトが示され，先導的な公共事業と，民間事業のデザイン調整が進められた．駅前広場の歩行者導線は，地下式にす

■ 写真3　富士見通りモール（現在）

■ 写真4　たちばなモール（現在）

ることで，開放感を持たせ，広場周辺の建物については，白を基調した色彩で統一された．また，これまで緑の少なかったこの地区に積極的に植栽を施すなどによって，これまでの川崎駅東口のイメージは短期間のうちに一新していった．前述のアーバンデザイン委員会が継続的に開催され，これらの事業の実質的な調整，意思決定を担っていた．一連の成果が評価され1987年には都市計画学会・計画設計賞を伊藤三郎市長（当時）と渡辺定夫（アーバンデザイン委員会座長）が受賞している．受賞理由としては，工場都市からの脱皮を図りつつ，都市型三次産業による活性化を遂行するため，アーバンデザインを市政における戦略として位置づけ，短期間の間に市が主導して成果をあげている点や，地方公共団体とアーバンデザインの望ましい姿を示している点などであった．

2　実践の積み重ねから
2.1　逆境からのスタート

こうした取り組みにより，華々しい成果をあげた川

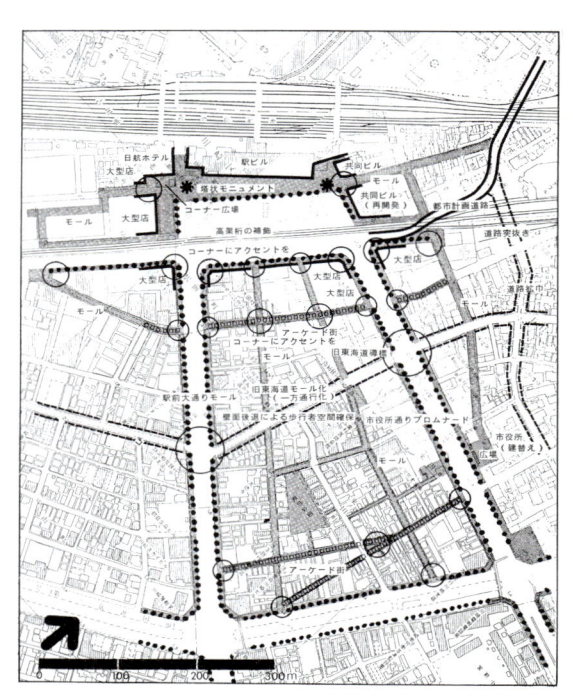

■ 図1　80年代初頭に検討されたデザインガイドプラン
（「川崎都心部におけるアーバンデザイン確立のために」より）

崎市ではあるが，駅前再開発は権利関係の調整が遅々として進まず，成果をあげられないという状況であった．このためアーバンデザインに取り組むことについては消極的な空気が庁内にはあった．1980年の川崎市のアーバンデザイン行政立ち上げの中心人物であった菊池紳一郎（当時　建築対策室主査，故人）は，「川崎において再開発はもとより，アーバンデザインなどとてもできるものではないと思われていた．（中略）ゆえに当初は担当者が孤軍奮闘することになり，しばしば窮地に立たされるになった．」と述懐している．こうした状況を打開するため「川崎都心部におけるアーバンデザイン確立のために」という小冊子を庁内に配布し，ねばり強く説得を続けながら，数々のプロジェクトを横断的に調整し，成果をあげていった．

2.2　先導的プロジェクトから面的な展開へ

東口地区における先導的なプロジェクトとしては，1981年に始まった富士見通りモールの整備（1984年完成）があげられる．車線数を維持しながら，歩道の拡幅，中央分離帯へのケヤキの列植，歩道部分の舗装の高質化などが行われ，川崎駅と，川崎球場，文化施設を結ぶ都市軸が形成された．

また，商店街整備では，たちばなモールが1984年に完成した．アーバンデザイン基本計画のコンセプト

■写真5　西口駅前広場とミューザ川崎

■写真6　東西自由通路側からみたラゾーナ川崎ルーファ広場

を明瞭に織り込んだデザインによって実現された歩行者に優しい空間整備によって，歩行者数は大きく増加し，他の商店街も競って，モール整備に取り組むようになった．

また，基本計画策定後，委員会では東口広場の検討が着手された．特に難航したのが地下街アゼリアのクーリングタワー問題であった．駅前広場正面にタワーが設置されると，広場のデザインの障害となるため，広場外に設置するための用地取得交渉が進められた．この問題は市側の粘り強い説得によりJRから用地を取得することで解決し，歩行者空間を拡充し，公害都市川崎のイメージを払拭するために，森をイメージした高木が多数植えられることとなった．駅前広場に面する京急線の高架構造物についても，白を基調に修景が施された．

旧大日電線跡地の再開発においても，IBMビル，日航ホテル，ルフロンなどのオフィス，商業施設などが完成していったが，これらの再開発事業においては，アーバンデザイン委員会の場で調整が行われ，一体的な歩行者動線の確保，白を基調とした色彩のコントロール，ステンレス素材を用いたストリートファニチャーの設置など，これまでの川崎駅前のイメージを一新する取り組みがコーディネイトされていった．

1988年には駅の東西をつなぐ東西自由通路が完成する．この自由通路は，駅ビルの中を貫通しており，立体的に都市計画道路の指定を受けるなど，当時としては先進的な手法を活用して実現したものであった．

■3．その後の展開
3.1 包括的な都市景観行政へ

1988年の川崎駅東西自由通路の完成によって，東口地区の整備はほぼ完了した．また，ここで得られたノウハウは並行して進んでいた武蔵小杉駅周辺，新百合丘駅周辺地区，川崎駅西口地区でも生かされていくこととなる．

行政施策の展開という面では，アーバンデザイン事業による都市イメージの転換から，都市景観条例による景観誘導へとその政策の中心を移していくこととなる．1994年には川崎市都市景観条例が制定され，公共事業と民間事業に対する行政指導を中心とした取り組みから，より包括的な都市景観行政へと展開していった．ここでは，これまでの面的整備事業と併せた都市デザインに加えて，市民主体の景観づくりや，臨海部の工場景観の演出なども新たに取り組まれることとなった．

現在は2004年の景観法制定を受けて，都市景観条例の改正と景観計画の策定（共に2007）を行い，景観法にもとづく施策と，市条例にもとづくデザイン誘導へと展開している．

3.2 川崎駅西口地区へ，そして東口再整備へ

駅周辺地区のアーバンデザインは，その後，西口地区へも展開していくこととなる．明治製菓跡地での民間再開発においては，住宅開発が中心となる可能性もあったが，市が「川崎駅周辺地区整備構想」（テクノピア構想）を打ち出すことで，オフィス街の形成が進められた．

東芝堀川町工場，大宮町の市営住宅などがあった西口駅前広場の隣接地区については，80年代末から本格的な構想づくりに着手し，川崎駅西口地区都市居住更新事業整備計画（1990），大宮町地区の再開発地区計画（1999）など，再開発へ向けた協議と計画づくりが進められた．この間，関係事業者間でまちづくり協定を締結しながら，地域全体の整備構想を担保し，地

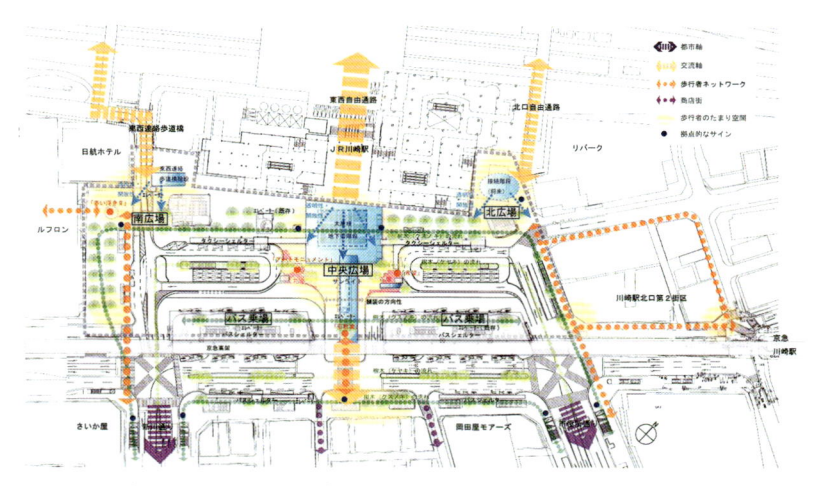

■ 図2　川崎駅東口再整備計画デザインコンセプト案

■ 図3　川崎駅東口再整備計画パース

区全体のコンセプト，イメージの共有が図られた．川崎駅東口が，「明るさ，やさしさ，清潔さ」がキーワードであったのに対して，都市型住宅等の複合市街地整備計画である点を考慮して，「落ち着きと知性」，「風格と象徴性」，「暖かさと深み」を感じさせる「重厚感ある街なみ」というキーワードが設定された．

2003年には，第一種市街地再開発事業であるミューザ川崎，2006年には東芝堀川町工場跡地にラゾーナ川崎がオープンし，駅周辺の人の流れが大きく変わった．ラゾーナ川崎内にある直径60 mのルーファ広場は川崎駅東西自由通路と直結しており，東口広場および地下街，東西自由通路，ラゾーナ川崎およびルーファ広場と東西にわたる都市軸を形成しており，80年代初頭に立案された川崎市都心アーバンデザイン基本計画の基本路線を踏襲，拡張させたものであると評価できる．また，市と各地区の設計者による「デザイン調整会議」によって，地区全体のデザインの方針，具体的なデザイン調整が図られたことも，東口地区の一連

のアーバンデザインの取り組みの経験の蓄積が生かされている．

こうした，西口地区の大きな変化に対して，1986年に完成した東口駅前広場についても完成から20年以上を経て，再整備する機運が生まれた．2004年に市民，商業者，交通事業者，市の関係部局を中心とした，川崎駅周辺総合整備計画策定協議会が設置され，人口減少や高齢化などに対応した駅周辺整備のあり方が検討された．東口地区については，一旦整備が完了しているものの，増加した歩行者数に対して，十分な歩行者導線が確保できていないこと，バスターミナルと地下街のバリアフリー化などが課題となっていた．また，周辺市街地への平面でのアクセスを改良することも検討され，東口駅前広場の大規模改修が行われることとなった．

「人と自然とテクノロジーが融合する広場」というデザインコンセプトのもとに，3つの東西自由通路，連絡橋とセットになった北，中央，南の3つの広場が配され，周辺市街地との回遊性の強化が目指されている．80年代の整備で導入された高木の植栽を引き継ぎつつ，太陽光等の自然エネルギーの活用，熱負荷の低減を実現するバス・タクシーシェルターの導入などが行われている．

3.3　時代への対応，連鎖するデザイン

1980年代初頭にアーバンデザインの取り組みが始まって以来，川崎駅周辺地区は，大きくそのイメージが変化した．かつての工業都市，ギャンブルのまちといった男性のまちのイメージから，女性やファミリー層，高齢者に優しいまちへと変貌を遂げてきた．都市の産業構造の転換をこうした都市のイメージそのものの転換へと結びつけた成功例である．また，先導的な公共事業によって，民間開発を連鎖的に誘導していくその手法は自治体都市デザインの一つのあり方を示していると言えるだろう．

◆参考文献
1) 菊池紳一郎（1991）：『アーバンデザインによる都市開発』北土社．
2) 川崎市（2011）：『都市デザイン川崎2011』．

26 厚木ニューシティ森の里
自然環境と調和した複合機能都市づくりへの挑戦

1988

■ 写真1　調整池を含む若宮公園から住宅地やその背景の七沢森林公園をみたところ

■1　時代背景と事業の意義・評価のポイント

　神奈川県厚木市にある厚木ニューシティ森の里（以下，森の里という）は，日本ランドシステム㈱の厚木パークシティ開発計画を継承したものである．この開発計画は，1970年の線引き以前から進められていたが，神奈川県の人口抑制策のもと，計画人口8,000人程度，緑被地率60％以上という厳しい条件が付され，医療等関連企業用地と住宅地の複合開発として1977年に開発許可された．

　しかし，直後のオイルショックにより経済環境が大きく変化し，民間企業による開発が困難となったため，当時の宅地開発公団が開発条件を継承することで，豊かな緑の中に住宅地と知識集約型の施設を誘致する複合機能を備えた森の里がスタートしたのである．

　森の里の計画づくりが始まった70年代後半は日本人の価値観が大きく転換し，それまでの経済成長至上主義から，うるおいやゆとりなどを求め，環境やコミュニティの価値が人々の心をとらえるようになった．

　こうした変化を反映して，森の里では，まず人々の求める住まい，暮らしを探るマーケティングを重視し，計画づくりに反映する手法がとられている．また，まちづくりにおけるハードとソフトの統合を重視し，各種専門家によるまちづくり会議を設置してトータルプランニングを目指したことも大きな特徴である．

　こうした専門家の活発な議論と熱意の中から「森の里」という名称が生まれ，「はぐくむ四季のまちづくり」という計画コンセプトが設定された．

　広大な緑地の保全と複合機能開発は神奈川県から与えられた条件ではあったが，これを「住み・働き・学び・憩う」という複合機能を持ち，緑や水を取り込んで四季折々の街を育む計画に昇華させたことは，森の里の最大の評価ポイントである．

■2　プロジェクトの特徴

　森の里の特徴は，複合機能都市を構成するための土地利用計画，四季のまちづくりを育むための公園緑地

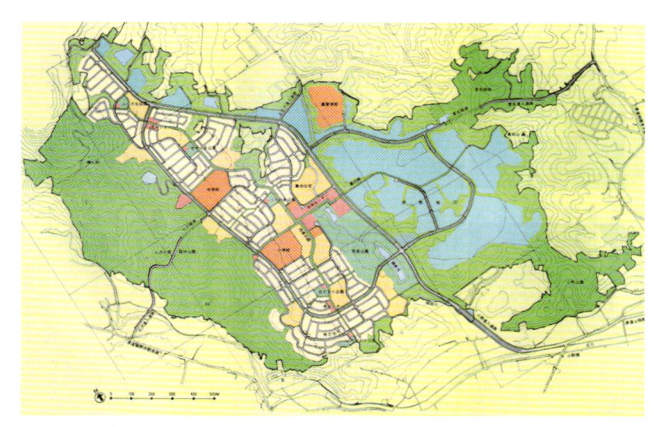

■ 図1 森の里の基本計画

■ 写真2 住宅地を結ぶ四季の路の風景

のネットワーク計画や住宅地の街並みデザインの質の高さにある.

(1) 森の里の基本計画 土地利用の基本構成として，南北に伸びる中央の谷を挟んで西側の東南斜面を住宅ゾーン，東側を施設誘致ゾーンとし，これらを囲む周辺の丘陵部分は大規模な自然緑地ゾーンとしている.

その上で，道路は住宅ゾーンと施設誘致ゾーンの間に南北に幹線道路を通し，それぞれのゾーンを結ぶ補助幹線道路を配している．また，歩行者の安全と利便性を図るため，南北，東西に2本の歩行者専用道路を配置して，その交点に商業・公益施設等を集めたセンター地区を配置している.

このように地形をうまく活用して，日本人に馴染みのある丘陵に囲まれた盆地景観をつくりながら複合機能都市としての一体感を形成している.

(2) 四季を演出する公園緑地のネットワーク計画
公園緑地計画は，周囲の丘陵にある自然樹林を生かした七沢森林公園（約64 ha）等の4つの緑地，中央を流れる細田川の防災調整池と一体になった若宮公園，住宅地内の5つの街区公園などを「四季の路」（幅員6〜16 M）と「春の道」（幅員4〜12 M）という2つの歩行者専用道路で結び，緑と水のネットワークを形成する計画となっている.

この緑と水のネットワークは，住宅地や諸施設を結ぶコミュニティ・モールともなり，森の里の「はぐくむ四季のまちづくり」を演出する環境形成の重要な基盤となっている.

(3) 濃密な住宅地の街並みデザイン マーケティングによって住宅需要などをつかむことから始まった計画づくりを最も反映しているのが住宅地の街並みデザインである.

住宅地を南北に貫く四季の路を春夏秋冬の4つのゾーンに分け，各季節のテーマを主体に植栽などに工夫を凝らしている．また，街並みの構成要素を，山並み，道並み，塀並み，庭並み，家並みなどに分解してとらえ，区画道路の舗装に工夫を凝らし，各宅地にシンボルツリーを配置するなど，舗装や植栽等にきめ細かな配慮がなされている.

■ **3 プロジェクトその後**

森の里は，特定土地区画整理事業の竣工する1991年までに，企業，大学等への土地分譲を完了し，住宅地についても集合住宅，戸建住宅を合わせて約2,200戸の分譲を終了している.

分譲完了から約20年を経過する中で，本厚木駅からの交通事情などが要因となって誘致した大学が撤退し，「学び」の機能は一部失われたが，その跡地には企業の研究所が新たに進出している.

住宅地については，各施設の管理状態も良好であり，植栽も成長して「はぐくむ四季のまちづくり」のコンセプトは十分に実現されている.

また，この種の開発地によく見られる住民の高齢化についても，1970年代に建設された住宅団地ほどではなく，高齢化の進行による新たな施設需要の発生などはむしろ今後の課題である.

◆参考文献
1)「厚木・森の里　まちづくりと環境デザイン」住宅・都市整備公団首都圏都市開発本部　厚木開発事務所, 1982年6月.
2)「厚木ニューシティ森の里　複合都市の先駆け　森の里特定土地区画整理事業誌」住宅・都市整備公団首都圏都市開発本部, 1992年3月.
3)「環境創造・維持管理復元技術集成第3巻」綜合ユニコム,（厚木・森の里）1992年11月.

27 東通村中心地区ならびに庁舎・交流センターの計画
距離的ハンディキャップを乗り越え，村民のシンボルとなる
中心地区の計画設計
1989

■写真1　東通村庁舎（左側）および交流センター

■1　時代背景と事業の意義・評価のポイント

青森県東通村は，村政開始以来100年の長きにわたって村役場が隣接するむつ市に置かれてきたという特殊事情があった．この要因としては，面積293.81 km² という広大な村で中心性に欠け，村内の道路が未整備であったという地理的条件と中心地を決めることに合意が得にくいという歴史的社会的条件があったと言われている．

村では，1978年から総合振興計画の策定に取り組み，1980年にまとめた計画の中で，新たな中心地の位置づけを行い，村民のコンセンサスづくりを進めることとした．

この計画調査のユニークな点は，大小29の集落について，村民と村役場と専門家の三者の協働で計画づくりの基礎情報をまとめ，基礎的な集落づくりから中心地の重要性の認識，そして実施計画へと進めたところにある．1984年に中心地の基本計画がまとまり，庁舎の村内移転の合意が図られた．この計画により現在までに庁舎・交流センター・ふるさと広場・小学校などの建設が次々に進められ，中心地区が形成されている．

以上のように，この計画は地域のマイナスの条件を克服することを通じて，逆に村の一体性をつくりあげたという点で，また村民のシンボルとなる優れた中心地区を完成させたという点で評価されたものである．

■2　プロジェクトの特徴

丹下健三の香川県庁や倉敷市役所，あるいは前川國男の世田谷区役所，弘前市役所等，60年代以降の我が国の行政庁舎は，インターナショナルスタイルを合理的に用いてそこに我が国ならではの伝統的な建築スタイルを融合させた，機能優先の建築物であった．それは決して派手な形態で目立つことを想定せず，都市にあっては，あくまでも市民サービスの拠点であり，

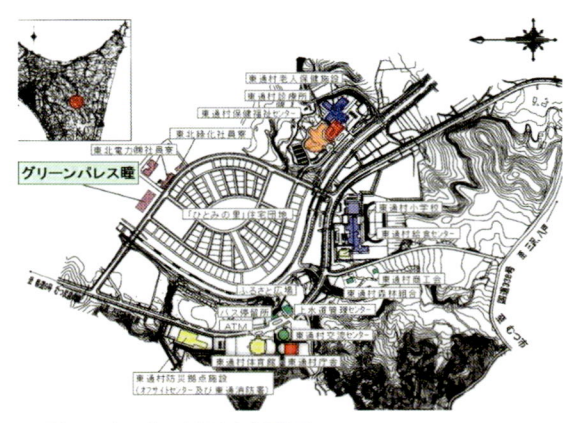

■ 図1　その後の地区全体計画（村HPより）　　　　　■ 写真2　庁舎から住宅団地および村営住宅を望む

かつガバナンスの中心であるという存在感を表現することが第一義の目的であった.

しかるに, 東通村は前述の通り, 中心性が見えにくい村にあって, 誰もが村の中心と認識できるような地区を創出することが中心課題となっており, それはやや大袈裟に言えば, ブラジリアやキャンベラが登場していく状況と, 歴史的社会的背景は異なるとは言え, 村民にとってはかなり大きなインパクトを与えるという点で, 共通するものがあると思われる.

その政治的背景に, 原子力発電行政があることを無視することはできない. 原発事業の伸展に合わせる形で村に新たに移住してくる専門家や職員の家族が, 気持ちよく住むことのできる環境を夢が溢れるこの村に如何に配置することができるか, それがこのプロジェクトの一つの課題でもあったのである.

しかし何と言ってもこのプロジェクトの最大の特徴は, 建築物の独特のフォルムである. RC造地下1階, 地上5階, 高さ24mの庁舎は, 26度の傾斜を持つ直角三角形の立面である. そして訪れた人々に衝撃を与えるのが, そこに隣接する高さ22mの青銅色のドーム建築である議事堂併設の交流センターで, この二つの建物は地域特産のヒバを使った渡り廊下でつながっている. この交流センターが醸し出す近未来的な雰囲気は, まるで宮崎駿のアニメ映画を先取りするかのような形態と言っても過言ではない.

したがって, 一般県民にはその都市計画的な意味合いよりも, 東通村にできたちょっと変わった形の公共施設というイメージが深く定着することとなった.

村政100周年を記念してつくられたこの庁舎は, 日本都市計画学会の計画設計賞だけでなく, 照明学会の優秀照明施設賞を受賞している.

3　プロジェクトその後

庁舎完成からほぼ25年が経過した現在, この中心地区には, 消防関係施設や村営体育館, 東通村診療所 (19床), 保健福祉施設「野花菖蒲の里」, 介護老人保健施設 (50床), 学校給食センター等の公共施設が次々に建設されている.

さらに, 「ひとみの里」住宅団地が造成され120区画が分譲されている.「いつまでも住んでいたい, 住んでみたくなる村づくり」を目指して, 約20haにわたって造成され, 独自に村が定めた建築協定の遵守と購入から3年以内の建築を条件とした（特例あり）条件付き分譲を行っている. 価格は, 坪当たり29,500円という低廉さである.

さらに, この団地の近くには, 村営住宅として東通村民間活用住宅「グリーンパレス瞳」も平成17年度から供用されている. 鉄筋コンクリート造3階建て各階14戸, 合計42戸の集合住宅であり, 各住戸の間取りは, 3LDK, 約24坪, 家賃47,000円のオール電化住宅である.

同時期に東通村立統合小学校も開校しており, 村は「これからの21世紀の村づくりに向けてのインフラ整備」と位置づけ, 次々にハード整備を進めている.

とはいえ, 当初の目論見から考えると, 居住という点ではシナリオどおりには進行していないという現実がある. 公共施設を先行的に集中整備し, そこに住宅地を造成していくという手法は, 団地造成が先に動いて, 公共施設整備がそれに追いつかないという我が国の都市の成長期の問題に比べれば罪は深くないが, 公共サービス機能を一極集中したこの計画のゴールとしては, 村営住宅が埋まり, 住宅地に多様な住宅が定着した時に, 30年前の計画の真の評価が定まるのではないだろうか.

28 大阪市における歩行者空間の「網的」整備
うるおいのある都市空間の形成
1989

■ 写真1　市中心部における歩行者空間の整備
電線共同溝整備に合わせ美装化が図られている．

■ 1. 時代背景と事業の意義・評価のポイント

大阪市は，古くから市街化が進み，昼間人口は360万人をこえる大都市である．1990年代初頭，大阪市では「国際花と緑の博覧会」が大阪市鶴見区内で開催され，また，新たに開港した関西新空港の母都市として，それにふさわしい国際都市・文化都市をめざしてアメニティの向上に配慮した種々の施策を過年度より進めてきた．歩行者空間の整備もそうした時代背景の中で進められていた施策の一つであった．

大阪市の道路は，延長約3,850 km，面積約37 km²と市域面積の約17％を占めるもっとも大きな，そして貴重な公共空間である．本施策は，まちの景観を向上させるとともに，道路の持つ機能に合わせた歩行者空間の整備を行うことにより，大阪が目指す都市のアメニティの向上に大きく貢献している．また，歩行者空間の整備により，まちの景観が向上し，人と道との交わりが深まる．この結果，地域の個性化を促し，これら個性的な地域が組み合わさって大阪のまちが構成され「大阪らしさ」のにじみでた「まちづくり」がなされ，その空間は時代とともに成長し大阪に溶け込んでいく．本施策は1975年頃から事業化したものであるが，歩行者系道路のみならず幹線・生活道路を含む全市的な広がりを持つものでわが国の歩行者空間整備の先駆けとなった．

■ 2. 施策の特徴

都市内の道路は，その機能により，幹線道路と補助幹線道路や区画道路などの生活道路に分けられる．本施策では，道路の機能に合わせ，以下のような歩行者空間の整備を実施してきた．

2.1 幹線道路における事業展開

大阪都市圏の骨格を形成し，地域の代表的な道路ともなる幹線道路は，都市のシンボルとして沿道環境とも調和した質の高い整備により，アメニティの向上を図っている．歩行者空間の整備としては，ILBなどによる歩道舗装のグレードアップ，安全柵・照明灯などのデザイン改良，連続植栽や交差点部の街園整備による緑量アップによる美装化を行っている．また，市民に親しまれる道づくりの一環として主要幹線道路を中心に，道路愛称名を定め，標識の設置を行うとともに，

■ 写真2　道路愛称名及び歩行者案内標識

■ 写真3　ゆずり葉の道（コミュニティ道路）
大阪市東淀川区豊新地区.

■ 写真4　坂道整備（大阪市天王寺区・清水坂）

公共交通機関の主要ターミナルや主要施設とこれらを結ぶ幹線道路を中心とした地図版による歩行者案内標識の設置を行っている.

2.2　生活道路における事業展開

市民の身近な生活の場としての補助幹線道路や区画道路などの生活道路は，沿道宅地へアクセスする自動車交通の場としての利便性を確保すると同時に，通過交通を抑制し市民生活の安全性・快適性を確保する必要がある．このため，1980年度より，①通過交通の入りにくい道，②進入車両の速度を低減させる線形，③安全快適な歩道空間，④めいわく駐車の排除，⑤町の美観を高める舗装照明，車止め等という基本方針と一方通行規制等の交通規制のもとに，車道部をジグザグにした「ゆずり葉の道」（コミュニティ道路）などの整備を行い，安全性を高めるとともに，舗装の改良や植樹などを加え居住環境の向上を目指してきた.

また，河川沿いなどに歩行者専用道路を整備するとともに，ゆとりや潤いを増やす観点から，1974年度より市内に点在する史跡を結ぶルートを設定し，市民が安心して散策が楽しめるよう，道路の舗装面につたい石をはめ込み，要所に案内サイン柱を設けた「史跡連絡遊歩道」の整備や，歴史的・景観的に優れた旧街道・坂道において修景整備を行ってきた．「史跡連絡遊歩道」の全体計画では，市内全体を巡回できるよう，旧街道・坂道や前述の歩行者専用道路も補助コースとして取り込み，結果として，「網的」な歩行者空間を実現させてきたのである.

■ 3．施策のその後

2009年度末において，幹線道路の美装化164 km，ゆずり葉の道121 km，史跡連絡遊歩道50 kmなどと，着実に歩行者空間の整備を進めてきている．また，2000年代に入り，新たな展開として，防災面，環境面を配慮した取組みが加わり，幹線道路を中心としての電線共同溝の整備，生活道路を中心としての保水性舗装の整備を進めている．しかしながら，大阪市においては，近年の社会経済状況の変化を受け，新たな道路整備を進めていくことは非常に困難となってきている．このため，今後の道路政策の方向性は，新たな整備から，これまで整備してきた施設を有効活用するとともに，適切かつ効率的に維持管理することへと移行していく．歩行者空間の整備についても，「新たにつくる」から「既存施設の活用」へと見直しが求められる.

◆参考文献
1) 小川高司他（1989）：「史跡連絡遊歩道の拡大整備」，大阪市建設局業務論文報告集1巻.
2) 徳本行信他（1989）：「コミュニティー道路の整備現況と今後の課題」，大阪市建設局業務論文報告集1巻.

29 掛川駅前および駅南土地区画整理事業
掛川市における創意豊かな都市づくりの実践 *1989*

■写真1　駅前通り線の秋の景観
混植の街路樹が街並みに彩りを添えている．正面は駅北口のモニュメント．

■1　時代背景と事業の意義・評価のポイント

　静岡県の中西部に位置する掛川市は，その中心市街地の起源を江戸時代の城下町に持ち，歴史的・文化的に恵まれた資産を持つ都市である．しかし1970年代に入ると他の都市と同様に，増大する自動車交通と，郊外に進出した大型店舗の影響による消費動向の変化に対応するために，中心市街地のあり方の検討が必要な状況になった．

　このような状況の中で掛川市では新幹線新駅の誘致の方針を打ち出し，16年の歳月を経て完成した駅前広場を含む中心市街地の基盤整備は1989年に石川賞を受賞したが，その理由として次の2点があげられている．

　第一に，まちづくりの事業化に際して，数多くの市民対話集会が開かれたこと．全市での地区集会は総計で2,000回にものぼり，これらを通して都市づくりに関する共通の認識が醸成された．

　第二に，都市整備について，駅前広場とその周辺の市街地において区画整理事業とあわせ，モニュメントの設置・植栽・電線埋設などの工夫を凝らした街づくりを行ったこと．

　このように本プロジェクトは，社会的な状況の中で変革を迫られた地方都市の中心市街地において，「公（行政）」と「民（市民）」の対話による都市の将来像の共有をベースとしながら，都市施設および市街地の整備を行い，そのデザインにおいてはそれぞれの空間について様々な美観的工夫を凝らした点が高く評価されたのである．

■2　プロジェクトの特徴

　掛川の駅周辺整備はその進行過程と成果において次の特徴を持っている．

(1) 官民協力による新しい都市の骨格づくり　全国に先がけて1979年に生涯学習都市を宣言した掛川市では，官民の対話を通して将来のための都市施設を実現する意義について共通認識を深めた．新幹線の新駅設置に際して多額の寄付が多数の市民や企業から寄せられたことと，その後20年をかけて中心市街地のほぼ全域にわたる土地区画整理事業が実現したのは，官民両者の合意による決断と，忍耐強い活動の結果であり，結果としてその後の掛川市に大きな資産をもたらすこととなった．

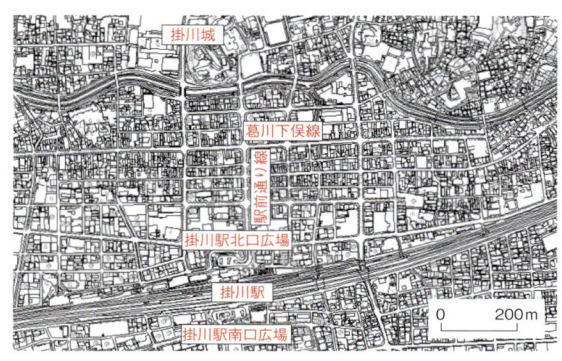

■ 図1　掛川城と掛川駅および中心市街地の関係
江戸時代の東海道であった葛川下俣線に直交する駅前通り線を整備する事により，駅と掛川城を結ぶ新しい都市の中心軸がもたらされた．

■ 写真2　掛川駅南口広場
モニュメントのテーマは「合体」．鉄道で分断された駅の南北の融合への願いが込められている．北口では木造の駅舎が使用され，地域の歴史的な資産の活用が図られている．

■ 写真3　掛川駅北地区の景観
城下町風街づくり地区計画の誘導により統一された景観．

(2) 駅前広場の整備　新幹線掛川駅の開業とともに完成した駅南北広場については，モニュメント・彫刻などの文化的要素と植栽を組合せながら，南北それぞれの広場が異なる表情をもった，市街地の玄関口となる景観を創り出した．

(3) 駅前通りの美装化　もう一つの重要な成果として，掛川駅から北にのびる駅前通り線の美装化があげられる．この街路は，当時としては先進的な試みであった混植の植栽を施し，歩道は十分な幅員を確保して，所々にベンチや彫刻を配置する事により，季節ごとの風情を楽しみながら，歩行者が安心して歩ける道になっている点に特徴がある．そしてそのような工夫によって，道路の拡幅による交通の便を供するのみではない，掛川の街を印象づける豊かな空間の形成がもたらされたのである．

3　プロジェクトその後

　掛川市ではその後も官民が協力した街づくりが継続的に行われている．街路の整備においては，前記の駅前通り線の他に，市街地の中心部における3つの路線をより質高く整備することによって，自動車交通に対応しながら，市民や来訪者が安心して散策できる動線をつくりだしている．また，1995年には掛川城の天守閣を日本で初めて本格的に木造で復元し，街の景観については，城下町風街づくり地区計画を定めて，市街地の景観を城下町のイメージにふさわしいものに誘導する事を試みるなど，都市のインフラ整備と建築物による景観の形成を複合的に考えて，新しい時代に対応した城下町のあり方を模索し，実現するための取組みが続けられている点に特色がある．

　1970年代より掛川の街づくりを提唱した榛村元市長のもとで長く都市計画の行政に携わった山本副市長は，その理念が「樹木を大切にする事」と「孫子が住める街を創る事」にあったと語る．20年の歳月を経て，幼木から見事に成長した街路樹と，官民の立場で街づくりのために尽力し活動する人達の姿は，確かな理念と街を愛する気持ちが，人の心に残る空間を創り出す事を今も私達に教えてくれるのである．

◆参考文献
1) 掛川市（1999）：『平成の城下町づくり』．
2) 掛川市役所（1994）：『掛川市城下町風街づくり地区計画』．
3) 東海道新幹線掛川駅建設記念誌編集委員会（1989）：『夢から現実への諸力学』．
4) 掛川市（2004）：『生涯学習物語 掛川市制50年史』．
5) 掛川市区画整理課：『掛川市城下町風街づくり事業』．

1990年代
調整・協働・連携による新たな都市計画システムの模索

　失われた10年とも言われる1990年代は，それまでの日本社会が抱えていた課題が噴出する時代でもある．80年代後半のバブル経済の進展に伴う民間都市開発が花開く中で，都市開発の乱立・無秩序化という弊害も見え始め，「誘導」と「調整」が必要とされた．90年代に突入すると，バブル経済は崩壊し，不動産開発は急激に冷え込みを見せたものの，一度手を付けた開発の波を突然止めることはできず，新たな付加価値を見出す開発手法が求められた．一方，産業構造や流通構造が大きく変革する中で，国鉄民営化に伴う清算事業や，流通空間の低・未利用地化による跡地再生が進められた．また，広域的な視点で見れば，再開発の舞台として，「業務核都市」や地方都市が選ばれ，一極集中型都市構造からの脱却が求められた．さらに，効率的な投資対象としての民間再開発から取り残された密集市街地の課題は，1995年阪神・淡路大震災などの未曾有の災害によって顕在化する．こうしたパラダイムの大きな変革や，未曾有の災害を経て，調整・協働・連携型の新たな都市計画システムが模索された時期だといえよう．

　乱立する民間開発に対して，魅力ある新市街地を創出する方法論として，協議型アーバン・デザインが発達する．日立駅前［⇨33］，花巻駅前［⇨34］，帯広駅周辺［⇨40］，富山駅北［⇨41］など，様々な事業手法を重ね合わせながら，公共空間と沿道開発を調整・誘導するこの手法は，80年代からの駅前調整型アーバン・デザイン（川崎駅東口［⇨25］など）が，地方都市において開花したものだとみることもできる．あるいは，エビスビール工場跡地の再生である恵比寿ガーデンプレイス［⇨39］や，臨海部の貨物線駅と倉庫を再生した神戸ハーバーランド［⇨35］など，都心のブラウンフィールド（産業跡地）再生の事例も見られた．さらに，全体を統括するマスターアーキテクト方式を採用したベルコリーヌ南大沢［⇨31］や，マスタープランとデザインマニュアルを用いて，基盤から上物まで総合的にデザインした幕張新都心［⇨32］などは，このアーバン・デザイン手法の先端的試みであり，また，ファーレ立川［⇨37］でのアート活用のように，テーマ型アーバン・デザインによる，地域全体での付加価値向上なども目論まれた．

　こうした，都心部での企業活動を調整誘導する「協働」のみならず，2000年代以降に花開く，地域主体の協働型まちづくりの萌芽も見られる．真鶴町［⇨36］での取組みは，地域主体のまちづくりとしても，景観を制度化する仕組みとしても，その後の地方のまちづくりを牽引する存在であったし，新百合ヶ丘駅周辺地区［⇨43］は，農地が混在する郊外市街地再生のモデルとなった．

　開発から取り残された密集市街地の再編事例としては，上尾仲町愛宕［⇨30］など，スラムクリアランスでも，修復型まちづくりでもない，「新まちづくり」とも呼ばれる，コミュニティの維持と資本の継続の両立の方法が模索された．そして，こうした密集市街地の残された課題を顕在化させたのが，その被害の多くが密集市街地で生じた阪神・淡路大震災（1995）であり，その後の都通の密集市街地再生［⇨44］は，複雑な課題を有する他の市街地や，その後の震災復興に影響を与えた．そして，グランドデザインとしての阪神・淡路都市復興基本計画［⇨42］でも，二段階都市計画など地域との調整手法が盛り込まれてゆく．

　そして，21世紀の森と広場［⇨38］に見られるように，市域全体の都市構造をも意識した総合的なデザインは，2000年代に花開く，総合的な「マネジメント」へのベクトルを暗示しているのである．

30 愛宕のまちづくり
住み続けられるまちづくりを目指した，共同住宅への連続建替プロジェクト　　　*1990*

■写真1　共同建替第1号プロジェクトであるコープ愛宕（周辺との調和を図る建物高さと切妻屋根）

■1　時代背景と事業の意義・評価のポイント

　東京から北へ約40 km，都心まで1時間程度の距離に上尾市は位置する．その中心部を南北に貫通する中山道の宿場町として，JR上尾駅から数分に位置する仲町愛宕地区は，上尾で最も古くから発達してきた．しかしながら南北に走る中山道に面して，間口の狭い短冊状の敷地が細長く連なっているため，接道不良敷地が存在していることや，権利関係が複雑であったことから，市街地の更新が進まない状況となっていた．

　一方で1983年には上尾駅東口第1種市街地再開発事業が完成し，周辺土地利用が活性化していく．容積率400％，商業地域に指定されている仲町愛宕地区もその影響を受け，住民にとっては上昇する税負担が重くのしかかった．さらにその利便性の高さから，東西に長い敷地上に，高容積を消化したマンション等の中高層建築物が板状に建設され始めた．それによって低層戸建てを中心とした周辺住宅地では日照被害を受けるようになった．結果として，1980年代にはすでに地区内で人口の減少や高齢化が始まり，駅前のにぎわいとは対照的に，商店も歯抜けとなっていくなどの衰退が起きていた．当時，日本全国で見られた「駅前再開発と取り残される周辺既成市街地」という図式は，ここでも当てはまっていた．

　上尾市でもこういった状況は認識していた．駅東口再開発の完成後，中心市街地の整備計画を検討した結果を上尾駅周辺地域整備計画第一次構想案（1984）としてまとめ，そのなかで仲町愛宕地区の活性化を位置づけた．まずは住民の声を聴くために懇談会を進めるなかで，住環境の悪化を心配しつつも，「地域に住み続けたい」という住民の願いが明らかとなる．加えて，市が当初掲げていた中心市街地の活性化との両立を考えていった結果，「共同建替によるまちづくり」の必要性が住民にも認識されるようになる．こうしたなかで，住民と行政で，以下のまちづくりの基本原則を共有できたことが，本プロジェクトの大きな意義である．

1. みんなで一緒に住み続ける
2. 住宅を再建し，権利を安定させる
3. 住み良い環境をつくる

　そして，住民が住み続けられるように，住宅および周辺環境の改善だけでなく，事業資金の獲得や生活基盤の構築等についても行政やコンサルタントが支援した．これも，協働型まちづくりという面から意義ある点である．さらに，マンション反対運動を契機として，地区計画による商業地域内での大幅なダウンゾーニン

グを実現した点も，大きな成果であった．

こうした一連の取り組みが，「我が国の密集市街地の整備方式として先駆的成果を挙げつつある」と評価され，1990年度日本都市計画学会計画設計奨励賞が与えられた．なお，シェブロンヒルズ（2.3参照）と緑隣館（2.4参照）は，受賞後に完成したプロジェクトである．

■ 2　プロジェクトの特徴

本プロジェクトの特徴は，さまざまな事業を巧みに組み合わせ，住民の負担を減らすことによって，住み続けられるまちの実現に取り組んだ点である．住環境整備系の事業による老朽住宅の買取りや，道路・公園の整備は主として市が行った．住民による共同建替については，埼玉県住宅供給公社に委託することで権利者の信用を得ながら，再開発系の事業や補助金が導入された．共同建て替えの事業資金については住宅金融公庫や銀行から低利の融資を得た．加えて賃貸経営を安定させるために，入居者への家賃補助によって市場より安価な家賃となる，地域特別賃貸住宅制度B型（後の特定優良賃貸住宅制度）も活用された．

これらの取り組みによって実現した共同建替プロジェクト4つと地区計画を以下に紹介する．

2.1　コープ愛宕（1988-89）

共同建替の第1号であるコープ愛宕は全戸が賃貸住宅である．地区内に貸家を持っていたある地権者が，個人で賃貸マンションに建替えようと計画を進めていた．そこへ市が両隣の敷地との共同建替を提案したことがきっかけとなり，1987年8月に，コープ愛宕建設協議会が発足した．

共同化に対して権利者が抱く不安を解消するために，①共同化事業を民間ではなく埼玉県住宅供給公社に委託する，②土地に関する権利は変更しない，③各権利者のそれぞれの要望を実現する．土地所有者には従来の地代を上回る収入を保障し，借地権者は新しい良質な住宅を確保する，④借入金は全て家賃収入によって返済し，権利者はこのための新たな負担をしない，

⑤自己資金は，原則として道路用地や老朽住宅の買収費の範囲内とする，といった方策が打ち出された．実現のための各種事業の組み合わせは先に述べたとおりである．

建物については，近隣の日照等の環境を損なわないように，指定容積率の半分である200%以内とされた．周辺のスケール感やまちなみを考慮して3つのクラスターに分棟化し，それぞれに傾斜屋根を付け，通りぬけ通路や小広場が設置された．設計者である杉浦敬彦は，先述した事業調査に施設計画の担当として参画しており，ヒアリングを通じて住民の生の声や生活を知ることができたことが，大変貴重な経験であったと述べている[2]．

2.2　オクタビア・ヒル（1989-91）

このようななか，コープ愛宕建設協議会の発足直後，近隣で10階建てのマンション計画が発表される．反対運動と話し合いの結果，マンションは10階から8階となった．しかし北側の敷地では日照が大きく阻害されることは避けられなかったため，そこに住む住民は市から提案された共同建替を選択し，1988年10月に建替協定が関係者間で結ばれた．地価の上昇を顕在化させないために，①権利者を一人も追い出さない②建物を分譲せず，全て地権者が所有する③民間ディベロッパーを排除する，という内容であった．

共同建替された建物によって生じる周辺への日影を

■ 図1　4つの共同建替プロジェクト
密集住宅市街地整備事業（1998-2000）計画図[1] より．

最小限にするために，北側にオープンスペースを確保し，4つに分棟化された．仲町愛宕地区の中央を通る中山道側は6階建てとし，活性化を意識して1階には店舗が配置された．裏通り側は4階以上をセットバックさせた．周辺のまちなみに合わせて切妻屋根とし，コープ愛宕と同じ素材が使われた．地権者と借家人の住宅は合わせて8戸であるが，全てコーポラティブの設計手法で進められた．従前借家人5世帯を1人も追い出すこともなく住替えを実現した．その他の46戸は賃貸住宅である．なお，1990年のまちづくり月間で建設大臣賞を受賞している．

2.3 シェブロンヒルズ（1991-93）

1988年11月，後述する地区計画についての懇談会が行われた際，オクタビア・ヒルの設計者である萩原正道に，住民が共同建替の相談を持ち込んだ．これをきっかけとして，上尾市は翌12月に市長名で地区住民に共同建替の検討を呼び掛けた．関係者との調整を経て，1990年7月に共同建替の区域が確定したが，バブル景気と重なったことから，この間に工事費と金利の急激な上昇が発生した．その結果，保留床の一部を分譲して採算を合わせる必要が生じた．そのためには，底地の共有化と，借地権者による土地の購入が必要となる．関係権利者もこれを納得して，仲町愛宕地区で初めて分譲を伴うプロジェクトとなった．

また，共同化によって子供世代の世帯がこの地区に戻ってくるという，Uターン型共同建替であることが，

表1 4つの共同建替プロジェクト諸元[1]

建物名称	コープ愛宕	オクタビア・ヒル	シェブロンヒルズ	緑隣館	
用途・容積等	商業地域・容積率400%・建ぺい率80%・地区計画区域内				
権利者	土地所有者7人	土地所有者4人 借地権者2人 借家権者5人	土地所有者4人 借地権者2人	土地所有者11人 借地権者21人	
地区面積	960 m^2	2291 m^2	1687 m^2	2274 m^2	
敷地面積	882 m^2	2051 m^2	1441 m^2	814 m^2	812 m^2
建ぺい率	58%	70%	65%	64%	63%
延床面積 （内駐車場面積）	1757 m^2 (137 m^2)	4825 m^2 (404 m^2)	3727 m^2 (438 m^2)	2071 m^2 (267 m^2)	1926 m^2 (165 m^2)
容積率	183%	237%	225%	242%	221%
構造	RC＋S造	RC＋S造	RC＋S造	RC造	RC造
階数	4階	地下1階・8階	地下1階・6階	6階	5階
土地所有	分有	分有	共有	分有	
建物所有	区分所有	地上権付区分所有	区分所有	地上権付区分所有	
住戸数 地権者住宅	—	8戸	11戸	2戸	2戸
住戸数 賃貸住宅	23戸	46戸	18戸	10戸	10戸
住戸数 分譲住宅	—	—	9戸	2戸	2戸
住戸数 その他	—	店舗3/事務所1	店舗2	コミュニティ住宅8戸/店舗1/ギャラリー1	
付属施設	駐車場7台	駐車場18台/集会室	駐車場15台/集会室	駐車場12台	駐車場10台
コンサルタント	まちづくり研究所	象地域設計	象地域設計	まちづくり研究所	
建築設計	総合設計機構	象地域設計	象地域設計	象地域設計	
施工者	八生建設	上尾興業	上尾興業	上尾興業	
施工期間	88.9〜89.7	89.11〜91.3	91.12〜93.3	95.10〜97.3	
事業施行者	埼玉県住宅供給公社	埼玉県住宅供給公社	埼玉県住宅供給公社	埼玉県住宅供給公社	
事業期間	88.1〜89.6	89.2〜91.3	91.8〜93.3	95.2〜97.9	
適用制度	住環境整備モデル事業 優良再開発建築物整備促進事業 地域特別賃貸住宅制度B型 交換分合（注）	コミュニティ住環境整備事業 市街地再開発事業 地域特別賃貸住宅制度B型	コミュニティ住環境整備事業 市街地再開発事業 地域特別賃貸住宅制度B型	密集住宅市街地整備促進事業 市街地再開発事業 特定優良賃貸住宅制度	

（注）所得税法基本通達33-6の6「法律の規定に基づかない区画形質の変更に伴う土地の交換分合」

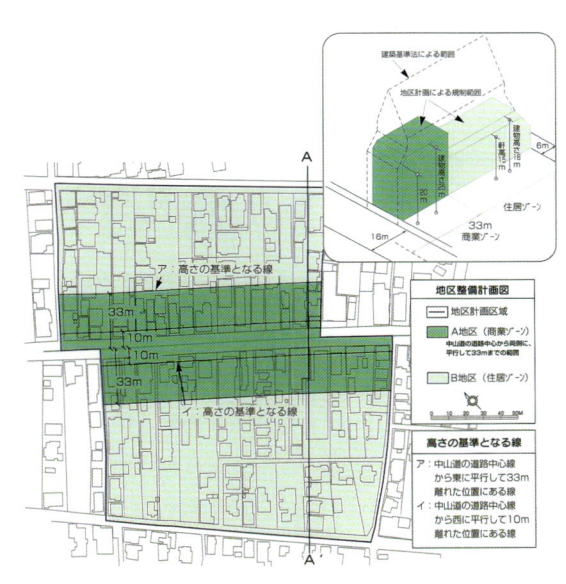

■図2　仲町愛宕地区における地区計画[1]

地権者へのヒアリングから分かってきた．結果として，従前5家族であったこの地区に，世帯分離も含めて地権者住宅が11戸となり，それらがコーポラティブ形式で設計された．

建物については，オクタビア・ヒルと同じく，近隣への日照の影響を配慮しながら計画され，通りぬけのできるコモンスペースが設けられている．

2.4　緑隣館（1995-97）

第4号の共同建替である緑隣館では，数棟のアパートを含み，20人近い借家人が居住する地区での事業となった．コープ愛宕の完成後，コンサルタントが実際に居住しながらまちづくりのコーディネートを行うなか，関係者の結びつきが良かったこの敷地で，共同建替が実現した．老人世帯，母子家庭などの生活弱者に対応するため，コミュニティ住宅を初めて導入することとなった．地権者など従来から住んでいた8世帯の住戸については，個々の家族構成等を考慮して設計された．加えて，店舗やギャラリー，隣接して緑地帯も設けられた．

建物は密集住宅市街地整備事業によって整備された区画道路を挟み，東西2棟に分けることで1棟のボリュームを抑え，それぞれ住居地域並みの北側斜線に収まるように自主規制している．

2.5　地区計画によるダウンゾーニング（1990）

加えて，地区計画によるダウンゾーニングの実現も共同住宅への建替と同じく，本プロジェクトの重要な特徴である．オクタビア・ヒル建設の契機となったマンション問題によって，地区住民はマンション建設を防ぐルール作りの必要性を痛感することとなった．市とコンサルタントは連携し，コミュニティ住環境整備地区を対象範囲とし，高さ，容積を制限する地区計画を立案した．1990年3月に都市計画決定，同年9月に条例施行となった．地区内の中山道沿道およびその両側33mを商業ゾーン，そのほかを住居ゾーンとし，それぞれ高さ・容積率を制限している．

特に住居ゾーンでは400%の容積率を敷地規模に応じて200～240%に制限するとともに，最高高さを18m，軒高を15mに制限することにより，傾斜屋根を作りやすくしている．

■3　その後の仲町愛宕地区

共同建替の開始から20年以上が過ぎた．建設された特定優良賃貸住宅では，補助によって比較的安価に設定された家賃を下回るほど，周囲の民間家賃が大幅に下落した結果，大量の空き家が発生した．融資を受けて建替事業を行った地権者は，返済のための賃貸住宅経営に苦しみ，市やコンサルタント，住宅を管理する埼玉県住宅供給公社等への不信が高まってしまった．市では，供給公社への管理委託事務費の一部を新たに補助する等の対応を取った[3]が，現在でも空き住戸の発生を防ぐことはできていない．

一方，1985年と2000年の比較では，地区内における65歳以上の人口割合は減少している．また老朽建築物の除却やオープンスペースの整備によって，防災安全性は大きく向上した[1]．周辺環境に配慮した共同建替の実現，物的環境の向上やダウンゾーニングによる住環境保全は誇るべき成果である．

◆参考文献
1) 上尾市（2001）：『住み続けられるまちづくり～中山道沿道仲町愛宕地区住環境整備の取り組み～』（パンフレット）．
2) 佐藤　滋＋新まちづくり研究会（1995）：『住み続けるための新まちづくり手法』，鹿島出版会．
3) 古里　実（2003）：「住み続けられる共同建替事業によるまちづくり」，日本建築学会関東支部住宅問題専門研究委員会編『東京の住宅地』研究WG「東京の住宅地 第3版」，日本建築学会関東支部，p.238-241.
4) 上尾市（1991）：『上尾市仲町愛宕地区まちづくり資料集』．
5) 若林祥文（1990）：「商業と住宅が両立するまちづくり」，日本建築学会関東支部住宅問題部会編『東京の住宅地 1990.8』，日本建築学会関東支部，p.121-124.
6) 象地域設計（1993）：『生活派建築家集団泥まみれ奮戦記』，東洋書店．

31 ベルコリーヌ南大沢
マスター・アーキテクト方式の実験室
1990

■写真1　ベルコリーヌ南大沢鳥瞰[1]
おそらく1990年の写真．現在は一部の棟が手抜き工事のため取り壊されるなどしている．

■1　時代背景と事業の意義・評価のポイント

東京都八王子市のベルコリーヌ南大沢の企画が着手された1987年は，国土庁発表の公示地価が東京圏の住宅地で前年比76％の高騰を示した狂乱地価の時代である．新宿まで小一時間の時間距離にあり，最高応募倍率241倍，平均58.7倍を記録することとなるこの団地は，郊外高級住宅地の記号ともなる（写真1）．

ではここで何が試行され，何が評価されたのか．都市計画学会授賞理由書をパラフレーズすると，「マスター・アーキテクト」（以下MA）を中心に策定されたデザイン・コードを各建築家が解釈の上で設計を進めることで，「都市計画の永遠の課題」である個々の多様性と全体の統一性を調和させた「ポストモダンのまちづくり」を実現したことに意義がある．

■2　プロジェクトの特徴

プログラムそのものとしては当時の標準的なニュータウン住宅地の開発と言えよう．とはいえ，近傍に東京都立大学（現・首都大学東京）の開発計画があったことは幸運であった．それと連続する山岳風景の創出をも目指すというマクロな視点が生まれたのである．その実現のため，MA方式を推進したのが住都公団（現・都市再生機構）で本地区を担当した佐藤方俊であり，それを具体化したのがMAを務めた内井昭蔵である．彼らは以下の5点を骨子とするマスター・プランを提示する：

①住区の位置付け（自然の中の都市，眺望，spontaneo，新丘陵都市人）；
②景観計画（稜線の繋がりと谷の広がりの再表現）；
③ポイント高層棟配置計画（ペデからの景観，高層棟相互の景観，軸線とデザインの統一）；
④ペデストリアンのヒエラルキー（公用／共通／専用ペデ，各ペデ及び住区を繋ぐ接続装置）；
⑤広場の考え方（ペデストリアン広場，公用ペデにおける広場）．

Spontaneoという見慣れない言葉が出てきた．「イタリア語に，spontaneoという言葉がある．意図的ではなく，自然発生的なという意味の形容詞である．イタリアの山岳都市等に見られるような，地形の特性を生かした道づくりや住棟配置等によって構成される」[1]．ペデなどの全体を貫く外構計画の他，MAによるブロック・アーキテクト（以下BA）間の調整は，このコンセプトに立脚して展開する（図1）．

無論，BAが従う各住棟のデザイン・コードも同様である．そこにおいてspontaneoは，傾斜地特性を生かした住宅の造形，奥行きときめ細かいファサード，

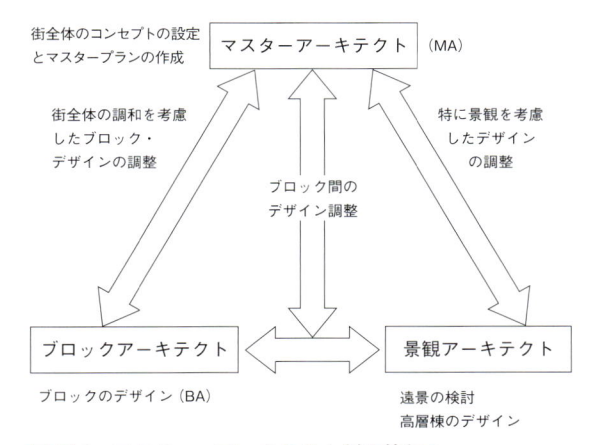

■ 図1　マスター・アーキテクト制の枠組み
一見すると理想的だが後述の通り予想外のエネルギーを必要とする．

安定感・暖かさ，自然と同化しやすいディテールや材料，そして環境に調和する色彩という方策にパラフレーズされ，さらに以下のように具体的な建築設計と都市デザインの言語に置き換えられる：

A. ボリューム（建物を建てられる空間）：壁面後退距離，最高高さ，線上天空率，平均道路車線；
B. 仕上（外壁・屋根）：色彩計画，材質，形態；
C. フェネストレーション（開口の構成）：ダブルウォール，開口率，開口の配置・形状，サッシュ割り；
D. 深み度（外壁の密度感）：平面による深さ，断面による深さ，その他の理由による深さ；
E. 色彩計画（外壁・屋根）：色彩計画の基本原則，色彩計画の具体的方法；
F. その他の構成要素：建築物・外構．

ここでもフェネストレーションと深み度という見慣れない表現が出た．前者は住宅のシェルターとしての壁と街並みの景観要素としてのそれを分離すること，さらにヨーロッパの街並みを参考に壁面率（開口部面積が壁に占める割合）を従来の60％程度から75％に上げることを提案する．後者は，建物景観に彫りの深さを与えるため，建物の雁行やセットバック，オーバーハングなどの建築形態の操作の他，庇，花台，出窓等のディテールや収まりの工夫を要求する（図2）．

かくして策定されたデザイン・コードを住棟建築家が解釈し，マスター・アーキテクトや隣接地の建築家との調整を経て施工に移るわけだが，本プロジェクトで興味深いのは，さらに景観アーキテクトが配され，それに大谷幸夫が指名された点であろう．大谷は東京都立大学計画の全体計画を立案しており，MAやBA，さらには住棟建築家にマクロな鳥瞰的視座を啓発してゆくこととなる（図1）．

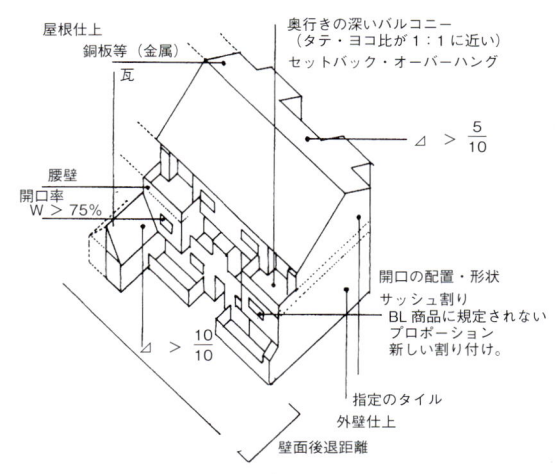

■ 図2　深み度のスキーム[1)]
単調にバルコニーが連続する既存のマンション景観を乗り越えるための方策が探求された．

■ 3　プロジェクトその後

この住宅地は，都市計画学会の授賞理由書通りの成功を収めた．いくつか残る棟のエイジングも良好で，竣工直後から劣化する一方の近現代のプロジェクトとも一線を画している．MAを務めた内井の丁寧なものづくりの成果である．しかし，それにも関わらず，MA方式は広く採用されるに至っていない．何故か．これに関しては，佐藤の「こちらの進め方がかなり強引だったこともあり，プロジェクトの終末近くには，皆，クタクタに疲れまして」[2)]という述懐が全てであろう．個性的な建築家間の交渉で疲れない方法はあり得ないから，この問題の解決策はせめて相応の対価の支払いとなろう．しかし，収益還元を厳密に考慮する現在ではその機会費用を不動産価格に上乗せできない．

住宅消費者の景観意識の向上，卑近に換言すれば景観への支払い意志の醸成が未だできていないことを，このプロジェクトはわたくしたち21世紀初頭の都市計画関係者に問うているのである．

◆参考文献
1) 住宅・都市整備公団東京支社（1990）：『多摩ニュータウン第15住区（ベルコリーヌ南大沢）設計記録』．
2) 佐藤方俊・土田　旭・初見　学（1992）：「作品解析座談会・多摩ニュータウン15住区（ベルコリーヌ南大沢）」，建築雑誌 **107**，36-39．
3) 住宅・都市整備公団東京支社（1993）：『集合住宅地の景観設計手法』．
4) 住宅・都市整備公団南多摩開発局（1997）：『近年における多摩NTの集合住宅地設計記録（1980～1996）』．

32 幕張新都心
公共主体による臨機応変の都市戦略と空間像の担保

1991

■写真1　幕張新都心（2008年11月撮影，千葉県企業庁提供）

■1　受賞の概要と時代背景

1.1　対象事業

　幕張新都心はJR千葉駅から西へ10 km，東京都心から東へ25 km，千葉市幕張地先の東京湾岸埋立地522 haに建設された（写真1）．「業務核都市・幕張新都心の総合的なまちづくり」として千葉県が1991年度石川賞を受賞した．理由として業務核都市の形成と良質な公共施設及び都市環境の実現が挙げられ，マスタープランと環境デザインマニュアルを使った空間整備の誘導が評価された．

1.2　事業の背景

(1) ベッドタウンから新都心へ　幕張新都心の区域は1967年当初，海浜ニュータウン（1,480ha，居住15万，就業10万）の幕張A地区に居住人口9.5万のベッドタウンとして計画された．その後，成田空港や東京湾岸道路により海浜ニュータウンのアクセスが向上すると，1975年幕張新都心基本計画が策定され，純粋な住宅地から業務・研究・教育・居住による複合的な新都心へ計画が変更された．さらに1983年千葉県は新産業三角構想を策定し，重厚長大産業への偏重から先端技術産業へ構造転換を図るとし，この中で幕張新都心はかずさアカデミアパーク（木更津市・君津市）と成田国際空港周辺とともに県の三大新拠点に位置づけられた．

(2) 業務核都市　第一の受賞理由，業務核都市は東京に集中した機能を分散するため，1988年多極分散型国土促進法で定めた都市や地域をいう．幕張新都心は千葉の一角として，八王子・立川，浦和・大宮，横浜・川崎，土浦・筑波学園都市といった東京都心から30～50 kmの主要都市とともに指定された．このことが千葉県の新産業三角構想とともに幕張新都心の実現に拍車をかけた．

(3) バブル景気に伴う民間開発誘導の必要性　我が国の経済は1991年を中心に乱高下した．1985年プラザ合意による円高は活況をもたらした．国鉄など相次ぐ民営化もあり，大規模工場や交通基地の土地利用転換による都市開発ブームが起こった．しかし早くも1990年に株価が暴落，地価も下落傾向に陥り，「失われた10年」と呼ばれる不況に入った．このように受賞の1991年はバブル景気を享受しつつ，崩壊の翳りも見えた時期だった．幕張新都心では，余力のあった民間開発を公共主体（県）が誘導する形で事業が進んだ．

(4) 新規開発における空間制御　1980年代半ばの都市開発ブームは幕張新都心の他，福岡シーサイドももち（138 ha），神戸六甲アイランド（580 ha），横浜みなとみらい21（180 ha），東京臨海副都心（442 ha）など大都市臨海部で本格化した．制約条件の少ない面的開発の中で，景観と空間を一体的に形成するため，都市デザインが取り組まれた．その背景には1970年代からの先進的自治体の景観行政の蓄積があった．ニューヨークバッテリーパークやベルリン国際建築展（IBA）など同時代の海外事例も参照された．

■2 プロジェクトの特徴
2.1 事業の推移
(1) 事 業 化 1983年幕張新都心事業化計画により新都心事業は実施に入った．業務研究，タウンセンター，文教，住宅，公園緑地の5地区からなり，受賞時点は業務研究地区とタウンセンター地区で建築が進み，住宅地区は未着手だった．業務研究地区とタウンセンター地区はJR海浜幕張駅の側に置かれ，住宅地区とは幕張海浜公園で隔てられた（図1）．

(2) 幕張メッセ 1989年オープンの幕張メッセが先行して建設された．国際級の展示場と会議場とイベントホールを備え，東京モーターショーなど大規模な催し物を誘致した．「コンベンション機能を中心とした都市開発の企画」として1990年度石川賞を受賞している．槇文彦氏による建築デザインも高く評価された．1997年に展示施設が増築された．

(3) 企業の進出 幕張メッセ後も業務研究地区とタウンセンター地区では1996年まで建築ラッシュだった．前者は大企業の中枢機能，後者はホテルの進出が際立った．JR京葉線で東京から30分の立地に加え，幕張メッセ，地域冷暖房，十分な公共空間と整った宅地などインフラ条件が奏功したと思われる．

2.2 環境デザインマニュアル
第二の受賞理由，良質な公共施設と都市環境は幕張新都心環境デザインマニュアルによる所が大きい．1988年基盤整備主体である千葉県が業務研究地区とタウンセンター地区を対象に，民間事業者に委ねる建築と県・市が整備する公共施設の両方について形態意匠の指針を定めたものである．

(1) 内　　　容 環境デザインマニュアルは大きく公共施設と建築に分けてデザイン指針を示している．前者は道路の仕様，植栽，ストリートファニチャーなどを対象にしている．後者は用途や壁面後退の他，街区内貫通路や低層階をつなぐスカイウェイといった宅地内のオープンスペースの確保を定めている．敷地に空地を十分に設け，スカイウェイを受けるデッキを建築の前面に巡らせ，建築の主たるボリュームを敷地の中央に寄せる指針である（図2）．

(2) 運用方法 県と事業者の土地分譲契約書にはデザインマニュアルの反映，デザイン実施計画書の作成，これらにもとづく検討会の開催が明記された．業務研究地区は短期間で建築されたことも手伝い，デザインマニュアルの意図通りに実現した（写真2）．

2.3 幕張新都心のポイント
受賞理由と照らして今日学ぶべき点を整理する．
①都市計画を実現する臨機応変の戦略
第一の受賞理由である業務核都市を形成した鍵は，1980年代半ば日本経済の国際化と拡大を機に，県の

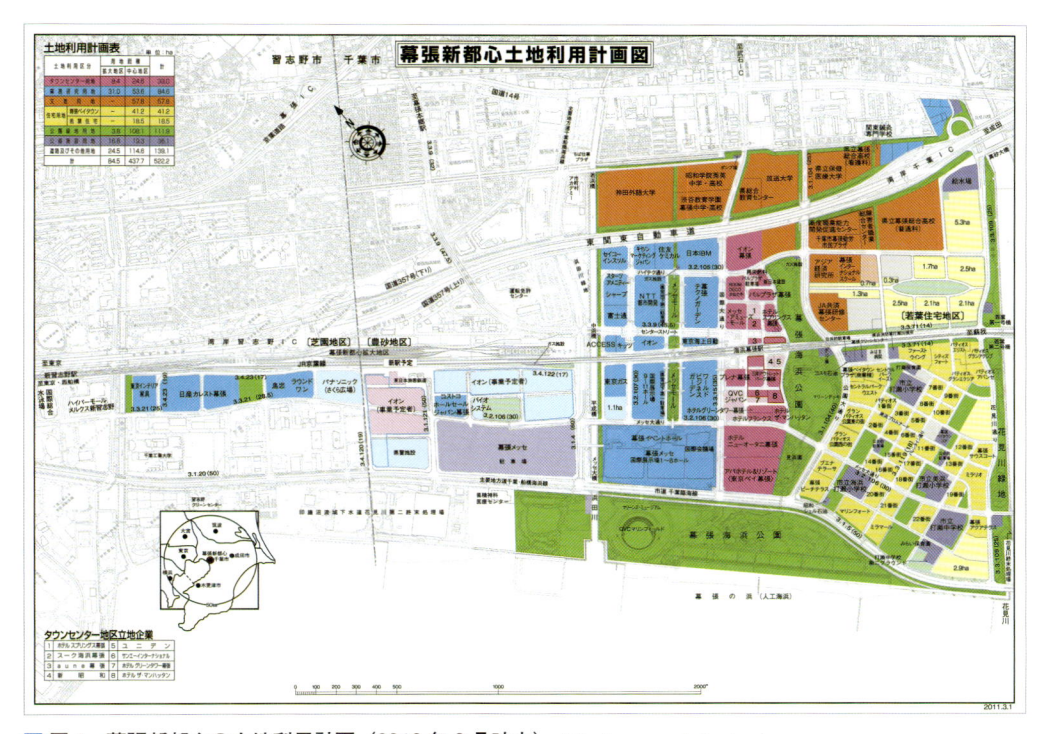

■図1 幕張新都心の土地利用計画（2010年9月時点） http://www.makuhari.or.jp

政策に新都心構想を掲げ，ベッドタウン計画を複合的な土地利用計画に変更したことにある．都市計画は様々な立場とレベルの計画群から出来ている．どれを固定し，どれを手直しし，どれをいつ稼働するかといった戦略が必要である．それは「上位計画の踏襲」といった単純な手続きとは違い，都市計画の判断を要する．幕張新都心の場合，東京への過度な依存から自立に向けて，ベッドタウンから複合都市に転換するため，計画の変更や緩急が臨機応変に行なわれた．

②空間像を制度で担保した都市デザイン

第二の受賞理由である良質な公共施設及び都市環境を実現した鍵は，土地利用の許可権限を持つ基盤整備主体が上物整備まで関与したことにある．幕張新都心の場合，形態意匠に及ぶ建築条件が宅地の譲渡・貸与契約に付され，県主催で設計内容を確認する協議を行なった．このように幕張新都心の官民協働及び基盤建築一体化には具体的な空間像とそれを担保する制度が介在していた．

■3　プロジェクトのその後

受賞後すなわち1990年代以降の経過を見る．

3.1　分譲から貸し付けへ

業務研究地区の建築は1990年代半ばまでに概ね完了した．一方，タウンセンター地区の商業用地は，人口が未定着のため企業進出が滞った．そこで県は1998年従来の売却に加えて一部の画地に限り貸し付けを始めた．その結果，2000年以降アミューズメントや量販店が進出した．

3.2　文教地区

文教地区では科目選択制の県立幕張総合高校が1996年開校された他，放送大学やアジア経済研究所など，大学3校，高校2校，中学校2校，専門学校1校，その他研究所や研修所など8施設が2008年までに立地し，2009年には幕張インターナショナルスクールが開校した．約28 haの未利用地は2007年住宅用地に計画変更した．

3.3　幕張ベイタウン

受賞後の際立った成果は住宅地区である．1995年に入居が始まり，その時公募で選ばれた呼称が幕張ベイタウンである．1999年にはグッドデザイン賞施設部門アーバンデザイン賞を受賞した．

(1) 計画の概要　82 haに26,000人の計画フレームは1983年幕張新都心事業化計画で決まった．土地利用と施設配置の全体計画（以下，マスタープラン）は1989年幕張新都心住宅地基本計画と1990年同事業計画の2ヵ年で策定された．1991年同都市デザインガイドライン（以下，デザインガイドライン）が策定され，住宅の建築整備方針が決まった．

(2) 沿道囲み型住宅　ベイタウン最大の特徴は中層の沿道囲み型住宅である．超高層や11～20階の高層住宅もあるが，地区の中央は6階前後の中層で構成している．沿道囲み型住宅は欧米の伝統的な建築形式であるが，我が国では日照や通風が危惧され定着していなかった．試設計を繰り返し，マスタープランで街区，道路，住棟の適正な規格を設定した．

(3) デザインガイドライン　沿道囲み型住宅を着実に実現するため，住宅事業者及び設計者に対しデザインガイドラインを示した．壁面線や高さ，屋根や壁の部位別意匠，駐車場や中庭の構成などの設計指針である．沿道囲み型住宅の居住性能や景観形成の課題が網羅されている．デザインガイドラインは土地の貸与・分譲与件に加えられ，沿道囲み型住宅が担保された．

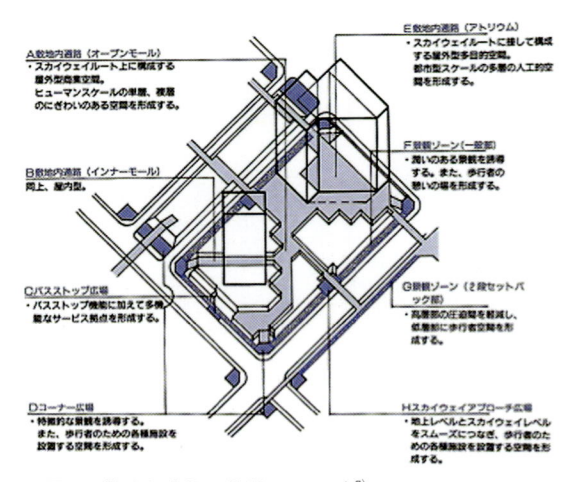

■ 図2　敷地と建物の整備イメージ[7]

■ 写真2　業務研究地区（筆者撮影）

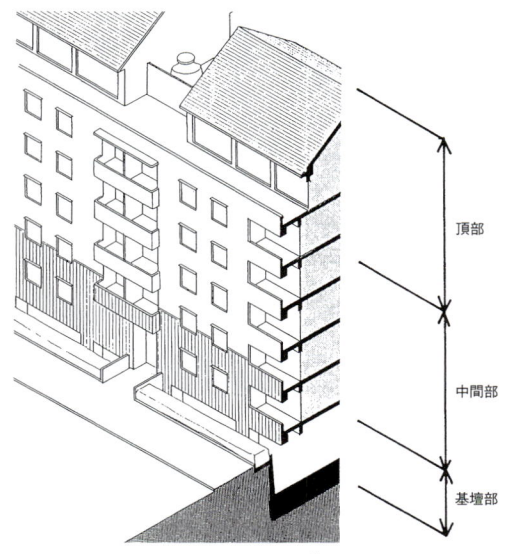

■ 図3　沿道型住棟の三層構成[8]

■ 写真3　沿道囲み型住宅（筆者撮影）

（4）計画デザイン会議　住宅事業にはコンペで選ばれた民間デベロッパー6社，公団（現UR），県住宅供給公社の計8社が参加した．事業者間で企画やデザインを競争するよう，宅地を街区単位にばらして割り当てた．県はさらに計画設計調整者という都市デザインの専門家を入れた計画デザイン会議を設け，各街区の

■ 写真4　幕張ベイタウン（筆者撮影）

事業者と設計者が持ち寄る設計案を審査し調整した．デザイン調整・デザインレビューの先駆といえよう．

3.4　今後の展望

　幕張新都心事業が本格始動して四半世紀，この空間資源の活用が今後の課題である．経済縮小や人口減少など，状況は変わった．新しい発想の都市戦略が必要である．海があり，幕張メッセやスタジアムの集客施設もある．街並は整い，緑も豊かである．都市観光や環境のアピールなど新都心全体で取り組めるのが強みである．そのためにはそれぞれの街区や施設を利用上も空間上も連携させる必要がある．たとえば業務研究地区の沿道空間．広いオープンスペースの反面，建築と街路が離れ，賑わいに乏しい．沿道空間が活用されれば，人々の活動が公共空間に表出し，地区全体がつながる．現状はデッキや植栽帯が占めている．小さな店舗や公共施設など，活動の仕掛けを配置するのも一考の価値があろう．

◆参考文献
1) 千葉県企業庁（2009）：『千葉県企業庁事業のあゆみ』．
2) 太田洋介（1991）：「国際性豊かな高度多機能都市—幕張新都心」，都市計画 170，42-43．
3) 大村虔一（1995）：「幕張新都心住宅地の都市デザイン展開とその課題」，都市計画 197，118-123．
4) 建築思潮研究所造景編集室編（1997）：「幕張ベイタウン特集」，造景 7．
5) 前田英寿（2006）：「基盤建築の連携化に向けた都市空間計画の策定と実現—千葉県幕張ベイタウンのマスタープランと都市空間形成について」，都市計画論文集 No.41-2，25-32．
6) http://www.makuhari.or.jp/（千葉県による幕張新都心のウェブサイト）．
7) 千葉県企業庁（1988）：『幕張新都心環境デザインマニュアル（タウンセンター地区・業務研究地区）』．
8) 千葉県企業庁（1991）：『幕張新都心住宅地都市デザインガイドライン』．

33 日立駅前開発地区―遊びと創造の都市(まち)
官民一体となった新たな都市拠点の創出と景観形成への取り組み　　*1992*

■ 写真1　新都市広場と商業街区　(提供：(財)日立市科学文化情報財団)
商業街区へと続く駅前地区の核，様々なイベントが実施されている．

■1　時代背景と事業の意義・評価のポイント

　茨城県北東部に位置する日立市は，日立鉱山およびその鉱山工作課が独立した日立製作所の企業城下町として発展してきた．太平洋と阿武隈山脈に挟まれ，南北に長く伸びる市街地は，常磐線の駅ごとに発達した「串刺し団子」状の骨格を形成している．鉱工業都市ゆえに商業基盤や文化・レクリエーション機能が弱く，拠点性の高い都心地区の発達がみられなかった．消費人口が周辺都市へ流出する中，工業主体の産業構造の転換を図るべく，日立駅前において遊休地となっていた産業・流通用地の土地利用転換ならびに高度利用がはかられることとなる．

　当初，1977年に作成された基本構想は現在の開発地区の約4分の1を対象としたものに過ぎなかったが，日立鉱山助川荷役所(写真2)が市へと譲渡されたことから，1983年に国鉄所有地および周辺民有地を含めた約12.5 ha を対象とする商業・業務施設の複合的

■ 写真2　事業実施前の様子[6)]
右が日立駅と駅前広場，中央が開発地区の核となった日本鉱業株式会社助川荷役所．

表1　開発の経緯

1976	日立駅前開発調査委員会を設置，基本構想の作成に着手
1977	「日立駅前開発基本構想」策定
1981	日本鉱業(株)と土地譲渡交渉開始
1983	日本鉱業(株)助川荷役所廃止・売買契約締結，「日立駅前開発整備計画」策定
1985	都市施設等の都市計画決定，土地区画整理事業の事業認可
1986	土地分譲，施設立地手法など事業開発方針決定，商業街区内専門店等進出応募受付
1987	新都市拠点整備事業の総合整備計画大臣承認，事業化コンペ・シビックセンター設計コンペ実施
1988	ふるさとの顔づくりモデル土地区画整理事業の指定，新都市広場・シビックセンター建設工事着工，業務施設用地公募(第一次)による事業者決定
1990	商業街区地元専門店進出者の決定，新都市広場・シビックセンターオープン
1991	業務施設(第一次)・商業街区大型店舗・地元専門店オープン，業務施設用地公募(第二次)による事業者の決定

な開発が実施されることとなった．基本コンセプトを「遊びと創造の都市（まち）」[1]とし，広場，公共施設，大型商業店・ショッピングモール，業務機能やホテル等の新たな日立市の顔となるまちを創り出すために，公共・民間の各種建設事業に対してデザイン的な調整を行っていくことが当初から盛り込まれた．市は土地区画整理事業を行うだけでなく，都市デザインという観点から各種事業を導入し，総合的な建築誘導を推進した．多様な事業が有機的に結びつく中で，事業コンペ方式の導入等により民活を最大限活用し，短期間の間に一気に建設が進められた．プロジェクト総額約660億円という，日立市始まって以来の大プロジェクトであった．

■ 2 プロジェクトの特徴

以下，本プロジェクトの特徴を，「都市整備手法」「事業推進のための組織」「デザイン的特報」に分けてみていく．

2.1 様々な都市整備手法の組み合わせによる事業実施（図2）

プロジェクトは国や県の強力な後押しを受け，様々な事業を導入して進められた．

土地区画整理にあたっては建設省「ふるさとの顔づくりモデル土地区画整理事業」の指定を受け，景観に配慮した質の高い仕上げが行われた．公共施設整備については，地区の中心をなす新都市広場は建設省「新都市拠点整備事業」により，さらに広場の地下空間は「NTT株売却益無利子融資制度Cタイプ」が用いられた．広場に面するシンボル的な施設である「日立シビックセンター」は，既成の公共施設の枠を越える斬新なアイディアを期待して設計コンペが実施された．新都市広場の設計にあたっても，民間から広くアイディア募集を行い，ユニークな提案が盛り込まれた設計が行われている．

民間施設の整備にあたっては，民間の事業参画を促し，かつ開発テーマに沿った一体的，総合的なまちづくりを実現するために，商業街区ならびにホテル街区は事業化コンペ方式が，業務街区は公募方式が採用された．事業化コンペでは三井不動産（株）・（株）イトーヨーカ堂企業連合の提案が選定されたが，企業体は公共空間と一体的なまちづくりを行うとともに，商業ゾーンに出店する地元商業者の調整役も担っている．

その他，景観に配慮したまちづくりの実現に向けて，地区計画の導入（1989年），まちづくり協定の締結（1991年）等，各種事業が導入された．

2.2 事業推進のための組織づくり（図3）

計画のテーマやゾーン毎の整備方針の具現化に向けて，各種専門委員会が設置された．まず，土地区画整理事業にデザイン的側面の検討を加えるため「日立駅前都市デザイン調査委員会」（1985年，委員長 渡辺定夫東京大学教授）が設置され，市とともにプロデュース機能を担った．

商業ゾーンに関しては，1985年に地元商業者をはじめ，学識経験者，一般市民からなる「日立駅前商業立地計画委員会」が日立商工会議所内に設置され，核店舗の規模，専門店の構成，店舗形態，資金導入方策等についての調査が行われた．

また，翌1986年には，公共施設の維持管理システム構築，産業立地の促進のためのシステム構築の検討

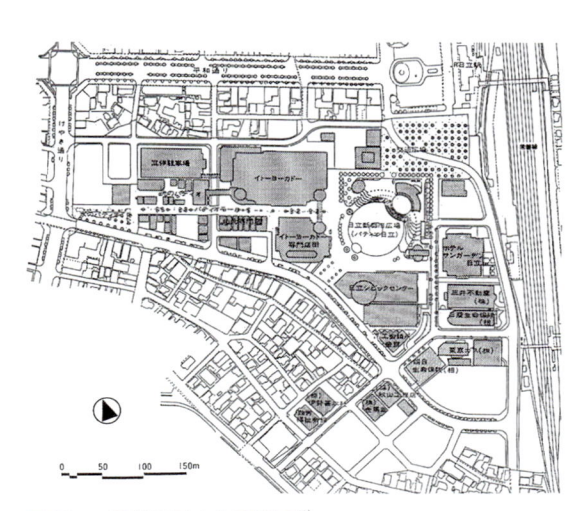

■ 図1 駅前地区の施設配置[2]
新都市広場，シビックセンターの公共ゾーンの周辺に商業施設，業務施設等を配置．

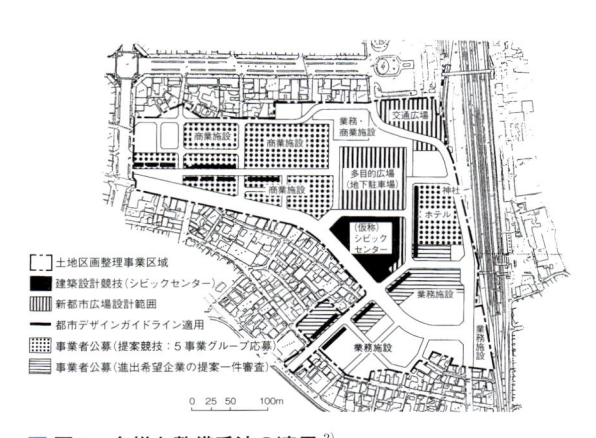

■ 図2 多様な整備手法の適用[2]
魅力ある街並みづくりに向けて，多様な整備手法が導入された．

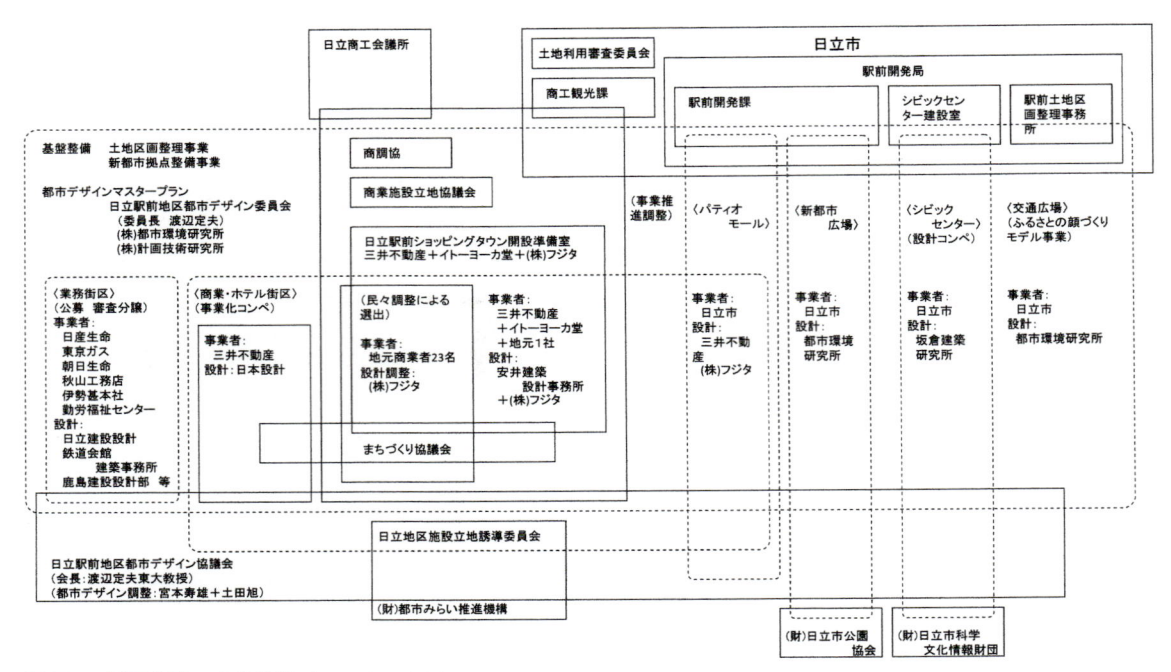

■ 図3　計画施設の実施体制（文献2）を改変

等を行う「高度情報センター日立駅前地区委員会」（委員長　黒川洸筑波大学教授）が設けられている．

各種施設整備についても，これら委員会の方針を踏襲しつつ，個別に検討を加える組織が設けられている．シビックセンターの建設や商業・ホテルゾーンのコンペ実施に際しては，（財）都市みらい推進機構内に「日立地区施設立地誘導委員会」（委員長　井上孝元東京大学教授），およびその下に県，市，都市みらい推進機構等によるワーキンググループが編成された．さらに，上記の審査結果を受けて，最終的な検討を実施する「日立駅前地区土地利用審査委員会」が市内部に設けられた．

事業者・設計者決定後には，地区全体の街並みならびに個別の施設のデザイン検討を行う「日立駅前地区都市デザイン委員会」（第2次，委員長　渡辺定夫東京大学教授）と，具体的なデザイン調整を行う場として，市と民間事業者による「日立駅前地区都市デザイン協議会」が設置されている．

2.3　都市デザインの特徴

土地区画整理である程度の空間構成は定まっていたが，都市デザイン調査委員会の検討を経て，日立新都市広場を中心的空間とし，正面にシビックセンターを配置，さらに商業街区の大型店やホテルも広場に向けて建設するという空間デザインが示された．広場に続く商業街区の軸は歩行者専用道路として，商業施設と一体的な空間イメージを確立することとなった．

新都心広場はもともと広場的な性格を有した近隣公園として構想されたものであったが，新都市拠点整備事業の指定を受けたことでシンボル的な都市広場として整備されることとなった．多様なイベント等の利用を想定し，ステージや南北の土地の高低差を活かした観覧席，あるいはレーザー光線，噴霧噴水といった演出設備も導入された．デザイン調整の立場で広場の設計にも携わっていた土田旭は，イベント広場と日常的な市民生活の場を兼ね備え，かつ日立市の顔としてのたたずまいは実現したと評価するものの，一方ではイベント広場としてのスケールと日常的な空間スケールとの間にギャップが生じていることを指摘している．さらに，従来の地権者の建物が先行していたこともあり，周辺建物と広場との一体的なデザインも十分ではなかったと述べている[2]．

各種の機能を持つ複合文化施設であるシビックセンターの設計では，前述の通りコンペが実施された．広場に対してアトリウム的な空間が設けられ，特徴ある立体を組み合わせて諸機能を自立させた有機的な外観を有する提案が選定された（写真3）．

大型店，専門店，店舗が展開する商業街区「パティオモール」は，幅員10 m（壁面後退を加えると12 m），全長300 mのモールを軸とするもので，「プレイフルモダン」をデザインコンセプトとする従来の地方都市から脱却した街並みが指向された．デザインにあたっては全事業者が参加する「まちづくり協議会」

■ 写真3　新都市広場とシビックセンター（提供：日立市）
新都市広場の周辺道路は歩行者専用，シビックセンターをはじめとする周辺建物と一体的な空間が創出された．

■ 写真4　パティオモールの建物外観
どこか雑然とした要素を残す街並み，周囲との調和や全体のバランスが調整されている．

で綿密な調整が行われたが，市内からの希望者が出店しやすいよう細かい敷地割りとなっていたことを活かし，どこか雑然とした要素を残した下町風の街並みが創られた（写真4）．

■ 3　プロジェクトその後

短期間に多くの事業を集中して実施された本プロジェクトについて，関係者は口を揃えて「当時だから実行可能だった」と述べる．バブル期に全国各地で行われた大規模複合開発と同様，国からは様々な事業や補助金がつき，数多くの専門家がプロジェクトに参画した．

しかし，社会・経済的背景を受け，本地区の環境も大きく変化することとなる．特に，賑わいの中核となる商業機能については，開業当時，本地区の大型商業施設と神峰町の百貨店の集客力によって日立地区の商圏は県北部の広範囲にわたったが，その後，相次ぐ郊外型店舗の進出や水戸，ひたちなか等に大型競合施設が開業したことなどから，中心市街地の空洞化には拍車がかかっている．市内の他の商店街と比較すれば，「駅前立地の優位性」「オフィスや公共施設といった隣接街区との相乗効果」，さらには「イベント時の集客」が望めるものの，現在ではパティオモールでも空き店舗が目立つ状況に陥っている．

市の関係者は，開発当初から「つくった器をどのように活用して持続させていくか」[3]，「民間の販促活動や継続的なイベントの展開などにより常に「人」の流れ込むシステムを作り上げて行かなくてはならない」[4]との認識を強く有していた．日立独自の文化の創造や，市内外の人々の交流や活発な活動の実施に向けて，シビックセンターならびにその管理者である（財）日立市科学文化情報財団はこれまで様々な取り組

みを展開してきた．新都市広場やパティオモールを会場とする舞まつり，国際大道芸，郷土芸能大祭，スターライトイルミネーション（写真1）は四大イベントとして定着し，さらには市民グループからの発案によって始まったオペラを通じたまちづくり活動も着実に広がりを見せている．

加えて，現在本地区整備時からの懸案であった日立駅ならびに駅前広場の改良が進められている（2011年完成予定）[5]．新たに設置される自由通路ならびに橋上駅で線路の東西を結び，西口では交通広場の改良と旧駅舎跡地の活用（公共施設ならびに民間機能の誘導）が，東口では新たに駅前広場と交流施設が設けられる．本事業は国土交通省まちづくり交付金を活用し，デザイン提案コンペ（妹島和世デザイン監修）により自由通路及び駅舎を，事業プロポーザルにより駅舎跡地活用事業を実施するもので，本プロジェクトで培ったノウハウが生かされていると言えよう．駅前地区との連携を強め，新たな「まちの顔」となることが期待される．

◆参考文献
1) 日立市（1986）：『日立駅前開発事業都市デザイン調査報告書』．
2) 土田　旭（1993）：「日立・駅前開発地区の都市デザイン」，渡辺定夫編著『アーバンデザインの現代的展望』，p.3-24, 鹿島出版会．
3) 古市貞夫（1993）：新都市 47（3），14-19．
4) 生江信孝（1994）：区画整理 37（2），25-33．
5) 日立市（2005）：『日立駅周辺地区整備構想』．
6) 日立市駅前開発課（1994）：『個性的な都心部づくりをめざして　遊びと創造の都市　HITACHI CITY　日立駅前地区』．

34 花巻駅周辺地区における地方都市再生の試み
都市デザインによる国鉄跡地と市街地の再生
1993

■ 写真1　土地区画整理前（左）と土地区画整理後（右）の花巻駅周辺地区　（提供：花巻市）

■1　時代背景と事業の意義・評価のポイント

　バブル経済の影響もあり，各地で大規模開発等が行われていたこの時期には，地方都市でも交通基盤の整備が進み，岩手県花巻市でも東北新幹線ならびに東北自動車道等の広域交通体系を活かした中心市街地の整備が実現した．

　かつて花巻駅前地区は，JR東北本線と釜石線が交差する旅客・貨物輸送の結節点として賑わった地区であった．しかし，モータリゼーションの発達，貨物取扱駅の廃止，1982年の東北新幹線開業などにより，駅利用者は減少し中心市街地の活力は低下していた．また，国鉄清算事業団用地もあり，その利活用も問題とされていた．そうした状況の中，1985年の東北新幹線新花巻駅開業と翌1986年の東北自動車道花巻南I.C.の開通により交通体系が整備されることが決まり，花巻駅周辺地区の再生，中心市街地活性化の拠点づくりが求められた．具体的には花巻駅の東西を結ぶ道路の設置と旧国鉄貨物跡地の有効利用の実現である．

　折しも，1987年に建設省（当時）が旧国鉄跡地を活用して都市基盤整備を進め，魅力ある施設，都市空間の実現を目指す定住拠点緊急整備事業を創設したこともあり，花巻市では積極的に事業導入を図り，土地区画整理事業，街路事業等と組み合わせて個性的で潤いのある中心市街地の再生を図った．

　本事業の意義は大きく3点ある．

　第一に，駅前空間の都市デザインに沿って「飛び換地」の手法が活用されるなど，土地区画整理とアーバン・デザインを結びつけるという新しい視点を切り開いたことである．

　第二に，長年にわたり様々な計画立案と補助事業を積み重ねてきた結果，地方都市再活性化のための持続的な都市計画への取り組みが実ったことである．

　第三に，様々な計画と補助事業の決定過程が記録として整理・公表されており，他の地方都市にとって大いに参考になる点である．

　このように当時の花巻市は，人口約7万人（2005年に合併し，2010年8月現在は約10万人）の地方小

■ 写真2　事業地区中心部　（提供：花巻市）
定住交流センターから多目的広場，駅前広場を臨む．

都市でありながら，中央の学識経験者，コンサルタントと協力して，細部まで配慮した高い水準の都市開発プロジェクトを推進してきたことが評価された．特に中心市街地衰退に悩む多くの地方都市自治体にとって，貴重でかつ勇気づけられる参考事例として高く評価された．

■2　プロジェクトの特徴
2.1　プロジェクトの5つの特徴

本事業区域の面積は，花巻駅を中心とした10.7 haである．すでに土地区画整理によって飛躍的に市街地整備が充実した駅西地区との接続，駅前広場で行き止まりとなっていた幹線道路の延伸，さらに歩行者優先道路，駅前広場，多目的広場等の都市デザインにより豊かな都市空間を整備している．事業手法としては，「新しい都市拠点となるべき地区」をクリエイティブ・タウンとし，定住拠点緊急整備事業により定住交流センター，多目的広場，レインボー・プロムナードを整備し，その面的基盤を土地区画整理事業により整備している．また，同時にホテル，商業ビル，路線商店街を整備し，広く定住交流の実現を図っている．なお都市デザインに即した換地計画，建物設計のために長年にわたり各種協議が積み重ねられ，地元関係者や地権者の合意形成が図られた．主要な特徴は以下の5点である．

(1) 国鉄清算事業団用地の活用と飛換地　花巻駅周辺地区には2.4 haの国鉄清算事業団用地があり，土地の高度利用と一体的な市街地整備を進めることが望まれていた．そのため，国鉄清算事業団用地を活用することになった．具体的には仮換地前の1990年に花巻市土地開発公社が購入し，定住交流センター用地，多目的広場用地，駐車場・駐輪場用地として活用を図った．

また，集客性を高めるために駅直近に核となる施設配置を行ったため，路線商店街ゾーンを南側に設定することになった．そこで，従前駅前広場に面して商店経営をしていた方々を路線商店街ゾーンに誘導する，いわゆる飛換地が行われた．

(2) 多目的広場と周囲の建物配置，空間的調整
多目的広場は空間的まとまりの創出と歩行者空間との連携，様々なイベントへの対応を目指し，かつ適切な空間規模を備えた魅力的な空間として構成するために，周囲に定住交流センターやホテルなどの主要な建物を配置している．また，駅前広場と多目的広場との間にホテルを配置し，一部遮蔽することにより，建物

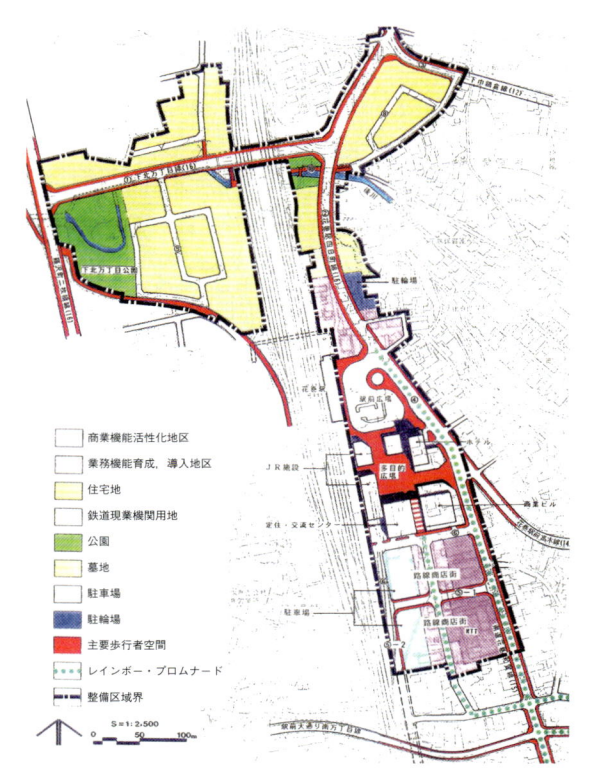

■ 図1　整備計画図（提供：花巻市，一部改変）

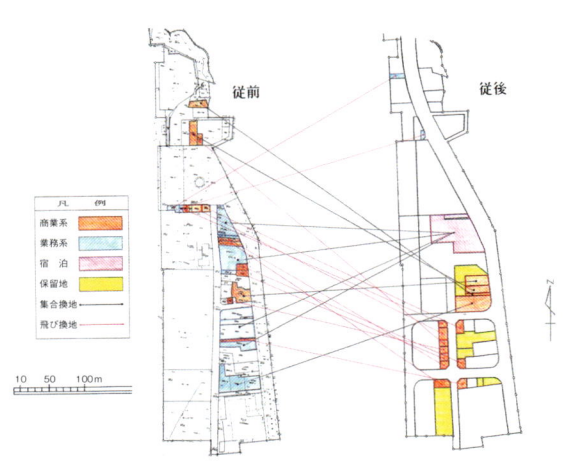

■ 図2　換地計画（提供：花巻市，一部改変）

による広場の"見え隠れ"を図っている．さらに，広場の多様な利用と賑わいを誘発するために設計調整を行い，広場に面する定住交流センターの多目的ホールと多目的広場との一体的利用やホテルの広場側1階の施設配置等を実現している．

このような計画を実現するために，設計段階で地権者の意向を踏まえて集合換地，申出換地を行うとともに，敷地，大きさ，形状等について調整が行われた．

(3) 多目的広場と周囲の歩行者空間の連携 多目的広場をコミュニケーションゾーン，駅前広場をステーションゾーン，路線商店街をショッピングモールゾーンとしてゾーニングしている．一方，道路は駅前広場から多目的広場につながる歩行者動線を分断しないように配置され，多目的広場と路線商店街の間についても，地区内幹線道路ではなく，区画道路を配置するなど，多目的広場と歩行者空間の連続性への配慮がみられる．全体として空間の広がりや視線の展開，変化により歩行者動線上のシークエンス変化が富んだものとなるように空間，動線，幅員等が計画されている．

(4) 路線商店街の形成 従前，駅前広場に面していた小規模商業地権者の再建方策として，共同ビル化も提案されていたが，個別に商業経営していきたいとの要望が多かったため，多目的広場南側に路線商店街を配置し，商業地権者の希望による飛換地を実施している．また，路線商店街の充実を図るため，商業利用を目的とする保留地を配置し，地区外商業者が参入できる工夫をしている．

なお，路線商店街の形成にあたっては，周辺との連続性，回遊性なども考慮し，冬期間も安全で快適な商業空間とするため，駅前広場から連続する歩行者空間に無散水消雪装置が設置されている．

(5) 景観形成計画 地区の賑わいを創出するとともに，質の高い空間を創出するためふるさとの顔づくりモデル土地区画整理事業を導入し，舗装計画，植栽計画，照明計画等の景観形成計画を策定している．

地区全体の空間的統一性の確保や歩行者の連続的な誘導のために駅前広場や多目的広場，路線商店街等の主要な歩行者空間を同一のデザインとしている．また，「まちづくり協定」を締結し，セットバック，用途，

■写真3 路線商店街（提供：花巻市）

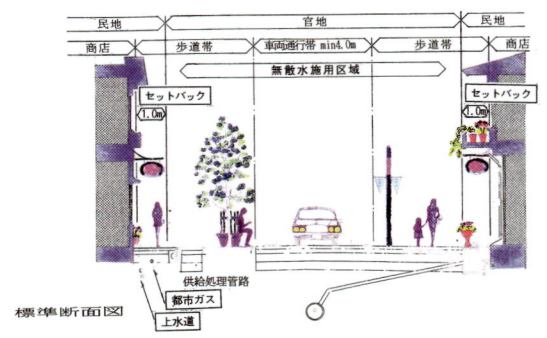

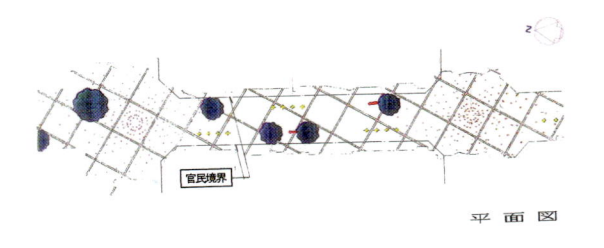

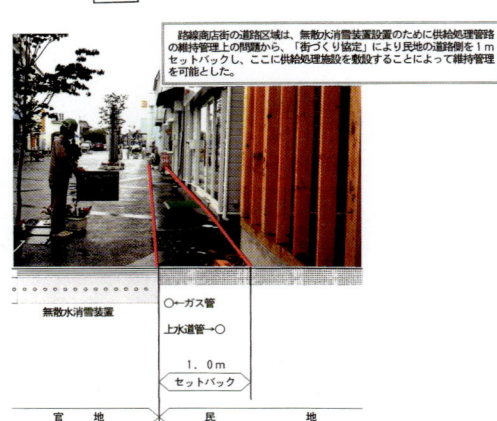

■図3 路線商店街の街づくり協定（提供：花巻市）

色彩，庇の高さ等の原則を定めている．特に1mのセットバック部分については水道管，ガス管の埋設場所とし，無散水消雪装置の維持管理用地としている．

さらに，花巻市は宮澤賢治が生涯を過ごした街であり，宮澤賢治の世界を象徴する駅前広場のモニュメント「風の鳴る林」をはじめ，多目的広場の舗装やストリートファニチャーなどにより"花巻らしさ"を感じられる工夫を凝らしている．

2.2 関わった人の思い

当時の吉田功市長を支えた戸来諭元助役は，当時について次のように説明している．

「鉄道開通時，花巻駅周辺では，市街地への人口集中や宅地需要に対応するために水田地帯の広がっていた駅西地域の区画整理が進んでいた．」

「この事業は駅前開発と同時に，花巻駅で行き止まりとなっていた中心市街地からの道路を延伸し，なんとしても駅西へ道路を通さなければならなかった．鉄道を越えるための道路計画について何度も研究会を開いたが，東側がの土地が低すぎるために鉄道をブリッジするには距離が短すぎて西側道路と接続できなかった．一方，鉄道の下を通すにはお墓を移転しなければならなかった」

この墓地の移転についてお寺と次のようなやり取りがあったと語っている．

「坊主曰く『先祖の墓を動かすことは相成らん』と最初はお寺も大反対だった．しかし，そのお寺が花巻のまちをつくった北松斎公の菩提寺だったので，花巻のまちづくりのためならばやむを得まいということになり，実現できた．」

また，地方小都市でこのような大規模事業が実現したことについて，「新幹線新駅を計画した頃から，各課から人を出して花巻のまちづくりについて検討する勉強会を開いていたので，庁内横断的な意志決定も難しくなかった」と語っている．

■3 プロジェクトのその後

北松斎公の意志を受け継ぐかのように菩提寺墓地の移転により彼岸の花巻駅周辺整備が実現した．定住交流センターは開館当初，順調に利用者を伸ばし，多目的ホールの月平均利用率も高い数字を記録した．また，多目的広場は市最大の花巻祭の山車の集散地や各種イベント会場としても利用されるようになった．しかし，本事業の大半が実現した頃にバブル経済が崩壊し，当初ショッピングセンターが計画されていた商業施設用地は現在も駐車場として未利用のまま残されている．また，中心市街地へつながる道路には，拡幅が止まったままの箇所も見られる．一方でカラクリ時計に見られるようにまちのシンボルを創り出そうとした意図は現在も随所にみられる．

市町村合併により花巻市の人口，面積は大きく変化しているものの，他の地方都市と同様に中心市街地の空洞化は否めない．一方で，市街地を流れる大堰川沿いは花巻市新発展計画で「イーハトーブの水辺づくり」として位置づけられ，河川再生事業に併せて，快適な歩行者空間と公園からなる大堰川プロムナードを実現している．これも本プロジェクトの中で構築された庁内ネットワークと経験が活かされている．

本プロジェクトは地方都市再生に「まちの中心に核をつくる」ことの大切さを具体的に伝えると同時に，事業成果が恒久的なものではなく時代変化の影響を強く受けることも示している．しかし，事業の中で構築された経験やネットワークは確実に周辺地区の更新，整備へと継承されている．

◆参考文献
1) 吉田　功・加藤　源（1994）：「『花巻駅周辺地区における地方都市再生の試み』について」，都市計画 **191**，10-11．
2) 花巻市：『ふるさとの顔づくりモデル土地区画整理事業　花巻駅周辺地区』．
3) 花巻市（1988）：『花巻駅周辺地区定住拠点緊急整備事業整備計画策定調査報告書』．
4) 花巻市建設部都市計画課・財団法人都市づくりパブリックデザインセンター（1989）：『花巻市多目的広場基本設計報告書』．
5) 花巻市（1991）：『花巻駅周辺地区都市デザイン調査』．

35 神戸ハーバーランド
先駆的ウォーターフロント開発による新たな複眼的都市拠点　　*1993*

■写真1　ハーバーランド全景（神戸ハーバーランド（株）所蔵；写真2～4も同様）
ウォーターフロントにつながる都心を形成している．

■1　時代背景と事業の意義

　神戸市は，三宮都心への1点集中型の都市構造となっており，都心西部の都市機能の再生，いわゆるインナーシティ対策が課題であった．特に，産業・流通構造の変革に伴い，多くの物流空間において再編が必要とされていた．

　そこで，都心西部に位置するハーバーランド地区に市民生活の多様化・個性化に対応した新しい形の商業・文化施設の整備を図り，三宮地区とあわせた複眼的都心構造を目指した．

　また，それまで産業施設で占められていた海辺沿いに着目し，市民のためのにぎわいのあるウォーターフロントとして再生したハーバーランドの整備は，その後全国に広がるウォーターフロント開発の先駆例として位置づけられ，神戸市マスタープランにおいて，南北に伸びる文化施設群を繋ぐ神戸文化軸の延長上にあり，「海につながる文化都心の創造」をテーマとする新しい街づくりである．

■2　プロジェクトの特徴

　ハーバーランドの前身は，1982年に機能停止した国鉄湊川貨物駅とその周辺の倉庫群である．1985年

■写真2　整備工事着手前のハーバーランド

に一帯約23 haについて大規模再開発事業に本格着工し，その後順次整備を進めて1992年に街としてグランドオープンした．特に，民間事業者を中心に，基盤と施設が一体的に計画され，水辺沿いの商業施設とともに公共施設も織りまぜた，いわゆるパブリック・プライベート・パートナーシップ（PPP）によるトータルデザインの先駆的実現がこのプロジェクトの特徴である．

2.1　計画方針

　ハーバーランド整備事業は，①新しい都市拠点の創

■ 写真3　ガス燈通りのイルミネーション

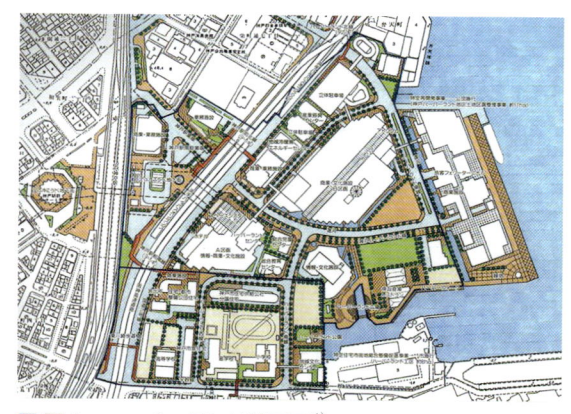

■ 図1　ハーバーランド計画図[1]

造，②複合・多機能都市としての整備，③環境を活かした街づくりを計画方針とし，都市活力の低下している都心西部の活性化，都心にふさわしい新しい複合的な都市機能の整備，交通利便性の良い立地環境を活かした円滑なアクセスの確保を目指した．

2.2　民間活力の導入

計画方針を実現するため，全国に先駆けて建設省（現国土交通省）に「新都市拠点整備事業」が採択され，神戸市，住宅都市整備公団（現都市再生機構），民間事業者により事業を推進した．

さらに，民間事業者の力を積極的に活用するために事業コンペを実施したほか，高度情報化社会に対応するための情報の受発信拠点として，またハーバーランド地区の都市管理センターの機能を果たすことを目的に民間企業数十社の出資を受けた第3セクターである株式会社神戸ハーバーランド情報センター（現神戸ハーバーランド株式会社）を設立した．

2.3　「ハーバーランド運営協議会」を設立

街びらきの前年の1991年，ハーバーランドが魅力のある街となり，健全な発展を図ることが出来るよう，地区内で活動する民間事業者と公共施設の運営者を会員とするハーバーランド運営協議会を設立し，その中で総務委員会，交通委員会，来街促進委員会などテーマごとに協議・実践の体制を整えた．

■3　街びらきその後

3.1　神戸の新しい都市拠点の誕生

神戸のまったく新しい都市拠点の創造であり，ウォーターフロントの新たな観光拠点という面でハーバーランドは大きな人の流れをもたらした．

また，街びらきを契機に次々に新規事業を展開し，1993年には「アーバンリゾートフェア神戸」の会場に，1994年にはハーバーランドのメインストリートで「神戸ガス燈通りイルミネーション」をスタート，神戸まつり・神戸よさこいまつりなど神戸を代表するイベント会場となり，街びらき3周年，5周年など周年行事を実施した．

また，1995年に発生した阪神・淡路大震災のあと，都心にあって比較的被害の少なかったハーバーランドはいち早く復旧し，大きな被害を受けた神戸都心の機能補完を担うことが出来た．

3.2　緊急まちづくり行動計画の策定

ハーバーランドにおいても近年の長期にわたる消費不況は例外ではなく，街の活性化を図るため，2008年，ハーバーランド運営協議会により，「緊急まちづくり行動計画」を策定した．当計画は，すぐにでも取りかかることを前提としたハード・ソフト両面の実践計画であり，テーマごとに13の部会を設置し，街の人がそれぞれの部会のリーダーとなり計画を具体的に実践している．

ハード面では，来街者のおもてなしを実現するサイン整備，街の主導線を確保するエスカレーター整備，モザイク大観覧車のLED化，またソフト面では新たな活性化イベントなどを実施した．

3.3　街の成熟・持続的な発展へ

ハーバーランドも2012年は街びらき20年を迎える．街の持続的な成長のためには，時代の流れに呼応した新しい都市機能の創造が求められる．また街の歴史を積み重ねることによる街の成熟が求められる．

今後とも地区内事業者の力を結集して，神戸の都心機能の一翼を担い，また多くの方が訪れていただけるような魅力ある街づくりが期待される．

◆参考文献

1) ハーバーランドまちづくり建設誌編集委員会編（1993）：『神戸ハーバーランド』．

36 真鶴町
まちに息づくまちづくり条例と美の基準

1994

■写真1 相模湾をのぞむ真鶴町の景観（文献1）p.12〜13より）

■1 条例・美の基準の制定背景と意義

　神奈川県真鶴町は人口1万人弱の，観光や農漁業・石材業で暮らす，優れた自然景観をもった町である．しかし，この町にも1980年後半頃から，バブル経済を背景に開発ブームの波が押し寄せ，リゾートマンション計画が相次いだ．真鶴町は，景観破壊，水道供給への影響等が憂慮されたことから，開発や建築行為（以下，「開発等」）を行う事業者に対して，町の基準や指導に従わなければ水を出さない，給水規制条例を制定（1990年）し，全国的に注目される．

　しかし，規制により開発等を止めるだけでは町を持続させていくことはできない．では，どうすればいい町がつくれるのか．町では，町長を先頭に町民・町議会で議論と検討を重ね，1993年6月16日，開発等を環境と調和させるための「真鶴町まちづくり条例」を制定する．

　この条例は，地方分権改革（2000年）以前の法環境の下で，自治体独自の条例の仕組みによって土地利用を規制・誘導しようとする点において先駆的であった．特に，町のアイデンティティとして決定された美の原則及び美の基準（「美の基準」），と，独自の計画や基準に基づき土地利用を誘導するための建築行為の手続（「デュープロセス」）[1]は，今も各地の条例づくりに示唆を与えている．また，美の基準を具現化する実験として，プロセスや材料にまでこだわった町の集会施設「コミュニティ真鶴」（1994年）が建設された．

　今後のまちづくり活動の一層の発展を期待する意味で奨励賞に相応とされたが，以上の一連のシステムを成立させたプロセスとその成果として条例及び美の基準に大きな価値が認められた．

■2 条例の特徴
2.1 美の基準等

　条例には，住民の参加と合意，そして町議会の議決により策定されるマスタープラン「まちづくり計画」と，真鶴独自の地域地区（ゾーン）の性格に応じて土

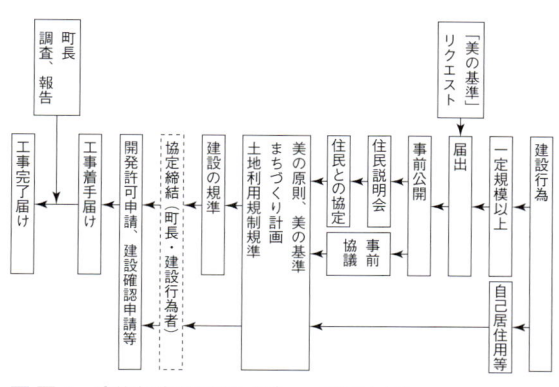

■ 図1　建築行為の手続（デュープロセス）
（文献1）p.219 より）

地利用の方針や容積率，建ぺい率，高さ制限などが示された「土地利用規制規準」，そして，まちづくり計画に基づいて，自然環境，生活環境及び歴史文化的環境を守り，かつ発展させるための「美の基準」が位置づけられている．

美の基準には，【場所】【格づけ】【尺度】【調和】【材料】【装飾と芸術】【コミュニティ】【眺め】という8つの原則に従い，基本的精神，つながり，キーワードなどが定められている．例えば，基本的精神には「建築は場所を尊重し，風景を支配しないようにしなければならない」「建築はまず人間の大きさと調和した比率を持ち，次に周囲の建築を尊重しなければならない」，さらに「敷地の一番よい場所には建物を建ててはならない」等の表現が続く．法令には表せない基準であるとともに，住民が自を押し止める住民自治に期待する基準でもある．また，パタン・ランゲージ[2]を参照して策定されたキーワードには「静かな背戸」「海の青さと森の緑に溶け込む色」「夜光虫の見える海」など，美しい半島をもつ町独自の要素への期待が浮き彫りにされている．

2.2　デュープロセスと美の基準リクエスト

条例には，行政と事業者，住民と事業者の間で合意が得られない場合に「公聴会」を請求できる規定がある．そして「不服申立て」「議会の議決」という手続が用意され，議会の議決を尊重しない事業者に対して「町の必要な協力」すなわち，上水道の供給を行わないという開発等の抑制を念頭においた定めがある．しかし，土地利用を誘導するという観点から見れば，図1の手続がデュープロセスの中心であるといえる．とりわけ，「美の基準リクエスト」は，町が事業者に美の基準に基づき事業計画案に対する提案（リクエスト）をし，対話を重ねることで真鶴町の環境に開発等を調和させる協議型のシステムである．

■ 写真2　コミュニティ真鶴（文献1）p.200～201 より）

そして，美の基準の判断や，協議システムの拠り所となるのが「コミュニティ真鶴」の建築および空間なのである．

3　条例のその後と真鶴町のまちづくり

条例が制定され20年が経過しようとしている．その効果を一言でいうのは難しい．まちづくり条例が存在すること自体が開発の抑止力になったとの評価もある．また，マンション建設問題が持ち上がり条例の手続により建設の動きをストップさせた効果も評価されよう．さらに町・町民らが，条例による規制というイメージを乗り越え，美の基準に定める景観を観光資源とするため，景観法による景観計画を策定する動きを促していることも，成果としてとらえることができる．しかしながら，それ以上に，真鶴町のまちづくりに対する町民の思いや活動を醸成している点に着目したい．当初，行政主導であった条例運用も住民が主体的にかかわりつつあり，さらに，まちづくりの主体を生み出している実態もある[3]．

地方分権改革により地域主権のまちづくりが推進されるとともに，都市計画において合意の形成や協議型システムという手法が重要性を増している今日，真鶴町の条例による，まちづくりの意義は，条例制定当時よりもさらに大きくなっている．

◆参考文献
1) 五十嵐敬喜・野口和雄・池上修一（1996）：『美の条例』，学芸出版社．
2) クリストファー・アレグザンダー，平田翰那訳（1984）：『パタン・ランゲージ—環境設計手法の手引き』，鹿島出版会．
3) 嶋田暁文（2007）：「まちづくりの動態～真鶴町《その後》～」，自治総研**33**，43-104．

37 ファーレ立川
業務核都市立川における街とアートが一体となった都市景観　　1994

■ 写真1　パレスホテルと高島屋の間にある広場

■ 1　時代背景と事業の意義・評価のポイント

　ファーレ立川は街とアートが一体となった都市景観を創出している先駆的な市街地再開発である．第二次世界大戦後は基地の街として賑わった東京都立川市であるが，1977年に米軍基地が立川市に全面返還（480 ha）され，その跡地では国営公園（昭和記念公園）や広域防災基地，JR立川駅近辺の市街地整備が計画された．都心より概ね30 km圏に位置する立川・八王子地区は第3次首都圏基本計画（旧国土庁）の打ち出す「業務核都市構想」に指定されたことから，東京都心部との機能分担を図りながら，高次の商業・文化等のサービス機能の集積，広域的な業務管理機能等の立地誘導を進めるため，多摩都市モノレール事業等の広域交通網整備とあわせて立川駅周辺における土地区画整理事業と市街地再開発事業が進められることとなった．

　この事業は，それまでは比較的単調になりがちだった大規模再開発による業務系都市空間の中に，数多くの芸術作品（総数109点）を積極的に取り入れる従来にない試みを成功させ，個性的な都市空間を創造している点が高く評価されている．ここでは，街の機能をアート化するという都市づくりのユニークな手法が考案されている．

■ 2　プロジェクトの特徴

(1) 全体計画　オフィスと商業の複合した全11街区によって構成され多摩モノレール高架と幹線道路に囲まれる．街路はエリア内にループ状に配置されている（図1）．7つの街区は上空レベルに歩行者デッキが一体的に設けられ，駅からのスムーズな歩行者アクセスが可能になっている．こうした骨格構造の特徴と，パブリックアートの存在が，地区のまとまり感を醸成している．

(2) パブリックアート　ここでは単体のモニュメント性は控え目に，外部空間の諸要素のアート化を図っている．事業エリア全体を森にみたて，アートを森に息づく小さな生命（妖精）ととらえる3つのコンセプトを立てている．1つ目は『世界を映す街』．同じ時代に生きるさまざまな人達のさまざまな考えが，森に棲むさまざまな生命の鼓動のように，多くのアートとなって点在する．2つ目は『機能を物語に！』．アートのために用意されたスペースは歩道・車止め・壁・換気塔・点検口・街路灯・散水栓・ツリーサークル・広告板などの機能やデッドスペースのみであった．それらを，森の生き物たちが巣をつくったり隠れたりする絶好の場所と捉え，機能にアートがいろいろなかたちと工夫で埋め込まれている．3つ目は『驚きと発見

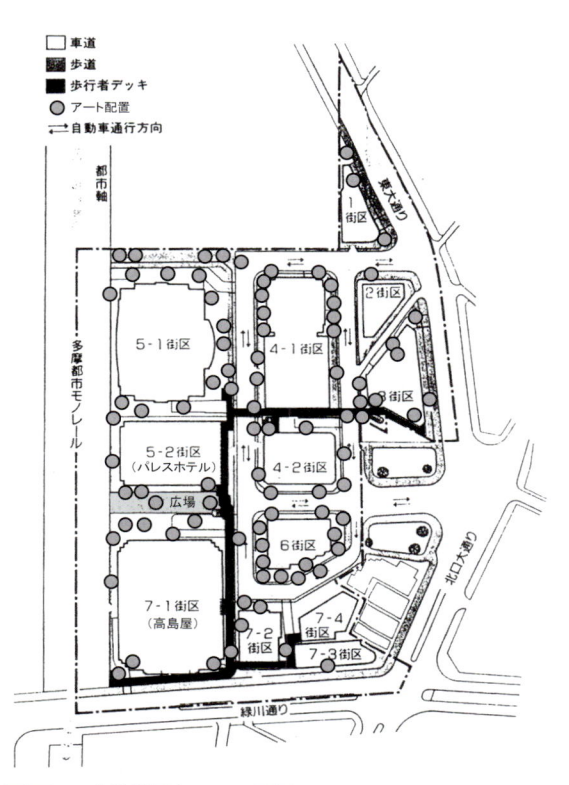

■ 図1　全体計画とアート配置

の街』．アートには作家名やタイトルを記したプレートを付けず直接アートを感じ，探して楽しむことが意図されている．

　立川市は「文化とやさしさ」を街づくりのテーマに掲げており，ファーレ立川のアート計画はこれに整合する．北川フラム氏がアートプランナーを務め，作家選定や作家との交渉（予算，設置場所，制作条件など）に全て対応した．同プロジェクトに参加したアーティストは総計36カ国，92人に及ぶ．屋外に設置されるアート作品は建築工作物とみなされるため，建築基準法や道路交通法の対象となる．素材・形・大きさ・構造等について規制がかかり，この点に関する作家との調整に多くの時間が費やされたとされる．

(3) 空地の整備　高密度開発でまとまった空地がとりにくいため，建物のセットバック（3m）空間と歩道の連続的な整備による一体化を図っている．2階部分には歩行者デッキを設け，デパート，ホテル，図書館，映画館等を結び，歩行者の利便性，安全性，快適性の実現を図っている．歩行者空間に沿って並木と植栽を配し，潤いのある都市環境を形成している．

(4) 建物の景観計画　近くに防災基地の飛行場があるため建物は53m程度の高さ制限を受けている．画一的にならないよう一つ一つの建物は個性を持たせつつも，統一感を持たせるため11棟全てにデザインの三層構成をとっている．「基層部（1-2階）」はヒューマンスケール，表情の豊かさ，賑わいの演出等に配慮したデザインとし，かつ自然石を用いている．業務施設の低層部には店舗を配置している．「中間部」は横ラインを基調にしたデザインとなっている．「頂部」は中間部と分節し，形態的に変化をつけつつ，全体のスカイライン形成を図っている．色彩については多摩川の石の色を基調として，街全体の調和を図っている．

■ 3　プロジェクトその後

　ファーレ立川開設10周年の記念事業として，2005-06年にアート再生事業が行われた．敷地内のアート作品は立川市所有（51作品）と民間所有（58作品）と所有区分が異なることから，市所有分の維持管理は年2回の定期清掃と必要に応じた修復が行われるが，民間分は所有者の判断に委ねられているため必ずしも充分な修繕が行われていない．そこで立川市，ファーレ地区内の施設所有者で構成する「ファーレ協議会」，アートツアーや清掃など行う市民ボランティア団体「ファーレ倶楽部」の3者が2005年1月「ファーレ立川アート管理委員会」を結成し，アート修復再生への市民や団体の参加を呼びかけた．同年6月には30を超える団体や個人が参加する「ファーレ立川アート再生実行委員会」が結成され，両委員会の連携を通じて，修復再生（41件），オフィシャルパートナー事業（市民や法人との連携・協働，市民PRのための協賛金など呼びかけ），市民の参加と交流事業（アートツアーや清掃，マップ等作成による宣伝・周知），次世代アート事業（110番目の作品を公募選定，設置）が総事業費3,500万円で実施された．

　アートの維持管理にはお金がかかる．しかし，単なる市街地再開発にとどまらず，多くの市民や団体，企業などを巻き込み，地域の連携をもたらし続けている点においてアートと一体になった街づくりのコンセプトや手法から学べることは多い．

◆参考文献
1) 板橋政昭（1997）:「街とアートが一体となった新しい街」, 都市計画 **46**(1), 70-71.
2) 正本恒昌（2008）:「ファーレ立川のアート再生プロジェクト」, 都市計画 **57**(6), 60-61.
3) 北川フラム（1995）:「再開発事業と景観」, 新都市 **49**(11), 83-94.
4) 木村光宏・北川フラム（1995）:『都市・パブリックアートの新世紀』, 現代企画室.

38　21世紀の森と広場
自然尊重型都市公園
1994

■ 写真1　一部開園時の様子（1993年頃撮影）（提供：松戸市）

■ 1　時代背景と事業の意義・評価のポイント

　21世紀の森と広場は，"文化的で緑豊かな住みよい活気のある都市"を掲げる「松戸市長期構想（1977）」で位置づけられた．長期構想は，毎年約1万人の人口増を遂げていた当時の松戸市において，無秩序な市街地の抑制，自然地形及び自然的土地利用減少への対処，そして公共施設への余暇需要対応などを通じて，豊かなコミュニティの形成を目指すものであった．長期構想では，地理的条件と市街地形成の沿革を踏まえて，市内に三つの環境区（生活圏）を想定して，環境区の間に「緑環」と呼ぶ広幅員の緑地帯を育成することとしていた．そして，この緑環の中心に松戸市の緑のシンボル，文化やレクリエーション活動の拠点として位置づけられたのが本公園である．

　「この地域固有の自然環境を守り育てることが松戸の都市環境づくりに繋がる」として「自然尊重型都市公園」を掲げた本公園の公園づくりでは，地形や樹林を保全し，生物の多様性を育み，自然とのふれあいのある豊かな市民生活の実現に取り組んでいる．1994年の計画設計賞は，この公園づくりの理念とそれを実現する高いデザインレベルを評価したものであった．

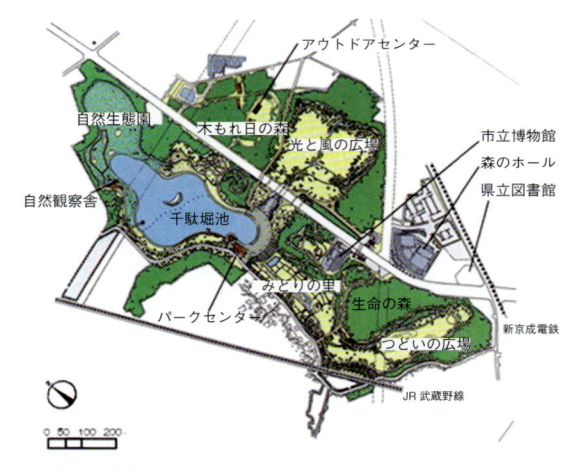

■ 図1　全体平面図（提供：松戸市）

■ 2　プロジェクトの特徴
2.1　松戸の地形と自然環境を保全する

　松戸市の都市計画図に龍の横顔を重ねると市街化調整区域は，市域の外縁部がバリバリとしたたてがみ，公園を瞳としてその東西を白眼と見ることができる．この白眼こそが長期構想における緑環の一つであり，今なお日量約900tを越える湧水を支える龍眼の涙腺となっている．天を巡りこの市街化調整区域である台地の畑や樹林地に降り注いだ雨は，保全された斜面林

■ 写真2　都市計画決定時の様子（1981年撮影）（提供：松戸市）

■ 図2　市域の用途地域指定と公園区域（松戸市提供の図に加筆）

■ 写真3（上）　湧水を水源とする千駄堀池（5.0 ha）
■ 写真4（下）　都市計画道路に掛けられた「広場の橋」

の裾の各所から浸み出して，鮎も住むほどの清冽な流れをつくっている．流れが外周を巡る芝生広場に立つと，高低差15 m前後の斜面林に囲われた，かつての稲田の空間を感じることができる．そして流れは，この広場に陥入し5.0 haの千駄堀池に注いでいる．21世紀の森と広場には，天，雨，大地，泉，川という水循環のメカニズムが受け継がれているのである．

この水循環は，130科723種の植物相をはじめ，鳥類89種，ほ乳類6科7種，両生類4科5種，は虫類5科9種，そして昆虫類152科635種を数える多様な生物を育んでいる．ほんの半世紀程を遡れば，市内のそこここに在った豊かな自然環境が，地形ごと受け継がれているところは，今ではここをおいて他に見つけることはできない．

2.2　市内を繋ぐ

公園のほぼ中央部を南北に貫く松戸都市計画道路3・3・7号は，芝生広場から見るとスレンダーな橋梁である．この橋は，園内のシェルターとして演ずる人の練習場所や公園利用者の雨天時の逃れ場所となっている．長期構想における緑環を担う本公園は，自然的土地利用を継承することと共に市街地間の交通路を受け入れなければならなかった．これらをデザインで両立させたのが，土木学会田中賞（1989）を受賞した「広場の橋」と「森の橋」である．交通路は，この他にも武蔵野線，新京成線，バス路線，そして複数の計画道路もあり，それぞれから公園へのアプローチや景観構成上の取り合いなどの点で魅力を高める工夫が求められている．

市の中心部に位置する本公園は，圧倒的な存在感と自然環境の質の高さを誇っている．その周囲には，先に話題とした市街化調整区域の農地や樹林地，斜面緑地，松戸運動公園，そして常盤平団地や小金原団地の

美しい街路樹や計画されたオープンスペースがある．こういった立地から本公園は，市域全体の緑を保全し活用するまちづくり戦略の拠点として重要な力を備えている．

2.3 シティライフを豊かにする

松戸市文化会館である森のホール21（1993），松戸市立博物館（1993），千葉県立西部図書館（1987）は，21世紀の森と広場と一体となった市民のオアシスとして，文化活動，緑化運動，教育実践，新しいシティライフ，そしてコミュニティ交流の機会を提供している．そしてカフェテラス，里の茶屋，売店は，園内を散策しながら豊かな時間を過ごしたいというパークライフのニーズを受けとめている．

またパークセンター（1993），森の工芸館（1993），自然観察舎（1994），アウトドアセンター受付棟（2001），バーベキュー場（2001），同管理棟（2002），野外キャンプ場（2002）では，自然観察や野外体験の場を整備し様々なプログラムを実施して，自然環境への関心を誘い，自然尊重の理念を育んでいる．中でも自然観察舎（建築面積約 300 m^2）に付帯する自然生態園（木道：幅員1.2 m，延長220 m）では，生き物の生息環境を守るために時間と人数を限り自然解説員のガイド付きでの「湿地の観察会」を実施しており，これは都市公園での取り組みとしては全国的にも珍しいものである．

さらに21世紀の森と広場の魅力は，環境断面図から理解することができる．これだけの面積の中でこれ程多様な自然環境と豊かな生物に触れることができるのは，園内の谷津の地形を保全したことによる．日照，水分，土壌などの多様な環境は，変化のある地形に支えられたものであり生物の多様性に繋がっている．また本公園を取り囲む後背台地の土地利用が，自然のメカニズムに沿う畑や樹林として継承されていることを忘れてはならない．

また隣接する農家と一体感のある景観づくりに取り組んでいるみどりの里では，地元の農家に農事暦を伺いながら野菜を作っている．小学生と一年を通じて取り組む「こめっこクラブ」では，5月の田植えから11月の餅つきまで，除草・害虫駆除，稲の観察・案山子作り，稲刈り，脱穀という米づくり体験を続けている．こういった取り組みは，来園者にとってもかつての千

■ 写真5　自然生態園まわりでの自然観察

■ 図3　環境断面図（多様な斜面林〜水域・農家）（展示図版に加筆）

駄堀での営みを想い起こさせる季節毎の風景の一つとなっている．

2009年度の団体利用の申し込み記録によると，市内の6割を超す小学校が，本公園を遠足の地として利用している．そのほとんどが学校を出発点とした徒歩利用であり，一年生が六年生の支援を受けながら元気よく歩く姿を見ることがある．21世紀の森と広場は，児童達の遠足の目標であり，お弁当を広げてやがて歓声を挙げる「緑の原体験の場」となっている．

また市内のいくつかの中学や高等学校は，音楽祭を公園の教養施設であり指定管理者が管理する森のホール21で開催している．これもまた一流のアーティストを迎えるステージに立つ喜びは，学生時代の印象深い思い出の一つとなるのだろう．

■ 3 プロジェクトその後

これら一連の成果に都市計画は，いかなる役割を果たしたのか？これからの21世紀の森と広場と都市計画を展望するときに，この点に関わる2つの市街化調整区域の話を整理しておきたい．

一つは，1970年の都市計画区域設定の際に，地元の営農意向を踏まえながら市の中心部の広がりのある農地を市街化調整区域としたことである．これによって開発を抑制したことが，後に50.5 haという大公園の土地を確保することに繋がった．またこの時に公園サイドでは，大規模公園を市の中央部に配置することによって，将来市内の住区基幹公園とのネットワークを構築できると考えていたという．

もう一つは，公園用地の東西の市街化調整区域である．ここは長期構想での緑環にあたる所であるが，実は一度市街化区域となったことがある．その後，土地区画整理の目処が立たずに市街地として整備していく見込みが開けないという理由から逆線引きを行ない現在の市街化調整区域となった．ここでの判断が違っていれば公園の後背台地は，水循環を損なう土地利用となってしまう可能性もあったという話である．

振り返るにおいて21世紀の森と広場の計画は，都市計画と市の長期構想によって構築され，たくさんの公園づくりの知恵が注がれてきた．そしてこれを促した要因が，この土地の地形に根ざした豊かな自然環境と農地と里山の持続的な環境づくりであり，将来を見据えてその価値を見抜いた見識であった．

21世紀を迎えた私たちは，公園づくりの根源にある「自然尊重姿勢を貫き松戸ならではの自然環境を保全すること」から，「森のホール21に代表される交流

■ 写真6（上）　シャボン玉に興ずる家族
■ 写真7（下）　霧のイリュージョン

密度の高い施設を活用すること」という幅の広い公園づくり思想を感じ，都市計画という制度を味わいながら，市民として主体的に暮らし豊かな人生を楽しんでいくことのできる公園づくりを受け継いでいきたい．
［なお本稿作成に当たっては，島村宏之氏，原田正一氏，斉藤正行氏，布施優氏の多大なるご協力を頂いた，ここに改めて感謝申し上げます．］

◆参考文献
1) 松戸市（1977）：『松戸市長期構想』．
2) 21世紀の森と広場懇談会（1989）：「21世紀の森と広場に関する提言」座長：田畑貞寿．
3) 松戸市建設局公園緑地部総合公園建設事務所（1996）：「21世紀の森と広場―自然を尊重する公園づくり―」，公園緑地 56（5）．
4) 武内和彦（1994）：『環境創造の思想』，東京大学出版会，p.185-191.
5) 日経コンストラクション（1991.11.22）：「みどりの里千葉県松戸市 景観と生態の知恵袋を活用」．
6) 「アドバイザー方式」1991.11.22．日経コンストラクション：武内和彦（生態系保全），宮城俊作（造園設計），杉森文夫（鳥獣保護）．

写真3～7：菅　博嗣

39 恵比寿ガーデンプレイス
大規模土地利用転換による都市複合空間形成への取り組み　　*1995*

■写真1　センター広場（2010年12月撮影）

■1　時代背景と事業の意義・評価のポイント

　1980年代は先進諸国を通じて都市計画，都市開発を取り巻く，社会経済環境が大きく変貌した時期であった．日本を含む先進諸国は，ほぼ同時期に小さな政府，民営化，規制緩和の路線を強く打ち出し，都市開発政策もほぼ同じ基調で進められることとなった．

　80年代に入って顕著となった都市計画の変化は次のようなものだ．従来の，マスタープランに基づくインフラ整備，個別プロジェクト誘導といったトップダウン型のスタティックな都市開発ではなく，都市開発プロジェクトがむしろ都市構造の転換を促し，マスタープランの再編成を迫る，相互応答型の形でプロジェクトが企画，推進される開発方式が増加してきた．折しも80年代に入って加速化した産業構造の転換の中で都市内の産業用地，交通・流通用地の見直し，再評価が進み，土地利用の転換が求められるようになってきた．こういった動向を支えたのは，都市開発を担う民間セクターの力が強固になってきたこともあげられる．80年代に入って顕在化してきた公共セクターの財政難，意思決定，行動面での機敏性の欠如，硬直性が批判される一方で，民間セクターの都市開発資金調達力の向上，市場経済に柔軟，機敏に対応できる側面が強く認識され，都市開発における公民連携の必要性と可能性が高まってきた．

　以上の背景の下で成立したのが，恵比寿ガーデンプレイスの都市開発プロジェクトである．このプロジェクトは次のような意義を持っている．

　第1は，ともすれば，商業，業務だけに特化した都市開発が主体であった日本の都市開発において，文化機能，娯楽機能，居住機能も複合させた魅力ある都市空間を創出させた，複合型都市開発の先駆例として大きな意義を持っている．80年代後半以降，都市型テーマパークといった形での大型再開発プロジェクトが世界的な流行現象となってきたが，恵比寿ガーデンプレ

写真2-1 1887年（明治20年）創業当時　　写真2-2 1990年解体工事前　　写真2-3 1994年3月竣工直前

■ 写真2　対象地の歴史的変遷（出典：久米設計『恵比寿ガーデンプレイス』）

イスはそのプロトタイプの意義を有している．

　第2は，公民連携による都市開発プロジェクトの意義である．既述のごとく，公的セクターの財政難，硬直性の下では都市開発プロジェクトの必要性は認識されても，それを実現させる都市基盤整備が進まずプロジェクトの実現が遅延化することが起こりがちである．本プロジェクトでは大規模な土地利用転換プロジェクトを早期に成立するために企画構想段階から公民が協議連携を行い，必要な社会資本整備について，従来の負担区分にとらわれず柔軟な形で公民一体型整備を行った点に大きな意義がある．

■ 2　プロジェクトの特色
2.1　プロジェクトの経緯

　本プロジェクトの重要な種地となったビール工場は，1887年（明治20年）に，当時の日本麦酒醸造（後のサッポロビール→現，サッポロビールホールディングス）が目黒村三田，渋谷村にまたがる地帯に設立した「ヱビスビール」製造の工場が起源である．しかし，その後の東京の発展，都市化の進展の下でビール工場の操業環境は大きく変容してきた．

　80年代に入って，社会経済環境の変化の中でビール工場の移転閉鎖，跡地再開発の機運が起きてきた．1982年，首都圏整備協会は「都心域の形成とえびすプロジェクトの提唱」を発表した．同じ年の11月，（株）サッポロビールから目黒区長宛文書が届けられ，その中に工場の移転と再開発への協力要請が記載されていた．

　1983年には東京都は建設省の補助を受けて，日本都市計画学会に「恵比寿地区整備計画基礎調査」を委託した．翌，1984年7月に調査報告書が公表され，ビール工場を含む周辺約110 haの地域の整備方向が示された．

　1986年3月，建設省「民間プロジェクト推進会議」において，サッポロビール恵比寿工場跡地再開発事業

も今後支援すべき事業として追加指定を受けた．その後，本事業は「特定住宅市街地総合整備促進事業」として1987年5月に地区採択を受け，事業推進されることになった．1988年12月には東京都は「恵比寿地区整備計画」（目黒区の19 ha，渋谷区の21.6 haの合計40.6 haのエリア）の大臣承認を受けている．

　並行してサッポロビールは1987年7月に工場跡地の再開発計画と工場移転計画を正式に発表している．1990年末に解体工事が始まり，1994年9月に工事は竣工し，10月に開業している．開発にあわせて，用途地域も従前の準工業地域から商業地域，住居地域に変更がなされた．

　以上見るように公民連携という形で機動的，迅速なプロジェクト実現が目指されたとはいえ，実際には，このプロジェクトは開発構想段階から竣工，開業に至るまで12年以上の月日を要している．現代の大規模都市開発プロジェクトを実現するにあたっては，関係権利者，地域住民，国，自治体との協議，合意形成が不可欠でありなおかつ，大型プロジェクトの場合は関連公共施設，基盤施設の整備など，開発主体が多様化し，長期間を要することは常態化している．このプロジェクトの場合でも80年代前半のバブル経済前に企画され，バブル時代に開発コンセプトが煮詰まり，バブル崩壊後に開業するという数奇な運命をたどった．社会経済環境の変化の速度と規模が大きい場合，都市開発プロジェクトがその後の環境変化に対応できる柔軟性，対応力を持つことが現代都市開発に強く求められている事例の典型といえる．

2.2　プロジェクトの特色

　本プロジェクトの特色は次の5点に集約できよう．

(1) 公共施設の整備と新たな交通環境の整備

　工場時代は，製品輸送が主として鉄道貨物輸送に依存していたこともあり周辺の基盤整備が進んでおらず，大規模プロジェクトが成立するためには地区幹線道路整備が不可欠であった．このプロジェクトでは工

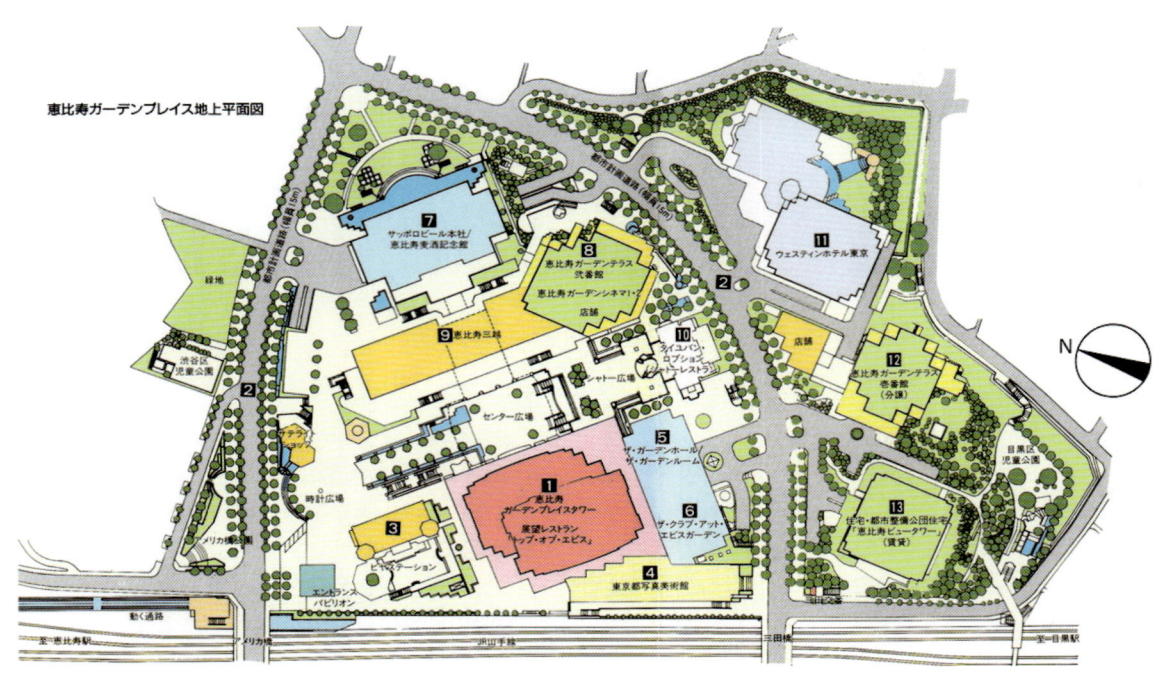

■ 図1 恵比寿ガーデンプレイス地上平面図（出典：パンフレット『恵比寿ガーデンプレイスの概要』）

場跡地を貫通する2本の新規都市計画道路の整備と都市計画道路の拡幅整備が公民連携の下で比較的短期間に進捗した．

一方で開発地は鉄道駅に近接していることの利便性を活かすために開発交通量の6割は鉄道で分担されるとの前提の下で，駅施設の改良が図られた．貨物利用であったので開発地からの歩行者アクセスが不便であることを改善するために開発者の負担で動く歩道＝恵比寿スカイウォークが整備された．また，埼京線の延伸を考慮した駅施設の改良が図られるなど，新たな交通環境の整備が進んだ．

(2) 複合開発による都心居住，文化機能の充実

都市計画の潮流の変化に対応し，本プロジェクトでは複合開発が追求された．次の点が特筆される．

一点は，都心居住の展開である．80年代後半のバブル経済の沸騰の中で，都心部の居住機能の喪失が強く批判されるようになってきた．本プロジェクトではこの批判に対応し，都心居住への貢献として1,030戸の住宅整備がなされた．具体的には当時の住宅都市整備公団の賃貸住宅520戸，民間による分譲住宅290戸，賃貸住宅220戸である．都心居住を求める多様な階層の住要求に対応しようとするものである．

もう一点が，文化機能の充実である．都心近接の一等地で経済価値の高い場所であれば，より収益性の高い業務・商業機能が強く求められるのが通常である．

本プロジェクトでは直接的には収益を生まない博物館，美術館などの都市型文化施設が整備され，プロジェクトの品格を高めることに寄与している．こういった，非収益型文化施設をプロジェクトに組み込むことはその後の都心型プロジェクトにおいて多用されるようになっており，本プロジェクトは先駆け的役割を果たした．

(3) 魅力的なパブリックスペース群による劇場空間化

恵比寿ガーデンプレイスでは，大規模一体開発の特色を活かして多様なプロムナード，広場などの組み合わせによって，都市生活を楽しむ人々を惹きつける魅力を生み出している．中央部に配置されたエントランス広場，坂道のプロムナードを下った地下1階レベルに設けられた，サンクンガーデンとしてのセンター広場，そこからシャトーレストランへ導くシャトー広場の軸で構成されるパブリックスペース軸は周辺の建造物と一体となり，個性ある象徴的空間を演出している．特に，センター広場に設けられたガラスの大屋根は，採光を確保しながら，風雨から広場を守り，オフィス棟，商業棟との一体感を高めている．センター広場では四季折々に様々なイベントが開催され，訪問者がイベントに一体化して参加し，劇場空間の雰囲気を味わえる演出がなされている．

(4) 街並み景観と新たな都市景観の創出

現代都市開発プロジェクトの魅力を演出するにお

■ 写真3　プロムナード（2010年12月撮影）

いて，景観の役割は最近ますます重視されるようになってきている．本プロジェクトにおいても魅力的な都市景観を創出するために様々な工夫がなされている．

プロジェクト敷地内を関する形で整備された15メートル幅員の地区幹線道路の両側に5メートル幅の歩道状空間を確保し，ゆとりある街路空間を確保すると同時に道路計画と施設計画の一体的計画，整備による街並み景観の創出を図っている．

夜間の街並みを演出するためのライトアップ，公共空間を演出する屋外彫刻によるアート空間の演出等，プロジェクトのデザインコンセプトである「ヨーロッパテースト」が追求されている．

(5) ハード・ソフト両面にわたる地域マネジメントの推進

複合開発のメリットを活かし，エネルギーの効率的利用，廃棄物処理の効率化を図るための地域インフラとして地域冷暖房施設，ゴミ空気輸送施設，中水道設備などのハード施設整備がなされている．これに加えて重要な役割を果たしているのがソフトな地域マネジメントである．恵比寿ガーデンプレイスの地域全体の魅力を維持，向上させていくために，恒常的に施設内の用途，機能の点検，維持更新の地域マネジメントが行われている．たとえば，毎年クリスマス前後の11月から翌年1月にかけてクリスマスイルミネーションが実施され，この時期の名物となっている．こういったきめ細かな地域マネジメントの推進がこのプロジェクトの成功の要因となっている．

■3　プロジェクトのその後

創業当時の年間集客力1,600万人ほどではないとしても，開業以来，16年を経過した恵比寿ガーデンプレイスは東京都心のテーマパークとして，現在でも年間1,000万人を超える来客を記録し，一年を通じてコンスタントに集客を記録している．

また，ホテルや施設内のレストランの知名度は高く，このプロジェクトのブランド価値を高めており，成熟した東京の名所の一つとなりつつある．さらに，このプロジェクトを契機として恵比寿駅および周辺の施設整備が進み，渋谷・代官山・恵比寿が連携する，東京の都心軸を形成するようになってきている．

特に評価できるのは，プロジェクト完成後のきめ細かな継続的な地域マネジメントが行われている点である．現代の都市開発プロジェクトにおいては，完成直後にいかに魅力的な空間整備，サービスが提供されるかも重要な要素であるが，プロジェクトが陳腐化しないためにも継続的な用途，機能の更新が必要である．その点でこの恵比寿プロジェクトは地域マネジメント型都市開発プロジェクトの先駆例の一つと評価できよう．しかし，すべてが順調にいくわけではない．例えば，文化性は高いが収益性の低い商業施設の維持は困難な課題を持っている．ユニークな映画作品を上映していた恵比寿ガーデンシネマが2011年1月末を持って閉館した．

周辺の一般市街地，住宅地域の中にもしゃれたレストラン，飲食店，店舗，文化スポットが徐々に立地しジェントリフィケーションも進みつつある．しかし，十数年で開発が進んだ恵比寿ガーデンプレイスプロジェクトに対し，周辺地区の整備，改善はより長期な持続的な取り組みが必要である．その意味では，84年7月にとりまとめられた都市計画学会の調査報告書が提示した課題は残されており，四半世紀を過ぎた現在，新たなこのエリアの整備マスタープランの検討が必要となっている．

◆参考文献
1) 東京都 (1984)：『恵比須地区整備計画基礎調査報告書』．

40 帯広市の駅周辺拠点整備
都市計画事業を駆使した"都市の顔づくり"

1996

■ 写真1　大自然へのゲートウエイ都市"おびひろ"にふさわしい表情豊かな「顔」として変貌を遂げた駅周辺（出典：帯広市都市計画資料）

■1　時代背景と事業の意義・評価のポイント
1.1　永年の課題

　北海道帯広市は，1883年，静岡県松崎町からの民間開拓団「晩成社」により拓かれたまちである．1893年には北海道が格子状パターンの市街地予定区画を開始し，1905年には待望の鉄道が開通した．しかし，市街地の拡大や自動車交通の発達とともに，鉄道に起因する都市構造上の課題も顕在化してきたことから，駅周辺においては重点的に対策が講じられてきた．まず，交差道路整備では，駅を挟んで釧路方面の大通踏切（国道）が1958年11月にオーバーパス化，続いて，札幌方面の西5条踏切（道道）が1966年9月にアンダーパス化された．また，市街地再整備では，1963年から駅北側で駅前都市改造事業（約6.1 ha）を施行，10万都市の表玄関にふさわしい駅前広場の造成や街路整備を行った．続いて，1973年から駅南土地区画整理事業第二工区（約35.8 ha）を施行，駅裏からの脱却と副都心化を目指し，街路整備，貯炭場や貯木場，木工場，倉庫を移転した．しかし，単独立体交差化された国道と道道との間には，約800 mにわたり交差道路がなく，依然として不便な状態が続いていた．

1.2　事業化への礎
　連続立体交差事業の導入に向けて，本市が調査・検

■ 写真2　日高の森から湧き出る泉をイメージした南公園

討を開始したのは，1981年4月からである．新たに設置された都市基盤整備対策室の小林一夫室長（当時）が先頭に立って現地調査や資料収集，関係団体等との協議を行い，1982年6月には「帯広市連続立体交差事業調査報告書」を纏め上げた．また，1983年から2ヵ年かけて北海道が実施した帯広圏総合都市交通施設整備計画調査では，連続立体交差事業を前提とした都心部における交通体系の将来像を描いた．同時に本市が実施した帯広駅周辺地区土地利用基本構想策定調査では，土地利用の高度化及び転換の可能性を展望した．これらを取りまとめたのが，駅周辺拠点整備のマス

タープラン「都心の計画」であり，連続立体交差事業をはじめとする諸事業の導入に大きな役割を果たした．なお，調査のために設置された協議会等には，北海道大学工学部教授（当時）五十嵐日出夫氏，東京大学都市工学科教授（当時）川上秀光氏，株式会社　日本都市総合研究所　代表取締役（当時）加藤源氏が参画し，各界各層から出された意見を調整し合意形成に導くなど，会のまとめ役として重要な役割を果した．

1.3　ひたむきな挑戦

1981年4月の調査開始以来，整備手法の優位性や導入事業の可能性を模索し，ひたむきに挑戦し続けてきた．その結果，連続立体交差事業を基幹事業として"都市計画事業ショーケース"のごとく多彩なメニューを短期間に集中展開することで，都心の魅力を高める「帯広の顔づくり」を可能にした．このような百年の大計に立ったプロジェクトを成し遂げるためには，地域住民の理解と協力が不可欠であることから，事業の施行者は互いに協力しながら，正確な情報提供に努めるなど，不断の取り組みを進めてきた．なお，当プロジェクトは近年全国各地の駅前で展開されている高架化プロジェクトの先駆例となった．

2　プロジェクトの特徴
2.1　景観都市

駅周辺拠点整備のテーマを「都市の顔づくり」とし，複雑に絡み合う諸事業の縦糸にデザインという横糸を織り込むために初めて景観デザインと照明デザインが導入された．前者は，株式会社ディー・エム　代表取締役　下田明宏氏に，後者は，株式会社ライティングプランナーズアソシエーツ　代表取締役　面出薫氏が，それぞれ担当した．また加藤源氏は，「都心の計画」に引き続きコーディネーターとして参画した．景観デザインのコンセプトは「大自然へのゲートウエイ都市"おびひろ"」とした．本市は，大雪山国立公園と日高山脈襟裳国定公園の豊かな自然に囲まれた十勝平野の中央部に位置していることから，それらをモチーフに樹木と水の持つ多様性を駅南北交通広場，とかちプラザ及び南公園に表現した．シンボルツリーは駅南交通広場にカシワ3本，駅北交通広場にハルニレ1本を配したが，まさに帯広・十勝の原風景を彷彿とさせる．このように，地域の自然・歴史・文化を題材として描いた物語を都市空間に投影することが景観デザインである．

照明デザインのコンセプトは，「絵画的な夜の街並み」とした．路面照度を確保する従来型の照明を念頭

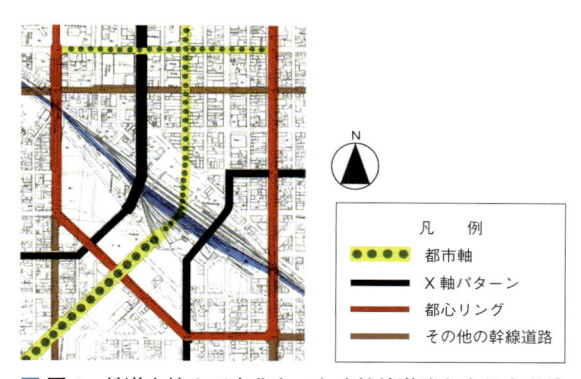

■図1　鉄道を挟んで南北をつなぐ幹線道路と歩行者動線（「都心の計画」より）（出典：帯広圏総合都市交通施設整備計画調査報告書）

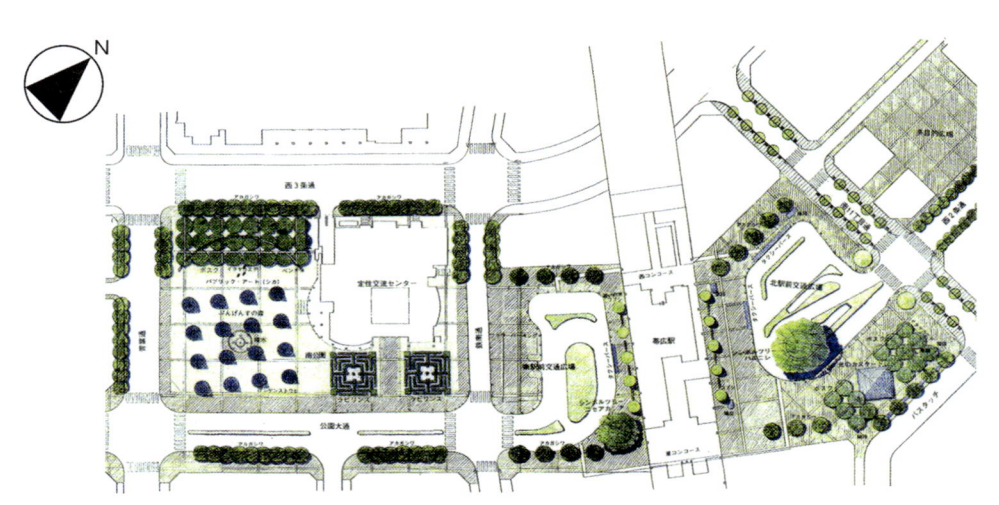

■図2　景観デザインのコンセプト"大自然へのゲートウエイ都市おびひろ"の平面プラン（出典：帯広市駅周辺サンドスケープデザイン資料）

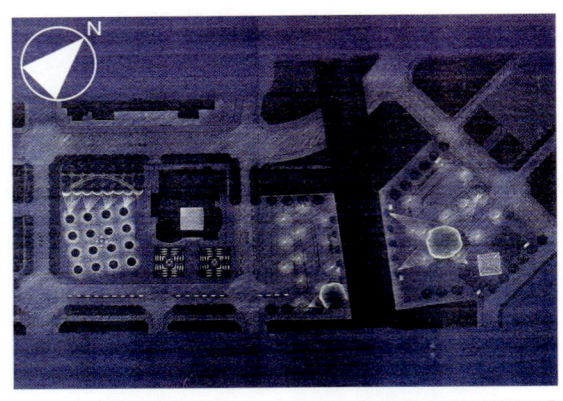

■ 図3 照明デザインのコンセプト"絵画的な夜の街並み"の平面プラン（出典：帯広市駅周辺サンドスケープデザイン資料）

に置きつつ，心地よい明かりが夜の公共空間を包み込む新たな照明への試みとして，色温度や光源の位置など，幾つかの要素を設定し灯りをデザインした．面出薫氏の言葉に"満月の夜は暗いか？"があるが，息を呑むブルーモーメントの美しさなど，自然が織り成す光の機微を愛でることから照明デザインは始まる．

2.2 事業の重ね合わせ

魅力的な都心を形成するために，複数の異なる事業が重層的に展開された．

(1) 連続立体交差事業 地方都市で延長6.2kmもの連続立体交差事業を実施した例は数少ない．このことにより道路交通体系をはじめとする都市計画上の永年の課題を抜本的に解決し，都市機能の更新が図られた．ただ，事業採択にあたっては，基準上の課題があったものの，綿密な検討によりクリアされた．

(2) 土地区画整理事業 連続立体交差事業の採択にあたり，同時施行が条件とされた．都心部の土地区画整理事業には幾多の困難が伴う．まして，施行地区の一部が過去の施行済地区と重複する場合には，更なる困難も想定される．駅周辺土地区画整理事業では，駅前地区で約4ha，駅南地区第二工区で約3ha重複していたが，百年の大計に立った街づくりに対する関係者の理解と協力のもと施行された．

(3) 定住拠点緊急整備事業（系譜／都市拠点総合整備事業～街並み・まちづくり総合支援事業～まちづくり総合支援事業） 連続立体交差事業及び土地区画整理事業により生み出された旧国鉄用地の有効活用を図るため導入された．

駅南側に点在していた国鉄清算事業団用地約8,500m²を購入，土地区画整理事業により約5,000m²の一団の換地を受け定住交流センターを建設した．なお，

■ 図4 多様な事業の重ね合わせによる帯広の顔づくり整備イメージ（出典：帯広市都市計画資料）

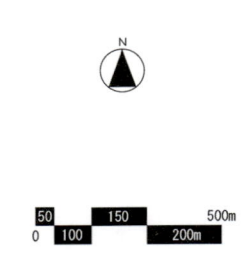

■ 写真3 本格的な調査・検討から28年を経て，「都市の顔づくり」が完了した駅周辺（2009年撮影）（出典：帯広市都市計画資料）

この施設には生涯学習センター機能を併設，名称を「とかちプラザ」とした．他に，駅周辺の7路線を定住プロムナードとして位置づけ，快適な歩行者空間を整備した．また，土地区画整理事業の公共減歩により確保した多目的広場2,500m²は，当初のアトリウム化計画を取りやめ，四季折々のイベントが楽しめる自由度の高い空間とした．

(4) 駅北地下駐車場整備事業 交通結節点機能のひとつとして重要な役割を果たす自家用車駐車場を駅近傍に設けるため，土地区画整理事業で整備する駅北交通広場の地下を利用することとした．ただし，1台当りの建設費に1,400万円を投じたことから，厳しい収支見通しなど，地方都市における地下駐車場経営の課題も浮き彫りになった．

(5) 自転車駐車場整備事業 高架下の有効活用の一環として整理した．自由度の高い移動手段である自

転車の特性から，整備にあたっては利用者に面談アンケートを実施するなど実態把握に務めた．以前から駅周辺の路上には多くの自転車が放置されていたことから，工事中の利用者対策として仮設駐輪場を設置した．なお，管理にあたって「自転車等の放置防止に関する条例」を定めた．

(6) バス交通施設整備事業 既存施設を土地区画整理事業により規模を拡大し機能強化を図った．駅周辺に点在しているバス停留所を1箇所に集約し，"ターミナル的機能"を目指した．分かりやすさから名称を「バスターミナル」としたが法律に基づくものではない．この施設は道路法上の道路を利用している連続停留所方式の施設であるが，整備・管理面から「一般道路」ではなく「管理道路」として取り扱っている．

■ 3 プロジェクトその後

3.1 変貌概観

都市の歴史を刻み，商業・娯楽・サービスなどの諸機能が立地している中心市街地は，近年"生活空間"としての高い利便性や快適性が評価されている．それを裏付けるかのように，駅南側では分譲・賃貸マンションの立地が進むとともに，既に立地しているシティホテル，総合病院，大型スーパー，市民文化ホール，とかちプラザに加え，金融機関，図書館，市民ギャラリー（駅地下）が立地することで，歩行者通行量も増加し，都会的雰囲気を漂わせる．魅力ある居住・文化ゾーンが形成されつつある．このように連続立体交差事業を契機として取り組んだ駅周辺拠点整備「都市の顔づくり」は，メイクアップ（土地利用，施設立地）で豊かな表情を醸し出すために不可欠なファンデーション（都市基盤）の役割を確実に果たしている．

3.2 プロジェクトの効果

(1) 南北市街地の一体化 1996年11月に鉄道高架は開通したが交差道路は整備中であった．この時点における駅南北の地価とその格差は，駅北側の国道沿いで267千円/m²，駅南側の市道幹線道路沿いで160千円/m²，格差は約1.7倍であった．交差道路が全面開通した2000年時点では，駅北側の同一地点で148千円/m²，駅南側の同一地点で121千円/m²，格差は約1.2倍に縮小した．これは，駅北側の下落率が高いことも要因のひとつではあるが，駅南側のポテンシャルの高さが反映していると捉えることもできる．

(2) 自動車交通の円滑化 多くの市民は，近くのコンビニを利用するのにも自家用車を走らせる．市街地における歩行距離の限度が150mから200mであり，

■ 写真4 鉄道高架開通10周年記念事業の座談会でジオラマを前に思い出を語る各氏（写真左から帯広市議会鉄道連続立体交差特別委員会委員長（当時）鈴木富夫氏，帯広市長（当時）田本憲吾氏，同（当時）高橋幹夫氏）（出典：帯広市都市計画資料）

それ以上はクルマを使うという調査結果もある．鉄道で分断されていた駅周辺では連続立体交差事業により6本の交差道路が新設された．南北のアクセスが飛躍的に向上した駅南側では民間デベロッパーが3棟231戸のマンションを建設し，既に完売した．また，民間の賃貸マンションが3棟111戸供給されるなど，かつては"駅裏"と揶揄されていた地区が，新たな道路網により大きく変貌した．

(3) 鉄道高架下の有効利用 連続立体交差事業の協定等に基づき，鉄道高架下用地約3,700 m²（※緑道等を除く）を北海道旅客鉄道株式会社から公租公課相当額で借り受け，交通結節点機能として自転車駐車場をはじめ，観光バス駐車場及び路線バス待機所を整備した．仮に，近傍の一般用地を購入し整備した場合，土地代は約5億円と試算できる．まさに鉄道高架下は有用な都市空間である．

3.3 未来予想図 II

2006年11月に開催された鉄道高架開通10周年記念事業には多くの関係者が集い，当時を振り返りながら事業の苦労話やまちづくりへの想いなどを熱く語り合った．今では，当たり前の風景となった鉄道高架ではあるが，平面鉄道が市街地を分断していた当時を記憶する人々にとっては，隔世の感がある．

駅周辺拠点整備「都市の顔づくり」が完了したことで，1905年に開通した鉄道の歴史は，一世紀を経て新たな時代を迎えた．「都市の顔づくりII」が話題に上るのは，リニアモーターカーなど次世代の鉄道が整備されるときであろうか．都市間交通が多様化するなかで，地方都市にとっては夢のまた夢ではあるが，何が起きるか分からないのも，また事実である．

41 富山駅北
北陸新幹線開業を見越したとやま都市MIRAI計画と駅周辺拠点整備
1997

■ 写真1 富山駅北地区 [6]
ゆとりある歩行空間と親水空間，多様な公共施設の整備が進められている．

■ 1　時代背景と事業の意義・評価のポイント

　富山駅周辺整備の計画策定が始まったのは，昭和54年～55年ごろ（「富山駅周辺整備基本計画調査」）からである．当時の富山市は，大規模な戦災復興事業による都市基盤の一体的整備により，県庁，市役所を中心とする公的業務地区，総曲輪，中央通り沿いの商業・業務地区，富山駅を中心とする駅前商業地区など，中心市街地の整備が進んできた．しかしその一方で，モータリゼーションの進展により，郊外住宅地開発の拡大志向が強く，大規模な土地区画整理事業が進められていた．

　そのような中で，富山駅周辺の土地利用は駅の表口となっている駅南地区は開発が進み，商業・業務の立地が進んできていたが，駅北地区は鉄道による分断の影響と特定企業の大規模土地保有により，都市開発（施設立地）が遅れている状況にあった．しかも，駅の北，約500mから1000mの位置に，富岩運河の終点としての舟溜りがあり，土地利用の阻害要因となっていた．この富岩運河は，もともと大きく蛇行していた旧神通川を直線化する「馳越線工事」の後，東岩瀬港と富山駅北をつなぐ約5kmの運河として，昭和5年から昭和10年までの5年をかけて掘られたものであり，戦前の運河沿線地域の発展に大きく寄与した．

　しかし，戦後の高度経済成長期には船運からトラック輸送へと交通手段（輸送機関）が変化する中，周辺地域の宅地化などから工業立地としての条件の悪化により，一時は富岩運河を埋め立てて，道路を建設する計画も浮上したほどであった．

　その一方で，21世紀に向けての北陸新幹線の整備計画に伴い，富山現駅乗り入れを前提とした駅周辺地区の拠点整備の必要性が叫ばれ，富岩運河の舟溜り地区を含めた駅北地区の基本計画が策定され，富山県，

富山市，民間企業が一体となったプロジェクトとして都市開発が進められてきた．具体的には，富山駅北土地区画整理事業の中で，主要な公共施設（富山市芸術文化ホール，富山市総合体育館，とやま自遊館，富山県民共生センターなど）の整備と民間施設（アーバンプレイス，北陸電力本店，オークスカナルパークホテル富山，タワー111，富山赤十字病院など）の誘致がすすめられ，親水広場，富山県富岩運河環水公園の整備などが主要プロジェクトとして整備された．

このプロジェクトが評価された視点は，以下のとおりであり，中心市街地活性化の先駆的事例となることが，当時，期待されていた．

(1) 官民協働による多様な事業手法の駆使

街並み・まちづくり総合支援事業，土地区画整理事業，都市公園事業，街路事業，桜づつみモデル事業等の多様な事業手法を駆使して，建物の合築，アトリウム型公開空地の整備など，様々な工夫を凝らすと同時に，業務・商業・文化等に関連する多数の施設を富山県，富山市の協力のみならず，民間と協同して作り上げてきている．

もう少し具体的に記述すると，高次都市基盤施設として位置づけられる「複合交通センター」（富山市営富山駅北駐車場），「地域冷暖房」（北陸アーバン株式会社），「とやま高度情報センター」（まちづくり，文化，生活などの行政情報の発信拠点であり，オーバードホール1階に位置することからホールの賑わい広場としての機能を持っている）と，公共公益施設として位置づけられる「富山市芸術文化ホール（オーバードホール）」，「新富山市総合体育館」，「富山勤労者総合福祉センター（とやま自遊館）」，「富山県民共生センター（サンフォルテ）」，「富山赤十字病院」，「富山北モータープール」などが相互に連携をとりながら，総合的に富山駅北地区の新都心としての地域拠点を形成してきている．また，周辺には多くの民間施設も立地しており，景観面，機能面での一体化と都市的魅力の向上を図っている．

(2) 一貫性のある都市デザインの取り組み

「花と緑と水」の都市：とやまのまちづくりを目指し，幅員60mの歩行者優先のブールバールの整備と運河を活かした環水公園の整備，またこれにつながる多目的広場の整備など，都市デザインとしての意欲的な取り組みが見られる．

そして，特にうるおいのある魅力的な都市的景観を形成するようブールバールを中心に，南北をつなぎ，まちの骨格となるシンボル軸を形成したところに特徴がある．

このように，未利用地を活用した新都心の拠点形成を官民協働で目指したところが高く評価された所以であろう．

■ 2 プロジェクトの特徴
2.1 プロジェクトの目標

とやま都市MIRAI計画は，県都：富山市の玄関口であるJR富山駅周辺整備を目的としたものであり，特に開発が遅れている駅北地区を対象として整備が進められてきた．具体的には，鉄道跡地や運河舟溜りなどの遊休地と民間活力の積極的な導入をはかりながら，21世紀の経済社会へ向けての新たな課題に対応した「高度な業務環境」，「良質な就業環境」，「快適な居住環境」，「知的で健康な生活環境」を備えた高付加価値型都心＝「ビジネスパーク」の建設整備を目指したものである．

(1) 事業ならびに地区形成の方針
新しい時代に向けた「ビジネスパーク」を建設するために，①人材の定着と育成，活力を生む複合的な機能を備えたまち，②富山の風土を生かし，花と緑に包まれた美しいまち，③人・もの・情報が県内外のみならず，諸外国にも開かれたまち，をつくることを目指すものである．

具体的には，富山駅北口交通広場と地下道，高幅員で歩行者優先のブールバールの整備を進めることで，新都心のシンボル軸を形成し，都市的で魅力のある商業・業務機能と情報・文化・スポーツ機能を備えた質の高い個性的な都市空間の形成を目指すものである．

また，シンボル的な運河環水公園と公開空地の整備を進めることで，ゆとりと潤いのある都市空間整備を目指すところも特徴があるといえる．さらに，このプロジェクトでは，まちを活性化させる広域拠点施設の導入と中枢機能を支える関連機能の導入を目指している．

■ 写真2　富山駅北（JR富山駅周辺：2001年）[7]
駅南上空からみた富山駅北地区の様子．

41 富山駅北

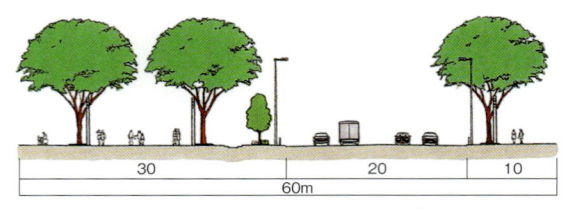

■ 図1　富山駅北ブールバールの幅員構成[7]
総幅員60mの中のゆったりとした歩行空間，将来立派なケヤキの街路樹に育つことを見越した整備である．

■ 写真3　富山駅北地区のブールバール[7]
道路幅員60mのゆったりとした空間に緑と水を配置し，都会的雰囲気を演出している．

■ 写真4　富山駅北口地下広場の「チンドンからくり時計塔」[7]
50年以上の歴史を誇る「全国チンドン・コンクール」が桜の咲く4月上旬に富山市で開催されていることにちなんで作られたモニュメントである．

■ 写真5　親水広場[7]
ブールバールと富岩運河環水公園を結ぶ出会いと交流の場として整備されたものである．

■ 写真6　富岩運河環水公園[7]
公園の中で最もシンボル性の高い「天門橋」は対岸との連絡橋としての役割だけではなく，人々が集まり，にぎわう場となっている．

(2) 都市基盤施設の整備方針　基盤施設の整備方針としては，既存の街路，街区を再編整理し，都心活動を支える交通網を強化すること，また，駅の南北（都心南北）一体化を実現するために，駅南北道路の整備強化を目指すことにあった．雪に強く，高次な都市基盤の整備を進めることも重要な課題である．

(3) 景観ならびに空間の整備方針　まず，駅裏という暗いイメージを一新し，都会的で魅力的な都市空間の形成を目指す．駅北地区全体が公園的な都市空間として機能するように空間整備を進め，多くの人々が行き交い，ゆっくり楽しめる空間づくりを目指すことが求められた．

2.2　主要施設の概要

(1) ブールバールの整備　ブールバールは富山駅と富岩運河環水公園を結ぶ新都心の骨格道路（幅員60m）として整備されたものであり，ゆったりとした歩道には緑や水が配置され，各種イベントを行うことも可能な空間整備がなされている．

　歩道は統一性のあるデザインとなっており，市民からの寄付によりケヤキ並木やストリートファニチャー

が作られている．非常にゆとりがあり，安心して歩くことができる空間となっている．

（2）富山駅北口地下道・地下広場の整備　JR富山駅を挟む南北地区の一体化を目的に，既存の地下道を延伸させてつくった地下道・地下広場には，モニュメントとして「チンドンからくり時計塔」が設けられており，待ち合わせの場所としても利用されているようである．

（3）親水広場と富岩運河環水公園の整備　富岩運河環水公園は，都市河川（神通川）や運河などの多様な水環境を活かし，広域的な水と緑のネットワークを形成しようとする「とやま21世紀水公園神通川プラン」の一環として，また，「とやま都市MIRAI計画」のシンボルゾーンとして整備されたものであり，運河としては全く機能していなかった「富岩運河」の再生と未利用国鉄用地の活用をはかったところに大きな意義がある事業といえる．

水に親しむ場として，旧の舟溜りを利用した親水広場を作り，周囲の公共施設と一体的な空間づくりを目指した設計となっている．各種イベント開催の場として，また憩いの場所として利用されている．

■ **3　プロジェクトのその後**

2014年度末の北陸新幹線金沢開業に合わせ，JR富山駅の高架化事業の計画が持ち上がった．このことがきっかけとなって，旧JR富山港線の取り扱いが協議された．大きく3つの代替案（(1) 富山港線をそのまま高架化する案，(2) 富山港線を廃止してバス交通に転換する案，(3) 現在の一部ルートを変更してLRT化する案）が提案され，最終的には，ルートの一部を変更して，駅北のブールバールの中を通すLRT案が採用され，全国初の本格的なLRTの導入がなされた訳である．

その後，市内電車の環状線化が2009年12月に完成し，北陸新幹線の金沢開業後には，南北のLRTが富山駅のコンコースを抜けて，つながる計画となっている．この計画はJR富山駅の連続立体高架化事業が完成する2016年度末頃とされているが，これが実現すれば，現在，まだまだ南北の分断が続いている状況は一変し，富山駅を中心として駅北エリアと駅南エリアが一体化して，中心市街地がますます活性化するものと期待されている．

現在，富山市は公共交通（特に，鉄軌道）を中心とした「お団子と串」によるコンパクトなまちづくりを進めており，その主軸は2006年4月から運行をはじめているポートラム（富山ライトレール）である．このポートラムの運行により，従来のJR富山港線時代に比べ，沿線利用者数は2倍以上に増加しており，最近ではポートラム沿線地域での住宅建設も数多く見られるようになってきたようである．

富山市民は全国でも有数のクルマ大好き住民であり，世帯あたりの自動車保有率も自動車利用率（分担率）も非常に高く，どこへ行くにもクルマを利用する傾向にある．そのような中で公共交通の利用促進を進めるのは，かなり大変であるが，近い将来の超高齢社会に備え，公共交通を中心とした交通まちづくりを進めることは，非常に意義のあることだと考えている．

◆**参考文献**
1) 富山市・(財)都市計画協会 (1980)：『富山駅周辺整備基本計画調査報告書ならびに概要報告書』．
2) 富山県・(財)都市計画協会 (1984)：『富山駅周辺整備構想調査報告書』．
3) (財)都市計画協会 (1986)：『富山駅周辺の現状と未来（富山駅周辺新都市拠点整備事業・都市MIRAI予備調査報告書』．
4) (財)都市計画協会 (1986)：『富山駅周辺の現状と未来（富山駅周辺新都市拠点整備事業・都市MIRAI予備調査報告書—資料編—』．
5) (財)都市みらい推進機構 (1987)：『とやま21世紀都市MIRAI計画（富山新都市拠点整備事業総合整備計画策定調査報告書)』．
6) 富山市都市整備部都市計画課 (2001)：『1986-200X とやま都市MIRAI計画インデックス』．
7) 富山市都市整備部都市計画課 (2001)：『パンフレット (1986-200X　とやま都市MIRAI計画インデックス)』．
8) (社)日本都市計画学会表彰委員会：『学会賞/受賞作品一覧』：http://wwwsoc.nii.ac.jp/cpij/com/prize/award-list.html

42 阪神・淡路都市復興基本計画
震災復興と防災まちづくりへの貢献

1997

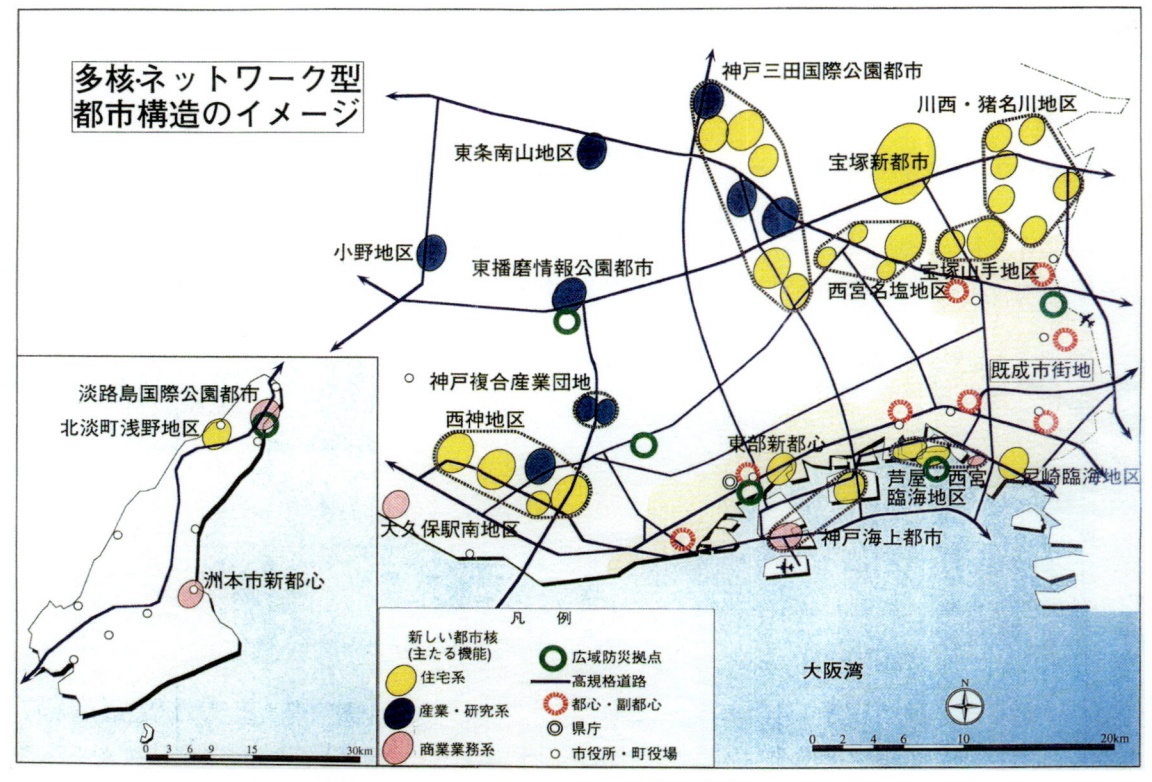

■ 図1　多核ネットワーク型都市構造のイメージ
既成市街地の都心と郊外部や臨海部の新都市核を交通ネットワークで結ぶ．

■ 1　時代背景と計画策定の意義・評価のポイント

1995年1月17日未明に発生した兵庫県南部地震は，高度成長期に形成された市街地を一瞬にして瓦礫の街へ変え，木造住宅の倒壊による圧死という多くの被害を生んだ．一刻を争う救出活動と並行して，復興に向けた取り組みがスタートした．

本計画の意義として以下が挙げられる．
①「避難」に重きを置いた従来計画に「救援」という観点を付加し，「広域防災拠点」，「コミュニティ防災拠点」などの必要性と配置論を確立した．
②災害に強く地域発展のバランスのとれた多核・ネットワーク型都市構造（図1）への変革を盛り込んだ．
③住民主体のまちづくりを県レベルで支援する制度を提唱した．

■ 2　プロジェクトの概要
2.1　計画策定の趣旨

本計画は被災地域の早期復興をめざして，今後の都市づくりのビジョンと方針及びそれを具体化するための施策をまとめ，兵庫県策定の「阪神・淡路震災復興計画」（兵庫フェニックスプラン）の都市部門計画として，1995年8月に策定された．

当時の兵庫県の計画課長松谷春敏氏（執筆時国土交通省大臣官房技術審議官）は，次のように語った．

「震災の翌日から，ダメージの大きい被災地区の復興事業と，都市全体の将来ビジョンを示す復興基本計画の策定を平行して進めることとした．

そのため，県全体の復興本部設置に先立ち課内体制を再編して，復興計画づくりの企画班と復興事業立ち上げの復興班を組織した．復興計画はトップダウン型で，具体の復興事業は現場に即してボトムアップ型で，迅速な取り組みを心がけた．」

2.2　計画の特徴
(1) 震災の教訓と課題　一つは活断層と被災状況の関連から自然との共生を，河川水が消防用水に活用され，生垣が延焼防止に役立ったことから，水と緑の大

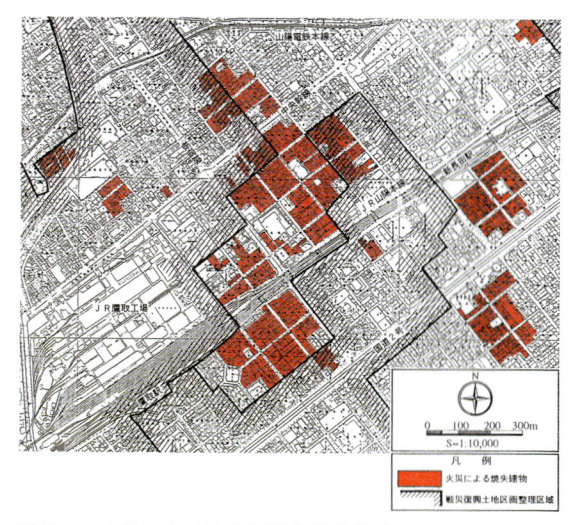

■ **図2 火災による焼失区域と面整備済区域（神戸市長田区）**
戦災復興土地区画整理事業を行った斜線部は火災による焼失建物が少ない．

切さを学んだことである．

次に，都市全体の機能不全，交通動脈の被災による救援・復旧の困難などから，都市機能の分散配置やバランスのとれた交通体系の必要性を，また，戦災復興事業を実施した地区では延焼拡大や堅牢な建物の倒壊が起きなかったことから，都市基盤施設の重要性（図2）や建築物の耐震・不燃化の重要性を再認識したことである．

最後に，コミュニティによる救援・防災活動に成果が見られたが，全国からの救援・復旧活動拠点の確保に課題がみられ，加えて，多元的な通信手段の確保や，フェイル・セイフの考え方によるライフライン整備の必要性を痛感したことである．

(2) 多核・ネットワーク型都市構造の形成 郊外ニュータウン開発などによる分散策に加え，臨海部の工場跡地や埋立地などに新しい都市核をつくり，また，既成都心を多元的な交通施設によってネットワーク化するという「多核・ネットワーク型都市構造」を目指すこととし，その代表として神戸の都心に隣接する臨海部工場跡地を神戸新都心として，21世紀型まちづくりのモデル，復興のシンボルプロジェクトに位置づけた．

(3) 防災機能の強化 河川の沿川，広幅員道路の沿道を不燃建築物あるいは緑地帯の整備による広域防災帯と位置づけ，市街地を2km間隔でブロック化しブロック毎に避難・救援のための地域防災拠点を配置する．

■ **図3 市街地防災の考え方**
市街地を2km間隔の広域防災帯でブロック化し，地域防災拠点・コミュニティ防災拠点を配置する．

また，小学校，近隣公園や関連施設で構成するコミュニティ防災拠点をブロック内に複数配置し，大火災時の一時避難場所，震災復旧過程の避難生活と救援の拠点（図3）とし，自衛隊・消防・ボランティアなど外からの救援活動に対しては，都市外縁部に陸・海・空の輸送手段を考慮して広域的な観点での防災拠点（図4）を配置することとした．

2.3 都市計画

(1) 法定計画（都市マス）への反映 「市街化区域及び市街化調整区域の整備，開発又は保全の方針」（都市計画マスタープラン）は，神戸，阪神間の両都市計画区域において，防災拠点など都市防災に関する項目を新たに設けるなど，復興基本計画の内容が盛り込まれ，1996年1月に都市計画決定された．

これは，住宅・インフラなど多くの県策定の復興計画の中では唯一法定化された計画となった．

(2) 二段階都市計画の実施（市街地整備事業）
これに先立ち，震災から2ヶ月で土地区画整理事業や市街地再開発事業など市街地復興事業の都市計画決定が1995年3月に行われた．その後，住民意見を踏まえ二段階目の変更内容により順次事業が着手されて

■ 図4 広域防災拠点の配置

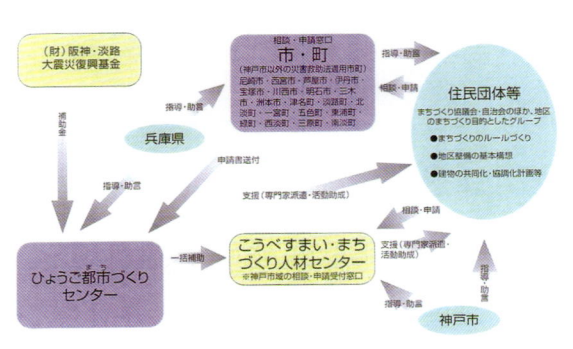

■ 図5 まちづくり支援の仕組み

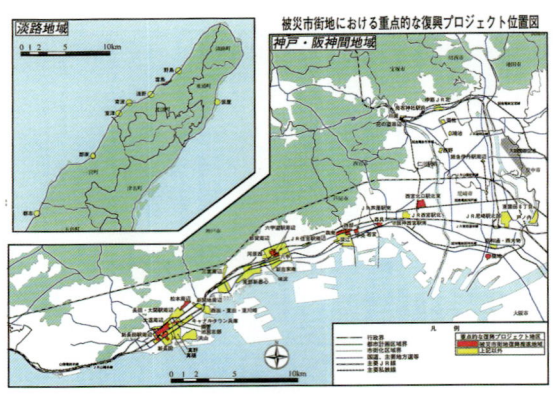

■ 図6 被災市街地における重点的な復興プロジェクト位置図（赤および黄色で示された地区）

いった．

「住民意見を踏まえた都市計画変更を当初から想定したいわゆる二段階都市計画は，従来の都市計画の常識から外れたものだったが，住民の意見を取り入れながら復興事業を進めることができ，プロセスを追って都市計画の内容を充実していくという新たな方向性を示すことができたのではないか」と，前述の松谷氏は述べている．

2.4 ひょうご都市づくりセンターの設置

1995年9月，被災地における復興まちづくりを支援するため，財団法人兵庫県都市整備協会内に「ひょうご都市づくりセンター」が設置され，復興まちづくり計画の策定，マンション再建，共同建替，地区計画策定など，住民主体のまちづくり活動に対して専門家の派遣や活動支援を行う「復興まちづくり支援事業」が開始された．これは，国，兵庫県，神戸市の出資により設立された復興基金による事業で，従来の補助事業に比べて柔軟な対応を図ることができた（図5）．

3 プロジェクトのその後
3.1 復興事業の実施

(1) 震災復興市街地整備事業の実施　土地区画整理事業や再開発事業は，神戸市ほか関係市町が事業主体となり国の補助により，二段階都市計画により住民提案を踏まえて実施され，震災復興事業として位置づけられた再開発事業は2006年度に，土地区画整理事業は2009年度にいずれも完了した（図6）．

このうち，六甲道駅南地区の再開発事業では住民から地区の中心に配置された地区公園をめぐって相当厳しい反対意見が出されたが，形状などの変更により事業が実施された．また，西宮北口駅北東地区の区画整理事業では，近隣公園が小学校と接続するよう配置された．これら市街地復興事業に併せて，復興基本計画で提唱された地域防災拠点，コミュニティ防災拠点が併せて整備された．

地区全体が焼失した松本地区の区画整理事業では，災害時の防火・生活用水，平時はコミュニティ活動の拠点となる親水性の高い水路が整備された（写真1）．まちづくり協議会の会長は1月に2回程度，住民同士が顔を合わせて共同作業を行うことが協議会活動の継続に必要と述懐していた．また，西宮市の区画整理事業区域内の高木小学校に近接して配置され，公園内に高木市民館，耐震防火水槽などが建設され，地域防災拠点として整備された（写真2）．

(2) 三木総合防災公園の整備　兵庫県は，救援部隊の駐屯，備蓄機能，ヘリポートなどの機能を備えた総合運動公園を整備し，全県的な広域防災拠点として，県立防災センター，県消防学校，実大三次元振動破壊実験施設など防災関連の施設を集中立地させた．

(3) 国道43号（広域防災帯）の整備　国道43号兵庫県内20 kmを，市街地大火時における延焼遮断

■ 写真1　地域住民による水路の保守作業（松本地区）

■ 写真2　地域防災拠点として整備された公園（西宮市）

■ 図7　六甲山系グリーンベルト構想

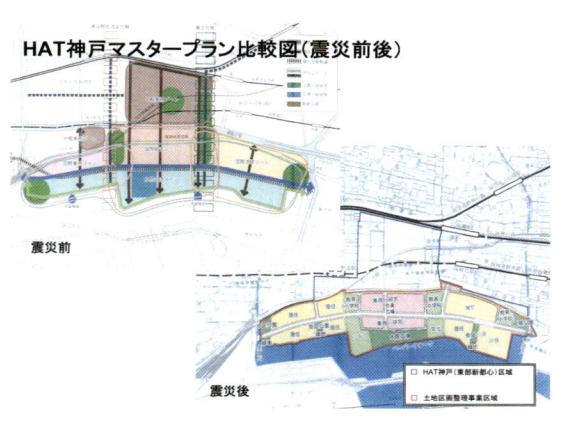

■ 図8　HAT神戸（神戸東部新都心）マスタープラン比較図（震災前後）

機能，避難者通行路，道路環境の改善を目的として，希望する沿道地権者から道路管理者（国）が土地を買い上げた．

(4) 六甲山系グリーンベルト整備　今回の地震で1,000箇所以上の崩壊地が発生，斜面全体の強化が必要となり，延長30km面積84,000haの山麓を市街化調整区域，都市施設（防砂の施設），緑地保全地区を重ねて都市計画決定し，必要な土地を国・県が買い上げた（図7）．

(5) 神戸東部新都心（新都市核）の建設　21世紀型まちづくりのモデルとして住宅機能を含めた高次都市機能をもつ地区として再生するため，神戸市の委託により都市再生機構（UR）が土地区画整理事業を行い，県・市の公営住宅，UR住宅などの復興住宅，高次医療施設，さらに「人と防災未来センター」などの復興関連施設群が建設された（図8）．

3.2　計画の評価と課題

(1) 防災計画・まちづくり条例への反映　広域防災拠点の全県の配置方針を定めた「兵庫県防災都市計画マスタープラン」（1996年4月）が策定され，また，復興まちづくりの考え方は，兵庫県が1999年3月に策定した「まちづくり基本条例」の基本理念である「人間サイズのまちづくり」に引き継がれ，まちづくり支援事業が全県に拡大されるなど，その後の施策に反映された．

(2) 5年後・10年後の検証　兵庫県は，震災後の節目の年に検証を実施した．震災から5年後の中間時点で海外・国内の学識者がペアとなって復興プロセスの国際検証が行われ，「マスタープラン作成時から住民合意により進めるべき」などの提言があった．また，10年後の国内専門家集団による総合検証では，「多核ネットワーク形成は，当初の目標どおりには進んでいないが，市街地整備，緑化・公園整備には多くの成果が見られる」，加えて「今後市町におけるまちづくり支援制度の充実が必要」などの提言があった．

(3) 現在の評価と課題　市街地整備事業はほぼ完了したが，一部の地区ではまちの賑わいを取り戻すには到っておらず，復興まちづくり支援事業は平成24年度まで延長された．計画期間の10年を過ぎ，震災から16年を経過した現在でも都市構造の変革には到っていないが，本計画は復興事業完了後も，都市ビジョンとしての役割を果たし続けている．

43 川崎市新百合ヶ丘駅周辺地区のまちづくり
先駆け的エリアマネジメントによる質の高い景観形成　　　　　1998

■写真1　新百合ヶ丘駅前写真（提供：佐合和江）

■1　時代背景と事業の意義・評価のポイント
1.1　時代背景

　本地区の受賞対象の中心は，1977年4月に都市計画事業として認可され，1984年3月に完了した川崎市新百合ヶ丘駅周辺特定土地区画整理事業（約46.4ha）である．

　この事業が芽生え始めた1960年代には郊外の私鉄駅周辺では民間開発事業が相次いでいた．1974年に新百合ヶ丘駅が新設される地域でも日本住宅公団の百合ケ丘団地を皮切りに，様々な民間開発が行われていた．小田急電鉄でも1968年に多摩線の新設や沿線の大規模開発計画を発表した．

　開発の波が押し寄せる中，当時の柿生農協を中心とした農家地権者たちは，土地を手放なさずに都市化に対応する方法を模索していた．

　全国各地に同様の悩みを抱えていた農家地権者がおり，これらに答えるために（財）協働組合経営研究所の一楽照雄理事長が農民の自主的な結集と集団的な取り組みによる「農住都市構想」を1968年に提唱した．構想は全国に反響を呼び，柿生農協でもこれに希望を見出して熱心に勉強を開始した．

　その結果，1972年に「農住柿生百合ケ丘土地区画整理組合準備会」が結成された．また，1974年には農協系のシンクタンク（社）地域社会計画センター（現在はJA総合研究所）が発足し，農住都市構想の実現を支援した．

　一方，川崎市でも，将来は新百合ヶ丘を行政センター及び副都心として位置づけることになった．

　法制面でも1975年の「大都市地域における住宅地等の供給の促進に関する特別措置法（大都市法）」において，申出換地等ができる「特定土地区画整理事業」等が新設され，土地を手放なさずに開発する手法が整備された．

　このように事業化に向けて体制や位置づけ，整備手法が整う中，本格的な事業化へと進んでいったのである．

1.2　事業の受賞理由

　本地区は，土地区画整理事業完成後，14年を経た

1998年に受賞するに至っている．

当時，全国において同種の事業が多数実施されていた中，本地区が受賞した大きな要因は，事業後に農家地権者16名により「新百合ヶ丘農住都市開発株式会社」（1981年7月）を設立したり，事業の残余金を基に「川崎新都市街づくり財団」（1986年3月 基本財産2.75億円）を設置したりして継続的にまちづくりを進めたことにあると考えられる．

受賞理由の概要は以下のとおりである．

1. 大規模な商業施設や業務ビル等の民間による建物や公益的な施設等が既に多数立地しており，事業進捗面において完成度が高い．
2. 市による「上物建設マスタープラン」により空間構成と景観形成の両面に係る都市デザイン展開の上でも高く評価できる．
3. 地権者の街づくりに係わる知識の取得や組織の設置，また市による積極的な支援や多方面にわたる公民のパートナーシップ等，事業推進面においても評価すべき点が多い．
4. 事業の記録が的確に残されており，今後の同種の事業が進められるに際して寄与することが期待される．

■ 2　プロジェクトの特徴
2.1　エリアマネージメントの先駆け

本地区では，当初から地権者が協同で地域の土地利用や上物の維持管理，運営を行うことをめざしており，エリアマネジメントの先駆けと言える．

マネジメントの基となる計画は，1980年に川崎市が作成した「上物建設マスタープラン」である．これは「区画整理後の土地利用が個々の地権者の裁量にまかされると土地の細分化やミニ開発等でせっかくの環境が台無しになってしまう」という危惧に応えて「計画人口担保」や「商業・業務施設建設」等の9つの指針からなるものである．1984年の「第2次上物建設マスタープラン」では，新たに植栽・色彩・屋外広告物等についての詳細な基準を設けるとともに，別途，要綱を定め，行政指導が行えるようにした．その後1994年の改訂等を経て現在に至るまで新都心の街づくりの指針となっている．

また，ガイドラインに留まらず，1987年には一部（20.7 ha）に地区計画が策定された．同時に中心商業業務地区9.8 haの容積も600%に変更され，新都心にふさわしい街づくりが可能となった．

マネジメントの中心組織は前述の新百合ヶ丘農住都市開発株式会社（以下，「農住都市開発会社」）である．協同組合の発想が元になっていたが，当時農協の新設が難しかったため株式会社となった．

主要な事業としては，上物建設マスタープランで位置づけられた都市型百貨店用地（地権者11名）とホテル用地（地権者1名）の地権者から委託された核テナントの選定がある．地権者のリスクが軽減されるように，地権者が建物を建て，農住都市開発会社が賃貸し，核テナントに転貸する方式を考え出している．

核テナントについては，1985年に西武セゾングループに決定したが，地元商業者との出店調整が長引き，92年にやっと実現に向けて動き出した矢先に94年に経営環境の悪化から撤退の意向が出され頓挫してしまった．

この間，地権者が亡くなったため，共有地の一部を物納する必要が出てきた．このため，物納部分は新たな核テナントに購入してもらうとともに，その他の土地は地権者と農住都市開発会社で定期借地権を設定し，建物は農住都市開発会社が建て，それを核テナン

■ 写真2　新百合ヶ丘駅開設前の地区の様子（1965年）
（出典：川崎新都市街づくり財団ホームページ）

■ 写真3　1998年時点の新百合ヶ丘周辺地区
（出典：川崎新都市街づくり財団ホームページ）

トに賃貸する方式に変更した．なお，ホテル部分は当初の方式のままである．

その後，新たな核テナントとして(株)ニチイ(現(株)マイカル)と(株)十字屋が1995年に決定し，1997年には中核的商業施設である「新百合ヶ丘ビブレ」とホテルと専門店の集合体である「新百合丘オーパ」が開店したのである．

また，農住都市開発会社の本社ビル「農住アーシスビル」も1990年に完成している．店舗やオフィスをテナントして入れており，会社の経営的基盤ともなっている．

その他にも女子学生寮「コゼット」や賃貸マンション「ベルクレエ」，専門店街「マーケットプレイス」等にも関わっている．

農住都市開発会社は，企画，建設や維持管理，運営に，多様な立場や仕組みを用いて関わる中で，まちの質を維持していった．

一方，ソフト面での中心的組織は川崎新都市街づくり財団（以下，「街づくり財団」）であった．「川崎新都心地域，麻生区における21世紀に向かって実践される街づくり活動を援助・促進する」ことを目的に設立されたもので，土地区画整理事業の残余金による財団設立は日本で初めてのことであった．シンポジウムや小学生のデザインワークショップ等を開催した．

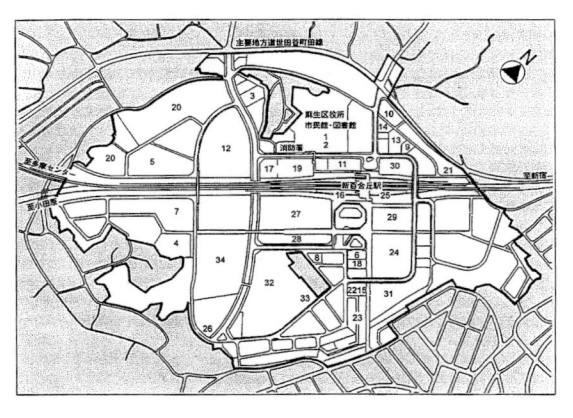

これらの計画・組織は，アクターが農家地権者中心である点では共益的であるが，公益を視野に入れている点で当時としては先進的であった．

さらに，1982年に発足した「新百合ヶ丘駅周辺広域的街づくり推進協議会（以下，「協議会」）」等，地権者だけでなく，周辺住民や商業者もマネジメントに関わるようになっていった．協議会は第2次上物建設マスタープランの策定主体である他，例えば1996年に発足した交通部会では，駅周辺の交通混雑の解消のため，川崎市の調査をもとに地域が望む交通環境のあり方について検討し，道路の拡幅や交通規制の改善による混雑緩和に結びつけている等，都度都度の課題に対応している．

また，1995年から始まった「しんゆり芸術フェスティバル」のように多様な市民が関わるイベントも実施された．

1990年代から街づくり財団は低金利で財政が厳しくなり，思うような活動ができなくなっており，本地区が受賞した1998年は一元的なマネジメントから変容しつつある時期だったと言える．

2.2 質の高い景観の形成

本地区は都市計画学会賞の受賞と同じ1998年に国土交通省の「都市景観100選」に選ばれており，質の高い景観を形成している．

これは1984年の第2次上物建設マスタープランにおいて，植栽，色彩，屋外広告物等の3項目について「街なみ形成に関するデザイン面の基準」を定めたことが大きい．植栽については，緑の連続性をつくるために，宅地内の公開空地や沿道，駐車場ごとに位置や樹種等を

■ 図1 主な施設の整備状況（2010年1月時点）（出典：参考文献2））

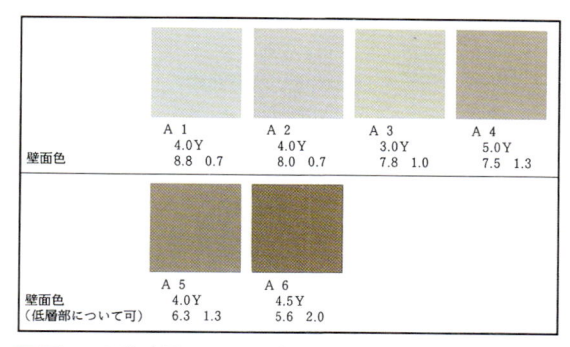

壁面色	A1 4.0Y 8.8 0.7	A2 4.0Y 8.0 0.7	A3 3.0Y 7.8 1.0	A4 5.0Y 7.5 1.3
壁面色 (低層部について可)	A5 4.0Y 6.3 1.3	A6 4.5Y 5.6 2.0		

■ 図2　上物建設マスタープランに定められたエリア1（商業・業務施設地）の基調色
（出典：参考文献3））

定めている．また，色彩については，既に完成している歩道等の基調色をベースに，エリア別に壁面色，アクセントカラー，屋根色の許容範囲を定めている．例えばエリア1（商業・業務施設）やエリア2（行政施設・市民施設・集合住宅等）では，壁面基調色の4色を指定し，統一感のある街並みの形成をめざしている．さらに屋外広告物等については，エリア別に広告物の種類・面積・位置・色彩等を定めている．

これらの基準の詳細性は現在，景観法に基づき定められている各地の景観形成基準の原型と言え，斬新であるとともに汎用性の高い内容であったと言える．

■ 3　プロジェクトその後
3.1　景観形成から景観維持へ

川崎市では景観行政を体系的に行うために1994年に都市景観条例を制定した．これに伴い上物建設マスタープランに基づく景観形成から都市景観条例に基づく景観形成に移行した．具体的には1998年には新百合ヶ丘駅周辺地区を都市景観形成地区に指定するとともに，新たな組織として「新百合丘駅周辺景観形成協議会」を設立した．この協議会での検討を経て2000年には上物建設マスタープランを踏襲した「景観形成方針・基準」を作成し，条例に基づく届出の基準とした．さらに2007年には景観法に基づく景観計画特定地区へと移行した．

景観形成協議会の現在の活動は既に上物が立ち上がっていることもあり，景観形成から景観維持へと比重が移っている．具体的には落書き消しや窓面広告の違反調査等である．これらの活動によって依然として質の高い景観を維持している．

3.2　地権者中心から住民・事業者中心へ

都市景観条例による景観形成協議会の設立に伴い，2000年には広域的街づくり推進協議会が発展的に解消し，2002年に多様なメンバーによる「川崎新都心街づくり推進協議会」が設立された．この協議会では，主に銀行グランド跡地を売却して昭和音大とマンションを建設する計画について検討した．跡地は土地区画整理事業当時はグランドとして継続使用する意向であったため，平均減歩率約38％のところを約2％の減歩に留めた経緯があった．このため，開発にあたっては，道路・公園の他に市民交流館も事業者の負担協力の一環として建設することになった．

新たな協議会は30名弱のメンバーのうち地権者代表は1名であり，アクターが地権者から住民・事業者へ移行したことを印象づけた．

3.3　街づくり財団の一般財団化

街づくり財団は公益法人制度改革を契機に，一般財団へ移行することで新たな展開を見せている．基金の取り崩しや収益事業に本格的に取り組み，エリアマネジメントができる組織へとリニューアルしようとしている．地区内には昭和音大の他に2011年度から日本初の映画を学ぶ4年制大学となる「日本映画大学」が立地しており，さらに隣接して劇場と映像館のある「川崎市アートセンター」がある．これらの地域資源を活かして文化事業でのエリアマネジメントを模索している．

3.4　街としての成熟に期待

本地区の景観の質の高さは，敷地が細分化されなかったこと等いくつかの要因があるが，最大の要因は屋外広告物の少なさだと思う．フォトモンタージュで屋外広告物を消した後のようにすっきりしている．最近は窓面広告が増えて景観が乱れたという声を聞くが，景観形成協議会等によって粘り強く質を維持することを願っている．

また，プロジェクトその後に書いたことは，いずれも街が成熟段階にあることを示している．本地区のような空間の質が高く，地域資源が豊富な街が今後，どのように成熟していくか期待しつつ見守っていきたい．

◆参考文献
1) 新百合丘駅周辺土地区画整理組合 (1985)：『ふるさとの心が鼓動するまちづくり』．
2) (社)JA総合研究所 (2010)：『JA総研レポート特別号 21基-No.5 郊外都市開発の歴史から見た農住都市構想と郊外都市論』．
3) 川崎市 (1994)：『上物建設マスタープラン』．

44 都通4丁目街区共同再建事業
密集市街地における権利者主体の面的整備手法　　1999

図1　カルチェ・ドゥ・ミロワ完成予想図
密集地ならではの低層型建築，権利形態の異なった棟で囲まれた一体的な共同再建を目指した．

■1　時代背景と事業の意義・評価のポイント

　1995年1月17日に起こった阪神・淡路大震災のほとんどの被害は，密集住宅市街地で生じたものである．従って，基盤施設の整備と合わせて，今後の都市住宅にふさわしい不燃で堅牢な集合住宅へと権利者共同再建を進める事が重要であった．

　神戸市灘区の本事例はその中で，合意しやすい「等価交換方式」（各自の権利が必要となる事業／従前居住者は権利の有無，多少で不向き）「自己負担方式」で，規模が大きく「街区」レベルという厳しい条件下での新しいシステムの共同再建を実現させた．また，本事業は，戦前長屋5棟からなる1,670 m^{2}の地区で地主1人，借地家主1人，持ち地持家3人，借地持家16人，借家人10人，不在家主3人の総勢34人が力を合わせてそれぞれの意向に沿って，一体的な共同再建を実現させた．

　評価されたポイントは，この事例で構築された事業システムが，関西に多く残っている戦前長屋地域のみならず，広く密集市街地における権利者主体の面的整備手法として汎用性があるということである．阪神・淡路大震災はいうまでもなく不幸な出来事であった．それだけに，我々は復興を通じて，今後のまちづくりに役立つものを生み出す責務がある．本事業がそういうものの一つとして評価されたのではないかと思われる．

■2　プロジェクトの特徴

(1) 街区としての一体的な建築　あらゆる権利タイプ（前述）を巻き込んで，異なる意向に応えつつ，街区として一体的な建築を実現した．持ち家意向に対しては現地型コーポラティヴ，賃貸住宅経営意向に対しては日本住宅公団（現都市再生機構）の制度で建設し，それを市の借り上げ公営住宅とすることによって，借家意向に応え，更に転出者も公団に売ることによって税の特例を受けるという形で各意向に対応し，その上でコーポラティヴと賃貸住宅を一体的に設計した．

(2) 建物は一つ，資産は別　「資産独立型共同建替え」方式であるということ．持ち家意向に対しては，借地は借地権割合分の土地しかないから当然であるが，持ち地も40 m^{2}台と小さく，戸建再建が難しく，区分所有の形での再建しか選択の余地はなく，コーポラティヴとなった．しかし，これと賃貸住宅を合わせて区分所有とするのは将来禍根を残すことになる．そこで，コーポラティヴ棟と賃貸住宅棟をエキスパンションジョイント（構造は別物になる）でつなぎ，建物は建築基準法上は一棟，資産は独立という形にしている．

(3) 公民共同の実現　「借り上げ公営住宅」への入居の合意を借家人から得るということで，またとない「公民共同」が実現し，借家人も含めた合意形成が画期的に進展した．

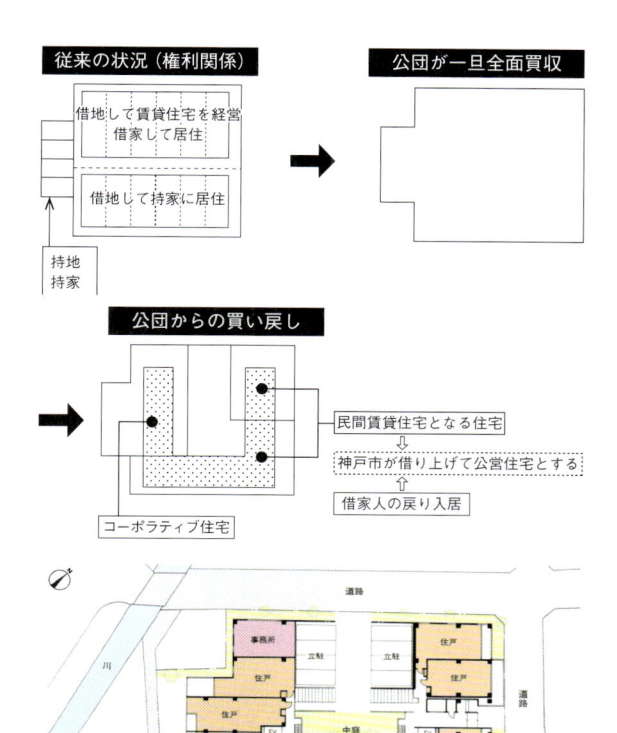

■ 図2 公団が行った土地整理の手順

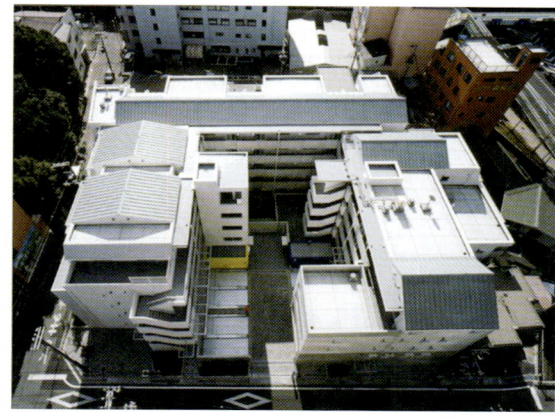

■ 写真1 北側に建設された高層住宅からの写真

■ 写真2 計画時のパースと同じアングルの写真

(4) 日本住宅公団がその役割を発揮 最後の特徴は，当時の公団がディベロッパーとして欠くことの出来ない役割を果たしたことである．公団は一旦全ての権利を買い取り，希望者に再分譲し，持ち家コーポラティヴ棟には「グループ分譲住宅制度」，賃貸住宅棟には「民賃制度」を適用し，ともに公団が建てて分譲するという形で全面的に関わった．特に，「借地権と底地権の交換」「コーポラティヴ用地の集約等，権利の交換分合」などは公団なくしては本事業の実現は危うく，後の都市再生機構の役割を示唆していた事業であった．

■ **3 プロジェクトその後**

カルチェ・ドゥ・ミロワ（都通4共同化ビル：本事業で造られた集合住宅の名称）は，未曾有の阪神・淡路大震災の被災で生まれた．コミュニティの重要さを感じつつ，この密集住宅地は低層型集合住宅で生まれかわった．この建築が生まれて間もなく，直北に高層マンション建設の計画が明らかになった．震災前から，取り組んでいたまちづくり協議会（下町活性化委員会，1991年設立）は，その名の通り，下町的建築の高さを求め，異論を唱えていたが，間もなく着工，竣工と進行し，カルチェ・ドゥ・ミロワと対照的な姿を見せることとなった．カルチェ・ドゥ・ミロワは，現在も森のような「求塚古墳（写真1左に見える／卑弥呼の鏡が発掘されたと言われている）」の隣接に存在している．居住者は，空室も入れ替わることもなく，現在もかってのまま住み続けている．

主体は別であった建築の一体化は，そのコミュニティすらも一体化させることにもなったのである．

（図版の出典は日本住宅公団パンフレットより）

2000年代
地域価値向上をめざした持続的都市づくり・都市経営

　バブルの崩壊した1990年代の雰囲気も薄まりつつあった2000年代の都市計画プロジェクトの特徴をあえて浮き彫りにすると，大きく以下の2つにまとめられる．

　第一は，1990年代よりもさらに既存ストックの更新・価値向上や複合機能の導入に力点が置かれ，持続性の高い都市再生をめざした意欲的な試みもみられるようになったことである．これらのうち民間事業者が先導したものとしては初台淀橋街区［⇨47］，晴海トリトンスクエア［⇨49］，泉ガーデン［⇨55］が，都市再生機構によるものとしては神谷一丁目地区［⇨48］における連鎖型密集市街地整備が，団地再生事例としては御坊市島団地［⇨50］があげられる．これらのうち48番と50番には持続的再生・開発ともいうべきテーマが含まれているが，この点を民間事業者として徹底して実践している例がユーカリが丘ニュータウン［⇨46］である．このニュータウンだけは新規開発事例ではあるが，地元自治体や居住者等とも協力しながら，あえて年間販売量を抑えた持続力のある開発を行っている点が評価されたものである．

　第二は，都市経営・運営に力点の置かれたプロジェクトが増加している点である．それらのうち地区レベルのマネジメント，いわゆるエリアマネジメントの実践事例として，OBP［⇨45］はその先駆けともいえる事例で，高松丸亀商店街［⇨60］でさらにその手法が洗練されている．さきにあげたユーカリが丘［⇨46］もこの文脈に位置づけることも可能である．2010年代にも受け継がれる流れと考えられよう．都市レベルのマネジメントにつながるものとしてはモノレールの導入を契機とした那覇［⇨53］の事例，コミュニティバスの導入を契機とした醍醐［⇨54］，一連の条例をツールとする金沢市［⇨56］の取組み，水と緑の回廊づくりをコンセプトとする各務原市［⇨59］の試みである．それぞれ切り口は異なるのだが，まさにその点が地方分権時代の都市づくりを反映したものであり，それぞれの都市固有の方法・目標によって創造的・革新的な事例が増えてくることを期待させる．

　これらのほか，阪神淡路大震災後の復興（復興計画は42番）に関連するものとしては六甲道駅南地区［⇨58］の再開発事業や，旧居留地連絡協議会の活動［⇨57］，真野地区における一連のまちづくり活動［⇨51］が関係するが，旧居留地，真野地区はともにエリアマネジメントの先進事例でもある．

　最後に，多摩田園都市の50年にわたる取組み［⇨52］は，持続的都市開発の観点からも，都市経営の観点からもきわめて先進的かつ総合的な都市計画プロジェクトだったといえる．

　「右肩下がりの時代」と言われる昨今の情勢ではあるが，まだまだ都市づくりのソリューションには未開拓の分野も多い．特にこれら2000年代の諸プロジェクトは，その手がかりを示唆しているといえそうである．

45 大阪ビジネスパーク
都市経営的発想による新都心の開発と運営・管理

1999

■写真1 北側上空から見た大阪ビジネスパークの全景（右上は大阪城）（写真提供：大阪ビジネスパーク開発協議会）

1 時代背景と事業の意義・評価のポイント

　大阪ビジネスパーク（OBP）の開発は，1976年に土地区画整理事業の認可を受けて着手され，大規模な工場跡地を活用した市街地再開発事業としては先駆的な事業である．現在においてもわが国を代表するプロジェクトの一つとして位置づけられており，その理由としては，OBP地区が今日，大阪市東部の副都心として，都市構造上の明確な位置づけを得て，圏域の活力を生み出すとともに，地権者等で構成される大阪ビジネスパーク開発協議会（以下「協議会」という）の適切な管理によって，地区のアメニティの向上が図られていることなどが挙げられる．

　この事業は，協議会が中核となって，大阪市との連携のもとに開発が進められ，また，開発後においても協議会が街の運営・管理に一貫して取り組んでいる．事業の推進や魅力的な都市デザインの展開に関わる制度活用上の工夫や公民協力の構造，さらにその後の運営，管理など都市経営的側面へのコミット（関与）は，今日でもなお，わが国の都市計画や街づくり事業に対

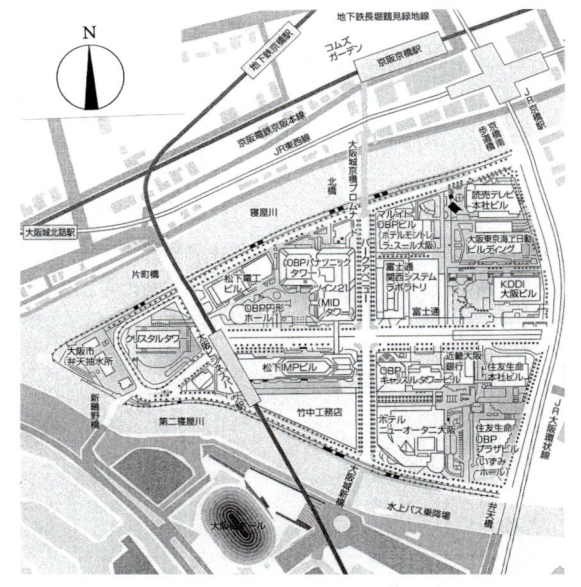

■図1　OBP地区の区域図（寝屋川，第二寝屋川及びJR大阪環状線に囲まれた三角形の部分）（出典：参考文献1）を改変）

```
社長会
委員会
 (会の運営等の重要事項の審議・決定)(年2回程度)
幹事会
 (会の運営等の具体的事項の審議・執行)(月1回定例)
事務局
      │
   ┌──┴──┐
企画グループ  専門部会
```

■ 図2 大阪ビジネスパーク開発協議会（組織図）（出典：参考文献2）を改変）

■ 写真2 地区内（公開空地内）の風景
（写真提供：大阪ビジネスパーク開発協議会）

して示唆するところが大きく，高く評価されている．

■ 2 プロジェクトの特徴

OBPは，大阪城公園と一体となった「公園の中のビジネス街づくり」をめざし，大阪城公園の北側にある26 haの三角形の区域において進められているプロジェクトである．他ではみられないOBPのプロジェクトの特徴は次の3点である．

(1) 民間共同開発事業の先導的モデル OBPは，民間の土地所有者が協力して開発したものであり，民間共同開発事業の先駆的モデルといえる．大阪市は土地区画整理事業や建築協定等の活用を土地所有者に働きかけるなど，その開発を側面からサポートするという立場に徹した．

(2) まちづくり制度の効果的な活用 土地区画整理事業（個人施行）により最大5.6 haから最小1.3 haのスーパーブロックの街区を形成し，人と車の分離を図っている．建築物の整備にあたっては，建築協定と総合設計制度を導入し，公開空地等の良好なオープンスペースを確保し，その空間を連続させることにより優れた都市環境の形成を図っている．

また，地区のデザインに関しては，街区の外周部や中央広場から一定外壁を後退させ，建築物の高さや外壁の色彩について協議会で調整を図るとともに，無電柱化や屋外広告物の制限に取り組んでいる．

(3) 都市経営的発想による運営・管理 OBPの魅力を高めていくために，地区内の土地所有者（10社）で組織された協議会が，開発の調整だけでなく，まちづくりの運営・管理を行っている．具体的には，協議会の中に，委員会・幹事会・事務局等や企画グループ，専門部会を設置し，地区内のまちづくりに関わる諸問題の解決に向けて連絡・調整を図っている．

■ 3 プロジェクトその後

地区内に約5万本の植樹やゆったりとしたパブリックスペースを抱えるOBPには，情報関連産業が集積し，ソフトの開発拠点となるとともに，ショールームなどの楽しみながら学ぶ場が提供されている．また，放送局や音楽ホール，ホテルなども設置され，これまでのビジネス街には見られない総合的な機能を持つ新しい複合都市となっている．

1996年に地区内に地下鉄の新駅が開業し，更に交通アクセスが向上しており，現在，地区内の就業人口は約35,000人，総延べ面積は約854,000 m^2 となっている．地区内には未開発の用地が2ヶ所残っており，今後の開発が待たれるが，1ヶ所では，暫定利用として劇場が立地している．そこではミュージカルなどが継続して上演されるなど，文化事業の発信の場として有効に活用されている．

また，協議会では，地域の活性化を図るため，会員相互でイベント情報などを共有することにより，各事業者による企画商品づくりなども行われている（例えば，大阪城ホールのイベントに合わせたホテルのタイアップ宿泊プランの提供など）．

こうしたOBP地区の協議会による開発・運営方式は，その後の大阪市内における西梅田地区，難波地区や大阪駅北地区開発等の開発・管理手法にも継承されている．これらの地区では，地区計画により開発の基本的な方向を定め，民を主体とする協議会やタウンマネジメント機関を設立し，開発後のまちの管理・運営を担うという流れになっており，OBPはこうした都市経営的発想を取り入れた先駆的事例といえる．

◆参考文献
1) 大阪ビジネスパーク開発協議会事務局（2005）:『OBPパンフレット』.
2) 大阪ビジネスパーク開発協議会事務局（1995）:『OBP25周年記念誌』.

46 ユーカリが丘ニュータウン計画
公共交通中心のサスティナブルニュータウン
1999

■ 写真1　ニュータウン全景
ホテル・商業・高層住宅群と新交通システム沿線に配置された戸建住宅地．

■1　時代背景と事業の意義・評価のポイント

　首都圏の人口増加が著しい1971年，山万(株)は，東京都心から38km離れた千葉県佐倉市の西部で，総面積約245haのユーカリが丘ニュータウン開発を開始した．

　「自然と都市機能の調和した21世紀の新環境都市」を開発理念とし，ニュータウン中心部に既存集落・山林・田を残した田園都市が実現している．山万(株)は，「社会・経済環境の変化や，人々の価値観の変化によるニーズの多様化に対応できるようまちを育成して」という考えでニュータウン開発を進めてきた．

　とくに，ニュータウン内に軌道系の新交通システムを導入し，自動車に過度に依存しないまちづくりに成功している点はユニークである．

　さらに，京成本線ユーカリが丘駅前には，買物・娯楽・スポーツ・医療・文化施設等の機能に加えて，シティホテルや千葉県で最初の高層住宅棟が配置され，商業と居住機能が一体となった魅力と活力ある複合的なセンター地区が形成されている．

　我が国のニュータウン事業では採算性を高めるために，多くの場合，できあがった宅地や住宅を大量かつ

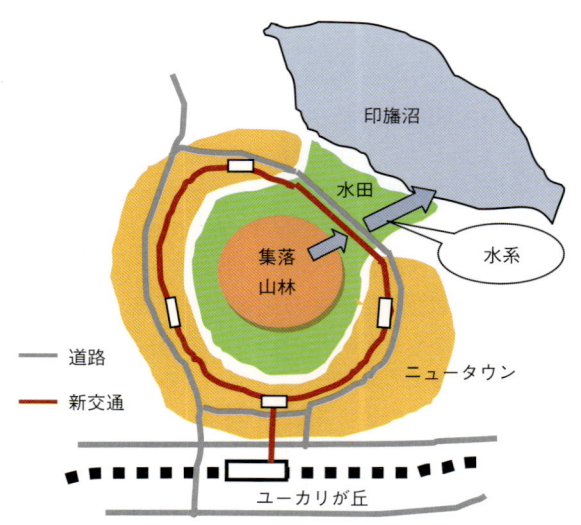

■ 図1　開発のコンセプト
既存集落と共存する田園都市．

一斉に処分してきた．その結果，年齢層の同じ住民が集中して入居し，子供が生まれ成長するにしたがって，保育園・幼稚園・義務教育施設の不足等に悩まされてきた．子供が自立・転出した今日では，高齢化した親世代が残され，買物・通院・介護などの日常生活やサー

■ 写真2　新交通システム「こあら号」
ニュータウンの通勤・買物などの足になっている．

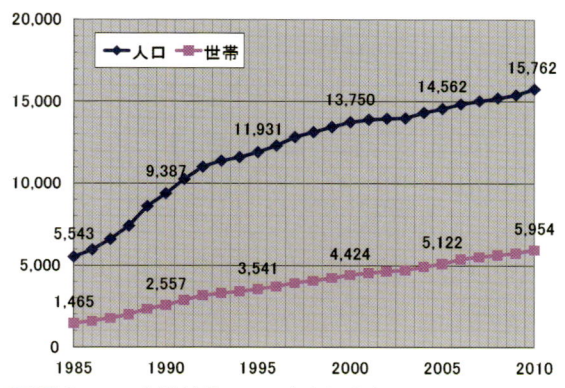

■ 図2　ユーカリが丘ニュータウンの人口
年間200戸・400人ほどの一定の増加ペース．

ビスの面で深刻な問題を抱えるようになっている．
　山万(株)はユーカリが丘ニュータウンをゆっくりとしたペースで開発・処分することにより，バランスのとれた人口構成のコミュニティづくりに成功している．ユーカリが丘のまちづくりは，持続可能なコンパクトシティを実現した稀有な事例であり，その開発理念・計画・事業戦略は高く評価されて良い．本事業が国の助成等を受けた大規模プロジェクトではなく，一民間企業による試みであったことは特筆に値する．

■ 2　プロジェクトの特徴
2.1　既存集落や自然と共存した公共交通機関優先のニュータウン
(1) 既存集落，田園と調和したニュータウン開発
　ニュータウンには都会的な部分と落ち着いた生活環境の両方が必要であるというコンセプトに基づき構想がたてられている．既存集落および周辺の山林・水田を残して帯状に住宅地区が開発されている．住宅地区と京成ユーカリが丘駅前のセンター地区との間をラケット状に軌道系の新交通機関が連絡している．
　ニュータウンは印旛沼水系上流部に位置している

が，既存集落・周辺の里山・水田とは明確に分離されており，田園と都市の土地利用が調和・両立している．
(2) 京成本線新駅設置と新交通システム導入　東京や羽田・成田に直結する京成本線に新たに「ユーカリが丘」駅が1982年に開設された．駅からニュータウン内に電気動力・ゴムタイヤを使用した全長4.1 km・単線・全6駅の新交通システム（VONA, Vehicle of New Age）が山万(株)により整備されている．
　各宅地は新交通システムの駅から徒歩10分以内におさまるように開発されており，これが自動車の利用を抑制し，騒音・事故・渋滞等の交通問題を改善することに役立っている．ユーカリが丘駅に隣接するようにニュータウンのセンターが置かれており，ここには高層集合住宅が4棟・ショッピングセンター・シティホテル・医療施設・文化施設・シネマコンプレックスなどが整備されている．
(3) 都市の成長管理を実践　宅地や住宅の供給を年間200戸前後に留め，開発は時間をかけてゆっくりと進められている．このペースがニュータウンのバランスある人口構成を実現し，活力あるコミュニティ形成や公共公益施設の有効利用などに役立っている．
　年間200戸は山万(株)が企業として存続するための収益を見込んだ数字であるが，これがニュータウンづくりに欠落しがちなサスティナブルな街づくりを可能としている．

2.2　官民共同のまちづくり
(1) 住民・山万・佐倉市の三位一体の開発　ユーカリが丘駅北口から南口は商業・文化・居住・娯楽・健康・医療などの機能が集積しているが，これらの施設は相互にペデストリアン（歩行者）デッキにより連絡され，完全に歩車道が分離されている．この事業は，山万(株)・佐倉市・千葉県・国が費用を分担するこ

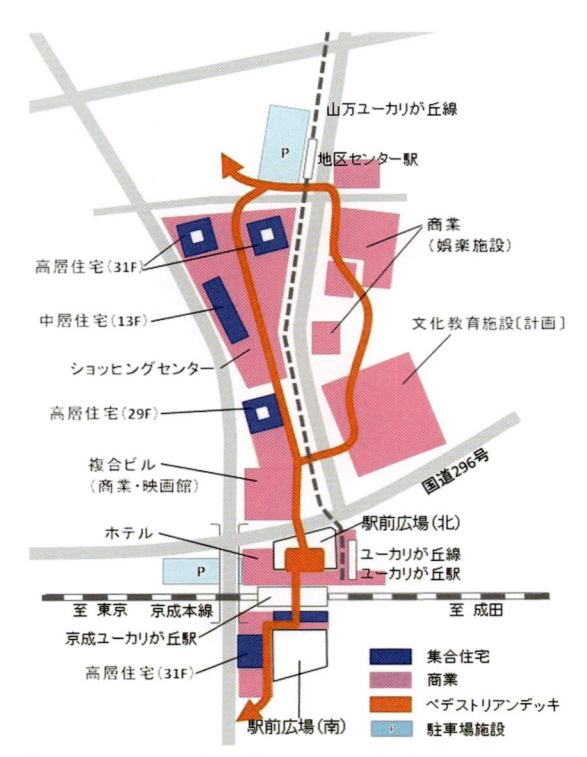

■ 図3　センターとペデストリアンデッキ
京成ユーカリが丘駅に隣接するセンターと商業・医療・文化・居住機能をつなぐペデストリアンデッキ．

とにより実現された．

　また，ユーカリが丘では駅前地区を含め，すべての住宅地区で地区計画が都市計画決定されており，市街地の質を保全・維持する努力が払われている．

(2) 統一あるまちづくりデザイン　街づくりデザインについては街並み景観の統一を図るとともに，福祉の街づくりの視点に立ったユニバーサルデザイン思想が導入されている．ユーカリが丘の駅前のホテルやユーカリプラザを中心として，周辺の商業施設・集合住宅・ペデストリアンデッキ・モニュメント・駅前広場の歩道・街灯に至るまで，その外観・デザイン共に統一感を持たせている．

(3) 地球温暖化防止の試み　地球温暖化防止に向けた取組として，2009年に山万ユーカリが丘線「中学校」駅前にビオトピアエリア（約8 ha）が実現した．

　地区内の調整池を親水公園化し，駅前に商業ビル・環境共生型マンションを開発している．太陽光と風力によって得られた電力は，公園内の水の循環・街灯・マンション共用部の電力として活用されている．

2.3　高齢化社会への対応

(1) 高齢化社会に向けた福祉のまち　高齢化社会に向け，ユーカリが丘ニュータウンの北側のエリアに，

■ 図4　マスタープラン

約15 haの福祉の街を整備している．高齢者がニュータウン内に住む家族と，「スープの冷めない距離」に住むことを想定している．

　ここには，特別養護老人ホーム・介護老人保健施設・学童保育併設型グループホーム・循環器・内科クリニックが既に開業運営されており，リハビリテーション公園も整備されている．

(2) 高齢化に合わせたコミュニティ交通の導入
ニュータウン内では，各戸から山万ユーカリが丘線の駅まで徒歩10分圏内という住環境整備を実現してきたが，高齢者の足にはこの距離でも厳しく，特に雨の日などは行動が困難になってきた．

　そこで，よりきめ細やかな公共交通体系の整備が必要と考えられ，デマンド型の電気コミュニティバスの導入に向けて社会実験が行われている．

(3) まちの維持管理を行う仕組みの設立　住宅の

■ 図5 ビオトピア

建設やリフォームから宅地内の庭木の手入れや消毒まで行う会社が設立され，宅地についてもきめ細かい管理を行っている．また，住宅地における犯罪の防止のために，ニュータウン内を24時間・365日巡回警備する総合警備会社が設立されている．

住民有志の編集による街の情報誌「わがまち」が年3～4回発行されており，街づくりの計画や構想を掲載した冊子（ユーカリが丘夢百科）を配布している．また，住民の声の投書箱（わがまち情報ボックス）が設置されている．

(4) ニュータウン内住み替えシステムの導入　世帯や家族構成の変化などにより，住むことが不便または困難になった住宅を山万(株)が買取り，分譲中の住宅へ住み替えしてもらうシステム（ユーカリが丘ハッピーサークルシステム）を2005年に導入している．

(5) ボランティア組織の設立と活動　まちを自ら管理し守るという考え方のもとに，防犯ボランティア組織（クライネスサービス）が2000年に発足し，2005年にはNPO法人格を取得している．警察・消防・開発事業者と連携し，住民自治法人として活動を継続している．

(6) 女性が安心して働けるまちをつくる　1999年に，ユーカリが丘駅に隣接して無認可保育所が開設され，年中無休・午前7時から午後10時までの託児が実現している．

現在は認可保育所として運営されており，2000年には最大定員を60名から120名に拡充している．

2.4　関わった人の思い

山万(株)代表取締役嶋田哲夫は，「都市計画はハード整備をしたから終りでは片手落ち，造った後は知らないというのは非常に無責任な都市計画です．昭和から平成，20世紀から21世紀に変わり，日本の社会構造，個々の価値観や生活のあり方も多様化してきて，日々変化しています．特に街づくりという切り口での都市計画を本当に考えるならば，人・生活環境に対して柔軟に対応していけるハードとソフトの両面がバランスよく取れていなければ，永続する街づくりはできない．」と考えてきた．

ユーカリが丘ニュータウンの開発にあたり，まちは永続することが何よりも大切であるという考えのもとに，まちの成長に合わせた地域づくりや施設整備を住民・行政・山万(株)が三位一体となって進めていくことが実践されてきた．

■ 3　プロジェクトその後

ユーカリが丘ニュータウンの整備は現在も続いているが，すでに千葉県北総地域の中核拠点としての地位を確立しつつある．

1997年からは，「千年先までも栄えすべての世代が快適に住まい続けられる街づくり」という新テーマ（千年優都・シティミレニアム）のもとに，住民・山万(株)・行政が三位一体となって，快適なコミュニティを実現していこうとしている．

今後は，周辺の市街地・鉄道駅・商業核とニュータウンを結ぶ都市計画道路を速やかに整備し，ニュータウン内外の動線を確保し，地域の核としての役割を果たしていくよう期待されている．新交通システムに加えて電気バスの導入も試みられてきたが，高齢化社会の到来および地球環境保全の潮流に合わせ，自動車交通需要の抑制をはじめとする新たなコミュニティづくりに，積極的に取り組んでいくこととしている．

［山万(株)街づくり推進室に写真・資料の提供を受けており，ここに記して謝意を表します］．

47 初台淀橋街区建設事業
特定街区制度等を活用した複数敷地の一体的整備　　　*2000*

写真1　初台淀橋街区全景：手前が新国立劇場，後方が東京オペラシティ

1　プロジェクトの背景と意義

　国民のオペラ，バレエ，現代舞踊，ミュージカル等の舞台芸術への関心が高まる中で，第二国立劇場の建設が国民の長い間の夢であり，その実現は国の文化政策においても大きな課題であった．1966年衆議院文教委員会において国立劇場法案可決の際に第二国立劇場の建設が付帯決議され，1980年に渋谷区本町の東京工場試験場跡地に用地が決定した．1986年に第二国立劇場建築設計競技の結果，228応募数の中から柳澤孝彦氏の提案が選定された．

　コンペ準備に際し，第二国立劇場の立地・環境が問題となり，改善策として隣地との一体整備が計画された．しかし，隣接地権者の合意を得る時間が十分になく，地域地区指定を将来商業地域に改めることや，一部隣接部を通る自動車動線等を設計条件に盛り込んでコンペを実施した．コンペ終了後，文化庁は近隣の主要隣接民間地権者に街区環境整備の協力を呼びかけ，第二国立劇場の基本設計に特定街区の条件を満たす設計変更を要請した．1988年に文化庁・建設省及び民間地権者で「第二国立劇場周辺街区整備協議会」を発足し，本事業を特定街区として整備する企画設計作業を開始した．1989年に同協議会は高山栄華氏を委員長とする「第二国立劇場周辺街区整備検討委員会」を設置し，街区整備のあり方及び共同事業推進上の基本方策についての検討を委託した．1989年に開発コンセプト，施設構成，規模，用途等事業内容全般に関わる企画設計が完了し，1990年3月地権者全員により「基本協定書」が締結された．同年4月，第二国立劇場周辺街区整備協議会を発展的に解消し，民間地権者全員による「東京オペラシティ建設・運営協議会」を設置し，街区整備の実施に向けて具体的な検討を始めた．また，一体的な街区整備を推進するために，第二国立劇場の設置主体である独立行政法人日本芸術文化振興会と「連絡調整会議」を設置している．1990年9月

東京都市計画特定街区の決定についての申し出を行うとともに環境影響評価条例に基づく環境アセスメント手続きを開始し，1991年12月，「東京都市計画初台淀橋特定街区」の都市計画決定がなされ，1992年4月に告示された．同年末に第二国立劇場，オペラシティが相次いで着工し，1996年8月に東京オペラシティの主要部がオープン，1997年2月に新国立劇場が竣工，1999年3月に街区全体が完成した．

1995年，第二国立劇場は，「新国立劇場」を正式名称とすることが決定されている．

本開発事業は，1980年に東京工業試験場跡地が第二国立劇場用地に決定されて以来，20年間の長期にわたって官民が一体となり，特定街区制度，土地区画整理事業，容積移転手法などの開発手法を駆使し，第二国立劇場の敷地を中心に，隣接民間地権者と協働して一体的な街区整備を実現し，文化芸術拠点形成プロジェクトを実現したことに意義がある．特に，第二国立劇場の建設計画が先行し，後から街区全体の計画が進められるという変則な開発プロセスにおいて，最終的に街区一体的な開発が実現した要因として，国際コンペの準備を進める際に全体街区の構成検討において相隣関係の根幹事項を設計条件に盛り込んだこと，計画策定委員会の学識経験者の適切な指導が得られたこと，オペラシティの設計に第二国立劇場の設計者を加えたこと，国際コンペの当初から都市設計の専門家が参加し一貫して事業全体の企画・計画・設計・調整作業を担当してきたことが挙げられる．

■ 2 プロジェクトの概説

本事業の敷地は，新宿駅の南西1.5km，甲州街道と山手通りの交差点に接し，新宿区西新宿三丁目と渋谷区本町一丁目地内に位置している．従前は東京工業試験場跡地（国有地）とNTT淀橋電話局等の民間土地利用が混在する地区で，都市計画としては，大半が第二種特別工業地域の指定であった．

本事業の特徴は，特定街区制度，土地区画整理事業，容積移転手法などを用いて4.4haの街区を形成し，新国立劇場と東京オペラシティビルを実現したものである．特に，特定街区制度を導入し街区一体の整備を行ったことにより，第二国立劇場の上空の未使用容積を東京オペラシティ側で活用することが可能となり，土地の有効利用が実現している．また，特定街区制度で豊かな有効空地を確保したことで，土地の高度利用とともに敷地内に多様な都市的なアメニティを実現してい

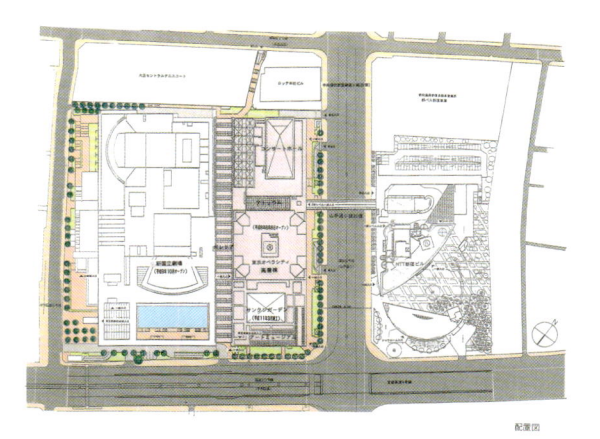

■ 図1 初台淀橋街区配置図

る．

本事業の建物施設は低層部と高層部で構成されており，低層部に新国立劇場，東京オペラシティ内にコンサートホールなど芸術文化関連施設とアメニティ関連施設，高層部にインテリジェントオフィスが配置されている．芸術文化関連機能としては，現代舞台芸術を中心とする新国立劇場，ホール関連施設，インフォメーション・センター，アートミュージアム，インターコミュケーション・センターとなっている．アメニティ関連機能としては，特定街区制度の有効空地として創出されたガレリア，アトリウム，サンクンガーデン，共通ロビー等のパブリックスペースが，地下1階，1階，2階と多層にわたりネットワーク状に配置されている．

■ 3 プロジェクトのその後

本事業は，当初の計画の意図に沿って，我が国における舞台芸術を中心とする芸術文化活動の拠点としての役割を果たしている．また，事業に併せて山手通りや渋谷区道の拡幅に協力，緑豊かな歩行者通路の創出などにより地域環境の向上に貢献している．

一方で，本事業は，山手通りの外側に立地することもあり，新宿副都心地区との繋がりも弱く，租界的な状況が十分に改善されているとはいえない．しかし近年，山手通りの拡幅整備や地下鉄大江戸線の開通などにより，本敷地へのアクセス条件が向上するとともに，それらの交通ネットワークの改善整備に伴う新しい大規模な都市開発が新宿副都心地区の周辺に展開されており，これらのプロジェクトと連携することで，本事業が新宿西口地域の将来の発展を牽引するプロジェクトの一つになる可能性が見えてきている．

48 神谷一丁目地区
複合・連鎖的な展開による密集市街地整備
2000

写真1 集合住宅建設が進み，密集市街地整備のための仕掛けが整う（1986年当時）

写真2 代替地に移転者を受け入れ，密集市街地の道路整備が進む（1994年当時）

写真3 整備された地区内道路沿道の現在（2010年10月撮影）
集合住宅街区と戸建て街区が共存した落ち着いた街並み．

■1　時代背景と評価のポイント

　密集市街地の整備は，繰り返しその推進が叫ばれてきてはいるが，なかなか進んではいない．原因は様々に指摘されているが，一体どこまでどのように整備すれば密集市街地整備と言えるのか．整備目標像が曖昧であることも整備が進まないことの大きな要因の一つである．このことが，整備に携わる側も，地域の方々の合意形成に，なかなか自信を持って取り組めないということにもつながっている．

　木造密集市街地整備の必要性が叫ばれ始めていた昭和56年（1981年），日本住宅公団が住宅・都市整備公団（現UR都市機構．以下公団）に改組され，それまでの住宅建設に特化した開発から比重を移し，都市整備を重要な使命として，大都市の既成市街地整備に取り組むこととなった．そして，これを機に，東京都北区の神谷一丁目地区では，住工混在地域の工場跡地を核として，周辺の密集市街地整備に取り組んだ．

　どちらかと言えば，神谷一丁目地区の密集市街地整備は，地元のまちづくりの機運が盛り上がりからではなく，工場跡地の土地利用転換が契機となり，徐々に地元にも参加を促し，公共団体の支援も仰ぎながら漸進的にまちづくりにつなげていった．そこには様々な苦労と，工夫があり，連鎖的なまちづくりの展開ということを具体的な形にしたという点で，その足跡は，密集市街地整備の目標像，実現方法を考える上で，格好の題材を提供しており，今も色褪せることはない．

■2　プロジェクトの概要
2.1　当時の市街地の状況

　東京都北区の隅田川沿いの住工混在と言われた地域では，時代の趨勢とともに集積していた大規模な工場の移転が相次いでいた．その一画を占める神谷一丁目では，隅田川沿いの工場が移転し，跡地でのマンション開発の話が持ち上がった．この土地は，幹線道路にかすめるように接道した，非常にいびつな形をしており，ここに単に容積を追求したマンションを開発すると，周辺市街地との軋轢というばかりではなく，開発される住宅も相当無理のあるものとなりかねないものであった．

　このような状況で，1981年，単なる住宅団地開発ではなく，隣接する木造密集市街地と併せて土地利用を組み立て直すことを期して公団がこの工場跡地を取得した．隣接する密集市街地内部には木賃アパートをはじめ，老朽化した家屋が建て詰まっており，地区内

156

図1 神谷一丁目地区の整備前の状況
密集市街地内の道路（塗りつぶし）は，全て幅員4m未満であった．

には幅員4m未満の道路しかない上に，未接道の宅地も多く，緊急時の消防活動などは全く困難であった（図1参照）．

2.2 プロジェクトの仕組み

公団は，密集市街地へどのように入り込んでいくかを北区とも協議しながら，検討した．そして，取得用地の一部で先行して基盤整備と住宅建設を進めることとしたが，一部には密集市街地整備のために代替地，従前居住者用賃貸住宅を確保した．これを活用して道路整備に伴い移転を余儀なくされる方々を受入れ，密集市街地内にループ状の主要生活道路をはじめとして，区画街路の整備（総延長776m 幅員4m〜12m）を進めた．これが非常に大きな波及効果をもたらし，公園整備，個々の建替えや，一部には共同化も実現し，防災性能の向上，住環境改善につながっていったのである（図2参照）．

図3は，従前と従後を重ね合わせ，どのように種地を活用したかを示している．これが絶妙で，集合住宅として使いやすい整形な区画と，戸建て建築物に相応しい区画を，地区内道路でうまく分けることによって共存させている．そして，集合住宅用地では，用途地域の変更により，従来200%の容積指定が300%に緩和されたことを活用して有効利用を果たしている．しかも，集合住宅建設を先行させたことが大きく貢献し，資産の稼働時期を早めた．公団としては，このような仕組みによって，代替地の活用を当面留保することができた．これを目の当たりにして，密集市街地に生活し，営業している方々は，道路整備に伴う生活・営業再建について具体的に思い描くことができるように

図2 神谷一丁目地区の整備後の状況
地区内に整備した幅員4mから12mの道路を示した．これによって，消火活動困難区域をほぼ解消するとともに，自主的な建替え，一部共同化を促進した．

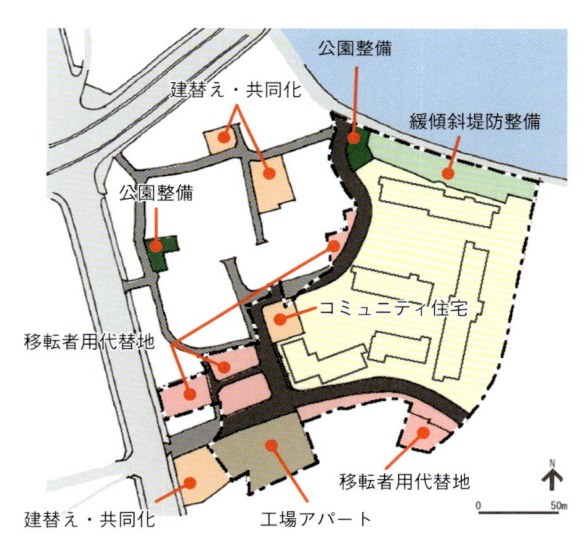

図3 神谷一丁目地区の種地の活用
種地では，先行住宅団地開発を進め，留保しだいで移転者用代替地，コミュニティ住宅を活用して，複合・連鎖的に密集市街地整備を展開した．

なった．仮移転や，営業休止などは必要なく，従来と同じ地区内で，従前と同様の戸建て建築物で生活・営業再建が果たせる．道路整備によって，移転が避けられないとすれば，もっとも違和感の少ない生活・営業再建の選択肢が提供されたということである．しかも，あくまでそれは選択肢の一つであり，その代替地への移転を強要されるわけではない．個々の具体的に移転を余儀なくされる方々が，主体的に，道路整備に伴い

地区内の代替地への移転を選択し，円滑に骨格道路の整備が進められていったのである．

神谷一丁目地区では，事業者である公団と，密集市街地の関係権利者双方にとって現実味のある，いわばウィン・ウィンの関係の種地活用が実現したと言える．工場跡地の買収から事業完了までには20年弱の歳月を要したが，そのうち前半部分の1994年までに地区内の骨格となる道路を整備することができた．このことが，その後の公園整備，個々の建替え，共同化などに複合的に連鎖した波及効果の高い密集市街地整備につながったのである．

2.3 関わった人々の思い

神谷一丁目地区の整備について，プランナー，コーディネーターとして腕をふるったのは，当時ドイツ留学から帰国間もない住吉洋二氏（㈱都市企画工房主宰，現東京都市大学教授）である．

「当時ドイツでは，すでに全面クリアランス型の再開発から，修復型の再開発に移行していました．神谷一丁目を始めた時は，今で言う"密集市街地整備"というよりは，日本でも修復型の再開発に取り組んでみようと思ったんです．ドイツでは社会計画という再開発に伴うきめ細かい生活再建計画が義務付けられていますが，神谷では，公団が取得した用地を活用して，居住・営業継続を図るために代替地の確保や，受け皿住宅などの整備を行ったわけです．」

「公団にとっても公共性の高い密集市街地整備とはいえ，のんびりと構えているわけにはいかず，事業機会を掘り起こして，実際にまちをつくり上げなければならなかった．これに積極的に取り組んだことが，複合・連鎖型の事業展開につながった大きな要因にもなっています．」

「当時，私は，事務所を設立して間もない時期で，他に仕事もなかったんで（笑い），現地事務所に毎日泊まり込んで，とことん議論しながら仕事してましたよ．」と，当時を振り返る．

一方，公団の現場責任者として，最初に現地にのめり込んだのは藤生請六氏である．

「まちづくりの案を説明しに，現地の方々を訪問するでしょ．何のこと？という感じなんですよ．なかには，「十数年前にもそんな話はあったんだけど出来なかったんだ．公共団体でもない公団ができるわけがないよ．」という助言までいただきました．信用してもらい，安心してもらうために，朝の挨拶に始まり，皆さんの声をとことん聞きました．北区ともよく話し合いましてね．理解者がいたんですね．公団では，当時から費用対効果ということに厳しかった．時間ということにもうるさかったんですよ．でもね，現場を預かる私たちを大事にしてくれましてね．まちづくりということを形にするためには，形にはならない人間関係のネットワークが本当に大切なんですよ．」と，しみじみ語る．

■3 プロジェクトその後

神谷一丁目地区の密集市街地整備は，後背の豊島八丁目地区につながった．公団は神谷で整備した道路を，隣接する豊島八丁目の工場跡地につなげ，さらに延伸して，豊島八丁目地区の背骨となる主要道路をつくり上げている．住吉氏，藤生氏によれば，神谷の事業を展開している最中から，豊島八丁目地区の大規模工場の移転を見据えて，道路の延伸整備を考えていたという．神谷と同様に，受け皿移転代替地を確保しつつ，比較的短期間のうちに土地利用転換のために骨格を完成させている．幅員は12m，総延長480mである．そして，豊島地区の工場跡地の有効利用を果たすとともに，沿道の土地利用転換にも波及させた．

神谷一丁目地区では，当初は住環境整備モデル事業，

■写真4　住吉洋二氏
プランナー，コーディネーターとして神谷一丁目地区密集市街地整備を牽引

■写真5　藤生請六氏
公団の現場責任者として，神谷一丁目地区で，日夜，合意形成に取り組み，密集市街地整備を軌道に乗せる．

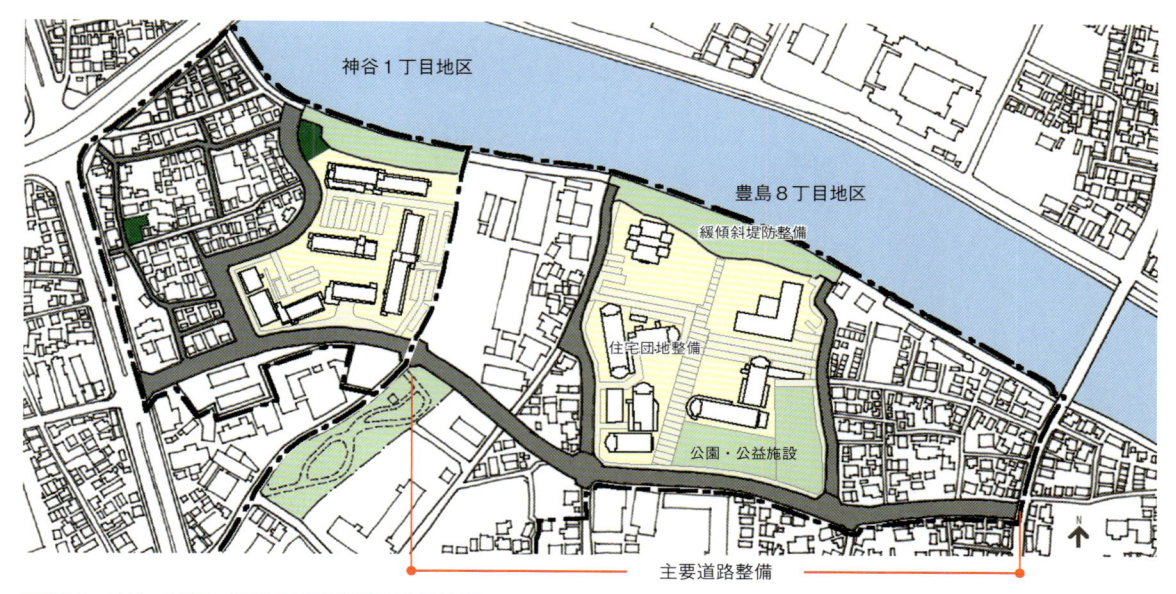

■図4　神谷一丁目・豊島八丁目地区の整備状況
神谷地区で整備した地区内幹線道路を延伸し，後背の豊島八丁目地区の市街地整備を展開．

後に制度改正に伴い密集住宅市街地整備促進事業，豊島八丁目地区では住宅市街地総合整備事業といった制度要綱に基づく補助事業を活用して，20年間にわたって，柔軟に事業が展開された．その過程では，個々の事業のリスクを分割し，これに時には果敢に立ち向かいつつ，うまく制御しながらつき合ってきた．これによって個々の事業が連鎖，連携した一連の事業群として密集市街地整備に結実している（図4参照）．

そして，現在ではさらに，隅田川の対岸の新田地区でまちづくりが進められている．これも移転した大規模工場の跡地を，周辺の市街地整備も見据えて有効に活用しようとするもので，荒川，隅田川に挟まれた，いわば孤島のような条件を逆手にとったスーパー堤防整備が実現している．神谷一丁目地区で始まった緩傾斜堤防整備が，今では隅田川沿いに新田地区にまで連なり，住工混在の密集市街地というイメージを一新し，1997年の地下鉄南北線の開通もあって，一帯が都心

■写真6　隅田川沿川の新田・豊島地区の現在

近接の良好な住宅地に生まれ変わっている．

◆参考文献
1) 住吉洋二（2009）:「密集市街地整備の課題と展開」，(財)日本地域開発センター，地域開発 vol.543.
2) 遠藤 薫（2002）:「低未利用地における住宅地整備と連動した密集市街地整備推進方策について」，再開発コーディネーター協会，再開発研究 No.18.

49　晴海トリトンスクエア
街づくりは地域と共に

2001

■写真1　東西約440m，南北約210mのエリアを一体的に開発した一つの小さな街ともいえるスケールを持った施設

■1　時代背景と事業の意義・評価のポイント

　晴海トリトンスクエア（以下「本街区」という）は，21世紀という新しい時代に入った2001年4月，従前の倉庫，配送センターや公団晴海住宅等で利用されていた地区を再開発するために，東京都中央区晴海一丁目地区第一種市街地再開発事業により誕生した大規模複合施設である．

　運河に面した水辺空間の特性を活かし，緑豊かなオープンスペースを配置した，職（オフィス）・遊（商業）・住（住宅）の融合した市街地形成を実現した．

　「自らの地域（晴海地区）は，自らの手で開発しよう」と言う基本方針で，晴海地区全体の地権者で構成された「晴海をよくする会」が発足し，その後，晴海一丁目地区の関係地権者で，晴海一丁目地区再開発事業の推進母体として新会社（＝㈱晴海コーポレーション）を設立し，本格的な再開発事業の検討に着手した．

　設立当初は，再開発事業推進のための基本計画の立案や関係行政機関との折衝業務等を担当し，再開発組合設立後は組合事務局機能を担い，街完成後はタウンマネジメント会社として，完成後の運営管理業務を担う会社として位置づけられた．

　「再開発事業は街完成で終るのではなく，完成後の街を育てる行為（＝タウンマネジメント）こそが大事である」との認識が，当初から各関係地権者間で共有されてきた．複雑な権利調整や地元住民との話し合いに10数年掛けて取り組み，経済情勢の激動（バブル期～バブル崩壊）を乗り越え，新しい時代の晴海地区の価値創造・地域再生を目的に，地元関係者が主体となって全員合意型で実現した点が評価された．

■2　プロジェクトの特徴

　本プロジェクトの特徴は以下の4点にまとめられる．

①一計画二施行

　一つの都市計画のもとに，民間主体の組合施行と公団施行（現都市再生機構）という二つの再開発事業を同時に行った，他事例にない「一計画二施行」方式で実現した．公団の持つ公的機関としての信用力と，民間企業の持つ強いマーケティング力という互いの強みを持ち寄り，事業を確実に成立させることが目的であった．

②段階整備方式

　地元関係地権者が主体となり，既存住民が住み続けられる街づくりの実現を目指した．具体的には，再開発の準備段階で，官民による土地交換等で公共公益施設（小中学校，特別養護老人ホーム等）を再開発地区外に先行整備し，次に，再開発事業の第一段階で，約700戸の既存住民のための新築住宅を先行して建設

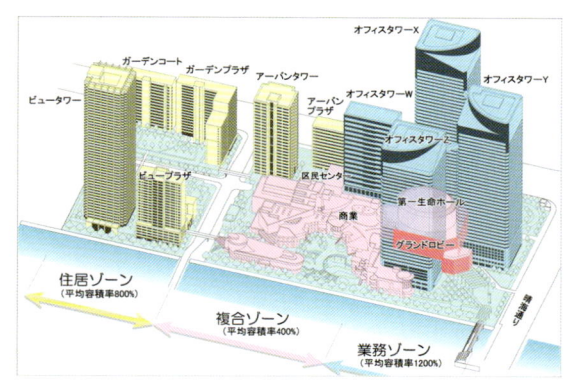

■写真2 「職・遊・住の融合」のゾーニング

■写真3 街の賑わい（水のテラス・花のテラス）

し，地区内に住み続けることを可能とした．住民が移転後，既存住宅を解体し，第二段階で業務・商業施設を建設する段階整備方式で事業を完成させている．

③**環境に優しい街**

経済の激変（バブル期～バブル崩壊）を乗り越えて，事業採算性向上のために，計画総点検作業を実施し，一度決定した基本計画を白紙に戻し，徹底的に事業成立性を追及した．結果，初期投資はもちろん，将来を見据えた維持管理コストについても大幅な改善が図られた．

この経済合理性の徹底追及こそ，結果的には，環境負荷の少ない，環境に優しい街の建設に繋がっている．

④**危機管理の徹底**

ハード面では，計画段階で遭遇した阪神・淡路大震災が残した教訓（＝災害で失われた平穏な日常生活をいかに早く取り戻すかが重要）を活かし，単純明快な設計コンセプトの下，被害レベル制御設計（主構造体の変形防止のため，エネルギー吸収材の導入）を採用し，災害復旧が容易（業務継続計画）になる街となっている．

また，大規模な人工地盤を設置し完全な車歩道分離を確保し，更に，地下部分にある大容量蓄熱層（約2万立方メートル）は，災害時の消防水利として機能させ，業務ゾーンから不特定多数が利用する施設を排除するなど，街区全体の非常時における危機管理の徹底が図られている．

■**3　プロジェクトのその後**

街完成後も「安全で安心出来る快適な晴海トリトンスクエア」を目指して，

1　危機管理の徹底（防火・防災・防犯対策）
2　環境問題への積極的な取り組み
3　快適な街区空間の提供

に取り組んでいる．

危機管理については，「大規模地震災害対策要綱」を設置し，拡大共同防火防災管理協議会や総合防災訓練を街区及び地域住民が一体となって毎年実施し，共助（互助）精神の醸成に努める一方，毎年「防災展」開催により防災意識の醸成に努めている．また，本街区の持つ機能を地域社会の機能として活かすべく，高層ビル屋上に設置の監視カメラの映像情報を，地元消防署や警察署に提供する防災協定を締結している．

環境問題への積極的な取り組みについては，「地球温暖化対策推進体制」を組織し，環境定例会議や「環境展」開催など，街区全体で環境問題に対する意識向上に取り組んでいる．

「計画なくして管理なし．管理なくしてエコ活動なし」と認識し，毎年，環境負荷状況や環境活動をパフォーマンスレポートとして視覚化し，各方面に公表している．

快適な街区空間提供では，外部空間の運河に面する散歩道，南北の公園，緑豊かなテラスなどの植栽管理の徹底，地元関係者と一体となった各種交流行事の開催，地元催事への会場提供・協賛など，地元と共に街を成長させる姿勢を貫いている．

本街区の再開発事業は，当初から地元地権者自らの手によるまちづくり推進を目指し，完成後も地域の社会資本と位置づけ，地域と共生した魅力ある街の成長を実現させている．

50 御坊市島団地
ワークショップから住宅・生活・コミュニティ再建へ

2001

■ 写真1　島団地再生事業・第1期
分節化された住棟，南側の空中街路などにより立体の街をつくりだした．

■1　時代背景と再生事業の特徴

　和歌山県御坊市内の最大の住宅団地である島団地は，日高川沿いの同和地区に立地し，1959年から1969年にかけて建設された．中層集合住宅が9棟，218戸，簡易耐火2階建てが1棟，8戸，総計10棟，226戸である．この団地の建設には，1950年のジェーン台風，1953年の日高川氾濫，1961年の第二室戸台風，1964年の大火災などの災害が関係した．被災地域に対する公営・改良住宅の建設，応急仮設住宅の供給とその再開発，という一連の事業が島団地を形成してきた．

　同団地は，建物の老朽と過密な住環境，住民の生活困窮，コミュニティ機能の低下など，多くの問題点をもっていた．これに対し，行政（島団地対策室），住民（みなおし会），設計者（現代計画研究所），研究者（神戸大学平山研究室）の協力により再生事業が粘り強く進められた．

　再生事業の特徴の第1は，その実施が団地の建て替えだけではなく，「生活・コミュニティ再建」をめざした点である．暮らしの状況を改善し，地域の人間関係を再生するために，多彩な方法が採られた．第2に，「ワークショップ」方式による住民参加が徹底し，持続した．建て替え計画，住宅設計，住宅管理計画など，再生事業の多くの要素に関して，行政・住民・設計者・研究者が意見交換を繰り返した．第3に，空間設計は「立体の街づくり」をめざし，旧来の「団地」とは異なる，集合住宅の新たなあり方を示した．

　公的住宅団地の建て替えは，重要な課題として，多数の地域ですでに取り組まれている．そのなかで，「生活・コミュニティ再建」「ワークショップ」「立体の街づくり」を特徴とする島団地再生事業は，一つの社会実験として実践され，団地再生と街づくりのあり方に関する豊富な示唆を提供するものと評価された．

■2　再生事業の経緯
2.1　団地調査と提言

　島団地は，物的老朽・劣化，暮らしの困窮，コミュニティの停滞などから，問題状況が深刻化していることが経験的に知られていた．御坊市は島団地自立援助担当者会議を1989年に設置し，団地の窮状への対応を開始した．担当者会議は同年夏に団地の実態調査を実施した．島団地に対する最初の調査であった．この

調査を契機として行政職員と住民の接触機会が生まれた．

これに続いて，1990年度に神戸大学平山研究室のグループが総合的な団地調査を行い（市委託），再生事業の基本方向を提言した．その骨子は，①個別世帯へのソーシャルワーク・プログラム，建て替え事業を基軸としたハウジング・プログラム，地域社会形成を支援するコミュニティ・プログラムという3つの施策を「包括プログラム」として推進する，②団地対策に専念する「現地立地行政組織」を設置する，③事業のプロセスに住民参加を継続的に巻き込む，というものであった．この提言は再生事業の基調を形成した．

2.2 島団地対策室の設置

御坊市は，1992年4月に島団地対策室を現地に張り付く「現地立地行政組織」として新設した．環境・福祉・児童・教育などの分野からの6名の職員が構成する「横割り」組織の設置は，全国的にみて新しい試みであった．行政内での位置づけは課クラスである．この対策室の設置によって，再生事業はスタート地点に到達した．住民組織としては，既存の街づくり委員会を改組したみなおし会が発足した．対策室が「包括プログラム」を行い，そこにみなおし会を通じて住民が参加するという仕組みが形成された．

対策室の初動期の仕事は，行政と住民の関係形成であった．行政が長期にわたって島団地の窮状を看過してきたことは，否定できない事実である．対策室の職員は日常的に住民との接触を繰り返し，信頼関係を育成するところから再生事業に着手する必要があった．

再生事業の中心は団地の建て替えである．しかし，対策室はハウジング・プログラムに直ちに着手するのではなく，ソーシャルワークとコミュニティ・プログラムを先行させた．ソーシャルワークを通じて住民の個別事情への対応が進み，コミュニティ・プログラムは住民相互の交流を促すうえで大きな効果を発揮した．これらのプログラムの先行は，再生事業が物的問題への対処だけでは成功できないという認識にもとづいている．

2.3 再生事業の開始

現代計画研究所・大阪事務所が1993年から建築の専門家として再生計画に参画し（市委託），平山研究室と協力して基本構想をまとめた．この構想では，島団地の現在の敷地における即地的な建て替えは非常な高密度を結果することから，近傍に別途の敷地を確保し，現敷地と新敷地の双方を使って再生事業を実施するという計画が示された．

再生計画は8期（10年間）にわたり，最初の5期の間に新敷地への建設を行い，その後の3期の間に現敷地の建て替えを行うという組み立てをもつ．事業が8期に及ぶのは，行政の財政事情に起因すると同時に，各年度の成果と反省点を評価したうえで，それを次年度にフィードバックし，漸進的に事業内容を発展させるという積極的な意味をもつ．また，年度ごとの事業の成果を検証するために，「入居後調査」が実施され，新しい住宅に入居した住民の住まい方と評価が採取された．

2.4 ワークショップ方式の建て替え

建設年度ごとの入居予定者がワークショップに参加するという方式にもとづく建て替え事業が1995年に始まった．住民・行政・設計者・研究者は話し合いを繰り返し，団地の再生に向かって協力してきた．島団地では，住民は狭小な空間を一方的に与えられ，環境から疎外されていた．この状況を乗り越えるために，住民は自身の意見と活動が影響力をもっているという感覚を手に入れる必要があった．ワークショップは，住宅のプランづくりに1年，自治会の新たな結成など生活のルールづくりに1年の2年間に及び，数百回にわたって粘り強く継続された．

ワークショップの計画の骨格は設計者によって暫定的に準備される．これを踏まえたうえで，①住棟のどの位置に誰が住むのかを決定する「陣取り」，②個別世帯が居室部分のプランを自由に設計する「間取りづくり」，③上下階の構造壁・配管の位置を揃える「縦列調整」，④共用空間設計・外壁色彩・植樹・住棟管理・コミュニティ運営などに関する「共用空間づくり」，という手順で設計が進む．住民の希望，行政の意向，設計者・研究者の考え方を相互にぶつけ合いながら住宅・環境設計が実施された．

■ 写真2　建て替え前の島団地の様子
住民による無秩序な増改築が行われている

これに加え，新住宅への入居と同時に起こるごみ・ペット問題などに関連する生活ルールづくり，自治会組織結成などに関する話し合いが行われた．

第1期工事が完了する頃には，入居者間の関係は濃密になっていた．入居後にも，住民だけによるワークショップが多くみられた．ワークショップの継続は，コミュニティの人間関係を再生する役割を果たした．

2.5 再生事業の空間計画

基本構想における空間計画は「立体の街」の生成を意図したものである．島団地は箱形・高密・単調な建築をつくり，周辺地域とは異質の空間となっていた．この状態を克服するために，新しい団地を「立体の街」としてつくり，周辺環境の文脈に有機的に調和させる方向性が目指された．具体的には，周辺地域との融合性を意図したボリューム計画と住棟の分節化，地域性に配慮した景観計画とデザイン，コミュニティ形成と周辺への開放性に配慮した緩やかな囲み型の配置，共用空間であるコモンルーム・空中街路・空中庭園の水平・垂直方向へのネットワーク化などが特色である．空中街路が張り巡らされた「立体の街」は，変化と開放性に富んだ景観を形成し，旧来の「団地」とはまったく異なるものとなった（写真4，図1）．

「立体の街」は，年度ごとに少しずつ設計され，漸進的に建築される．各年度の事業の反省を次年度の計画に反映し，時間の経過につれて変化する課題に対応するうえで，漸進的な事業は効果的である．建築基準法との関連では，一団地設計ではなく，年度ごとに増築を繰り返す手法が採られた．一団地設計が計画の全体を最初に固定するのに比べ，増築の反復は漸進的な事業に適している．

2.6 再生事業の成果

以上のように，島団地再生事業は，「生活・コミュニティ再建」「ワークショップ」「立体の街づくり」を

■ 写真3　住む場所を決める「陣取り」の様子
抽選ではなく，話し合いにより住む場所を決定した．

■ 写真4　空中街路の様子

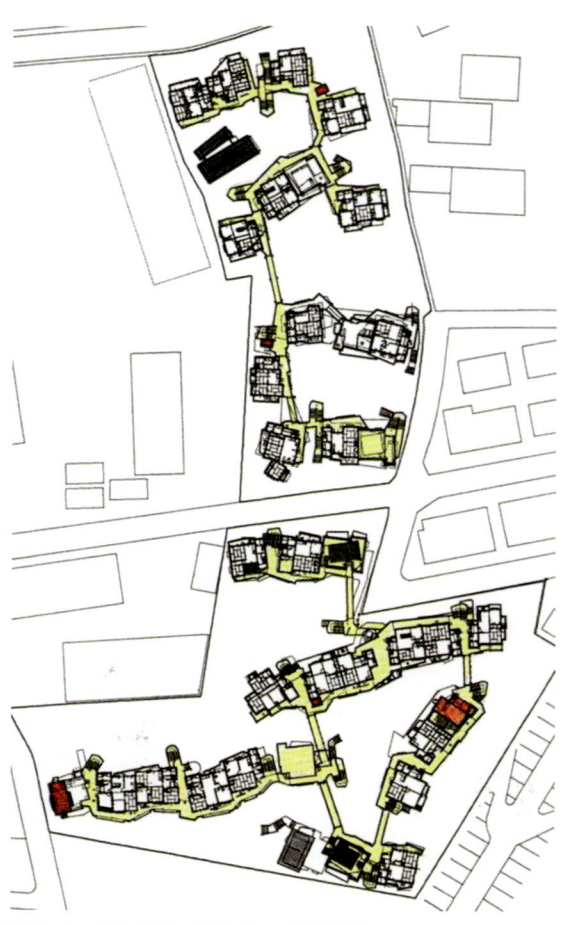

■ 図1　空中街路（新敷地3階平面図）

表1 新団地の概要

期	敷地	団地名	住戸数	入居開始時期
1	新敷地	グリーンハイツ	15戸	1997年12月
2			30戸	1998年12月
3			13戸	1999年12月
4			21戸	2000年12月
5			25戸	2001年12月
6	現敷地	日高川ハイツ	25戸	2003年9月
7			28戸	2005年4月
8			14戸	2005年4月
総数			171戸	

特徴とし，多くの実験的要素を取り入れた．公的住宅団地の建て替えが課題とされるなかで，島団地での試みは，団地の再生が物的改善の範囲を超えて，多くの課題と可能性をもつことを示し，参照に値する事例の一つとなった．

第1期の住棟は1997年末にようやく完成した．

新敷地の新しい団地は，住民の発案によってグリーンハイツと名づけられた．島団地自立援助担当者会議が設置されてから9年近く，島団地対策室が設置されてから6年近くが経っていた．2001年の秋には第5期の住棟の完成によって新敷地の建設工事が終了し，再生事業は一段落を迎えた．

再生事業の成果は大きい．島団地は，狭小な住戸，設備の老朽化，浴室設備の欠落，過密な住棟配置など，多くの問題点を抱えていた．新団地では，住戸面積の拡大，日照・通風の確保によって，住環境は飛躍的に向上した．「入居後調査」の結果によれば，住宅水準に関する入居者の評価は高い．

しかし，事業の成果は物的改善の次元を超えるものである．再生事業は，住宅・環境の改善を通じて，住民の暮らしの再建を促進した．「入居後調査」では，新しい団地への入居によって「娘が結婚できた．以前の団地では相手の両親を自宅に呼べなかった」「子どもが友人を自宅に連れてくるようになった」「健康状態が良くなったように感じる」「親戚が自宅に泊まれるようになった」といった回答がみられた．

住民の多くは新しい住宅を「良い」と言う．この「良い」は物的改善だけに向けられたものではない．住民がワークショップに日常的に参加し，意見を発したり，聴いたりという過程を体験したことが，新しい団地を「良い」空間にした．「入居後調査」では，住民の多くは，ワークショップ参加に関して，「忙しいので大変だった」と述べると同時に，「入居前から知り合いが増えて良かった」「入居後の生活に関する安心感が生まれた」「自分に合った設計になった」と高く評価している．

■ 3　再生事業のその後

新敷地での事業が完了した後，現敷地での事業は2001～2005年度に実施された．現敷地の事業のための設計は，地元の設計事務所（御坊連合設計）による．地元事務所は，新敷地でのワークショップを何度も見学したうえで，平山研究室と協力して，現敷地でのワークショップを担当した．新敷地の団地は日高川ハイツと名づけられた．

基本構想の段階では，戸数を少し増やし，240戸を建設する計画がつくられた．しかし，建て替え後の団地への入居資格のない世帯が多くみられた．これは，島団地の入居関係の管理が混乱していた点などに関係する．また，事業期間中における高齢住民の死去，老人福祉施設への入所，新家賃負担の困難による他の市営住宅への転居などにより，最終的には171戸の建設となった．

団地建て替えの完了後，島団地対策室の業務は終了した．しかし，新しい団地にも生活関連支援を必要とする住民が多い．また，団地と周辺地域の関係を発展させることが望まれた．これらの点から，日高川ハイツに隣接する敷地に，御坊・日高障害者総合相談センターが建設され，2008年に開所した．このセンターは，地域での暮らしの安心を支えるための相談事業を行う施設で，御坊・日高圏域1市5町の共同施設として御坊市が設置したものである．同センターの設置によって，新しい団地は地域の福祉拠点としての役割をもつことになった．さらに，障害者支援施設（ケアハウス）の建設が進められている．

◆参考文献
1) 平山洋介（2005）：「貧困地区の改善戦略──島団地再生事業の経験から」，岩田正美・西澤晃彦編『貧困と社会的排除』，ミネルヴァ書房．
2) 平山洋介（2005）：『暮らしの改善を目指して──島団地再生事業の経験から』，御坊市．
3) 小川周司（2007）：「同和地区再生」，日本ソーシャルインクルージョン推進会議編，『ソーシャル・インクルージョン──格差社会の処方箋』，中央法規．
4) 糟谷佐紀（2002）：『御坊市障害者総合相談センター基本設計報告書』，御坊市．

51 神戸市真野地区
神戸市真野地区における一連のまちづくり活動

2002

■ 震災後共同建替第1号の東池尻コート

■1 時代背景と事業の意義・評価のポイント

1970年から現在まで取り組まれてきた神戸市真野地区での一連のまちづくり活動は，我が国都市計画の進歩，発展に顕著な貢献をした独創的，啓蒙的な業績であると考えられ，石川賞が贈られた．

現都市計画法が制定され都市計画の計画体系が漸次整えられつつあった時期，地区レベルの都市計画のあり方が，重要課題とされていた．1980年には地区計画制度が創設され，その後も多様に発展，制度の充実が図られてきた．この地区計画制度創設，制度充実のプロセスにおいて，真野地区の実践は常に先行指標の一つとして影響を与えつづけるとともに，現在においても全国各地区の実践をリードする存在でありつづけている．それは，真野地区の実践が，常に制度を超え制度にとらわれない創造性豊かな先見的内実を持ちつづけてきたからである．

1978年から始められた地元住民による"真野地区まちづくり構想"策定というまちづくり提案は，神戸市の地区計画・まちづくり条例の制定に生かされるとともに，最近の都市計画法改正における都市計画提案制度の嚆矢をなす事例となった．

このように，神戸市真野地区における一連のまちづくり活動の業績は，草の根運動でありながら一地区の成果のレベルをはるかに超えて，我が国都市計画の進展に大きく寄与したものと評価された．

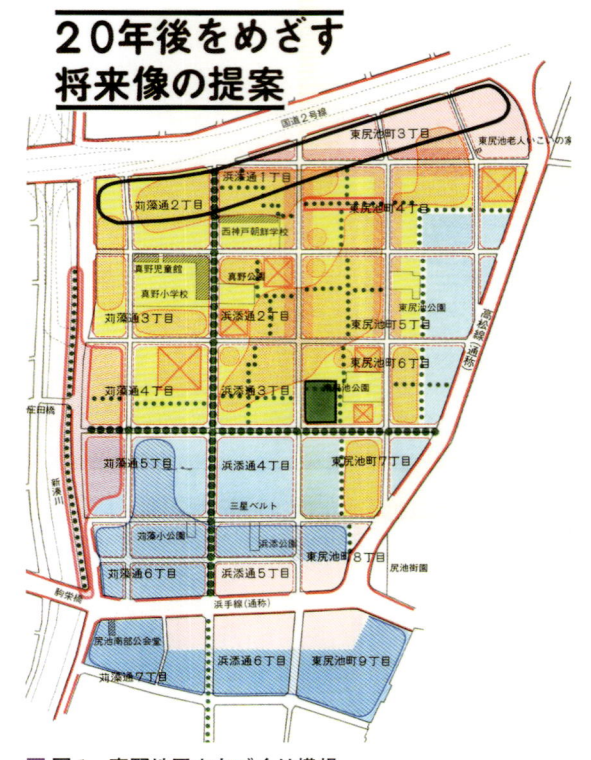

■ 図1 真野地区まちづくり構想
（同．1980年7月5日提案）

■2 真野地区まちづくりの特徴

真野地区は，都心から約5kmほど西に，長田区の東南に位置し，国道2号の幹線道路や新湊川・兵庫運河に囲まれたおよそ40haの区域．真野小学校校区にほぼ一致し，工場と長屋住宅，店舗が混在する典型的な下町である．住宅は長屋が多く老朽化の進んだ密集市街地になっている．他人の土地の上に勝手に絵を描いた「まちづくり構想」をもとに，まちづくり推進会が運営主体となり，ルールづくりと物づくりでまちづくりを展開．日本最長45年の長期に渡りまちづくりが継続している．

（1）届出が公開され建築行為が確認されている

地区計画は1982年と決定が早かった．当時，神戸市では建築条例が整っておらず，都市計画条例のみの地区計画で片肺飛行を続けてきた．そのため，届出は建築確認の事前にまちづくり推進会におろされる変則的な仕組みになっている．

阪神・淡路大震災前までの届出件数は250件，震災

■ 写真1　不良度判定調査時点（上）と現在（下）の比較

後（1996年10月末）は145件，現在，届出総数は583件におよんでいる．

(2) 密集事業は街区計画を想定　物づくりのスタート時点は住環境整備モデル事業で，要綱ベースであった．現在は法定事業として密集事業法に裏打ちされている．震災以前15年間で70軒の老朽住宅を買収・解体除却したが，震災22秒間の揺れは600軒の住宅を全壊させることになった．

隅切りや地区道路以外は街区単位で整備計画を策定して事業を進める仕組みにしている．現在は「まちなか再生型街区整備事業」をめざして，浜添通1丁目街区で空家・空地対策に取り組んでいる．

(3) 公営住宅も物づくりの柱　まちづくり構想の目標に人口の増加をうたっているが，ピーク時の1/3まで人口が減少した．人口増加の期待をになって公営住宅の建設に力を入れてきた．震災前と震災後で250戸（全住宅の1割）の住宅が供給された．公営住宅に若い子育て世帯が入居できるよう募集方法の転換を進めている．

真野地区では2003年から人口がわずかであるが増加に転じている．

■ 写真2　まちづくり推進会総会（2009年6月13日）

■3　プロジェクトのその後

まちづくりは継続が大事だ．公害による健康被害，住工の土地利用混乱，予期せぬ大震災とおおむね15年周期で危機的状況に見舞われ，絶望を希望に変える運動を展開してきた．

3年前の暴力団事務所の進出を297日の運動でくい止めた．これも危機だが，これからのまだ見ぬ次に来る危機に，まちづくりの運営主体のまちづくり推進会は備える必要がある．2009年の総会で執行部の世代交代若返りをなしとげた．2010年1月17日の震災15周年祈念イベントは大盛況で終了し，新しい執行部が住民に信任された証となった．

1995年12月に仮設建物の再利用で設置されたまちづくり会館は，老朽化にともない新築が計画され神戸市の建設補助金の交付も決定した．新しい地方分権を小地域で担う活動拠点の誕生を目指して法人格の取得，自主運営財源の確保に取り組んでいる．

◆参考文献

1) 宮西悠司（1986）：「地域力を高めることがまちづくり―住民の力と市街地整備」，都市計画143．
2) 中村正明（1997）：「地区計画はまちづくりの基礎をつくる―神戸市真野地区」，造景8．
3) 今野裕昭（2001）：『インナーシティのコミュニティ形成―神戸市真野住民のまちづくり』，東信堂．
4) 真野地区まちづくり推進会（2005）：『日本最長・真野のまちづくり―震災10年を記念して』．
5) 暴力団組事務所追放等協議会（2007）：『スクラム組んで―暴力団組事務所追放までの297日間の記録』．
6) 真野地区まちづくり推進会（2010）：『過去に学び，未来を見つめ，人とまちを守ろう（阪神・淡路大震災15周年事業報告集）』．

52 東急多摩田園都市
50年にわたる持続的なまちづくりの実績

2002

■ 写真1　再整備が完了したたまプラーザ駅（2010年10月撮影）
吹き抜け空間が開放的なゲートウェイを演出している．

■1　時代背景と事業の意義・評価のポイント

　東急多摩田園都市は，現在の東急田園都市線沿線に広がる面積5,000 ha，居住人口54万人に及ぶ大規模開発事例である．開発の発端は1953年に当時の東急グループ会長の五島慶太氏による城西南地区開発趣意書である．そのルーツは，1920年に設立された田園都市株式会社（現在の東急電鉄）で，カリフォルニアの田園的郊外セントフランシスウッドをモデルに，郊外電車路線と結びつけて開発した田園調布である．鉄道路線沿いの田園的郊外は，欧米では19世紀後半から，わが国では20世紀初頭に登場しており，その流れを受けている．

　都心と直結する鉄道（田園都市線）と一体となって，早期に大規模な都市建設を計画的に実現した点，沿線地主に働きかけて50以上の土地区画整理組合を組織した点，業務一括代行方式により東急電鉄がこれらすべての土地区画整理事業を計画的に施行した点，公共団体ではなく民間デベロッパーがこれらを実現した点，などにおいて，日本では比類のない画期的プロジェクトであった．

　計画内容としても，美しが丘のラドバーン方式の道路計画，小黒(おぐろ)地区における区画整理区域全体の建築協定など，60箇所を越える延べ600 haに及ぶ建築協定による住宅地環境の保全，地区全体の系統的な街路樹の植栽，沿道緑化，18万本の苗木の配布による地域全体の緑化の試み，きめ細かいバス網やデマンドバスの導入など，積極的なまちづくりの多彩な試みを含んでいる．自家用自動車の普及の反省から，公共交通と結びついた田園的郊外への関心が再び高まりつつある21世紀初頭において，その50年に及ぶまちづくりの歴史的，現在的意義は大きく，これからの50年を展望した新しいまちづくりの試みも期待できることが評

価されて受賞に至った事例である．

■ 2　プロジェクトの特徴

　本事例では，1953年のスタート以降，1966年に「ペアシティ計画」発表，1973年に「アメニティプラン」発表を通して，鉄道事業者主導で，快適性を追求しながら，都市機能の充実や高水準住宅の供給などを積極的に推進し，1988年には「多摩田園都市21プラン」を発表した．道路や情報，サービス，景観などの街づくりの基本となる要素について，質と量の両方から見直しを図り，自立性の高い多機能都市を目指してきた．鉄道事業者が沿線を開発する事例は，首都圏や京阪神都市圏を中心にいくつか存在するが，大規模な面積の地域で，長期にわたって事業を展開し，しかも時代の変化にあわせて多様なアプローチを取り組んでいる点で，抜きんでているといえる．

　大規模な住宅地開発としては，千里，多摩，泉北，千葉といった公的主体によるニュータウン事業が知られているが，それらと比較した場合，東急田園都市は，開発事業者と運輸事業者と商業事業者が同一グループであるという連携を活かしている点がユニークであろう．図1に，東急多摩田園都市の開発位置と東急グループによる大規模商業開発の位置の関係を示すが，両者のつながりが読み取れる．

　しかしながら，第一次首都圏基本計画近郊地帯（いわゆるグリーンベルト）とされながら市街化許容地区として開発されてしまった点，先に述べたような計画があるものの，主要幹線道路，地区公園，総合公園等の全体の都市骨格を定義するマスタープランとしては希薄な点，横浜市との緑地計画の調整が十分にはできていないことなどの理由から，公園や緑地の整備水準は必ずしも高くはない．

■ 3　プロジェクトその後

　一般的なニュータウン同様の初期入居者の高齢化，拠点各施設の老朽化，駅前地区等での慢性的な道路交通渋滞等の問題に直面している．高齢化については，駅バス圏居住者の駅前地区マンションへの転居奨励の戦略が展開されつつある．施設のリニューアルは地区外周辺施設との競合もにらみながら，冒頭の写真にあるように大規模な再整備を進めている．いずれも鉄道事業者主体での展開というスタイルで持続されている．

　道路混雑については課題が多い．公共交通指向型開発（TOD：Transit Oriented Development）の先進事例として，諸外国から注目され，米国での研究報告書にもその特徴が記載されるほどの事例であり，東京都区部への通勤鉄道需要確保という点では成功しているいる．しかし，平日ピーク時の駅前道路混雑，休日の商業施設周辺道路混雑などは慢性化しており，自家用車交通需要の十分な削減には至っていない．高低差の多い地形のため，自家用車の短距離利用が多いこと，開発区域の外側に連担して市街地が広がったため，駅勢圏，商圏が実質的に拡大していること等の要因も絡まっており，高齢化の進展とともに残された課題といえる．開発者，鉄道事業者だけではなく，行政，市民とともに取り組むことが望まれる．

◆参考文献
1) 東京急行電鉄（1988）：『多摩田園都市―開発35年の記録』，ダイヤモンド社．
2) 東京急行電鉄（2005）：『投資家向け説明会参考資料』，p.17．
3) 中村文彦・藤平智子（1997）：「Transit Village in the 21st century」，交通工学 **32**(5)．

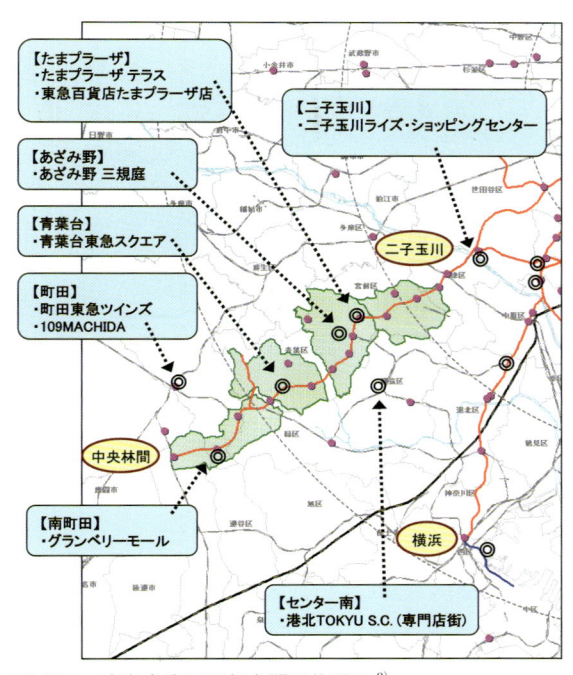

■ 図1　東急多摩田園都市開発位置図[2]
田園都市線沿線に広がる開発区域に複数の大規模商業施設が立地している．

53 沖縄都市モノレール
モノレールの整備と総合的・戦略的な都市整備計画によるまちづくりへの貢献　*2003*

写真1　都市モノレールと連動する市街地開発（久茂地市街地再開発事業と一体となった県庁前駅）

1　時代背景と事業の意義・評価のポイント

　沖縄都市モノレールの整備は，戦後の沖縄にとって初めての軌道系交通システムであるだけでなく，那覇市の都市構造を根本から変えるほどの影響力をもつ事業である．空港，都心部，そして環境拠点（首里城）という重要拠点を結ぶ路線であり，都市の骨格を担いうる公共交通システムとなった．また，沿線の市街地整備事業も活発に行われている．土地区画整理事業が5箇所で展開され，新市街地や住宅団地の整備が進められており，人口5万人規模の市街地がすでに完成している．そのほか，公園事業や周辺施設との連携施設の整備なども行われた．構想から30年以上にわたる長期間を要した事業であったが，その間に，都市モノレール整備と市街地整備を総合的にかつ戦略的に進めることができた意義は大きい．本事業は，関係者の長年にわたる多大なる努力の賜物であり，都市計画上の意義も多い．

2　プロジェクトの経緯と特徴

　2003年8月10日に開業した沖縄都市モノレールは，全国で5番目（大都市圏や政令指定都市をのぞく地方都市では初めて）の軌道法並びにインフラ補助制度の

写真2　安里交差点
同時に施工した道路改良事業．

適用を受けた都市モノレール事業であり，また，戦後の沖縄県民にとり初めてと言える軌道系交通である．

2.1　事業開始まで

　戦後，米国の統治下におかれた沖縄は自動車交通が優先され，米軍基地の存在によるいびつな市街地の形成や土地利用がなされ，特に県都である那覇都市圏においては人口や産業の集中に伴う自動車交通の増加に道路整備が追いつかず，慢性的な交通渋滞が発生するなど都市機能の低下や生活環境の悪化を招いている．

当時における沖縄県の年間渋滞損失は1600億円で，特に，那覇都市圏の年間渋滞損失額は995億円と県全体の62％であると言われていた．これらの交通問題に対処するため，地下鉄等と比較して安価な建設費で道路交通の補助的役割を果たし，中規模程度の輸送力を持つ都市モノレールが導入された．

導入経緯は1972年に沖縄振興開発計画において軌道系システムの必要性が提起され，1981年度に国庫補助事業として採択された．しかし，モノレール本体工事の着工に当たっての，採算性やバス路線再編の問題等の課題解決に予想以上の期間を要し，1996年の本体工事着工となっている．その間において都市モノレールの導入を前提とした都市施設や市街地の総合的な整備が進められた．

2.2 総合的な関連事業

関連街路の整備については1983年に都市計画決定以後整備推進を行い，本体着工の1996年には97％まで整備率を高め，インフラ工事着手の条件を整えた．また，モノレール導入路線である国道330号那覇道路は，モノレールインフラ整備に加え，安里交差点の改修等をモノレール開業と整合を図りながら整備を進めた（写真2）．

市街地整備については，モノレール沿線に，米軍用地返還地の小禄金城地区や那覇新都心地区を含む5地区の土地区画整理事業を導入，人口約5万人の市街地を先行整備し，駅に隣接した県営・市営の1,600戸の住宅団地の整備を行った．

市街地再開発事業においては，県庁前駅に隣接する久茂地地区の再開発ビルを平成3年度に完成させた（写真1）．

公園事業では，防災公園としての避難路の強化とともに壺川駅との利便性の向上を図るため奥武山公園「北明治橋」の歩行者専用橋を2003年に整備した．その他，交通結節となる那覇空港の国内線新ターミナルビルの完成（1998年度），首里城公園の一部復元の開園（1992年度）を関連付けながら整備してきた（図1）．

沖縄都市モノレールの施設整備にあたっては，車椅子利用者や視覚障害者の方々の実体験の結果も取り入れる等の調整を行いながら，交通バリアフリー法及び沖縄県，那覇市の福祉のまちづくり条例等に基づき，移動円滑化基準に準じた施設整備を行ってきた．また，ユニバーサルデザインとして各駅および自由通路周辺に，日本語に加え，英語，中国語，韓国語で誘導案内サインや周辺案内地図の道路標識が整備されている．

2.3 交通結節点としての工夫

交通結節については，既存の公共交通機関との有機

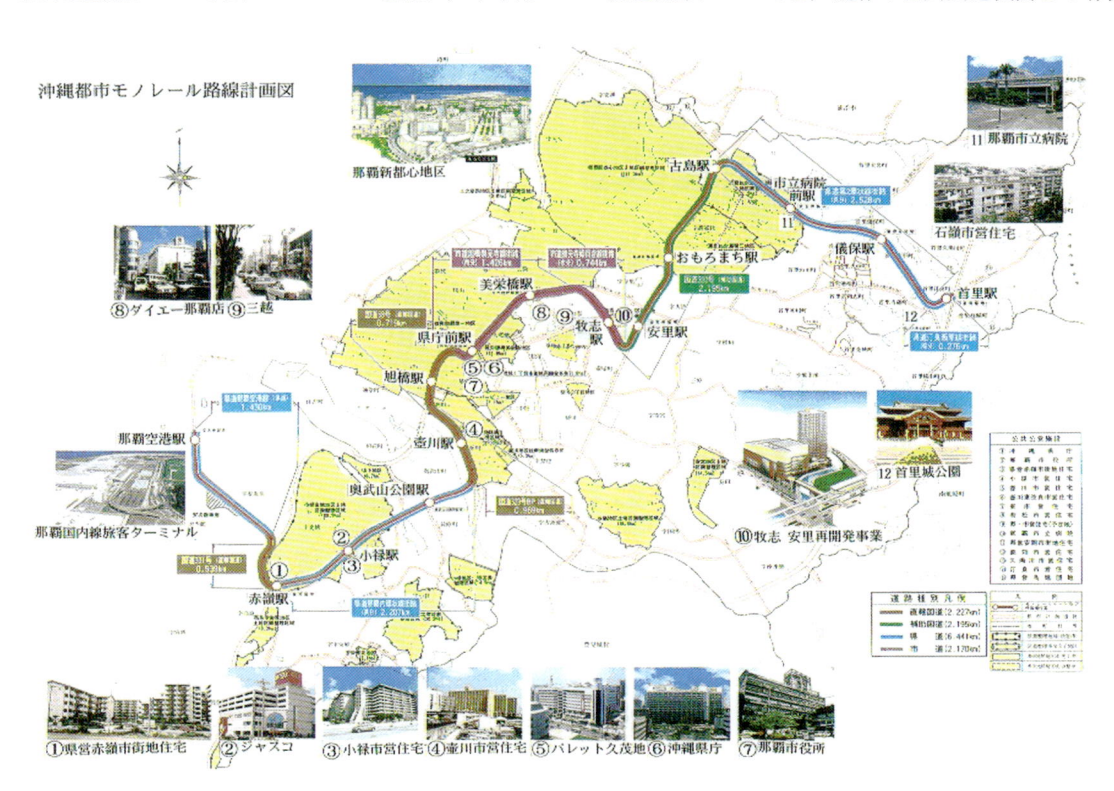

■ 図1　沖縄都市モノレール路線計画図（出典：沖縄県都市計画・モノレール課HP）

的な交通システムを確立するため，バスとの結節については，バス路線再編計画を策定している．他の交通機関との結節については，那覇空港との結節を初め，8駅においてバスベイやタクシー及び一般車乗降場，自転車駐輪場等を設けた交通広場を整備，その他の駅についても，タクシー及び一般乗用車乗降場の整備が図られている．

利便性の確保では，駅と隣接する施設との結節のため那覇空港国内線ターミナルビル，久茂地再開発ビル及び市立病院との連絡通路や公園への人道橋を整備し，また，小禄駅に隣接する大型店舗との協力による連絡デッキの整備やパークアンドライドを行っている．

2.4 アメニティ向上や周辺地域との連携

沿線のアメニティー向上のために，モノレール沿線道路における電線類地中化による広幅員歩道の確保，低騒音舗装の導入，都市景観に配慮した駅舎のデザインや支柱緑化等が行われている（写真3）．

また，駅周辺通り会や自治会，関係団体（行政を含む），企業等が連携を取りながら，モノレールの利用機会を高めるとともに，駅周辺地域の活性化に寄与するため誘客施策やイベントの開催等を実施している．

■ 3 利用状況と整備効果

(1) 利用状況 開業後3年間の利用状況は，需要予測通りの1日平均約34,000人で，着実に利用客が増大しており，その後の利用客を，毎年度1,000人ずつの増加を目標に，開業8年後に約42,000人を達成・維持する見込みとし，収支見込みは，単年度黒字を約9年後，累積赤字解消を約34年後と予測した．

開業後の利用実態調査によると，開業前の利用交通機関からの転換は，バスが40％と最も多く，自動車が15％，タクシーが13％で，自動車からの転換が他都市モノレールよりも高いことが特徴である．利用目的は，通勤・通学が50％，買物・娯楽が22％，観光が12％で，利用する理由は，定時定速性，利便性，快適性が評価されている．

近年のモノレール利用状況は図2に示すように，2008年度実績の37,545人をピークにやや下がり，2010年度で1日平均約35,731人（達成率87.1％）となっているが，2010年7月には延利用者が9千万人に達している．

(2) 整備効果 定量的な整備効果は，多大な需要創出効果や交通改善及び環境改善効果を発現し，さらに種々の間接効果を発現している．モノレール導入の目的とした交通改善効果としては，開業前後における

■ 写真3　モノレールの支柱
ツタによる緑化と植樹帯．

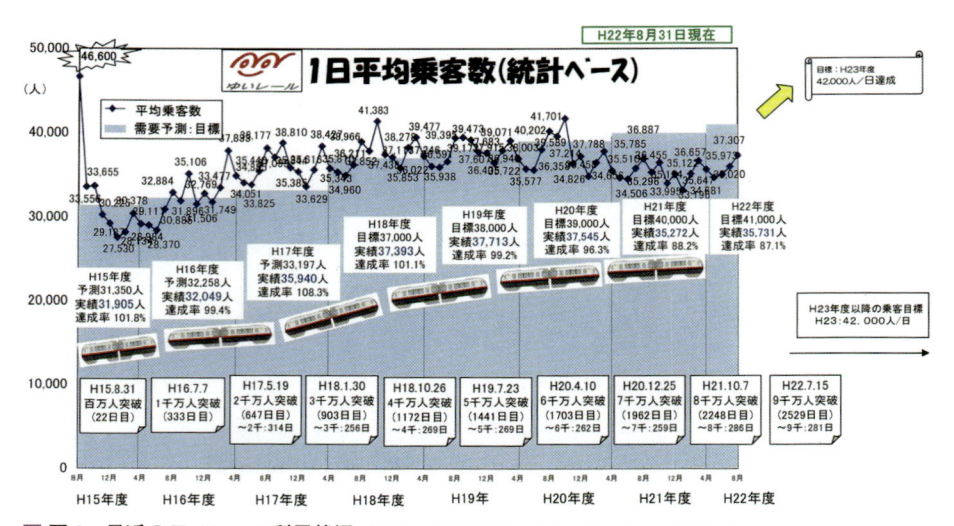

■ 図2　最近のモノレール利用状況（出典：沖縄県都市計画・モノレール課HP）

■ 図3　駅前で開発が進む牧志市街地再開発事業

■ 図4　浦添市への延長と土地区画整理事業

交通量の変化は，那覇市内を全体的に見ると大きな変化は見られなかったが，モノレール沿線の那覇空港周辺とメイン通りである国際通り及び終点の首里駅周辺での交通渋滞緩和効果が見られ，全体で自動車系からモノレールに転換した利用者が，1日当たり約10,000人（約7,000台）と推測され，交通渋滞緩和に寄与している．

開業を契機に，駅周辺のパークアンドライド駐車場（4箇所）の整備やレンタカーデポの設置及び駅と結節した循環バスが運行されるなど，他の交通機関との連携も促進され，駅に隣接してホテルや空港外免税店が立地するとともに，沿線商店街の歩行者も増加し，街の活性化に大きく寄与している．

特に，これまで自動車交通に依存し道路整備に重点が置かれた県民の関心事が，パークアンドライドや循環バス及び各種の乗継割引など，ソフト施策も含めた交通全般に跨る等，公共交通に対する県民意識が高まっている．

駅舎等のバリアフリー化により，車椅子利用者は，1日平均約25人が利用しており，他都市のモノレールと比較して極めて高い利用率で，終点駅に近い世界遺産に登録された首里城公園の入園者数も増大するとともに，車窓からの景観に配慮した屋上緑化も誘発されるなど，着実に整備効果が現れている．

■ 4　モノレールの延長による今後の展開

現在のモノレール終点駅である首里駅は，当初計画では中間駅の位置付けのため交通広場が無く，他の交通機関との結節機能が不十分であることから，モノレールの効果的・広域的な利用を進める観点から改善が求められている．

そのため，今後の新たな展開としては，当初の路線計画で位置付けされた首里駅から西原町の高速道路までのモノレール延長を検討・審議した結果，浦添市を経由して西原口まで到達する路線計画が決定された．路線の延長整備により，既成住宅地域の沿線交通需要に応え，併せて高速道路と結節することで，高速バスや自家用車等からの乗り換えによる沖縄本島の定時定速の公共交通基幹軸を形成し，中北部地域の利便性の向上と那覇都市圏の交通渋滞緩和を図ることが，都市交通戦略上，極めて重要な施策となる．

新たな施策として打ち出した沖縄中南部圏を東西方向に連結する「はしご道路」の整備と関連して，ETCを利用したスマートインターチェンジ活用の可能性もあり，新たに高速道路と結節する端末駅では，大規模なパークアンドライド駐車場やレンタカーデポの設置，さらに高速シャトルバスや地域循環バスの運行も積極的に展開することが図られている．わが国で初のモノレールと高速道路との複合交通結節拠点を目指して，シームレスな乗継実現に向けた，革新的な技術開発やバス再編などのパッケージ施策も併せて検討される予定である．

一方，沖縄県では，米軍基地再編計画に伴い，今後約1,500 haの基地返還が予定されている．都市計画が目指すコンパクトシティの形成や既成市街地の再生と新たな米軍基地返還に伴う新興市街地開発とのバランスを図った土地利用展開は，相反する極めて難しい課題である．そのためにも，公共交通基幹軸の強化が重要で，モノレールとLRT等の新交通システムを融合した，新たな交通システムの検討も望まれるところである．

◆参考文献
1) 当間清勝（2004）：「沖縄都市モノレールの整備効果と今後の新たな展開」，沖縄都市モノレール研究発表・報告会．
2) 沖縄県（2008）：『沖縄都市モノレール延長検討調査報告書』．
3) 沖縄県（2010）：『沖縄都市モノレール』．

54 醍醐コミュニティバス
市民が担う公共交通

2004

■ 写真1　醍醐コミュニティバス

■ 1　事業の背景と事業の意義

　コミュニティバスという呼称は，自治体が運行しているバスに使われることが多いが，醍醐コミュニティバスは，行政からの補助を全く受けずに市民の手で実現したバスシステムである．京都市伏見区醍醐地区で2004年2月に運行を開始し，市民が主体となって運行するバスシステムのさきがけとなったものである．自治体主導のコミュニティバスのなかには厳しい運営状況のものも少なくないが，運行開始以来，現在まで市民の力で順調に運営されてきているという点も重要である．

　醍醐地区には，2004年当時，すでに京都市営地下鉄東西線の醍醐駅が開業し，地域を縦貫する3本の幹線道路はいずれもバス路線になっていた．地区の大部分は駅やバス停から500m程度の範囲に入っており，行政的な感覚で言えば公共交通不便地域とはみなされないような地域である．しかし，実際には，山沿いの坂の上などに住宅街や団地の多くが立地しており，バス停まで歩いて往復することが大変な地区が多い．また，比較的早い時期に建てられた市営住宅などが多い地域で，高齢化も進んでいるうえ，自動車を避けながら歩かなければいけない細い道路も多いことなど，高齢者や子供にとってはバス停まで到達することが容易ではない状況であった．

　地下鉄の開業によって，醍醐駅から京都市中心部までは約20分で結ばれており，地域全体としては便利になっているようにみえるが，地下鉄開業に伴って市バスが撤退するなど，地区内の移動はかえって不便になったという思いを抱いている住民が多かった．

　地下鉄開業に伴うバス路線再編の時から，住民からはバス交通の改善を要望する声があがっていたが，特に，地区内をきめ細かくまわる路線が必要であるとの思いから，自治町内会連合会や地域の女性会が中心となって2001年9月に「醍醐地域にコミュニティバスを走らせる市民の会（以下，「市民の会」と呼ぶ）」を発足させた．

　当初の活動は，他都市の事例の見学や行政に対する要望活動であったが，要望を続けても行政も既存事業

者も実現することができず，真に住民が望む路線はできないという認識が広がり，市民の会が自らの力で運行を目指すこととなった．

また，2002年にはバスの規制緩和が実施され，新しい手法による路線開設の道も開かれたことから，環境NPOであるアジェンダ21フォーラムや，公共交通の実践的な研究を行ってきた京都大学が協力し，地元の大手タクシー事業者も加わって，住民が主体となったバスの運行計画が具体的に進行していった．

2 プロジェクトの特徴
2.1 醍醐コミュニティバスの内容と仕組み

醍醐コミュニティバスの路線は，住宅地と地区内の鉄道駅・公共施設・商業施設・病院等を結んでいる．醍醐駅とそれに直結した商業施設を起点に，地域の中核的な病院や寺院を結ぶ5路線（運行開始当初は4路線）のネットワークで，昼間時間帯を主体に20分〜1時間の間隔で運行している．

既存のバス事業者が採算面において成立が困難と判断していた路線であり，運賃収入だけで成立させるのは難しい．そのため，実現のための特徴的な仕組みとして，商業施設・病院・寺院などの地域の中核的な施設との連携を基本とするスキームを確立している．市民の会が路線やダイヤを決め，バス停位置も事業者と共同で市民の会が決める．運行は交通事業者が担当する．商業施設等は利用促進活動を行うとともに資金的な支援を行う．このように，市民の会と事業者と協力施設の3者がそれぞれの役割を最大限に発揮することによって従来は成立しなかったものを実現させた．

活動当初は，行政や既存事業者による運行を想定して，行政への要望や議会に対する請願などを行っていた．請願は市議会で採択され実現されるかに見えた時期もあったものの，結局，行政は住民が期待するようなバス路線を生みだすことができなかったため，市民

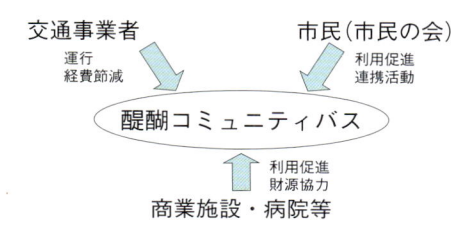

■ 図1　地域で支える醍醐コミュニティバスの仕組み

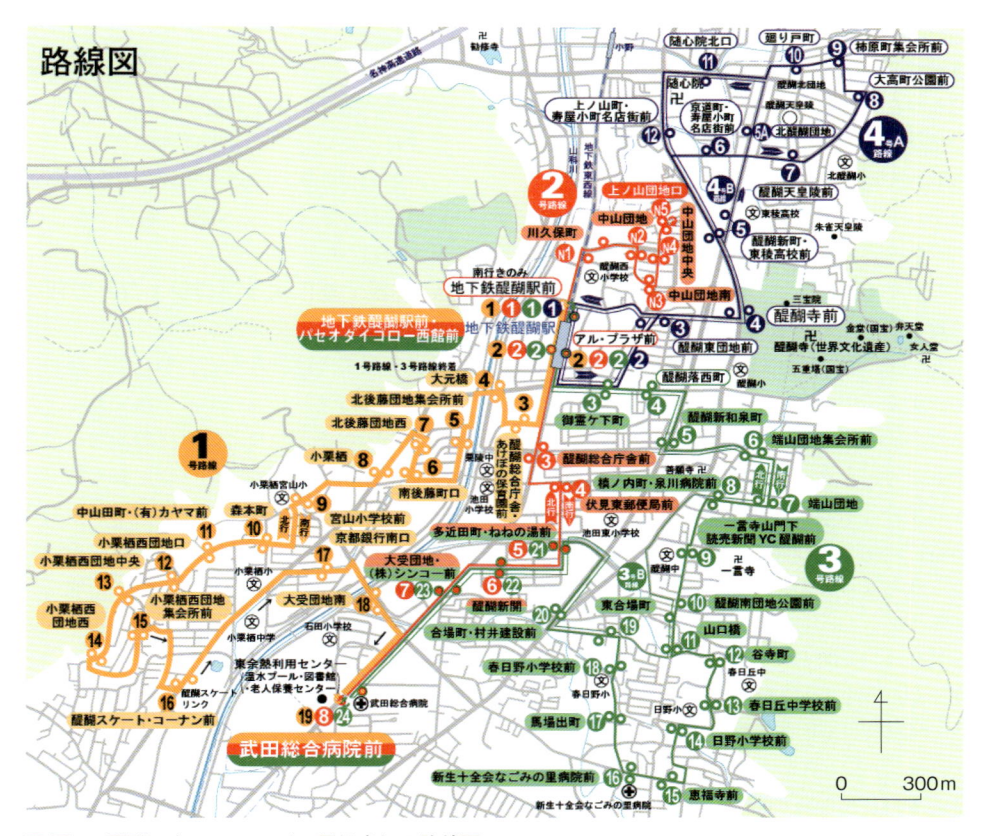

■ 図2　醍醐コミュニティバス運行当初の路線図

■ 写真2　実現までのプロセス

の会が自らの力で運行を目指し，数年に及ぶ計画と準備を経て実現した．この地域にはどうしてもバスが必要であるという住民の強い思いが，要望型から自立型の活動へと変化させ，新しい方式での運行を実現させる力になっていたと言える．

2.2 醍醐方式コミュニティバスの特徴

醍醐コミュニティバスは，行政が主導するコミュニティバスと比べて，より住民の視点にたって進められた．計画段階においては，市民フォーラムを実施し，市民の会のなかに設けられた運行計画検討委員会が運行計画の素案を提示した．また，市民フォーラムの後，運行計画の趣旨や概要を記したパンフレットを作成して地域内の全戸に配布し，同時にアンケート調査を実施した．アンケートには，路線案も明記したうえで路線についての意見も募った．さらに，住民意見を直接聞くために地域内の学区ごとに「コミュニティバスを走らせる学区の集い」を開催し意見交換を行うなど，路線の決定に至るまで，多くの住民の意見を聞きながら進められた．

できあがった路線とダイヤの大きな特徴は，地域全体をカバーしていることと，完全パターンダイヤであることである．いずれの路線も等間隔運行で毎時同じ時刻とすることによってわかりやすく覚えやすいダイヤとしている．

また，運賃は1回200円であるが，1日乗車券を往復分より安い300円としているところなども，既存のバス事業者の発想とは全く異なるユニークな点である．

計画策定時や運行開始後のマスコミ等による評価としては，下記のようなものがあった．

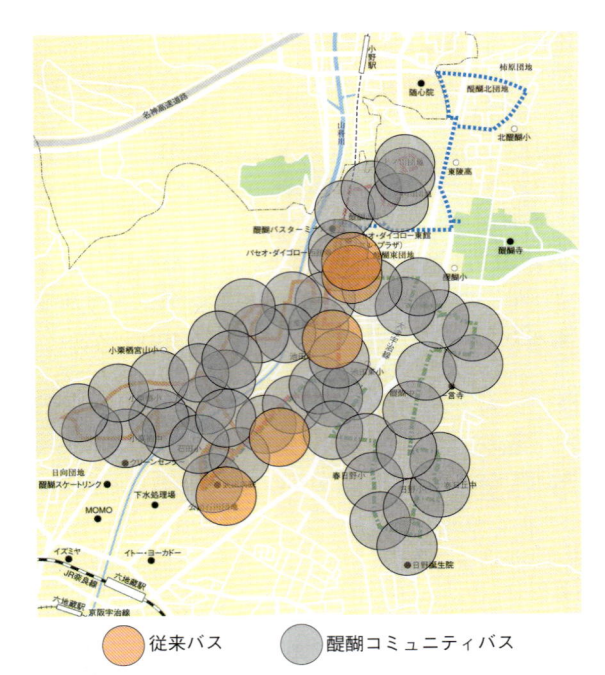

■ 図3　地域の中核病院へバスで直接行くことのできる範囲の変化（バス停200 m圏）

- 「市民の市民による市民のための地域バス」（朝日新聞02年12月26日）
- 「住民がつくる社会インフラ」（京都経済新聞03年11月22日）
- 「都市における公共交通の新しいモデルとして大いに注目したい」（京都新聞2004年2月15日社説）
- 「今後の地域の公共交通のあり方を考えるうえで大いに注目されます」（NHK・おはよう日本2004年2月17日放送）

2.3 市民組織によるプロジェクトの利点

市民組織によって新たな公共交通を生み出すということはそれまではほとんど行われていなかったが，実際には多くのメリットのある手法である．路線開設の可能性が広がることなどの直接的な効果に加えて，まちづくり全般に対しても様々な意義を持っている[1]．

第1には，採算が成立条件となってきたそれまでの方法と比較して，多くの路線・地域において，成立の可能性が大きく広がることである．一般にはバス路線の成立可能性は採算によって決まってきたと言えるが，醍醐方式は，メリットを受ける住民や地元施設がそれに見合う協力をするものであり，バスがもたらしている外部効果を内部化しているものである．社会的効果を感じる市民による協力を，実際のスキームのなかで活かすことによって，採算で成立しない路線でも実現できることを示している．

第2に，まちづくりとの一体性が生まれることがあげられる．環境への取り組み，高齢者等への福祉の取り組み，商業振興や観光振興など，多くの市民活動は，交通事業者と連携する必要のある部分が多いが，既存の事業者はこのような活動との連携には熱心でない場合の方が多い．まちづくり活動のなかで，深いかかわりのある公共交通が，市民からは手の届かないところにあったことが多くのまちづくりを行き詰まらせる原因でもあったが，バス交通自体が市民の手にあるということは大変大きなメリットとなる．

第3に，魅力的で個性的な地域づくりにつながるという点である．行政には公平性という基準があるため，特定の地区だけをよくするような政策を実行することは難しい．行政が行う施策は，どこでも同じものであることがむしろ原則であり，それを待っていただけでは個性や魅力のある街を作り出すことはできない．交通問題を解決することは，自らの街の個性と魅力を磨くためのものであると考えると，行政に頼るのではなく自ら動いたほうがよいことがわかる．交通の場合には大規模な対応策を思い浮かべてしまうために，行政が動かないから何も変わらないというふうに思ってしまうことが多かったようであるが，コミュニティバスなどは市民にとっても十分手の届くものであり，発想を変えて動き始めた醍醐のような地域では他のところにはない新しい魅力を手に入れることができることを示している[2]．

第4に，公共交通への意識の変化があげられる．公共交通プロジェクトに市民が参画することによって公共交通を自らの問題として捉えるという視点が生まれる．醍醐地区の人たちは，バスの利用者が多いと嬉しいと感じ，少なければ心配になるということを実感しており，そのことが公共交通にとって大きな力になっていると考えられる．完全に受身もしくは第三者的な見方であった公共交通に対して，価値意識の変化が生じることが重要な点である[3]．

また，安易な陳情型から脱皮し，真に必要なものを選別していくことにもつながる．他地域のコミュニティバスでは，路線の設置に向けての運動が熱心であったにもかかわらず，出来上がった路線がほとんど利用されないという例も少なくないように，陳情型の運動は必ずしも良好な路線を生み出しているとは言えない．市民の責任によって作られたものであるということが，それを守り育てて，継続させていこうという大きな流れを生み出している．

最後に，良好な合意形成につながる可能性をあげることができる．反対が多ければ実施できないことが最初から理解されているため，反対のための反対を少なくし，合意形成に向けての動きにつながっている．総論であっても各論であっても紛糾すればすべてが進まなくなり，その結果遅れるのは自分たちの利便性向上であるということになる．

路線やダイヤについても様々な意見があり，運賃も100円とすべきといった意見も少なくなかったが，それでは成立しないということが理解されて最終的な合意に進んでいる．

行政主導の施策は，それが進まなくなったときにその責任を行政に押し付けてしまうことができるが，市民主体のものはそれができない．そのことは厳しいことであるが，逆にだからこそ進むということもある．

■ 3　その後の状況

醍醐コミュニティバスは，現在も順調に運行を続けており，この間に，1路線を追加するなどさらなる利便性の向上を図ってきた．利用者数も7年間の累計で300万人に達し真に地域の足として定着している．

運行当初に一時的な補助金などを利用せず，継続を前提とした仕組み作りをした点が今日につながっていると言える．

バス交通を必要としていながら，提供されていない地区は全国にいまだ数多く存在するが，醍醐コミュニティバスは，市民のニーズを捉えきれない従来の公共交通に対して，市民の手によって新しいバスネットワークを作り出したもので，想定以上の利用客を記録しながら運行が続けられている．市民が主体となって地元の企業なども協力して運行を目指す地域も少しずつ登場しつつあるように，それぞれの地域に適した特徴ある新しい仕組みを作り出すことが期待されるようになってきているが，醍醐コミュニティバスはそのさきがけとなったものである．

◆参考文献
1) 中川　大（2003）：「コミュニティバスの成果と課題―コミュニティトランスポートの確立に向けて」，コミュニティバスセミナー報告書，国土交通省近畿運輸局・近畿バス団体協議会．
2) 中川　大（2002）：「交通政策の視点からみた市街地再生」，地域政策研究平成12年第12号，p.34-41，地方自治研究機構．
3) 能村　聡（2003）：「持続可能な都市・京都をめざして～市民主体の交通まちづくり～」，交通工学 **38**(3), 18-21．

55 泉ガーデン
駅と歩行者空間整備による「大街区」の更新・まちづくりへの貢献　2004

■ 写真1　アーバンコリドール（左），テラス，泉ガーデンタワー（右，ピロティ）

■1　時代背景と事業の意義・評価のポイント

東京都港区の泉ガーデンが竣工・開業した2002年，都市再生特別措置法が施行された．前年発表の緊急経済対策に沿った立法で，都市開発事業の経済波及効果に対する期待が従来にも増して高まっていた．

その中で，当地域は都心部に位置するにも拘わらず，落差が大きく開発が難しい傾斜地で都市インフラが脆弱なことから，潜在力を活かせずに木造密集地も混在する「大街区」[1]のまま残されていた．本プロジェクトは，都市再生特措法に先駆けてこうした状況を打破した再開発であり，その意義を2点に要約できる．

第一に，大街区を横断する歩行者動線・都市軸形成への寄与である．東京メトロ（当時は営団地下鉄）と協調して南北線六本木一丁目駅の改札口を再開発事業区域内に取り入れ，駅コンコースから尾根筋に残る旧大名屋敷庭園まで快適な歩行者空間を確保した．これにより隣接の城山ガーデン（旧，ヒルズ）等の歩道状空地と連結して，日比谷線神谷町駅周辺地区に至る大街区横断歩行ルートが完成した．

第二に，交通結節点に相応しいパブリック空間の実現である．多数のエスカレーター導入で歩行負担を軽

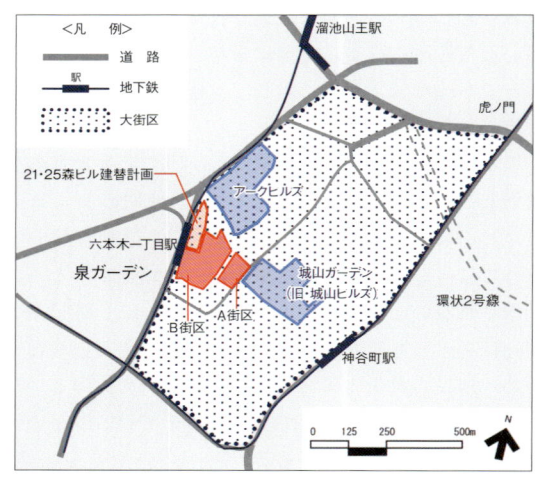

■ 図1　プロジェクトと周辺

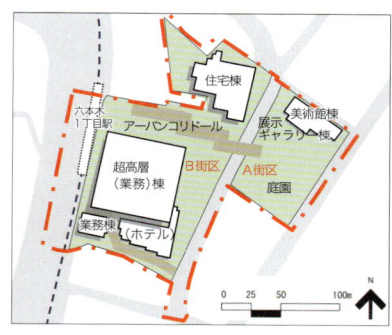

■図2 配置図

表 六本木エリアの主な再開発プロジェクト比較

	地区面積	施設全体延床面積	商業・サービス店舗数	ホテル部分延面積
泉ガーデン	3.2 ha	208 千m²	25	4 千m²
アークヒルズ	5.8 ha	360 千m²	45	98 千m²
六本木ヒルズ	11.6 ha	758 千m²	200	69 千m²
東京ミッドタウン	7.8 ha	564 千m²	130	44 千m²

注：数値は概要．各プロジェクトのHP等より筆者集計．

減するとともに，上下移動に伴う視点の変化を巧みに捉え，また小庭園や商業施設と縦横に往来できるステップ状の趣深い歩行空間や，改札口にまで自然光が射す魅力的な地下鉄駅空間を創出した．

このように本プロジェクトは，「公（都市計画行政）と私（ビル事業）」の効果的連携により，地区の課題を解決しながら新しい都市空間の可能性を提案する先進的な実践であった．他の再開発にもこうした連携努力は見られるが，当地区ではそれが三次元的に高度な形で解決されている点が高く評価された．

■2 プロジェクトの特徴

1986年の再開発協議会発足から完成まで，本プロジェクトは16年を要した．同じ1986年開業の民間主導型大規模再開発の先輩格・アークヒルズも，デベロッパーの準備着手から完成まで17年を要している．長期化は大規模プロジェクトの宿命だが，それ故の創意工夫がプロジェクトの特徴を生むことにもなった．

(1) 交通結節点整備の機会活用モデル 公共交通網整備に併せて沿線集約的に開発を誘導する考え方はTOD（Transportation Oriented Development：公共交通志向型開発）と言われる．地域待望の新線・新駅設置という機を活かして巨大な再開発事業を立ち上げた泉ガーデンは都心型TODの優れたお手本といえる．

(2) 再開発事業制度の活用と挑戦 組合施行再開発の大多数は都市再開発法第110条（全員同意型）に基づく．当地区では全員同意が必須ではない法111条型とし，プロジェクトの長期化に歯止めを掛けた．また，再開発地区計画（現「再開発等促進区」）制度と再開発事業を併用し街区間で大きく異なる容積配分とした．尾根筋のA街区は容積率50%で緑を保全する一方，谷筋（放射1号沿道）のB街区は1000%の高容積としてアークヒルズ他の業務・商業系ビル群と連続する都心らしい景観を形成しようとしている．

(3) 公民連携（PPP）による事業推進 本プロジェクトは「大街区」を長時間かけてでも整序化したい公と，都市再生ムーブメントに乗り遅れることなく事業価値を最大化したい民とで，良い街を希求する方向性が共有できた．先述の111条型の採用もPPPの現れといえよう．

■3 プロジェクトその後

泉ガーデンは，多機能複合面整備プロジェクトという点では，同時期に開発された六本木ヒルズ（2003年開業），その後の東京ミッドタウン（2007年開業）と同じだが，業務用途の割合が高い．そのためか，他とは違った落着きと潤いが保たれているようである．

東京ではオフィスビルの大量供給による需給不均衡「2003年問題」が懸念される中で開業し，当初はテナント確保に苦労もあったようだが，現在は概ね満杯で多数の外資系企業が入居している．

2010年6月，当地区の地区計画変更決定が告示された．アークヒルズと泉ガーデンに挟まれた第21及び25森ビルの建替え計画に伴う改定が東京都に認可されたものである．この変更にあっても，

・六本木一丁目駅前広場は泉ガーデン部分と連続させて拡張整備する
・谷筋と尾根筋を繋ぐ歩行者動線・都市軸と連結する歩行者ルートを整備し，ネットワークを拡充する

等，将来に向けて本プロジェクトの意義を一層強化する方向がうかがわれる．

このように泉ガーデンは，それ自体が魅力的な都市空間として定着して来たと同時に，「大街区」の更新・都市再生への礎としても確実に機能している．

◆参考文献
1) 東京都港区（2000）：『六本木・虎ノ門地区 市街地総合再生計画素案』．
2) 日建設計編（2004）：『泉ガーデン』．
3) 全国市街地再開発協会編（2006）：『日本の都市再開発6』．

56 中心市街地整備と一連の独自条例による金沢のまちづくり
歴史的資源を活かした都市づくり

2004

■写真1　卯辰山宝泉寺からの俯瞰景（提供：金沢市）

1　時代背景と金沢のまちづくりの概要

　地域特性や個性を生かした都市づくりがますます求められる中で，金沢市は主として，a)モータリゼーションと都市化に象徴される戦後の近代的都市発展の時代的要請に応えその歴史的市街地を改造していく課題，b)藩政期からの歴史的香り溢れる市街地を引き継いでいく課題の二つに対応してきた．

　a)については，鉄道高架事業による駅整備を契機として必要になった「駅東広場整備」及びそれと既存都心（武蔵が辻・香林坊・片町）を連結する「都心軸整備」を中心とし，b)については，地域の歴史的環境保全と活性化のための独自の「条例によるまちづくり」を中心として，国の補助事業や独自条例の制定等の施策を含め，規制・誘導，事業実施等，各種の手段を組み合わせ効果的に整備・保全を進めてきた．

　まず，駅東広場整備については，土地区画整理事業で整備されており，ガラスとアルミのドーム型大屋根と地下広場，鼓型のシティ・ゲート，バスターミナル，タクシープールなどを2004年12月頃までにほぼ完成

■写真2　金沢駅東広場とガラスの大屋根（金沢市提供）

している（写真2）．

　都心軸整備については，都心としての機能を維持・強化するため，市街地再開発事業と街路事業の組み合わせにより幹線道路の新設・拡幅整備を行ってきた（図1）．金沢駅－香林坊・片町間でこれまでに7地区10工区で市街地再開発事業が実施された．なかでも，密集市街地を通り金沢駅から武蔵が辻に至る新設都市計画道路は金沢駅武蔵北地区市街地再開発事業と街路事

表1 まちづくりに関する金沢市の条例

No.	制定	施行	条例名（通称）	分野
1	1968.4	1968.10	金沢市伝統環境保存条例*1	歴史的環境保存
2	1989.4	1990.4	金沢市における伝統環境の保存及び美しい景観の形成に関する条例*2	都市景観
3	1992.3	1992.4	金沢駅西地区金沢駅港線地区計画区域における魅力ある街なみの形成の促進に関する条例	開発誘導
4	1992.10	1992.10	金沢市違法駐車等の防止に関する条例	都市交通
5	1994.3	1994.4	金沢市こまちなみ保存条例	歴史的環境保存
6	1994.9	1994.12	金沢市自転車等の駐車対策及び放置防止に関する条例	交通環境
7	1995.12	1997.4	金沢市屋外広告物に関する条例	都市景観
8	1996.3	1996.4	金沢市用水保全条例	歴史的環境保存
9	1997.3	1997.4	金沢市斜面緑地保全条例	景観・自然環境
10	1997.9	1998.4	金沢市環境保全条例	環境保全
11	2000.3	2000.4	金沢市における安全で安心なまちづくりの推進に関する条例	安全・安心
12	2001.3	2001.4	みんなで支え合う健康と福祉のまちづくりの推進に関する条例	福祉のまちづくり
13	2000.3	2000.7	金沢市における市民参画によるまちづくりの推進に関する条例	土地利用
14	2000.3	2000.7	金沢市における土地利用の適正化に関する条例	土地利用
15	2001.3	2002.4	金沢市まちなかにおける定住の促進に関する条例	中心市街地活性化
16	2001.3	2002.4	金沢市における緑のまちづくりの推進に関する条例	緑化・緑地保全
17	2001.12	2002.4	金沢市における良好な商業環境の形成によるまちづくりの推進に関する条例	商業立地
18	2002.3	2002.4	金沢の歴史的文化資産である寺社等の風景の保全に関する条例	歴史的環境保存
19	2003.3	2003.4	金沢市における歩けるまちづくりの推進に関する条例	交通環境
20	2003.3	2003.4	金沢市における災害に強い都市整備の推進に関する条例	都市防災
21	2004.3	2004.4	金沢市旧町名復活の推進に関する条例	コミュニティ
22	2005.3	2005.4	金沢市における美しい沿道景観の形成に関する条例	都市景観
23	2005.3	2005.4	金沢市における市民参加及び協働の推進に関する条例	市民参加
24	2005.9	2005.10	金沢市における夜間景観の形成に関する条例	都市景観
25	2006.3	2006.4	金沢市における駐車場の適正な配置に関する条例	都市交通
26	2006.3	2006.4	金沢市における広見等のコミュニティ空間の保存及び活用に関する条例	コミュニティ
27	2007.3	2007.4	金沢市における公共交通の利用の促進に関する条例	都市交通
28	2007.3	2007.7	金沢市における社会環境に悪影響を及ぼすホテル等の建築の規制に関する条例	生活環境
29	2008.3	2008.4	集合住宅におけるコミュニティ組織の形成の促進に関する条例	コミュニティ
30	2009.3	2009.10	金沢市における美しい景観のまちづくりに関する条例	都市景観
31	2009.3	2009.10	金沢市総合治水対策の推進に関する条例	都市防災
32	2010.3	2010.4	金沢市における学生のまちの推進に関する条例	中心市街地活性化

*1：「金沢市における伝統環境の保存及び美しい景観の形成に関する条例(1989)」の制定に伴い廃止
*2：「金沢市における美しい景観のまちづくりに関する条例(2009)」の制定に伴い廃止

業により整備され，2002年3月の再開発事業第2工区の竣工などにより，全線供用された．また，都心軸の賑わいを強化するため，4箇所の中心市街地活性化広場公園を2001～2003年に設置した．

このような整備を進める一方，歴史的環境と豊かな緑・自然環境を守り，後代に継承するため，1968年に，全国の自治体で最初のまちづくり関連条例として位置づけられる「伝統環境保存条例」を制定した．その後，「近代的都市景観創出区域」を追加するとともに区域毎に景観形成基準を定めるように精緻化し，また市民参加の仕組みを組み込んだ「景観条例」を1989年に制定し，制度を拡充した．また，表1に示すように，「こまちなみ保存条例(1994年)」，「用水保全条例(1996年)」，「斜面緑地保全条例(1997年)」，「寺社風景保全条例(2002年)」等の独自の条例を順次制定し保全に努めている．更に，より広汎な地域環境を守るとともに

に地域の活性化を図るため，住民が自主的に計画を策定し行政と協定を結び支援を受ける仕組みを定めた「市民参画によるまちづくりの推進に関する条例（2000年）」，同様の仕組みによる「歩けるまちづくりの推進に関する条例（2003年）」及び「災害に強い都市整備の推進に関する条例（2003年）」，中心市街地での定住を促進するための支援の根拠となる「まちなか定住促進に関する条例（2001年）」等を制定した．これら一連の独自の条例により，市民との協働による先進的なまちづくりを体系的に進めている．

2　金沢のまちづくりの特徴

金沢市は，伝統的資産を保全・活用しつつ，それと調和した形で現代的都市活動に対応した都市基盤整備を推進し，かつ，その実現のため，全国に先駆けた各種条例の制定等により協働のまちづくりを推進する仕組みをつくりあげた．

金沢市のまちづくりの経験は，個別的な経験にとどまるものではなく，以下に述べるように，戦後におけるまちづくりの一つの到達点を示すものであるとともに，今後の新しい時代のまちづくりに大きな示唆を与えるものと考える．

2.1　駅周辺・都心軸整備と環境保全の実践

金沢駅周辺及びそれから既存都心の武蔵が辻・香林坊・片町までの都心軸の整備は，非戦災都市の密集した都心部において駅前広場の整備や幹線道路の新設・拡幅整備を行い，都心としての機能を維持・強化する困難な事業に取組んだ点で特筆すべきことである．その事業の困難さを思えば，中心市街地活性化に関する行政の強い関与の意思を感じる．金沢駅東広場は，まちの顔としての整備が鋭意進められ，都市のシンボル的空間のひとつとして機能している．

一方，地域固有の魅力を地域が主体的に守り，育んでいくことの重要性は現在では広く認められているところであるが，戦後の経済成長，近代化重視の時代にあって，地域の歴史と自然の価値を重視し，独自の条例によりその保存の仕組みを作り上げたことは先駆的業績として高く評価して然るべきものである．しかも，時代の変化に応じ，条例を改正し新たな条例を制定するなど，その実効性を高めるために，不断の努力を積み重ね，現在の金沢市のまちなみがある．

このように，金沢市の中心市街地整備は，各種の条例により効果的に保全を行う一方で，開発すべき区域については各種の事業手法を駆使して強力に整備を進

■ 図1　都心軸整備ゾーニング

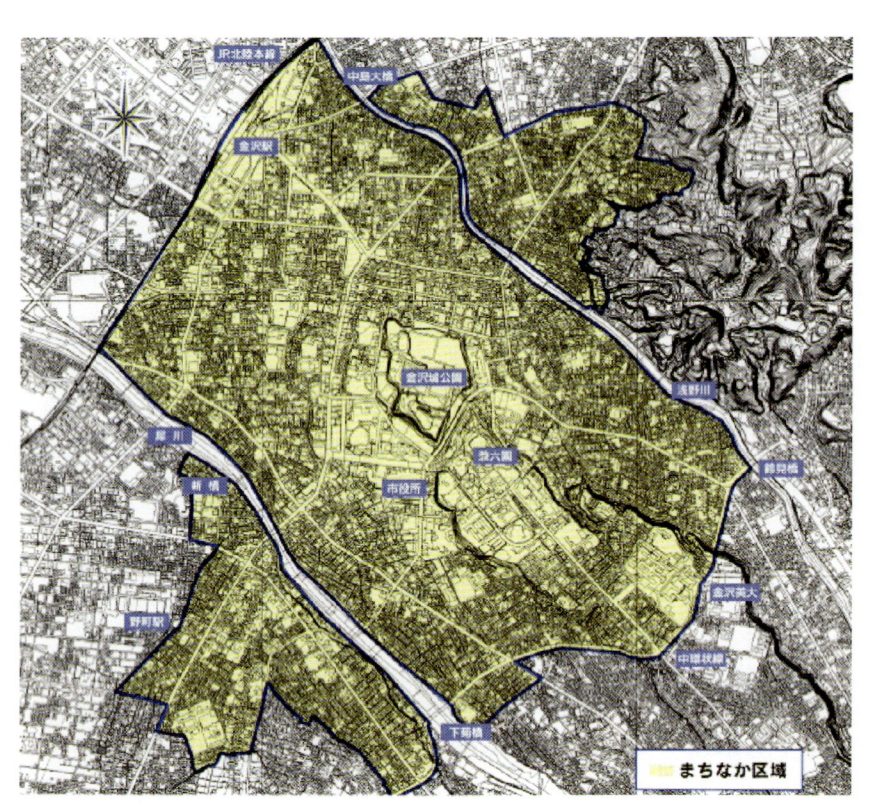

■ 図2　金沢市のまちなか区域

めており，非戦災都市で高い水準の都市環境を達成できたことは，戦後におけるまちづくりの一つの到達点を示すものと評価できる．

2.2 地域主導のまちづくり

近年，都市計画制度については地方の自主性を高める観点から地方分権の推進などの見直しがなされてきた．また，まちづくり事業に対する国の支援についても地方の創意工夫を重視する方向である．金沢市の取組みは，そのような状況の中で，市民の幸せをいかに向上させるかという視点で，地域独自の創意工夫によりなされてきた独創的な業績であり，近年の動きを先取りした取組みである．同時に，今後，「きめ細かなまちづくり」や「都市のよりよいマネジメント」の視点から行政の創意工夫と市民との協働が益々求められる中で，普遍的な意義を持つものである．特に，市民との協働の具体的実践については，市職員の士気や資質，市民の意識や積極性に関わるものである．金沢市における実践は，市長のリーダーシップの下，職員の創意工夫と努力の積み上げ，また，市民との協働によって実現してきたものである．金沢市のこれまでの取組みは，同様な課題を抱える都市にとって大いに参考となるものであり，これまでにも金沢市は景観や市民参加等において全国の都市のモデルとして啓発的な役割を果たして来た．

2.3 「まちなか区域」の設定と整備

中心市街地の活性化は，わが国の都市づくりで最大の課題であるが，ヨーロッパの都市と異なり，対象区域の確定が困難であることが大きな障壁である．金沢市は，旧城下町区域をもとに「まちなか区域」を設定し（図2），「まちなか定住促進事業」による人口定住政策，歴史的建築物の修復活用支援などを積極的に進めている．こうした取り組みは，地方都市としては先駆的事例であり，一つのモデルを示している．

2.4 地域人材資源の育成と活用

まちづくりの進展には，専門的な人材の参加と協力が不可欠である．地方都市の場合，大学や民間機関が少ない中で，専門的人材の獲得が容易ではない．金沢市の場合，市職員のまちづくり関連スタッフの育成，地元の大学人や計画コンサルタントの継続的活用などを通じて，相互の交流と発展的な協働的ネットワークの形成がみられ，それらが都市づくり・まちづくりを支えていることも重要な側面である．

以上のように，金沢市のまちづくりは，戦後におけ

■ 写真3 金沢21世紀美術館（金沢市提供）

る地方都市におけるまちづくりの一つの到達点を示すものであるとともに，より主体性，独自性，自律性の求められる新しい時代のまちづくりにおいて，各都市共通の課題に対し今後の実践の方向性を指し示しているものであり，都市計画の進歩・発展に多大な貢献をしてきていると認められる．

■ 3 金沢のまちづくりのその後

2004年の石川賞受賞後も，金沢市は表1に示すように，継続的に必要な独自のまちづくり関連条例を制定してきた．同表のNo.22～32の11条例である．「金沢市における美しい沿道景観の形成に関する条例（2005年）」，「金沢市における夜間景観の形成に関する条例（2005年）」，「金沢市における公共交通の利用の促進に関する条例（2007年）」，「金沢市における美しい景観のまちづくりに関する条例（2009年）」，など，都市景観，都市交通，コミュニティ，中心市街地活性化など多彩な側面に関わるものである．

また，いわゆるハコモノ整備ではあるが，金沢大学附属学校跡地に現代美術館（金沢21世紀美術館，写真3）を建設し，2004年10月にオープンした．企画，展示，地域性などに様々な工夫をこらし，かなりのにぎわい創出につながっている．開館5周年（2009年10月）に累積入場者数が717万人を記録するなど，これまでの現代美術館のイメージを変え，歴史的都市に新しい核を組み込んだものと評価できる．

その他，これまでの歴史的資産を生かした都市づくりの実績にもとづいて，歴史都市，ユネスコ創造都市，「金沢の文化的景観　城下町の伝統と文化」として重要文化的景観に選定されるなど，その都市づくりについて広く認められるようになっている．

57 神戸旧居留地
企業市民による街並み，まちづくり

2006

■写真1　震災後の旧居留地の街並み

■1　時代背景と事業の意義・評価のポイント

近年，いわゆる"まちづくり"における"エリアマネジメント"の必要性・有効性が多方面で指摘されている．

神戸の都心業務地である旧居留地において事業を営む法人を会員とする「旧居留地連絡協議会」は長年にわたるまちづくり活動を続けており，とりわけ阪神・淡路大震災以降の一連の活動は，後続のエリアマネジメント主体にとっての望ましい成功事例として評価された．

その要因は，以下の4点に整理できる．

①「企業市民」による持続的な活動

当協議会は異業種による地縁的な組織であり，長年，会員間の親睦を第一義に活動が続けられてきた．そして日頃からの企業市民間の"おつきあい"が多方面にわたる合意形成をスムーズにし，街並みづくりの基盤ともなっている．

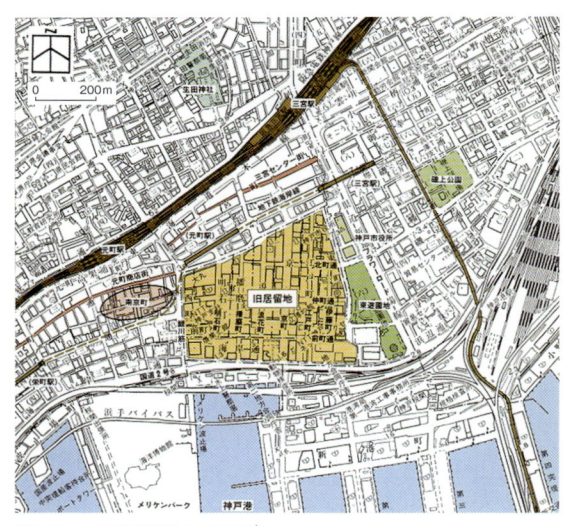

■図1　旧居留地の位置[1]

都心部において，地縁的なコミュニティ活動を持続させてきたことの意義は大きい．

②「自律的」なまちづくり活動

震災後の復興にあたっては，街並みづくりのための計画書やガイドラインを自主的に策定し，地区内外への啓発・提案を重ねている．

自分達のまちの街並みについて，事業行為の当事者を交えた緩やかな意志統一と自己チェック体制がつくりだされた先進的事例といえる．

③「まちの蓄積を重視し発展させる」視点の共有

街並み形成にあたっては，当地区の街並みがもつ伝統を尊重しつつ，適切な変化を促すことを共通の指針としており，その結果，震災後の建物にはポルティコが多く採用されるなど，新たな景観特性を生み出すことに成功した．

歴史的市街地におけるこれからの街並み形成のあり方について，凍結的保存から脱却した新たな方向の一つを示唆しているといえる．

④行政との連携・協働

神戸市では，当地区の景観形成のために法に基づく基準を規定している．これに対し，協議会で策定されたガイドラインは，望まれる到達点を具体的に提案しその手法を例示している．規制力のあるミニマムと理想を描いたマキシマムを行政と地元組織が双方向から示したものである．

行政と地元組織が連携し，協働のまちづくりを推進している好事例といえる．

■2 プロジェクトの特徴

2.1 近代神戸発祥の地「旧居留地」

神戸旧居留地の歴史は明治初年の兵庫開港にはじまる．200年以上に渡る鎖国政策を破り，欧米諸外国人の居住や営業活動を認める外国人居留地が，旧生田川の西岸川尻，約26 haの区域に設置されたのである．市街地はイギリス人土木技師 J.W. ハートの設計のもと，当時の西欧近代都市計画思想によって整備され，126に整然と区画された敷地には外国商館が建てられた．現在でも街路パターンや標準 1,000 m² の敷地割りはほとんど変わっていないし，地番は当時と同じものが使われている．

1899（明治32）年，居留地制度が解消された後も外国商館の繁栄は続いたが，第一次世界大戦以降，日本の海運会社や商社，銀行等がこれらに代わって進出し，近代洋風建築とよばれる中層業務ビルが数多く建てられ，国際的近代都市・神戸の中枢業務地を形成する．

その後，第二次世界大戦を経て，昭和30年代後半からの経済の高度成長は，東京への本社機能の流出等の流れを生み，当地区の地位を相対的に低下させ，幾分活気は停滞していた．しかし昭和60年代初頭ごろからは，この地区の重厚で落ち着いた雰囲気が見直され，近代洋風建築をはじめとする業務ビルの1階や地階にブティックや飲食店など，いわゆる高級ブランド店とよばれる洗練された店舗が新たに立地しはじめる．都心の一角を形成する業務地としての性格に加え，新しい形態のショッピングのまちとして，それまでとは少し趣を異にする賑わいをみせるようになるのである．

2.2 企業市民の集まり「旧居留地連絡協議会」

神戸旧居留地では，地区内で事業を営む法人100余社の集まりである「旧居留地連絡協議会」が組織されており，近年の街並み・まちづくりにこの組織が果す役割は大きい．これは第二次世界大戦中のビルオーナーによる自警団を組替えた親睦団体である「国際地区共助会」を母体にしており，昭和58年（1983），当地区が神戸市都市景観条例に基づく都市景観形成地域に指定されるのを機に，会員の増強を図り運営体制を強化するとともに，名称も現在のものに変更された．異業種ではあっても地区内企業間の親睦を図り，就業環境の向上を目指して活動が続けられてきたもので，会員企業の事業振興を目的にするものではなく，むしろ会の活動に仕事を持ち込まないことを前提としている．この基本姿勢は現在に至るまで一貫して会員間で確認されており，長期に渡る活動の継続を可能として

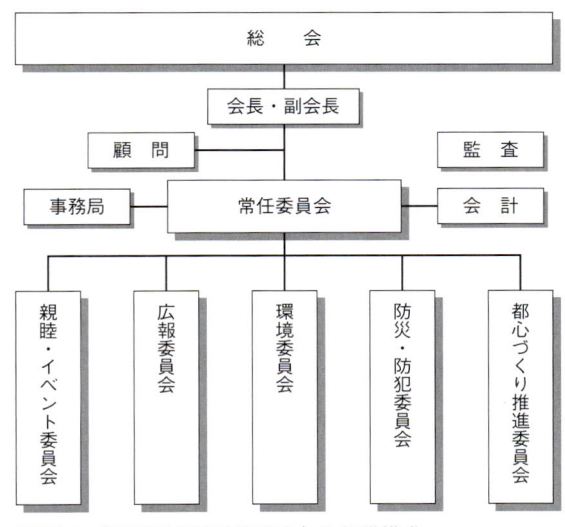

■図2 「旧居留地連絡協議会」の組織構成

きた大きな要因となっている．地区内で事業を営む法人であることを会員資格としており，全国的にも稀な企業市民による地域コミュニティが形成されてきたといってよい．

会の運営にあたっては，会員企業の規模や業種，立場に関係なく一律の会費を徴収し，発言権も同等であることを原則としている．そして20名程度からなる常任委員会を中心に，平成に入る頃からはその下部組織として専門委員会を設け，それまで続けられてきた"交流・親睦活動"を基盤に，多方面にわたる活発な活動が展開されてきた．

2.3 震災復興を契機とした"街並み形成の規範"づくり

このような素地の上で，阪神・淡路大震災を経験して後は，街の復興に向けての自主的な検討が精力的に進められてきた．

震災から3ヵ月が経過した1995年4月の緊急総会では，既に神戸市によって縦覧がはじめられていた「地区計画」の素案を了承するとともに，まちの復興にあたっての指針を策定することが決議された．そして20数回の協議を経た後，同年10月には会員間の合意のとれた「神戸旧居留地／復興計画」が，また平成9年（1997）には「都心（まち）づくりガイドライン」

が自主的に策定・発行されている．前者がまちの将来方向を設定したのに対して，後者はこれを実現させるために，ビルの新築や改築時，あるいは管理上，各々はどのような点に留意すべきかを地区内外に提案するもので，いわば街並み形成にあたっての規範である．いずれも"まちの変化・成長に，旧居留地の蓄積を活かす"ことが基本的な理念とされている．

また，被災ビルの再建活動が一段落しはじめる2000年頃から，ビル低層部や地下階での店舗の増加に伴って新たな屋外広告物の掲出が目立ちはじめ，街並み景観への影響も大きいことから，共通規範の必要性がいわれるようになる．そこで「広告物ガイドライン」の検討・策定に取り組まれ，2003年に印刷・発行されている．広告物を街並み形成の阻害要因ととらえるのではなく，成熟した街を彩る一手段とするための指針であり，提案書である．

ところで，これら計画が目指す街並み形成の方向は，明治初年の居留地建設時そのままの形態を引き継ぐ道路や宅地割りの基盤の上に，大正から昭和初期に建てられた近代洋風建築によって形づくられていた頃の街並み（これを「囲まれ型街並み」と名付けている）を原点とするものである．ビルオーナーをはじめ地区関係者の，この街の重厚で落ち着いたかつての雰囲気への憧れであり，道路沿いのオープンスペースをできるだけ広々と確保するという近年の画一的な開放型街並み志向の風潮に対する疑問からの発想と合意である．

具体的には，ビルの壁面線とスカイラインを揃えた上で公開空地を確保するという，一見，相矛盾する方

表1　震災前の街並みが抱えていた問題点

① 壁面線とスカイラインの混乱
　（開放型まちなみ化）
　　←公開空地の確保と高層化が原因
　　←総合設計制度に起因
② あいまいな外部空間（残部空間）の創出
③ 広告物に代表される安易な商業化によるまちなみの混乱

表2　街並み形成の基本方針

まちの変化・成長に，旧居留地の蓄積を活かす
・ハートの設計した都市基盤（道路，敷地割）
・大正〜昭和初期に建設された近代洋風建築による街並み

表3　震災後の街並み形成方策の要点

① 囲まれ型まちなみの保全・形成
　・壁面線の統一（道路より概ね1mの後退）
　・低中層部のスカイラインの緩やかな統一
　　（道路幅員により高さ20m，31m）
② 風格ある賑いの演出
　・公開空地の確保
　・低層部分への店舗等の導入と，屋上・突出広告の禁止

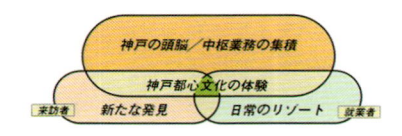

■ 図3　まちのトータルイメージ[1]

■ 写真2 「壁面線の統一」と「賑わい空間の創出」の両課題に対応するために採用されたポルティコ．震災後の新たな景観特性となった

■ 写真3 緩やかに揃いつつある中低層階のスカイライン

針を示し，都心づくりガイドラインではその対応策として街区と建築に内包される広場空間の確保策を例示している．そして，これら両課題を満足させる解答として，震災後に建設された多くのビルでポルティコが採用され，この街の風格ある賑いを醸しだす大きな要素の一つとなっている．囲まれ型街並みという伝統を引き継ぎながらも，賑わいを演出する新たな地区特性を創出することに成功したのである．

■ 3 プロジェクトその後

3.1 街の空間像の共有と，協議会による自己チェックの継続

震災後の旧居留地の街並み形成にとって，上記計画書が果した役割は大きい．その策定には多くの会員が係わり，議論を重ねた結果，それらの人々が街並み形成の原点となる空間像やその将来像を共有し，以後の街並み形成にあたっての共通した価値判断基準になりえている．そしてその有効性は，協議会による自己チェック体制によって，現在に至るまで保たれている．建築物の新・増・改築や広告物の掲出等にあたっては，地区計画や景観法に基づいて，事業者は神戸市に行為の届出を義務づけられるが，同時に，協議会内に設置された都心（まち）づくり推進委員会への事前相談も紳士協定として求められており，この場で街並み形成という観点からの意見交換や計画の改善要請がなされている．協議会内での街に対する緩やかな意思統一と相互啓発，言葉を換えれば空間像の共有を持続させるシステムである．

3.2 ショッピングゾーンとしての新たな魅力の創出

その結果，阪神・淡路大震災以降の旧居留地は，短期間での復興を果たし，以前にもまして高質な街並み形成を実現させるとともに，商業化の傾向をますます強めている．かつては，とりわけ休日などは人通りも疎らであった街に大勢の買物客などが行き交い，街の雰囲気を楽しむ人々で賑わっている．さらに，震災前には地区西部に限定されていた路面店展開が，震災後には東部にも広がってきており，旧居留地全体が新たな性格のショッピングゾーンとして定着し，街のブランド化といえるまでになっている．

3.3 街への思いの醸成と，業務機能の活性化

このような旧居留地連絡協議会の自律的な活動を可能としているのは，もちろん，神戸の都心業務地を構成する企業であるという各社の自覚も大きいが，それ以上に，旧来からのビルオーナー達のこの街に対する愛着と誇りであり，目前の経済活動だけでは説明しえない彼らの動きに同調し，これを支えているテナント企業の存在であるように感じられる．そしてこの持続的な"まちづくり"活動が，多方面から評価される高質な街並み形成を実現させ，また商業機能の導入を誘発し，結果的には旧居留地の本来機能である業務機能の活性化に帰結したのである．

◆参考文献
1) 旧居留地連絡協議会復興委員会（1995）：『神戸居留地／復興計画』．

58 神戸市六甲道駅南地区
震災復興第二種市街地再開発事業における都市デザイン活動と成果　　2007

■写真1　六甲道南公園と再開発ビル（出典：神戸市都市計画総局．その他の写真，図も同じ）

■1　時代背景と事業の意義・評価のポイント

　1995年1月17日に発生した阪神・淡路大震災は，日本で初めての大都市直下型の大地震であり，広範囲にわたり未曾有の被害をもたらした．

　神戸市の都心・三宮から東へ5 kmに位置するJR六甲道駅の南側に広がる六甲道駅南地区（5.9 ha）では，震災前，約700世帯，約1,400人が居住していたが，建物の約65％が全半壊し，34名が死亡するという甚大な被害を受けた．地区内の古い木造住宅がことごとく倒壊し，RC造の建物が傾き，隣接するJRの高架が崩れ，多くの世帯が地区外避難を余儀なくされた．

　震災から2ヶ月後の3月17日，混乱が続くなか，神戸市は，東部副都心と位置づけられた当地区の早期復興を図るため，公共施設と住宅・商業施設を一体的に整備できる震災復興市街地再開発事業の都市計画決定を行った．決定前の説明会では「再開発反対」の意見が続出し，都市計画案には「住民の意見を聞かずに一方的に計画決定するのは反対」等という464通の意見書が提出された．

　この都市計画決定から10年余が経過した2005年9月，14棟の再開発ビルと六甲道南公園（0.93 ha）が整備されて再開発事業は完了し，地元の手によって，盛大なまちびらきイベントが行われた．

　このプロジェクトの最大の特色と成果としては，住民，商業者の一日も早い生活再建に迫られる震災復興という特殊な状況下で，さまざまな困難を乗り越えつつ，10年という短期間で事業を完了したことがある．さらには，その事業推進の原動力となった住民（まち

■写真2　阪神淡路大震災直後の状況

づくり協議会），専門家（学識経験者，コンサルタント，設計者），行政（神戸市）の三者の連携があり，特に，協働による計画づくりの取り組みをはじめとする都市デザイン活動の実践とその成果が評価された．

■2 プロジェクトの特徴
2.1 協働のまちづくりの実践

都市計画決定により，土地の売却を急ぐ者や地区内の仮設住宅や店舗への入居希望者への迅速な対応は可能になったが，短期間での計画決定であり，計画案は住民意見が反映されたものではなかった．都市計画決定にあたって，市長からは「住民合意のないまちづくりはあり得ない」という考え方が表明され，区域，骨格を決めた第1段階に続き，第2段階において，住民との協議による詳細な計画を決めるという「二段階都市計画」により進めることとなった．

その第2段階の都市計画決定に向けて，住民の合意形成を図り，住民自らが「まちづくり提案」をまとめ，市に提出するために設置されたのが「まちづくり協議会」である．当地区では，自治会をベースとした4つのまちづくり協議会と共通の問題を話し合う場として，「六甲道駅南地区まちづくり連合協議会」が設立され，市からは協議会での計画づくりをアドバイスするためにコンサルタントが派遣された．

協議会での議論は，1 ha の公園に関わる問題から始まった．公園の規模や形状は，建設する住宅等の形状と連動することになるため，建物の高さと組み合わせて比較しながら，議論が尽くされ，1996年12月，市長宛にまちづくり提案が提出された．

提案では，公園を 0.93 ha に縮小し，形状は，南向きの住戸を確保するため，東西の幅を縮小し，南北に伸ばし，正方形を羽子板状にすることや，将来の管理や合意形成を容易にするため，建物の高さや1棟あたりの住宅戸数を 50 戸程度に抑えることを基本にする等の内容が盛り込まれることとなった．

市では，この提案を実現するため，1997年2月に当初の都市計画を変更し，4地区の事業計画を順次，決定した．特に，議論が集中した公園については，その後，ワークショップが開催され，大芝生広場などの基本イメージがまとまっていった．

こうした住民による計画づくりは，まちづくり協議会での議論と意見集約の過程で醸成された信頼関係がベースとなり，専門家としてのコンサルタントの支援による協働のまちづくりの実践が生んだ成果である．

2.2 都市環境デザイン調整会議と都市環境デザイン基準

4つのまちづくり協議会に対応する各ブロックを担当するコンサルタント，設計者が別々となり，実施設計を含め多くの設計者が当地区の設計に携わることになったので，同時進行する4つの協議会の計画案が矛盾しないように，全体計画の基本的な考え方をまとめておく必要があった．

このため，学識経験者，コンサルタント，設計事務

■図1　当初の都市計画案

■図2　まちづくり提案（最終）

■写真3　公園のワークショップ

所，市による「基本計画会議」が1996年2月に発足し，まちづくりの基本方針を策定しつつ全体計画としてのまちづくり・コンセプトの共有化が図られた．この会議には，環境デザイン，住宅，商業の3つの部会が設けられたが，環境デザイン部会は，その後「都市環境デザイン調整会議（安田丑作座長）」として，「都市環境デザイン基準」を策定するとともに，個別の建築物等の景観審査と調整協議も行うこととなった．

「都市環境デザイン基準」は，まちづくりの基本方針と74項目のデザインキーワードで構成されている．キーワードは，30項目の「継承したい六甲道らしさ」と44項目の「新しく創造する六甲道らしさ」でまとめられ，「必守」「必考」「参考」の3レベルに分類して運用された．

このデザイン調整ツールとしての「基準」と「調整会議」という仕組みが，各設計者による建築や造園，広告物などの計画・設計を通じた都市デザインの実践活動に反映され，震災復興という厳しい条件下においても，街並みに緩やかな統一感とともに表情豊かな多様性を導くことを可能にしたと言えよう．

もちろん，住民の個別事情，再開発事業の仕組み等のなかで，基準どおりにならない場合もあり，会議のなかで，幾度となく協議・調整が図られた．都市デザイン調整会議においても，まちづくり協議会と同様に，多くの専門家による議論によって共有化が図られ，計画が進められたのである．

2.3　復興のシンボルとしての公園の計画・設計

当初からさまざまな議論の的となった地区中央部の六甲道南公園は，当地区の震災復興と協働のまちづくりのシンボルとも言えるものである．

議論のなかでは，小規模分散案も検討されたが，最終的には，0.93 ha の面積が確保され，震災時に避難場所や救護活動の場として広いスペースや水が必要であったという住民の思いから，芝生広場に井戸，耐震性防火水槽や仮設トイレ用下水設備等を備えている．また，日常は，住宅と緑に囲まれた安心感のある憩いの場として機能している．

都市デザインにおいても，公園を囲む建築はできる限り分節化し，小広場や路地空間をその間に設け，連続させることによって一体感をつくり，六甲道らしい落ち着きと調和のとれた街並みが形成された．震災の経験を踏まえた，これまで例のない建築と一体となっ

■ 図3　都市環境デザイン調整会議の位置づけ

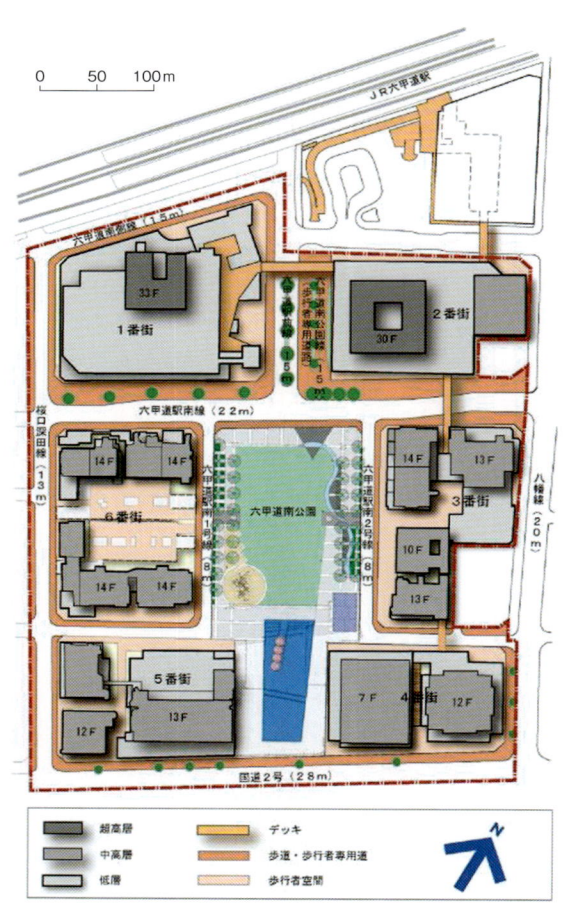

■ 図4　配置計画図

■ 写真4　地区全景

た大規模公園が，駅前という立地で実現した．

公園設計の最終段階では，南側の国道2号に面する一角に，国際デザインコンペの最優秀案「イタリア広場」も導入され，地区のランドマークとなっている．

■ 3　プロジェクトその後
3.1　再開発事業完了後の変化

老朽木造建物等が密集し，震災により甚大な被害を受けた当地区は，防災公園の整備とそれを取り囲む再開発ビルの建設により，防災支援拠点と安全で安心な街区が整備された．完成後は，住民組織により，放水訓練を行うなど，防災への意識も高まっている．

また，まちづくり協議会からの提案も受け，灘区役所が再開発ビルに移転し，商業・業務施設，駐車場等が整備されると共に道路横断デッキ等により，安全な歩行者動線が確保され，副都心としての機能が充実した．これにより，住民のみならず来街者の生活利便性が向上し，駅の乗降客数も増加している．

地区内に居住・営業者のうち63％は，再開発ビルに入居した．従前を上回る分譲，賃貸住宅の供給により，人口は，従前の約1,400人から約2,000人に増加した．分譲住宅の購入者は，40歳代以下が半分以上を占め，多くのファミリー層が入居している．

3.2　新たなコミュニティの形成

六甲道南公園は，完成後の日常生活におけるコミュニティ形成の場として重要な役割が期待された．現在，公園は，子供の遊び場，休憩，井戸端会議など周辺を含む日常的な生活，交流の場として多くの人々に利用されている．

■ 写真5　新たな住民との交流の取り組み

定期的な清掃など日常の管理運営は，公園内に建設された自治会館の管理運営と共に地域住民に委ねられている．その受け皿となっているのが，地区内及び周辺を含む自治会で構成する南八幡連合自治会である．

また，地域住民の有志による「六甲道南公園はなクラブ」は，完成前からプランターを利用した「花植え会」活動を行っていたが，完成後は，公園内に市民花壇をつくり，維持管理している（区の市民花壇コンクールで5年連続最優秀賞を受賞）．事業により整備したまちの景観のなかに，花と緑による空間が住民の手によって丁寧につくられている．

事業を推進したまちづくり協議会は解散し，完成した再開発ビルでは，新たな住民を加えた生活が始まった．震災復興に向け，住民が協力して進めてきたまちづくりは，新たな住民や周辺の住民も一体となった日常的なまちづくりへと展開をみせている．

これらの地道な活動の積み重ねが，「私たちが，愛し（We Love）住む（We Live）このまちと共に生きていこう」との願いを込めた「ウェルブ（WeLv）六甲道」という市民公募によるまちの愛称のとおり，新たなまちへの思いを一つにし，次代に引き継がれることが期待される．

◆参考文献
1) 六甲道駅南地区まちづくり協議会・神戸市（2004）：『ウェルブ六甲道竣工記念誌 We Love We Live』．
2) 神戸市（2005）：『六甲道駅南地区震災復興第二種市街地再開発事業記録誌』．
3) 「都市環境デザインと参加のまちづくり」『建築と社会』（2006年1月号特集）
4) 神戸防災技術者の会（2008）：『伝承　阪神・淡路大震災～われわれが学んだこと～』．

59 各務原市「水と緑の回廊」
21世紀環境共生都市への基盤づくり

2007

■ 写真1　瞑想の森夜景（提供：各務原市．以下の図も同様）

■1 「水と緑の回廊計画」の概要と評価のポイント

　岐阜県各務原市の「水と緑の回廊計画」[1]は，まちの回廊，川の回廊，森の回廊の3つの回廊（図1）からなる．

　また，緑のシヴィックセンター，田園のランドスケープ，各務の森，大安寺川上流部，伊木山など，空の森，木曽三川公園の7つの拠点計画を構想している．

　こうした構想のもとで実現した「学びの森」，「瞑想の森」，「自然遺産の森」の公園や施設では，「水」の処理に繊細な配慮を行い，人が水辺に積極的に接することができる上質な空間が実現している．しかも，いずれも宅地開発や砂防ダム予定地，単なる溜池という，通常ならば平凡な土地利用がなされてしまう危険性がある土地を，一つのコンセプトによって市民のためのオープンスペースと変えている[3]．

　こうした成果は，緑の創生を政策課題として取り上げた計画当時の市長森真の卓越した見識によるところが極めて大きい．また，「水と緑の回廊」計画そのものは，市民とのコラボレーションが重要な手段となっており，今後さらに計画の完成に向けて時間をかけた努力が期待される．この計画および3つの作品は，幅広く市の産業政策などとも結びついて，各務原市をユ

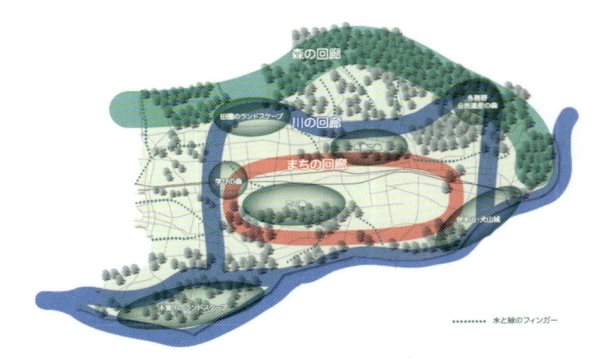

■ 図1　各務原市「水と緑の回廊計画」[2]

ニークで活気ある都市にかえる原動力になっていると評価され，計画設計賞が授与されたものである．

■2 プロジェクトの特徴
2.1 まちの回廊をつくる
（1）都心の森づくり：学びの森　「学びの森」は，各務原市にあった岐阜大学農学部（旧岐阜高等農林学校）の移転（1982年）跡地に計画されたものである．「水と緑の回廊計画」（2001年）において，近くの市民公園と一体化して，各務原市のセントラルパークとして整備することが位置づけられた．この位置づけに従い，

■ 図2　学びの森基本計画

4 ha が整備され，2005年9月，「学びの森」と名づけられて開園した．

「学びの森」（図2）には，緑の原っぱ，なだらかな斜面緑地，岐阜大学農学部の遺産である樹齢100年のイチョウやメタセコイアなどの大木の並木道，ビスタライン，水の流れ，緑化された「庭園駐車場」などがある．また，緑の空間だけでなく，そこにある建築にも意が払われている．例えば，学びの森にある「雲のテラス（カフェとギャラリー）」と「多目的レストルーム」は，公園になじむスケールとして，当初の計画より小さなものにし，一方は軽く，他方は透過性のある建築としてまとめられている．設計は，小林正美明治大学教授による．また，既存の建物である那加福祉センターでは，敷地境の塀を取り払い，前庭を整備すると共に，鉄筋コンクリート造の外観を板張りに改装し，緑の公園になじむものとしている．

各務原市は大学の誘致を働きかけ，その結果2006年4月に，「学びの森」の隣接地に中部学院大学各務原キャンパス（人間福祉学部など）が開設された．塀のないオープンな中部学院大学のキャンパスは，「学びの森」の緑地と連続しており，学生は，緑のキャンパスで学ぶことが出来る．その後，「学びの森」の敷地として，1.8 ha が追加整備され，合計 5.8 ha となり，「都心の森」として全面供用されるに至った．

「学びの森」の整備では，住民参加により実現したことに特徴がある．2007年11月には，100年の森づくりを目指して，ボランティアにより育てられた，どんぐりの苗木が植えられた．

「学びの森」は，岐阜大学農学部の移転という機会をとらえ，中心市街地に大きな緑の空間を実現することができた結果だが，それだけでなく，近くの市民公園や大学，小中学校の緑と連続させ，緑のネットワークが構成されており，まさに，森市長のいう「エメラルドネックレス」の一部が実現できていることが評価される．

（2）都心の道づくり　各務原市では，道路に面した敷地の緑化を推進しているが，各務原市役所西側の市道整備（2009年）により，道路の両側に，けやきの大木が植樹され，緑のトンネルが実現し，「欅通り」という愛称で呼ばれている．この「欅通り」に面する産業文化センターの駐車場や名鉄各務原市役所前駅の広場（2007年）などでは，緑の多い広場が整備されている．こうした整備にあたって，市民参加のワークショップやウォークラリーが実施されている．

2.2　森の回廊をつくる

各務原市北部の市境の丘陵部は，保安林や砂防地区，さらに風致地区の指定がなされているが，「森の回廊」を実現するため，風致地区を拡大するとしている．

丘陵部の開発に当たっても，緑を保全することとしている．「水と緑の回廊計画」に先だって，1998（平成10）年，市の北部の丘陵部に，研究開発型産業団地・テクノプラザが開設されたが，緑地率を高くしたインダストリアルパークとなっている．

①瞑想の森（公園墓地）

各務原市役所西北の那加扇平の丘陵部に，各務原市の「瞑想の森」（図3）がある．昭和40年代に造られた市営の墓地と火葬場があり，火葬場の建て替え時期を迎えていた．瞑想の森・公園墓地の基本計画・基本設計は，石川幹子慶応大学教授（当時）で，既存の池を残し，池の南側に市営斎場を配置する案であった．

瞑想の森・市営斎場は，周囲の山並みに合わせた，自由曲面シェル構造の建物で，全面の池に，ふわりとした白い姿を映す．ここでコンサートが開催されたこともある．設計は，伊東豊雄で，そのイメージについて，「最終的にでき上がった屋根は，フワッと舞い降りた鳥のようなイメージで，屋根がくぼんでいって柱になり，どんどん細くなってピンポイントで地面に接するというものでした．一方では大理石でつくった床が立ち上がっていって壁を形成するという，ふたつの要素によって構成された空間になりました．そうやって，何か静けさを感じられるような空間をつくりたいと思ったのです．」[3]と語っている．斬新なイメージと構造デザイン，さらに，高度な施工技術によって実現した建物である．構造設計は佐々木睦朗構造計画研究所，施工は戸田・市川・天竜特定建設工事協同企業で，2008年度のBCS賞（建築業協会賞）を受賞．

新しい市営斎場に合わせて，汀線の形が決められ，斎場へのアプローチ沿いには，染井吉野を残し，池の前面の緩やかな地形の起伏を活し，斎場の白を楚々と

■ 図3　「瞑想の森」基本計画図

して支えるものとして，白花のエゴノキの疎林を配した[4)]という．

②自然遺産の森：自然体験塾

「自然遺産の森」（図4）は，約 36.8 ha の広さで，くつろぎの森，ひみつの森，発見の森，出会いの森などにゾーニングされている．ここには，芝生広場，小川，湿地帯，茅葺きの民家がある．先行していたRC造の砂防堤防を設計変更させ自然石を用いた堤防に変えた．

茅葺きの民家は，江戸時代末期に建築された庄屋の家（北川家住宅）を移築したもので，八畳間が6室と土間がある．自然体験塾として，子供たちが，体験学習の場として，活用している．

2.3　川の回廊をつくる

(1) 桜回廊都市　各務原市には，南側を流れる木曽川，延長3 kmに及ぶ桜並木（百十郎桜）がある新境川，さらに東側の大安寺川が中心市街地を取り囲む形で流れている．「水と緑の回廊計画」では，これらの川を中心に，多自然型の「川の回廊」を造るとしている．

2007年3月に，「水と緑の回廊計画」が改定されたことから，2008年の森真市長の年頭会見で，新境川を起点に，延長39 kmの桜並木と国内の300種の桜を集めた「各務野桜苑」を整備し，各務原市を「桜回廊都市」（図5）にする構想が発表された．300種の桜を植えた名所をつくるとともに，中心市街地を桜並木で囲む構想で，いずれも完成すれば，日本一になるとされる．

各務原市では，2003（平成15）年より，市民ボランティアによりこれまで延長13 kmの桜の植樹が行われているが，2011（平成23）年までに15 km, 2014（平成26）年までに16 kmの植樹を行ない，総延長39 kmの桜回廊を完成させる予定である．

(2) 木曽川景観基本計画　木曽川沿いは，国の名勝や国定公園に指定されており，高さ制限などが定められ，景観を保護する姿勢が示されている．ところが，

■ 図4　自然遺産の森

2003年，各務原市側の木曽川沿いに14階建てのマンションが計画され，犬山城のある犬山市側からの眺望を阻害することが問題になった．結果として，マンションは建設されたが，木曽川を挟む，岐阜県の各務原市と愛知県犬山市の間で，両岸の景観を広域的に調整するために，2005（平成17）年，木曽川景観協議会が設立された．さらに，木曽川景観基本計画策定委員会が設置され，2006年，木曽川景観基本計画が策定された．木曽川景観基本計画では，上記の制限区域を拡大し，10 mから20 mの高さの制限区域を拡大した．

2.4　市民参加

「水と緑の回廊計画」では，市民との協働を重要な手段としていることが特徴である．2001（平成13）年より，各務原市では，緑のネットワークの一翼を担う街区公園について，芝生広場を中心としたリニューアルを実施しているが，この改修に際しても，地域住民によるワークショップを実施し，パークレンジャーによる公園の維持管理が実施され，市民協働の精神は引き継がれている．

■ 3. 美しいまちにかける各務原市長の思い

上述のようなまちづくりが行われるようになったのは，1997年に就任した森真各務原市長の思いとリーダーシップによるところが大きい．市長は，都市につ

図5 「桜回廊都市」構想

いての一家言を持つ．すなわち，都市の美しさ，人間的な都市の条件のひとつに，都市の内側にいかに緑が多いかがあると考え，ボストンなどに見られる，緑地と緑陰道路でつながれた公園システム，つまりエメラルドネックレスを実現したい[6]と考えた．

森真市長は，市長就任1年後の1998（平成10）年4月，岐阜県主催の「里山シンポジウム」で，石川幹子教授（当時）と出会う．「ご意見の断片から，その逸材ぶりを直感し，2日後，市職員研修の講師に依頼した．そこでガーデンシティの体系をじっくり伺い，直ちに本市の水と緑の回廊計画のナビゲータ役を依頼した」[7]と述べている．

■ 4．関連する計画とプロジェクトの評価とその後

各務原市の「水と緑の回廊」は，緑のネックレス（全市を覆う緑のネットワーク）をつくるという全体的構想のもとに個別事業が実施されていることに特徴がある．さらに，個別の事業は細心のデザインにより，質が高められていること，こうした事業への住民協働の努力，さらに，水と緑の推進課，都市計画課，景観政策室設置などの関係部局の積極的参加があることなど関係者全員の協力があることも特徴で，そのことが，この計画を持続性あるものとしている．

「水と緑の回廊計画」により，各務原市の中心部に大きな緑地が確保されただけでなく，駅前広場なども緑化され，市内全体の緑の空間がネットワーク化され，その成果を目の当たりにした市民の意識も大きく変わりつつある．2004年，各務原市は川島町と合併したが，旧川島町においても河跡湖公園をつくるなど緑の空間を拡大し，進化させている．「河跡湖公園」は，国土交通省主催「都市公園コンクール」（2010年度）で最優秀賞を受賞している．

［本項の執筆にあたっては，各務原市都市計画課景観政策室にお世話になりました．］

◆参考文献
1) 各務原市（2001）:『水と緑の回廊計画』．
2) 森しん（2001）:『エメラルドネックレス/21世紀都市戦略』，p.114-116，岐阜新聞社．
3) 2007年度設計計画賞授賞理由書による．
4) 伊東豊雄（2006）:「東西アスベスト事業協同組合講演会」HPより．
5) 石川幹子（2006）:「人が，帰っていく森/コモンズ（共有地）の回復と瞑想の森」，新建築 81．
6) 森しん（2000）:『エメラルドネックレス/21世紀都市戦略』，p.60-82，p.94-113，岐阜新聞社．
7) 森しん（1997）:「仙台・神戸・サンタフェ」，岐阜新聞記事（1997年10月10日）．

60 高松丸亀町商店街Ａ街区
タウンマネジメントプログラムによる商店街再生事業　　2007

■写真1　高松丸亀町商店街のシンボル，ドーム広場
週末や祝日には様々なイベントも開催される．

■1　時代背景と事業の意義・評価のポイント

　このプロジェクトが高松丸亀町商店街振興組合（以下，振興組合）によって構想され始めたのは，1980年代半ばまで遡る．当時はまだ商店街の通行量も2006年（Ａ街区再開発ビル開業前）の2倍程度あり，これからバブル景気に向かうという時期である．そんな時期に冷静に先を見据え，独自の調査・検討の結果，「物販に特化しすぎた丸亀町が今後100年間，市民の支持を受け続けることは絶対に出来ない」と振興組合が自己診断を下したことが，この先進的プロジェクトの始まりである．事実，1980年代後半以降，この地域を取り巻く環境は大きく変わっていく．第一は，本四架橋の開通をはじめとする都市間交通の劇的な変化であり，これは四国の玄関として発展してきたこの地域の地理的優位性の低下を招くことになる．第二は，都市内道路網の整備とそれによる郊外化であり，これは第一の変化とも相俟って，域外資本による郊外大型店の立地を促進することになる．

　このような変化に先んじて構想された本事業は，現在「地方都市中心市街地再生の先進モデル」と評されている．しかし，本事業の持つ意義はもっと大きく，必ずしも「地方都市中心市街地再生」に限定されるものではない．その意義を一言でいえば，「専門家の知識を活用しつつ，コミュニティが主体となって実現した再開発事業」ということになろう．本プロジェクトのタウンマネジメント委員会委員長を務めている小林重敬氏は，これまでの都市計画は行政による規制を中心に置く仕組みであったが，これからの新しい都市計画はコミュニティの力を活用することが不可欠であると述べている[1]．ただし，一般にコミュニティを構成する地域住民が，有効な事業を立案・遂行するに十分な能力を持っているとは考えにくい．本事業はその構想段階から，小林氏や都市計画プランナーの西郷真理子氏らと交流を持ち，コミュニティ自身が学習し能力

を高めていった（地域知と専門知の相互作用[2]）．この点に，これからのまちづくりを考える上での有効な視点が存在している．

そのような事業体制の中で，「土地の所有と利用の分離」を現実のものとした．本事業において最も評価されるべきポイントはこの点である．以下で，より詳しく見ていこう．

■2 プロジェクトの特徴
2.1 街区単位の再開発

高松丸亀町商店街は延長約470 m，面積約4 haの路線型商店街である．この商店街をA〜Gの7街区に分け，街区ごとにコンセプトを持たせながらも，商店街全体を一つのショッピングモールとして構成する．これが構想当初からの再開発プランである．本プロジェクトの対象であるA街区は，商店街の北端に位置する約0.4 haのエリアである．その北側には三越百貨店が隣接しており，高松中心商店街の一つの核をなしている（図1, 2参照）．

振興組合が再開発を進めるにあたってとった手法は，「地権者の全員同意を前提に，街区単位で再開発したい街区から手を挙げる方法だった」と，振興組合理事長の古川康造氏は言う．このような方法をとった理由は二つある．第一は，複数の街区をまとめるのは物理的に難しかった点である．A〜Gの7街区はそれぞれ自治会の各町会に対応しており，最小のコミュニティ単位だという．つまり，街区ごとに地権者の考えは大きく異なっており，まとめることが困難というのが実情であった．結果的にはA街区が最初に事業を始めることになったが，専門家とのワークショップもA街区竣工まではA街区の権利者に限定して行ったという．第二は，振興組合としてとにかく一つの成功例がまず欲しかったという点である．一つ成功すれば，必ず他の街区へ「成功の連鎖」が起きることを信じていた．事実，A街区竣工後，B〜F街区については，全権利者の8割の同意を得て，地区計画をかけることに成功している．

2.2 土地の所有と利用の分離

冒頭でも述べたとおり，「土地の所有と利用の分離」

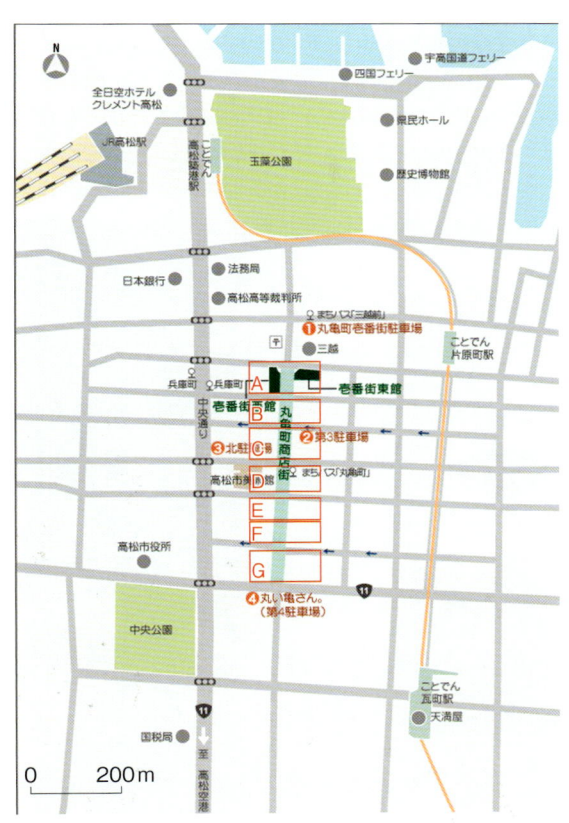

■図1 高松丸亀町商店街の位置と7つの街区
A街区は北端に位置し，高松中心商店街の一つの核をなす．（出典：高松丸亀町商店街振興組合資料）

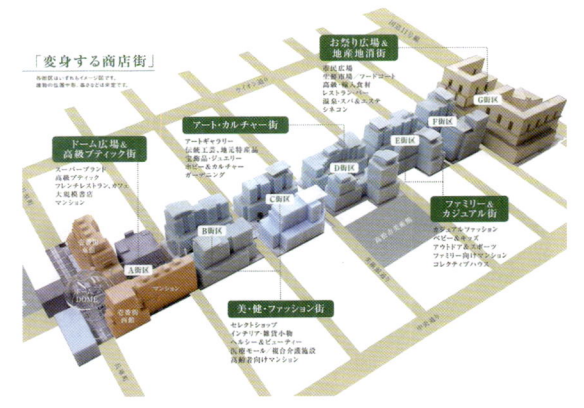

■図2 街区単位の再開発
各街区が固有のコンセプトを持つ．（出典：高松丸亀町商店街振興組合資料）

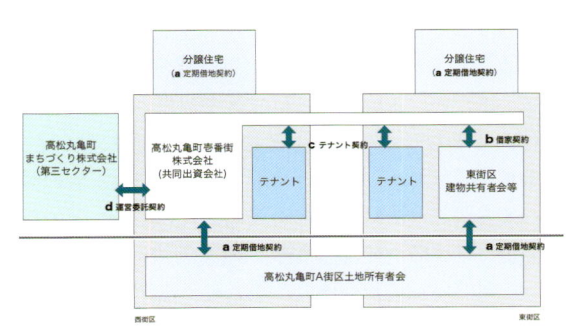

■図3 再開発のスキーム
土地の所有と利用の分離を実現．（出典：高松丸亀町商店街振興組合資料）

こそ本事業の最大の特徴である．具体的には，A街区の商業施設に出店する権利者が，自らの出資を中心に「高松丸亀町壱番街（株）（以下，壱番街（株））」を設立し，土地の所有形態は従前のまま地権者に対して60年の定期借地契約を結ぶ．こうして地権者の権利床を借り上げ，保留床についてもすべて購入することで，壱番街（株）が再開発後のすべての商業床の利用権を保有し，最適なテナントミックスを行える環境をつくりあげたのである．（図3参照）[3]．

定期借地契約とはいえ，60年間にわたって地権者が利用権を放棄する．他のどこの商店街もできなかったこの合意形成がなぜA街区でできたのか．専門家から初めてこの提案を受けたとき，「誰も理解できなかった」と古川氏は当時を振り返る．しかし，結果的に全員同意でそれに踏み切ることができたのは，「ここには400年の長きにわたって形成されてきたコミュニティがあり，町と一蓮托生という気持ちが地権者にはあった」からだという．事実，この商店街には冷静に先を予見したリーダーがおり，リーダーの判断に基づいて主体的に動く青年部があった．彼らの行動が専門家をも巻き込み，十分実現可能な再開発計画の策定に至ったとき，「土地の権利調整にはまったく苦労せず，地権者は一刻も早く事業をやりたがった」という．また，「そうしなければ次の投資が生まれない」ことも強く認識していたという．

2.3 タウンマネジメント体制

壱番街（株）は利用権の保有者ではあるが，出店者中心の組織であり，テナントミックス等のノウハウを持っているわけではない．そこで，テナントミックスや販売促進等の業務を請け負う第3セクター「高松丸亀町まちづくり（株）（以下，まちづくり（株））」を設立し，壱番街（株）はそこと運営委託契約を結んでいる（図3参照）．まちづくり（株）の取締役は各街区の代表地権者で構成されるが，職員12名はすべて専門的知識を持つプロである．そのうち，ゼネラルマネージャーは東京で商業ビルの運営経験を持つ者をヘッドハンティングした．地権者の「町に対する思い」は，壱番街（株）とまちづくり（株）の財務手法にも表れている．壱番街（株）はテナント料等の収入から償還金，管理経費，まちづくり（株）に対する委託経費等を差し引いたものを，地権者への地代として支払う．つまり，地権者への配当は最劣後であり，事業のリスクは地権者が負い，壱番街（株）とまちづくり（株）の存続を最優先させるシステムになっているのである．

コミュニティが存在し，それが主体的にまちづくりを担うということは，「不在地主がいない」ということが条件となる．丸亀町には現在でも不在地主がいないが，それを維持するために地権者の出資によるコミュニティ投資会社を設立している．空き地や空き家が発生した際，ここがその権利を取得し，信託銀行への委託を通してまちづくり（株）に運用してもらい収益を上げる仕組みになっている．また，まちづくり（株）の活動を第三者の立場からチェックする組織として，自治体，学識経験者，市民，振興組合等によって構成されている「タウンマネジメント委員会」も設けられている．委員会は，学識経験者を含むことから，高松だけでなく東京でも開催されている．

2.4 居住者回復のためのプロジェクト

「僕らの再開発計画の目的は，商店街の再生ではなく，居住者の回復にある」古川氏はそう言い切る．1970年頃は丸亀町だけで1,000人くらいの人が生活していたが，2005年に独自で調査したところ，生活者はたったの75人だったという．もちろんその背景には，都市内道路網の整備とモータリゼーションの進展に伴って生じた郊外化がある．古川氏もそのような流れは不可避であることを認めた上で，しかし75人しか住まない中心商店街は「正しい縮小ではない」と言う．「そもそも人が住んでいないところに，商業を集積させるのは無理がある．商業はやめて，住宅を整備すべきである．」ほとんどの商店街で，空き地や空き

■ 写真2　A街区の再開発ビルの様子
低層部に商業施設，壁面後退した高層部に住宅を整備している

■ 写真3　1998年頃のA街区
郊外開発が急激に進んだ頃．（出典：高松丸亀町商店街振興組合資料）

■ 写真4　現在（2010年）のA街区
緑も多く開放的な空間へ．

家が生じているのは，需要ポテンシャルがないからではない．地権者が，収益率の高い（正確には高かった）商業利用にこだわっているからである．その結果，住宅は整備されず，商業でも特定の業種に偏ることになり，一層魅力を欠いた空間になってしまったといえる．もちろん，かつて商業地であった場所に良好な住宅を形成することは容易ではない．しかし，町全体のテナントミックスが可能になった丸亀町においては，十分その可能性を持っている．A街区では計47戸の住宅が供給され，他の街区でも同様に住宅の整備が計画されている．

■ 3　プロジェクトその後

高松丸亀町商店街A街区は，2001年3月に市街地再開発事業が都市計画決定され，2006年12月に再開発事業建設工事が竣工した．A街区の再開発ビルは「壱番街」という名でオープンし，2007年6月には丸亀町商店街のシンボルとなるドーム広場が完成した．その後，ドーム広場では週末ごとにカフェや大道芸，コンサートといったイベントが開催され，丸亀町商店街の賑わいを演出している．A街区開業後の効果を数字で示すならば，丸亀町商店街A街区付近の通行量（1日あたり）が開業前約12,000人に対して開業後は約18,000人，年間の売上高（外商を除く店頭販売額）は開業前約10億円に対して開業後は約33億円，税収のうち固定資産税（建物のみ）は開業前約400万円に対して開業後約3,600万円となっている．

2010年現在，A〜G街区のうち，B街区C街区はすでに共同建替ビルが竣工し，順次テナントがオープンしている．G街区は2010年4月より解体作業が始まり，3年後には分譲マンション100戸，ホテル200室，低層階にテナントがオープンする予定である．その他のブロックも計画が進んでおり，2014年ごろには一連の開発事業に一応の区切りが着くこととなる．地方都市の中心商店街再生を旗印として，人が住める環境づくりを目的とした本プロジェクトは，現在までに，丸亀町だけでも計89戸約200名程度の居住者が増加し，近年では丸亀町周辺の商店街でも住宅整備が進んでいる．A街区が竣工して3年が経過した現在，昼間の人通りは賑わいを取り戻し始めており，丁寧にデザインされた公共空間を背景として，地産地消や健康をテーマとしたレストランや店舗で洗練された都市生活を楽しむ人々の姿が日常風景となりつつある．振興組合はこの7つの街区以外にも，温浴施設等の整備など居住者にとって一層魅力的な都市空間となりうる開発事業を計画しており，地域のコミュニティが専門家とともに学習しつつ開発事業を進めていける本プロジェクトの仕組みは，今後も持続的に商店街のあるべき新陳代謝を促していくこととなるだろう．

◆参考文献
1) 小林重敬 (2008)：『都市計画はどう変わるか―マーケットとコミュニティの葛藤を超えて―』，学芸出版社．
2) 小泉秀樹 (2010)：「都市計画の構造転換は進んだか？―コミュニケイティブ・プランニング・マネジメントの視点から市民参加の到達点を検証する―」，都市計画 **286**, 5-10.
3) 高松丸亀町商店街振興組合 (2010)：『コミュニティベースト・ディベロップメント―コミュニティに依拠した都市再生：高松丸亀町商店街の試み―』．

●論説：「都市をつくる」という夢の実現●
―作品としての都市計画プロジェクト―

■「都市をつくる」という夢

「社会に対する愛情，これを都市計画という」
——都市計画学会の創始者であり，我が国で最も名の知られた都市計画家である石川栄耀（1893-1955）が残した名言である．都市計画は社会と密接な関係を結んできた．都市計画は単に絵柄としてのプラン（計画図）を描く技術ではなく，現実社会の課題やニーズを把握し，望むべき社会，特に都市の生活，居住スタイルを構想し，その舞台となる物的環境像を描き出し，公共性のあるルールや仕組みを設定し，さらにそうした環境像の実現，ルール，仕組みの運用に必要な手続きや組織を構成し，運営していくという，実に様々な局面を包含する総合的，統合的な社会技術であり，現実社会との密接な応答関係なくして成立しないものである．本書の各章の扉において，時代ごとに，我が国の社会，経済状況と個々のプロジェクトの関係について説明してきたのも，そうした都市計画観に基礎をおいているがゆえであった．しかし，具体の都市空間の着想と実現を要件とする都市計画プロジェクトの魅力の本質は，社会背景を語るだけではなかなか見えてこないのも事実である．なぜならば，都市計画プロジェクトを支えているのは，その時々の社会的状況への敏感な応答というだけではなく，個々人が抱く「都市をつくる」という，時代を超えたある種の夢の存在であるからだろう．「社会に対する愛情」は，ひとりひとりの「都市をつくる」ということに対する憧憬と表裏一体の思いなのである．

都市計画プロジェクトでは，その着想から実現に至るまで，様々な主体が関与している．先ほどの社会技術としての都市計画という理解に立てば，空間像を描き出す技術を持った人，ルールや仕組みを考え，それを運用する人，その空間に対して様々な権利を有する者，そしてその空間を使うことになるユーザーとしての市民など，多岐にわたる主体がその担い手として想定される．多様な人々の意思が集合して，ひとつの都市空間を生み出しているというのが正しい理解であろう．したがって，都市計画プロジェクトの場合，例えば「設計者」が明確である建築物と違って，「誰がそのオーサーなのか」は，普段の人々の生活において意識されないことが多いばかりか，意識的に個人や特定の主体の名前を出さないという慣例や習慣があった．しかし，本書では，あえて，個々の都市計画プロジェクトについて，「作品」としての見方をとってきた．つまり，過去の学会賞受賞作を取り上げることで，誰がどのような考えでその都市空間を構想，実現したのか，さらにその「作品」がどのように評価されたのかをはっきりと見てきたのである．都市計画が有する公共的性格は，都市空間の実現をひとりの人物や主体の業績に留めておくことをよしとしない．しかし，抜群のリーダーシップをとったのか，斬新な都市像を考案したのか，あるいは裏方として巧みに多主体のマネジメントに徹したのかは問わず，各プロジェクトには決定的な仕事をなした具体の人物や主体がいる．そうした人物や主体のことを「都市計画家」と呼びたいと考えている．

いつの時代も，「都市をつくる」というフレーズは夢を感じさせる言葉であったし，多くの人々がその「都市をつくる」という夢に導かれて，「都市計画家」としての人生をかけぬけてきた．少子高齢化，人口減少社会において，都市の縮退という概念が提示されている今日でさえも，「都市をつくる」という夢は，多くの人を惹きつけている．そうした夢を実現してきた人々，つまり「都市計画家」の足跡をたどることで，今，この夢の実現に向けて努力している人々に対して，ささやかだけれども深度のある礎を提供し，その夢へ向かっての歩みを力強く後押ししていきたい．それが，本書が編まれた理由である．

■戦後，都市計画の民主化と都市計画家

本書で取り上げた都市計画プロジェクトは，すべて戦後のものである．我が国の戦後は，高度経済成長を背景として，良くも悪くも都市空間の多くが更新されていった時代であった．戦後という時代は，「都市をつくる」という夢が，最もリアリティを持って多くの人に共有された時代であったかも知れない．特に終戦後，焼け野原になった都市で，生き残ったという安堵

の気持ちと，これからの日本の行く末に対する不安な気持ちを胸に抱きながら，しかし復興への強い意志を持って人々が日常生活を再開した時こそが，そうした夢の原点であっただろう．そのとき，人々が夢見た新しい社会を基礎付けていたのは，それは借り物の言葉であったとしても，紛れもなく「民主主義」であった．そして，この時代，都市計画においても，その「民主化」が強く叫ばれていたのである．

我が国の都市計画は，国家の事業として開始された歴史を持つ．1919年に都市計画法が制定されたのに合わせて，都市計画地方委員会制度が発足し，内務省に採用された技術者たちが，道府県に散らばって，都市計画の立案を担当することになった．彼らのバックグランドとしては，土木工学を修めた者が多く，そこに建築学や造園学の出身者が加わった．各道府県，そして市や町では，内務省の技師たちの指導を受けながら，初めての都市計画立案，その事業化に腐心した．また，都市計画は当初より都市計画法という法制度と不可分の関係であったため，技術者だけでなく，法律の運用に長けた事務官たちもこの新しい分野を支えた．特に伝統的に技師よりも事務方が力を持つ行政官庁においては，事務官の存在感は大きかった．いずれにせよ，戦前期において，都市計画を自分の仕事とした人物たちは，基本的には内務省を中心に官庁に在籍していた．彼らは都市計画専門の雑誌を刊行し，論考を執筆し，全国規模の会議も開催して，都市計画とは何かをお互いに問い続け，その技術の発展に力を注いだ．そして，各種の都市計画事業を展開し，国内のみならず，満州の地などでも思い切り活躍したのである．しかし，我が国では都市計画の技術はこうした国を中心とした官僚機構の中で蓄積されていったため，ことさら社会的に「都市計画家」なる職能を打ち立てていく必要性は薄かった．

そして，戦後を迎えた．全国で115にのぼった戦災都市で実施された戦災復興事業をつかさどる戦災復興院総裁の小林一三は，「政府官庁の指導や実行より，より以上に民間の力に多くを期待したい」（『復興情報』，2号，1946年）と復興の考えを説いたが，それは何も私鉄の雄・阪急の総裁という彼の出自ゆえということではなかった．当時の時代の雰囲気は，戦前，戦間期の官僚独善批判を基調とした「民主化」への期待であった．都市計画界における「民主化」の主な論点は，まずは戦前期の都市計画が官庁的秘密主義であったという批判に対応した，計画立案における情報公開や意見聴取のありかたであった．そうした中で，

「民主化」を率先して実行に移したのは，東京都の都市計画課長として首都の戦災復興という重責を担っていた石川栄耀であった．戦前から都市計画家としてのアイデンティティを問い続け，都市計画技術の確立を目指していた石川は，東京の戦災復興にあたって，東京商工経済会（東京商工会議所）と組んで，民間からのアイデアを求めるべく設計競技を企画したり，満州等から引き揚げしてきた技術者を組織して，組合施行の区画整理を代行する会社を設立するなど，民間の力を活かした復興計画を心がけた．さらに，石川は，1947年には計画策定への民間技術者の参入という意味での民主化を目指し，「計画士」というプロフェッションの確立を掲げた日本計画士会の創設に深く関わり，1951年には都市計画官僚の集まりであった都市計画協会から学術部門を独立させるかたちでの日本都市計画学会の設立を主導した．つまり，人材の育成，職能とそれを支える学術の確立という面でも，民主化を先導したのである．こうした石川の動きが，我が国における戦後の「都市計画家」確立に向けた運動の始まりであった．

■ 民間都市計画家のパイオニアの業績

終戦直後の時期，我が国で「都市計画家」という職能を強く意識し，実践の中でその存在を確立していこうとした民間都市計画家のパイオニアとして，二人の人物の名が挙げられる．一人は我が国で最初の民間都市計画事務所とも言われる桜井・森都市計画事務所を創設した桜井英記（1897-1988），もう一人は，我が国で最初に計画士を名乗り，個人の力で様々な都市計画プロジェクトに関与していった秀島乾（1911-1973）である．

桜井英記は石川の大学の後輩にあたる．1922年に東大の土木工学科を卒業した後，内務省に入省し，戦前地方の都市計画委員会に出ることなく，常に本省の都市計画課に在籍し，帝都復興をはじめ，各種の都市計画の立案，事業化を指導した都市計画界のエリートであった．石川とは上海の新都市建設で一緒に仕事をしたこともあった．その桜井が戦後，1946年に内務省を退官し，1948年に内務省で同僚であった森幸太郎とともに立ち上げたのが，我が国で最初の都市計画コンサルタント事務所である桜井・森都市計画事務所であった．戦後の地方公共団体の区画整理事業のコンサルタントを主な業務とした．桜井は1954年1月に日本都市計画学会が設置したコンサルタント制度研究委員会の委員長を務め，「職業としての都市計画家を

助成，育成する方策」を含む報告書をまとめた．「都市計画は各種専門技術の総合であり，都市計画はこれら科学技術上の知識を利用して都市の現状及び将来に適合するように都市施設の計画を作成する」仕事であり，「中小都市においては都市財政の見地よりしても専門技術者を有することは困難でありかつ府県並びに中央行政機関における都市計画家は現在の陣容ではその計画策定の負担にはたえきれない」（『都市計画』9号，1954年）がゆえに，都市計画コンサルタントが必要であるとの調査結果を報告したのである．ここに，主に地方自治体を相手としたコンサルタント業としての日本の都市計画家の濫觴があるが，実際にそうした職能が確立していくのはその10年以上後であった．民間都市計画家としての桜井の代表作品は，五島慶太に請われて顧問として参画した東急田園都市［⇨52］の建設であった．東急の田園都市は，事業着手から50年後に学会賞を受賞することになる，きわめて長期にわたる一民間企業が主導した我が国最大級の都市づくりであったが，その原点には，内務省のエリート技師から転身して，我が国戦後最初に民間の都市計画事務所を立ち上げた桜井のコンサルティングがあった．

　民間都市計画家のパイオニアのもう一人は，秀島乾である．1936年に早稲田大学建築学科を卒業後，満州国政府に奉職し，各地の新市街地の設計や都邑計画法の起草等を手がけた秀島は，終戦後，帰国し，石川の仕事を手伝うことになった．日本商工経済会の設計競技，日本計画士会，そして日本都市計画学会といった石川の都市計画の民主化に向けた活動は，全て裏方や事務局を努めた秀島に支えられていた．秀島は，自ら計画士第一号と称して，個人事務所を立ち上げたが，その余りある構想力は，「どうしても秀島乾さんを介在するプランは実現しない．特に，秀島業績というものがございますが，私の知る範囲以後の秀島業績というのは，実は，三分の二位は実現しないという業績でございます．実現しないところに実は，秀島乾さんのいいところがございます」（『秀島乾氏と夫人を偲ぶ』，1975年）といわれるほどの，良くも悪くも理想的で時代よりも先に行く独創的な計画案を次々と生み出した．戦後はどこにも奉職せず，一貫して一計画士で通した秀島の実現した代表的作品が，本書でも取り上げた松戸市常盤平住宅団地［⇨3］なのである．常盤平団地は，大都市圏での人口急増に対応する迅速な住宅供給を目的として，1955年に設立された日本住宅公団が最初に手がけた大規模団地の一つであったが，当時，我が国ではこうした大規模団地の計画の経験の蓄積はなく，満州時代に新市街地の設計を多数手がけた秀島に声がかかったのである．満州時代の秀島の部下で，当時，日本住宅公団の宅地開発分門に出向して常盤平団地の担当者となった田住満作は，秀島の活躍を「まるで素人同然の私に対し，手取り足取りといった具合に親切な指導をしていただけたのである．例えば，現地での観察の仕方，写真の撮り方，航空写真の利用の仕方，計画の樹て方等，微に入り細に亘る教えを受けたお陰で，その後の他地区の計画を樹てるうえで，また職員を指導するうえで，自信を持って対応することができた」（『まちづくりの記録　座談会・想い出の記録』，住宅都市整備公団，1989年）であったと回想している．秀島は，公団内部での都市計画家の養成にも貢献したのである．本書で取り上げた秀島が手がけた作品としては，他にも，後述する高山英華らとともに携わった駒沢公園［⇨4］や，晩年，神戸市の顧問となり，一生懸命に取り組んだという神戸ポートアイランド［⇨18］がある．いずれも秀島らしい大胆な構想を持ったエポックメイキングな都市計画プロジェクトであった．

■ 大規模団地・ニュータウン開発における公団と大学との連携

　戦後，大都市圏への未曾有の人口集中と住宅不足を背景として，公営住宅政策の転換により，日本住宅公団（公団）が設置されたのは1955年であった．主に公団が担うことになる大規模団地開発，ニュータウン開発という仕事の登場は，「都市をつくる」という夢をこうした郊外での住宅地開発に向けさせることになった．しかし，我が国では，大規模団地開発，ニュータウン開発の経験に乏しく，わずかに戦前の同潤会や住宅営団による集合住宅団地の建設，満州国等での新市街地の建設などの経験がある程度であった．したがって，公団はこの新しい仕事に取り組むにあたって，戦前から近隣住区や一団地設計の研究の蓄積があった大学の研究室との連携を試みることにした．

　公団が最初に手がけた大規模団地の設計は，関東では先に触れた常盤平［⇨3］であったが，関西では香里団地［⇨1］であった．その基本設計は京都大学建築学科の西山夘三（1911-1994）の研究室に委託された．西山研究室による当初計画案は，幹線道路を住区境界とし，十分な緑地をとった上に，高層波状住棟などを配したものであったが，西山研から実際に事業を実施する公団大阪支所宅地開発部，そして同支所

建築部へと手渡された段階で，建設工事や工費の側面から大きな変更が加えられることになった．香里団地は，この点で秀島が手がけた常盤平と異なり，西山研の作品であるとは簡単に言い切れないほど，当初の計画案の本旨に関わる変更を経て，実現されたものであった．むしろ，香里団地は，基本設計＝マスタープランと実施計画との関係付けという問題系を浮き彫りにした事業であった．そして，こうした計画立案に関わる課題は，1958年に始まる我が国で最初のニュータウン事業とされる千里ニュータウンの計画策定過程に引き継がれた．大阪府が事業主体となった千里ニュータウンで計画では，西山研のほか，後述する東京大学建築学科の高山英華（1910-1999）の研究室なども参画し，新しい住区構成理論に忠実に基づく基本計画が策定されたが，ここでも特に入居開始以降の建設過程において大幅な変更が加えられていった．

こうして香里団地［⇨1］で問題提起されたマスタープランの役割や，千里ニュータウンで採用されたある種厳格な近隣住区構成に対して，それらの限界を超えることを意識した取り組みが，公団と高山英華の研究室の協同で基本設計を行った高蔵寺ニュータウン計画［⇨10］であった．当時，海外事例も含めて，大規模団地やニュータウン開発に関する知見が最も蓄積されていたのが，東大の高山研であった．高山自身は，個人としても秀島らと駒沢公園計画［⇨4］を手がけるなど，戦後の重要な都市計画プロジェクトに深く貢献したが，むしろ高山研として，教え子たちとともに都市計画の様々な分野のエポックメイキングなプロジェクトに取り組んだことで知られている．本書に取り上げられているものだけでも，後述する再開発の先鞭をきった岡山再開発［⇨2］や都市防災分野を切り拓いた江東防災［⇨12］等の都市計画プロジェクト，我が国の農村計画史上最大の計画である八郎潟計画［⇨5］がある．1961年に開始された高蔵寺ニュータウンの基本設計は，公団の津幡修一をチーフに，公団からは若林時郎，土肥博至，御船哲，高山研からは川上秀光，土田旭，小林篤，大村慶一が参画した公団―大学の若手混合チームの手で行われた．千里ニュータウンの反省に立ち，強く校区を意識し過ぎることなく，ワンセンター方式を採用したマスタープランが策定された．そして，このマスタープランは，多くの部分設計や計画決定をリードしたのである．

高蔵寺ニュータウン計画での公団と東大高山研とのパートナーシップはその後も継続された．1968年，公団の土肥，若林，高山研の土田は連名で「ニュータウン計画の反省」という論説を発表し，高蔵寺を含む「ニュータウン」を「都市」と呼ぶことは到底できない，それは都市としての個性，多様性を欠いていると批判を展開した．彼らは日中の仕事が終わった後，地区設計研究会と称して共同の作業場に集まり，ニュータウンの限界を乗り越えるべく，次の仕事，筑波研究学園都市計画［⇨15］に取り組み始めた．筑波では，「都市らしさ」を探求し，あえてグリッド状の街路網を導入し，さらに歩行者専用道に対して街並みを形成する建物配置を計画したが，実現したのは，南面並行配置という原則を踏襲した団地の集合体であった．なお，都市計画学会賞受賞者で，国土庁研究学園都市推進室長という立場で筑波研究学園都市の建設計画の責任を担った石川允は，石川栄耀の長男にあたり，高山研究室の卒業生として，親子二代に渡る都市計画家人生を歩んだ．一方，建設面での代表として受賞した今野博は，石川栄耀の東大土木の後輩，そして東京都時代の部下で，日本住宅公団住宅地区開発課長として高蔵寺ニュータウンの建設に携わり，さらに，筑波では日本住宅公団理事という立場でその建設の責任を担ったのである．

また，本書で取り上げたプロジェクトの中では，鈴蘭台地区開発［⇨6］が，公団鈴蘭台団地の建設に伴う換地地区も含めた住宅地開発であり，大阪市立大学の川名吉エ門研究室と土地区画整理を施行した神戸市との協働の事例である．

以上のように，大規模団地やニュータウン建設を通じて，「都市をつくる」という夢は半ば実現しつつも，なかなか獲得することができなかった「都市らしさ」をめぐる飽くなき探求が続いた．日本住宅公団は，1981年に住宅・都市基盤整備公団，1999年に都市基盤整備公団，2004年に都市再生機構と組織体制を変えていくが，公団に所属した都市計画家たちは，1980年代までに，グリーン・マトリックス・システムを導入した港北ニュータウン［⇨17］，自然地形等を最大限に活かした首都圏最大規模の多摩ニュータウン［⇨22］，知識集約型機能の導入を図った厚木ニューシティ［⇨26］，さらには建築家の内井昭蔵をマスターアーキテクトに起用したベルコリーヌ南大沢［⇨31］など，数々の個性的な都市計画プロジェクトを生み出していくのである．

■ 大規模再開発プロジェクトとコーディネーターの誕生

「都市をつくる」夢は，郊外の大規模団地やニュー

タウンにおいてだけではなく，都心部の大規模な再開発においても描かれた．戦災復興がひと段落した後，既存の都心部を一新するような再開発が目指され，とくに1950年代後半から1960年代前半には，丹下健三やメタボリズムに参加した建築家たちにより「東京計画1960」を始めとする野心的な都市像が描かれた．しかし，実際には複雑な権利関係が障害となるなど，彼らによる提案は多くが実現しないまま，やがて「都市からの撤退」が叫ばれるようになっていく．

ただそうした中でも実際の都市計画プロジェクト＝再開発に関わった建築家もいた．坂倉準三はダブルスパイラルの特異な構造で有名な新宿西口広場［⇨9］の設計に関わったほか，他にも渋谷や難波といったターミナル駅でのプロジェクトを手がけている．またメタボリズムの一員だった大高正人は坂出人工土地［⇨7］や広島基町団地［⇨11］を手がけ，その後，多摩ニュータウンの全体を対象とした自然地形をできる限り損傷しないような街路計画と地形に合うような住宅による自然地形計画案やニュータウンの中心にあたる多摩センター地区計画，さらに筑波研究学園都市でのマスタープランの見直し，横浜のみなとみらい21につながる横浜博覧会の会場計画など，我が国を代表する都市計画プロジェクトを裏方として支えた．いずれも大胆な構造を備えた大規模プロジェクトであり，建築家としての造形力が存分に活かされたものであった．

また実際の都市再開発の現場では，新たにコンサルタント的な業務が必要とされた．1950年代後半からはそれまでの防火建築帯に代表される「線」の都市再開発から，より広い街区を対象とする「面」の都市再開発が叫ばれるようになっていく．岡山市中心部の再開発計画［⇨2］はその先進的な試みとして，地元自治体が積極的に推進するとともに，学会に委託されプランが作成されたものであった．そして，再開発対象の面積が広がるにつれ，現場では土地権利関係や各戸の要望の調整といったそれまでにない膨大な仕事が新たに生じたのである．そうした職能がなかった当時，それらを担ったのが地元市町村や住宅公団の担当者たちであり，やがて，都市再開発コーディネーターと呼ばれる職能が生まれていく．当時，こうした業務に報酬は認められておらず，実際の設計に進んだ段階で初めて基本設計料として手当が支払われ，それまでは手弁当での参加となることもあったという．とくに初期の大規模都市再開発の一つであったの受賞対象の一つである江東防災拠点［⇨12］では，地元住民を交え

て延べ何百回にもわたる会議が活発に行われ，ここから都市再開発を専門とするような人材が巣立っていくことになる．こうした動きは後に，1985年の再開発コーディネーター協会として結実する．神戸市六甲道駅南地区市街地再開発事業［⇨58］のRIAも初期から都市再開発に関与してきた存在であった．

一方，特に次第に大規模化していった都市再開発においては，それまでの個人事務所を主宰するような建築家たちに変わって，実際の空間づくりの担い手の主体となっていったのが，高度経済成長期に生まれつつあった組織設計事務所であった．彼らのプロジェクトが学会賞の対象となるのは少し遅れて，2000年代の晴海トリトンスクエア［⇨49］，泉ガーデン［⇨55］などからである．ともに日建設計が担当した都市計画プロジェクトであった．この背景には，民間開発が都市計画プロジェクトを代表するようになったこともあり，ビール工場の跡地を再開発した恵比寿ガーデンプレイス［⇨39］も同種の意義を持っていると言える．

■ 地方自治体と都市計画コンサルタント事務所の活躍

1960年代以降，高度経済成長の進展の中で，1962年国土総合開発法に基づく全国総合開発計画が策定され，1968年には都市計画法が改正されたことで，大都市圏のみなならず，地方中小都市においても地域開発や都市計画プロジェクトが本格的に着手されるようになった．また，同時期，1962年に我が国で最初の都市計画を専門に教える学科として，東京大学に都市工学科が設立された他，幾つかの大学で都市計画の専門コースや関連学科が設立され，都市計画を教える教員，都市計画を学んだ卒業生も大幅に増えた．そうした状況下で，公団と大学研究室の協働による大規模団地やニュータウン建設に限定されない，多岐にわたる地方自治体の都市計画の仕事を，民間の都市計画コンサルタント事務所が受託するかたちで実現した作品が増えてくることになる．

まず，そうした時代に活躍した都市計画家として，浅田孝（1922-1990）が挙げられる．浅田は長く丹下健三研究室の番頭役を務め，1959年に我が国で最初の地域開発コンサルタント事務所として，環境開発センターを立ち上げた．その浅田が共同受賞者として名を連ねていたのは，坂出人工土地［⇨7］であり，四国出身の浅田が建築家の大高正人を香川県の関係者と結びつけた．環境開発センターのスタッフには後に横浜市の企画調整室長となる田村明（1926-2010）が

おり，後述する横浜の都市デザインの発端となる1963年からの飛鳥田市政下での6大事業の提案も，環境開発センターの手によるものであった．

　こうして浅田の環境開発センターが先陣をきったが，先に1950年代半ばに桜井らがその存在意義を議論していたような民間都市計画コンサルタント事務所が，実際に次々と設立され始めるのは，1960年代後半からであった．その多くは，各大学の大学院に残って，研究室の活動として都市計画に携わっていた若手研究者や大学院生たちが，研究室から独立するかたちで設立した比較的小規模な事務所であった．例えば，東京大学の都市工学科周辺では，1960年代後半から1970年代前半にかけて，高蔵寺ニュータウン計画［⇨10］にも参画した都市工学科助手の大村虔一，高山研の院生であった土井幸平と南条道昌らが設立した都市計画設計研究所（1967年），都市工学科の日笠端研究室の博士課程にいた林泰義が設立した計画技術研究所（1968年），丹下健三研究室出身で都市工学科の助手を務めていた曽根幸一が設立した環境設計研究所（1968年），同じく都市工学科一期生で丹下研出身の梅沢忠雄らのUG都市設計（1969年），先の高蔵寺，筑波の仕事を担当した土田旭が創設した都市環境研究所（1971年），丹下研出身の押田健雄らによるテイクナイン計画設計研究所（1971年），そして丹下健三都市建築設計事務所の都市計画部門が独立した日本都市総合研究所（1973年）といった順で，都市計画コンサルタント事務所が設立されていった．その背景に大学紛争があったことは確かだが，当時，都市計画設計研究所を設立するにあたって，共同創設者の3名が指導教官にあたる川上，兄弟子の土田，曽根らとの議論をもとに書いた「都市設計にリアリティをもたらすもの」という論文に端的に書き残されている，「都市設計」という職能の確立への強い思いがあったことを忘れてはならない．

　関西でも，西山研出身の三輪泰司が設立した地域計画建築研究所（アルパック）（1967年），先に言及した鈴蘭台地区計画［⇨6］に大阪市立大学川名研究室の助手として関与していた水谷頴介（1935-1993）が設立した㈱都市・計画・設計研究所（1970年）をはじめとして，様々な都市計画コンサルタント事務所が設立されていった．なお，阪神・淡路大震災からの復興過程において多大な活躍を見せた都市計画コンサルタントの都市計画家たちは，特にこの水谷スクールとよばれる水谷の弟子筋が多かった．

　本書で取り上げた1970年代以降の学会賞受賞作品には，都市計画コンサルタント事務所が携わった地方自治体とともにつくりあげた仕事が多数，含まれている．コンサルタントという立場上，受賞者としては，必ずしも彼らの名前が出ているものばかりではない．都市計画コンサルタント事務所は時に設計者，時にプランナー，時にコーディネーターとなり，都市計画の傑作を生み出していった．都市計画コンサルタント事務所に所属する都市計画家個人の名前が出ているケースは，テイクナイン計画設計研究所の押田建雄が手がけた東通村［⇨27］，まちづくり研究所の黒崎羊二が担当した上尾市仲町愛宕［⇨30］，日本都市総合研究所の加藤源が手がけた花巻駅周辺整備［⇨34］，都市計画設計研究所の大村虔一，小泉嵩夫による初台オペラシティ［⇨47］などである．早稲田大学建築学科の吉阪隆正（1917-1980）研究室および吉阪の個人設計事務所であるU研究室出身者が設立した象設計集団（グループ代表　大竹康一）による名護市等［⇨14］での集落計画も特筆すべきものであろう．その他に，名前は出ていないが，例えば，高山市まちかど整備［⇨21］は押田建雄が，日立駅前開発［⇨33］は都市デザイン総括を土田旭が，帯広駅周辺整備［⇨40］は加藤源がコーディネートした代表的な作品である．

　そして，都市計画設計研究所が諸計画業務を担当した幕張副都心の街づくり［⇨32］の「プロジェクトのその後」で言及されている．副都心の一角に生まれた幕張ベイタウンの計画デザイン会議には，数多くの都市計画コンサルタント事務所の都市計画家たちが集結し，我が国ではほとんど例を見ない，中層中庭型の新しい都市をつくりあげた．当初の「都市設計」という職能確立への道は，幕張ベイタウンでひとつの結実を見たと言えるが，幕張ベイタウン以降，同レベルの同種の試みがほとんど見られない点を鑑みると，むしろこの都市デザインの一つの到達点は，次に続く世代に改めて職能の確立という課題を突きつけたということでもあった．また，幕張ベイタウンも含めて，地方自治体と都市計画コンサルタント事務所を結び付けたり，指導的立場からこうした仕事を支援したのが，例えば高山まちかど整備［⇨21］や川崎アーバンデザイン［⇨25］を手がけた渡辺定夫（東京大学名誉教授）などの大学に籍を置く都市計画家であった．

　以上のプロジェクトの殆どは，地方自治体が発注者となったものであった．本書で取り上げた都市計画学会賞受賞作の受賞者の名前の中には，1980年代あたりから，次第に知事や市長の名前が目立つようになるが，これは地方自治体の都市戦略としての都市計画プ

ロジェクトが本格化する中で，自治体側を代表する人格として選ばれたものである．ポートアイランド［⇨18］の宮崎辰雄神戸市長，掛川コンベンションシティ［⇨29］の榛村純一市長の受賞が，そうした時代の動向を端的に示している．しかし，同時期に，地方自治体自身がインハウスの都市計画家，都市デザイナーを抱えて，優れた都市デザインを展開していったことにも言及しておきたい．その代表例は，本書では取り上げられなかった横浜市である．先に述べたように，浅田孝，田村明がいた環境開発センターによる6大事業の提案から開始された横浜の都市デザインは，実際のその事業を実現すべく，田村明が横浜市企画調整部長として入庁し，以降，ハーヴァード大学で都市デザインを学んできた岩崎駿介をはじめ，国吉直行，北沢猛といったスタッフを採用し，アーバンデザインチームを組織し，様々なプロジェクトをしかけていった．そして横浜市と並び，しかし横浜市とは異なる路線で都市デザインを展開したのが，世田谷の都市デザイン［⇨24］である．当時の世田谷区都市デザイン室は，室長の原昭夫や卯月盛夫らの専門スタッフを抱え，そして例えば用賀プロムナードの象設計集団，世田谷の梅が丘地区ふれあい通りの新居千秋といった建築家たちをたくみに起用して，優れた都市空間を生み出してきたのである．

■ 持続的な空間マネジメントの担い手と都市計画の未来

1990年代後半以降，都市計画プロジェクトに関わる主体に変化が見られるようになった．例えば本書で取り上げた都市計画プロジェクトに対する学会賞の受賞者で言えば，新百合ヶ丘駅周辺整備［⇨43］における川崎新都心街づくり財団や大阪ビジネスパーク［⇨45］の大阪ビジネスパーク開発協議会，ユーカリが丘ニュータウン［⇨46］における株式会社山万や自治会協議会，晴海トリトンスクエア［⇨49］における晴海を良くする会，旧居留地連絡協議会［⇨57］，高松丸亀町商店街振興組合［⇨60］などである．これらは，都市空間の設計や計画というよりは，その運営・管理に関わる主体である．つまり，都市計画プロジェクトというものが，単に都市空間の設計し，それを実現させるということに留まらずに，その後の運営や管理までを含めて捉えられるようになってきたのである．都市計画プロジェクトに持続的な空間マネジメントの側面，つまり「まちづくり」的な性格が加わったということである．都市計画家の職能も，マネジメントという部分が大きくクローズアップされるようになってきている．神戸真野地区のまちづくり［⇨51］でまちづくりプランナーを名乗る宮西悠司や，先にも言及した高松丸亀商店街［⇨60］のまちづくり専門家チーム代表の西郷真理子らの存在が象徴的であろう．また，都市計画プロジェクトにおいて持続的な関わり方が求められる中で，それぞれの地域の商工会議所や商工会，自治体の職員，あるいは特定の地域にこだわって活動を続ける都市計画コンサルタント，NPOの職員といったこれまでなかなか表舞台に出てこなかった人たちの顔がプロジェクトの主役として見えるようになってきている．例えば，金沢市のまちづくり［⇨56］では，まちづくり関連の職員育成や地元の大学人や都市計画コンサルタントの継続的活用がその成功の要因であった．

こうした状況からは，都市計画プロジェクトが，その時間軸を，従来の都市空間の設計・計画，そして実現に留めず，持続的なマネジメントとしてその後にまで延長していく方向で，「都市計画家」のありようをも変化させながら，「都市をつくる」ということの意味を深化させてきたことが見て取れよう．本書では，「プロジェクトその後」についても記述したが，そこでは都市計画プロジェクトがどのように「生きられて」きたのか，が綴られている．持続的なマネジメントが必要とされる現代において，過去に着手された都市計画プロジェクトの現在までの生の履歴が示唆するところは大きい．都市空間はどのように熟成していくのか，どのように再生されていくのか，を見ることができる．都市計画プロジェクトには，そこに関わった都市計画家の構想，意志，努力が込められていて，それら自身が歴史的意義や現代的示唆を有することもあるが，同時に，その都市空間に流れた「時間」によってしか生み出しえない空間の履歴そのものにも，価値が見出されようとしているのである．

今，かつてないほど不確定な要素に満ちた未来に対して，近代主義的な事前確定的な意味での計画ではなく，現代的な計画，つまり持続的な空間マネジメントを伴う，可能性を幾重にも織り込んだ都市計画が必要とされている．しかしそれはこれからの都市計画プロジェクトに求められるというだけでなく，本書で取り上げた戦後の様々な都市計画プロジェクトについても，実は同様の考えが必要である．これらの都市計画家の作品を都市計画の遺産として認識し，現代に活かし，未来に伝えていくということは，これらの遺産が，これまで人々によって生きられてきて，その時々で姿

を変えつつ，現在も多くの人に生きられていて，未来もさらに多くの人々に生きられていく遺産であるという，持続的な時間感覚，認識に立つことである．都市計画プロジェクトは，終わりのない取り組みである．「都市をつくる」という夢は，むしろその未完性ゆえに，いつまでも人々を惹きつけてやまない．そして，少なくとも都市空間が生きられていく過程で，その夢は，ここであえて「都市計画家」と呼んだ人々のものというよりは，その地域と関わりを持つ全ての人々のものへと育て，磨き上げられていく．都市計画は，いつの時代も，そうした夢を実現させるために，社会とともに歩んできたし，これからもきっとそうあり続けるだろう．

［中島直人・初田香成］

● 巻末データ（1）：プロジェクト概要一覧 ●

番号　略称	頁
① 計画等名称	
② 所在地	
③ 計画設計面積	
④ 計画年	
⑤ 竣工年等	
⑥ 主な関係主体	
⑦ 主な用途	

1 香里団地　2
① 香里住宅団地計画
② 大阪府枚方市香里丘
③ 155 ha
④ 1956～1957 年
⑤ 1958 年 竣工（B 地区入居開始）
⑥ 日本住宅公団，大阪府，枚方市
⑦ 住宅，商業施設，幼稚園，保育園，小学校，中学校，その他生活関連施設

2 岡山再開発　6
① 岡山市中央商業地区再開発事業（上之町商店街，中之町商店街）
② 岡山市北区表町一丁目
③ 延べ面積合計：22,169.58 m^2（11 棟分）
④ 1960 年 基本計画策定・設計・着工
⑤ 1961 年 1 月 31 日～1962 年 3 月 1 日
⑥ 岡山県，岡山市
⑦ 商業施設，事務所，住宅，倉庫，娯楽施設，駐車場

3 常盤平団地　10
① 松戸常盤平住宅団地
② 千葉県松戸市
③ 地区面積：634,308 坪
④ 1955 年～
⑤ 1961 年
⑥ 日本住宅公団
⑦ 公団賃貸集合住宅，宅地分譲，公共用地

4 駒沢公園　12
① 駒沢オリンピック公園
② 東京都世田谷区駒沢公園，目黒区東が丘二丁目・八雲五丁目
③ 都市計画公園面積：40.52 ha
　開園面積：41.36 ha（2010 年 9 月現在）
④ 都市計画年月日：
　　当初：1957 年 12 月 21 日
　　最終：1962 年 12 月 22 日
　事業認可年月日：1961 年 8 月 8 日
⑤ 開園年月日：1964 年 12 月 1 日
　約 46 億円（建築 16.5，土木 10.5，造園 5，設備 6.5，用地 7.5）
⑥ 東京都（下記以外の建築・設備・土木・造園・工事）
　東京大学高山英華研究室（基本計画）
　村田政真建築設計事務所（陸上競技場）
　芦原義信建築設計事務所（体育館，中央広場，管制塔）
⑦ 陸上競技場，野球場，テニスコート，体育館，プールなど各種運動施設，遊技施設，サイクリングコース，ジョギングコース，ドッグラン

5 八郎潟干拓地　16
① 八郎潟新農村集落計画
② 秋田県大潟村
③ 690 ha
④ 1957 年 着工決定
⑤ 1964 年 大潟村誕生
⑥ 八郎潟新農村建設事業団
⑦ 居住区，農業施設区

6 鈴蘭台地区　18
① 鈴蘭台地区開発基本計画
② 神戸市北区鈴蘭台地区
③ 136 ha
　計画人口：1.6 万人
④ 1963 年
⑤ 1968 年
⑥ 事業主体：
　日本住宅公団より神戸市長に委託
　受託者：
　調査研究
　大阪市立大学建築学科都市計画研究室
　川名吉エ門教授，水谷穎介，西村昂
⑦ 住宅，生活施設

7 坂出人工土地　20
① 坂出市における人工土地方式による再開発計画
② 香川県坂出市京町地区
③ 地区面積：約 1.3 ha
　敷地面積：12,714 m^2
　建築面積：10,111 m^2
④ 1963 年 3 月
⑤ 1986 年 3 月
⑥ 坂出市
　設計：大高正人建築設計事務所
⑦ 住宅，商業施設，市民ホール，駐車場

8 久留米団地　24
① 久留米住宅団地の計画
② 東京都東久留米市滝山
　西武新宿線花小金井駅または西武池袋線東久留米駅よりバス
③ 地区面積：155.8 ha
　計画戸数：6,400 戸
　計画人口：25,000 人
④ 1966 年～1969 年
⑤ 1969 年
⑥ 施行者：日本住宅公団
⑦ 公共用地：道路，公園
　施設用地：教育，行政商業等，公益的施設
　住宅用地：
　　一般住宅地
　　計画住宅地，滝山団地 3,180 戸
　　（賃貸 1,060 戸，分譲 2,120 戸）

9 新宿駅西口広場　26
① 新宿西口広場
② 東京都新宿区西新宿一丁目
③ 延床面積：46,010 m^2（地上面積除く）
④ 1960 年
⑤ 1966 年 11 月
⑥ 新宿副都心建設公社，小田急電鉄株式会社，坂倉準三建築研究所
⑦ 広場，駐車場

10 高蔵寺 NT　30
① 高蔵寺ニュータウン計画
② 愛知県春日井市
③ 開発規模：702 ha
　計画人口：81,00 人
④ 整備開始：1966 年
⑤ 整備終了：1981 年
⑥ 整備主体：日本住宅公団
⑦ 住宅，公園緑地，センター

11 基町長寿園　36
① 広島市基町・長寿園団地計画
② 広島市中区基町地区および長寿園地区
③ 地区面積：基町団地 7.55 ha，長寿園団地 1.35 ha
　敷地面積：基町団地 72,208 m^2，長寿園団地 11,381 m^2
　延床面積：容積率としてみれば基町団地でグロス 241 %，393 戸／ha，ネット 251 %，410 戸／ha，長寿園団地でグロス 300 %，516 戸／ha，ネット 354 %，610 戸／ha
④ 1968 年 基町団地基本計画
　1969 年 長寿園団地基本計画
　1969 年 住宅地区改良計画認可
⑤ 1974 年 3 月 長寿園団地第 4 期工事完成
　1978 年 7 月 基町団地最終（第 7 期）工事完成
　1978 年 10 月 基町地区再開発事業完成記念式
⑥ 広島市，広島県，建設省，大高建築設計事務所
⑦ 改良住宅，公営住宅（基町向，一般向），中央施設としてショッピングセンター・屋上緑地広場，管理事務所，中央集会所，集会室，屋上遊歩道，人工歩廊，分散店舗施設，小学校，幼稚園，保育所，警察官派出所，消防署

12 江東防災拠点　40
① 白鬚東地区市街地再開発事業
② 東京都墨田区堤通 2 丁目
③ 約 26 ha
④ 1972 年（都市計画決定）
⑤ 1983 年から順次竣工，1986 年 完成
⑥ 東京都，防災都市計画研究所等
⑦ 公園（避難場所），道路，住宅等

13 豊中市庄内地区　42
① 庄内地域住環境整備計画
② 大阪府豊中市庄内地域
③ 425.5 ha
④ 当初計画 1977～1980 年
⑤ 目標年次
　当初計画：1985 年
　新計画：2000 年
　3 次計画 2030 年
⑥ 豊中市，大阪府，大阪府都市整備推進センター
⑦ 主な用途地域：住居，商業，工業，準工業

14 沖縄北部都市　46
① 名護市庁舎
② 沖縄県名護市港一丁目 1 番 1 号
③ 敷地面積：約 12,201 m^2
　延床面積：約 6,149 m^2
④ 1979 年 3 月
⑤ 1981 年 4 月
⑥ Team Zoo（象設計集団＋アトリエ・モビル），名護市庁舎建設委員会
⑦ 公共施設

15 筑波研究学園都市　48
① 筑波研究学園都市
② 茨城県つくば市
③ 新都市開発事業地区：28,500 ha
　構成：
　　研究学園地区：2,700 ha
　　周辺開発地区：25,800 ha
④ 1963 年 閣議決定
　1978 年「学園都市概成」と公表
⑥ 研究学園地区：日本住宅公団，移転する研究・教育機関
⑦ 住宅，研究・教育機関等

16 酒田市大火復興　52
① 酒田市大火復興計画
② 山形県酒田市中町1～2丁目，一番町，二番町，相生町2丁目，本町1～3丁目，上本町，浜田1丁目，新井田町，東栄町，近江町地内
③ 地区面積：32.0 ha（焼失面積 22.5 ha）
④ 1976年
⑤ 1980年
⑥ 建設省，山形県，酒田市
⑦ 都市計画道路，公園，商業施設，店舗併用住宅，駐車場等

17 港北せせらぎ公園　56
① 港北ニュータウン，せせらぎ公園
② 横浜市都筑区勝田南1-20
③ 55,955 m²（都市計画決定は3.7 ha，1981年）
④ 1960年 横浜市6大事業発表
　1969年 区画整理事業決定
　1974年 工事着手
⑤ 1980年 モデル公園として完成
　1991年 開設
⑥ 日本住宅公団港北開発局
⑦ 緑道・せきれいの道，せせらぎ池，せせらぎ水路，古民家，多目的広場，運動広場，樹林地，散策路等

18 ポートアイランド　60
① ポートアイランド
② 兵庫県神戸市中央区
③ 第1期：443 ha
　第2期：390 ha
④ 1966年 PI 埋立基本計画決定
⑤ 第1期：1980年度
　第2期：2009年度
⑥ 国，神戸市，阪神外貿埠頭公団（現（財）神戸港埠頭公社）
⑦ 第1期：埠頭用地，港湾関連用地，業務・商業用地，住宅用地，学校用地，公共公益施設用地，公園・緑地等
　第2期：埠頭用地，港湾関連用地，製造工場用地，業務・商業用地，公共公益施設用地，公園・緑地等

19 高陽 NT　64
① 高陽ニュータウン
② 広島県広島市安佐北区高陽町
③ 275 ha
　計画人口：約 36,000 人
　計画戸数：約 10,000 戸
④ 1971年1月 都市計画決定
　1972年7月 事業認可
⑤ 1975年 入居開始
　1986年 新住宅市街地開発事業完了
⑥ 広島県住宅供給公社
⑦ 住宅，公園緑地，教育施設

20 浜松駅北口広場　68
① 浜松駅北口駅前広場
② 静岡県浜松市中区旭町
③ 駅前広場：1.89 ha
　区画整理施行面積：25.56 ha
④ 1974年 基本方針策定
　1981年 都市計画決定
⑤ 1983年 バスターミナル完成
⑥ 浜松駅周辺整備計画協議会，浜松市，浜松市建設公社
⑦ バスターミナル，タクシー・送迎車乗降場，地下道，修景施設（人工滝，花壇，花時計等）

21 高山まちかど整備　70
① 高山市まちかど整備
② 岐阜県高山市
③ 105箇所（1980年度～2002年度）面積は不明
④ 1980年3月
⑤ 2002年
⑥ 高山市基盤整備部都市整備課
⑦ 植栽，石柱，説明板，ベンチ，燈籠，水飲み場，橋欄干改修，敷石，時計塔，照明灯等（整備箇所により異なる）

22 多摩 NT 鶴牧落合　74
① 多摩ニュータウン鶴牧・落合地区
② 東京都多摩市
　（多摩ニュータウン鶴牧・落合地区）
③ 地区面積：200.41 ha
　うち，公園緑地面積：30.24 ha
④ 1974年2月 施行計画の届出
⑤ 1982年3月 第1次入居開始
⑥ 住宅・都市整備公団
⑦ 住宅地，公園

23 土浦高架街路　76
① 都市計画道路土浦東学園線（通称：高架街路）
② 茨城県土浦市
③ 都市計画道路延長及び幅員
　全体計画延長：2,991 m（うち高架部 2,740 m）
　幅員：32.5～27.5 m（うち歩道 3.5 m×2）
　川口ショッピングモール 505
　敷地面積：3,746 m²
　建物建築面積：3,136 m²
　延床面積：8,125 m²
　延長：505 m
　バス停接続 ELV：2箇所
④ 1983年4月 都市計画決定
⑤ 1985年3月
⑥ 茨城県，土浦市，建設省都市局，住宅・都市整備公団
⑦ 一般道路（高架橋上バス停2箇所，高架橋は将来新交通システムの走行路として転用可能），ショッピングモール（立ち退き商店街を収容，歩行者空間を整備）

24 世田谷都市デザイン　80
① 世田谷区の都市デザイン
② 東京都世田谷区
③ ―
④ ―
⑤ ―
⑥ 世田谷区
⑦ ―

25 川崎駅東口　82
① アーバンデザイン手法による川崎駅東口周辺の都市活性化事業
② 神奈川県川崎市川崎区 JR 川崎駅東口周辺地区
③ ―
④ 1981年 川崎市都心アーバンデザイン基本計画
⑤ ―
⑥ 川崎市，川崎市アーバンデザイン委員会
⑦ 駅前広場，モール，地下街等の整備，複合用途の再開発事業

26 厚木森の里　86
① 厚木ニューシティ森の里
② 神奈川県厚木市森の里一丁目ほか
③ 地区面積：285 ha
　（住宅用地：50 ha，誘致施設用地：66 ha，公園緑地等：120 ha，道路：29 ha，河川等：6 ha，公益的施設：14 ha）
　計画人口：8,410 人
　（独立住宅 1,420 戸 5,680 人，集合住宅 780 戸 2,730 人）
④ 1979年7月 市街化区域編入等の都市計画決定
　1980年6月 特定土地区画整理事業の認可
⑤ 1991年3月 事業終了
⑥ 宅地開発公団
　1981年から住宅・都市整備公団
⑦ 住宅，誘致施設，公園緑地，道路，河川，公益的施設等

27 東通村中心地区　88
① 東通村中心地区ならびに庁舎・交流センターの計画
② 青森県東通村
③ 庁舎・交流センター：約2 ha
④ 1978年～ 総合振興計画
　1984年 中心地区の基本計画
⑤ 1988年 庁舎完成
⑥ 東通村
⑦ 庁舎，交流センター

28 大阪歩行者空間整備　90
① 大阪市における歩行者空間の整備
② 大阪市
③ 2009年度末までに幹線道路の美化 164 km，ゆずり葉の道 121 km，史跡連絡遊歩道 50 km
④ 1975年頃から事業化
⑤ ―
⑥ 大阪市
⑦ 各種歩行者空間

29 掛川駅前周辺　92
29-1
① 掛川駅前土地区画整理事業
② 静岡県掛川市
③ 15.4 ha
④ 1972年
⑤ 1988年3月 駅北口広場竣工
⑥ 掛川市
⑦ 主な内容：土地区画整理事業，駅前広場整備，街路美装化

29-2
① 掛川駅南土地区画整理事業
② 静岡県掛川市
③ 94.2 ha
④ 1975年
⑤ 1988年3月 駅南口広場竣工
⑥ 掛川駅南土地区画整理組合
⑦ 主な内容：土地区画整理事業，駅前広場整備，街路美装化

30 愛宕共同建替　96
30-1
① コープ愛宕
② 埼玉県上尾市愛宕 1-29-7
③ 地区面積：960 m²
　敷地面積：882 m²
　建ぺい率：58%
　延床面積：1,757 m²
④ 1988年9月
⑤ 1989年7月
⑥ コンサルタント：まちづくり研究所
　建築設計：総合設計機構
　施工者：八生建設
　事業施行者：埼玉県住宅供給公社
⑦ 住宅

30-2
① オクタビア・ヒル
② 埼玉県上尾市愛宕 1-16-10
③ 地区面積：2,291 m²
　敷地面積：2,051 m²
　建ぺい率：70%
　延床面積：4,825 m²
④ 1989年11月
⑤ 1991年3月
⑥ コンサルタント：象地域設計
　建築設計：象地域設計
　施工者：上尾興業
　事業施行者：埼玉県住宅供給公社
⑦ 住宅，店舗，事務所

30-3
① シェブロンヒルズ
② 埼玉県上尾市愛宕 1-16-26
③ 地区面積：1,687 m²
　敷地面積：1,441 m²
　建ぺい率：65％
　延床面積：3,727 m²
④ 1991 年 12 月
⑤ 1993 年 3 月
⑥ コンサルタント：象地域設計
　建築設計：象地域設計
　施工者：上尾興業
　事業施行者：埼玉県住宅供給公社
⑦ 住宅，店舗

30-4
① 緑隣館
② 埼玉県上尾市愛宕 1-29-10
③ 地区面積：2,274 m²
　敷地面積：814 m²・812 m²
　建ぺい率：64％・63％
　延床面積：2,071 m²・1,926 m²
④ 1995 年 10 月
⑤ 1997 年 3 月
⑥ コンサルタント：象地域設計
　建築設計：象地域設計
　施工者：上尾興業
　事業施行者：埼玉県住宅供給公社
⑦ 住宅，店舗，ギャラリー

※適用された住環境整備事業
1) 住環境整備モデル事業（3.08 ha）：
　1987 年 4 月〜1989 年 5 月
2) コミュニティ住環境整備事業（3.08 ha）：
　1989 年 6 月〜1993 年 8 月
3) 密集住宅市街地整備促進事業（3.70 ha）：
　1993 年 8 月〜2001 年 3 月

31 ベルコリーヌ南大沢　　100
① ベルコリーヌ南大沢
② 東京都八王子市南大沢 5 丁目
③ 地区面積：約 66 ha
　住戸数：約 1,500 戸
④ 1987 年 8 月〜1988 年 2 月
⑤ 1990 年 3 月
⑥ 新住宅市街地開発事業施行者：東京都南多摩開発事務所
　住宅建設事業者：住宅・都市整備公団東京支社
　マスター・アーキテクト：内井昭蔵建築設計事務所
　マスター・ランドスケープ・アーキテクト：上山良子ランドスケープデザイン研究所
　景観アーキテクト・ポイント高層棟：大谷研究室
　サイン計画：福田繁雄・GK 設計
⑦ 住宅

32 幕張新都心　　102
① 幕張新都心
② 千葉県千葉市（一部習志野市）
③ 地区面積：522.2 ha（拡大地区を含む）
④ 1975 年 幕張新都心基本計画
　1983 年 幕張新都心事業化計画
⑤ 1998 年 幕張新都心第 2 ステージ推進方策策定
⑥ 千葉県
⑦ 業務・研究，商業，文教，住宅，公園緑地

33 日立駅前　　106
① 日立駅前開発整備事業
② 茨城県日立市幸町 1，2 丁目
③ 開発規模：約 12.55 ha
　公共施設：約 5.60 ha（うち新都市広場約 9,600 m²）
　シビックセンター街区：0.67 ha
　商業街区：2.67 ha
　ホテル街区：0.74 ha
　業務街区：2.78 ha
④ 1983 年 日立駅前開発整備計画策定
⑤ 1991 年 業務施設用地 第二次分譲
⑥ 日立市駅前開発局
　民間事業者：三井不動産（株）（商業施設，ホテル，業務施設），（株）イトーヨーカ堂（商業施設，大型店），日産生命（相）（業務施設），東京ガス（株）（同上），朝日生命（相）（同上）等
⑦ 多目的広場，ホール，会議室，駐車場，複合公共施設（図書館，科学館，会議室，情報プラザ等），大型商業店，ショッピングモール，ホテル，業務ビル

34 花巻駅周辺　　110
① 花巻駅周辺地区における地方都市再生の試み
② 岩手県花巻市 JR 東北本線花巻駅周辺地区
③ 地区面積：10.7 ha
④ 1984 年 4 月〜1987 年 3 月
　花巻駅周辺地区市街地整備計画調査
　1986 年 12 月〜1987 年 6 月
　花巻市定住拠点緊急整備事業構想調査
　1987 年 7 月〜1988 年 3 月
　花巻駅周辺地区定住拠点区画整理推進調査
　1988 年 4 月〜1989 年 3 月
　花巻駅周辺地区定住拠点緊急整備事業整備計画策定調査
⑤ 1992 年 8 月 定住交流センターオープン
　1993 年 4 月 多目的広場供用開始
　1993 年 12 月 ホテルオープン
　1994 年 5 月 駅前広場完成
　1995 年 9 月 換地完了
⑥ 花巻市
⑦ 都市基盤整備：幹線道路，歩行者優先道路，駅前広場，多目的広場，低利用地の宅地化，無散水消雪装置，駐車場及び駐輪場，電線地中化等
　建物：定住交流センター（市），ホテル（民間），商業ビル（民間），路線商店街（民間）

35 神戸ハーバーランド　　114
① 神戸ハーバーランド整備事業
② 兵庫県神戸市中央区東川崎町
③ 地区面積：約 23 ha
　公共施設面積：約 9 ha
　建築敷地：約 14 ha
④ 1982 年
⑤ 1992 年 10 月
⑥ 神戸市，住宅・都市整備公団，民間事業者
⑦ 商業施設，事務所，住宅，駐車場，公共公益施設

36 真鶴町まちづくり　　116
① 街づくり条例と美の基準に基づくまちづくり
② 神奈川県真鶴町
③ —
④ —
⑤ —
⑥ 真鶴町
⑦ —

37 ファーレ立川　　118
① ファーレ立川（立川基地跡地関連地区第一種市街地再開発事業）
② 東京都立川市曙町 2 丁目
③ 地区面積：5.9 ha
　建築面積：23,750 m²
　延床面積：265,860 m²
④ 1982 年（立川都市基盤整備基本計画，立川市）
　1983 年（多摩心立川計画，東京都）
⑤ 1994 年 10 月
⑥ 住宅・都市整備公団，アートフロントギャラリー，立川市
⑦ 事務所，大型店舗，商業施設，ホテル，図書館，生涯学習センター，駐車場，ペデストリアンデッキ

38 21 世紀の森と広場　　120
① 自然尊重型都市公園「21 世紀の森と広場」
② 千葉県松戸市千駄堀
③ 公園面積：50.50 ha
④ 1977 年 3 月 松戸市長期構想により公園構想位置づけ
　1981 年 1 月 都市計画決定
⑤ 開園年等：1993 年 4 月（40.14 ha）
⑥ 松戸市，（株）総合設計研究所，（株）緑生研究所，日建設計，小山ガーデン，東松園，トピーグリーン
⑦ 森のホール 21，松戸市立博物館，パークセンター，森の工芸館，アウトドアセンター受付棟・管理棟，野外キャンプ場，バーベキュー場，自然観察舎，カフェテラス，里の茶屋，売店，駐車場

39 恵比寿ガーデン　　124
① 恵比寿ガーデンプレイス
② 東京都渋谷区恵比寿 4 丁目，目黒区三田 1 丁目
③ 地区面積：8.3 ha
　敷地面積：約 83,000 m²
　建築面積：約 32,000 m²
　延床面積：約 477,000 m²
④ 1983 年〜1989 年
⑤ 1994 年 9 月
⑥ 東京都，渋谷区，目黒区，サッポロビール，住宅・都市整備公団
⑦ 商業，業務，文化，住宅

40 帯広駅周辺　　128
40-1
① 帯広圏都市計画都市高速鉄道事業
② 帯広市
③ 事業規模：延長 6.2 km
　総事業費：280.1 億円
④ 都市計画決定：1989 年 10 月
　事業認可：1991 年 12 月
　着手：1991 年 12 月
⑤ 完了 1998 年 3 月
⑥ 北海道
⑦ —

40-2
① 帯広圏都市計画事業 帯広駅周辺土地区画整理事業
② 帯広市
③ 事業規模：19.2 ha
　総事業費：206.6 億円
④ 都市計画決定：1989 年 10 月
　事業認可：1992 年 1 月
　着手：1992 年 1 月
⑤ 2003 年 12 月（換地処分を完了した旨の公告）
⑥ 帯広市
⑦ —

40-3
① 定住拠点緊急整備事業（系譜／都市拠点総合整備事業〜街並み，まちづくり総合支援事業〜まちづくり総合支援事業）
② 帯広市
③ 事業規模：定住交流センター（地上 6 階，地下 1 階，13,722 m²），多目的広場（2,500 m²），定住プロムナード 7 路線（計画）
　総事業費：80.8 億円（定住プロムナード，定住交流センター）
④ 大臣承認：1991 年 3 月
　着手：1992 年度（定住プロムナード着工）
⑤ 完了 1998 年度（定住プロムナード 6 路線整備完了）
⑥ 帯広市
⑦ 交流センター，多目的広場，プロムナード

40-4
① 駅北地下駐車場整備事業（交通安全施設等整備事業）
② 帯広市
③ 事業規模：200 台（8,923 m²，自走式 1 層）
総事業費：27.6 億円
④ 都市計画決定：1994 年 6 月
着工：1997 年 8 月
⑤ 完成：1999 年 11 月
⑥ 帯広市
⑦ 駐車場

40-5
① 自転車駐車場整備事業（交通安全施設等整備事業）
② 帯広市
③ 事業規模：776 台（駅西側 1 層式 402 台，駅東側 2 層式 370 台）
総事業費：1.1 億円
④ 着工：1997 年 8 月
⑤ 完成：1999 年 3 月
⑥ 帯広市
⑦ 自転車駐車場

40-6
① バス交通施設整備事業
② 帯広市
③ 事業規模：14 バース，待合所（改修），緑地帯
④ 着工：2002 年 6 月
⑤ 完成：2004 年 3 月
⑥ 帯広市
⑦ バス交通施設

41 富山駅北地区 132
① とやま都市 MIRAI 計画（街並み・まちづくり総合支援事業）
② 富山県富山市（富山駅北地区）
③ 地区面積：約 62 ha（うち大規模空閑地 18 ha）
④ 1983 年度（富山駅周辺整備構想調査）〜2000 年度
⑤ 2000 年 7 月 完成
⑥ 富山県，富山市，建設省，日本国有鉄道清算事業団，JR 西日本，北陸電力，インテック等
⑦ 基幹事業：富山駅土地区画整理事業，富岩運河環水公園
高次都市基盤施設：高度情報センター，複合交通センター
高質空間形成施設：親水広場，公開空地
その他基盤施設：地域冷暖房，関連街路事業，下水道事業

42 阪神淡路復興計画 136
① 阪神・淡路都市復興基本計画
② 兵庫県南部地震で被災した 10 市 10 町
③ ―
④ 1995 年 8 月
⑤ 目標年次は 2005 年
⑥ 兵庫県，国，被災 10 市 10 町，住民，民間企業，公益法人，まちづくり協議会等のまちづくり組織
⑦ ―

43 新百合ヶ丘駅周辺 140
① 新百合ヶ丘駅周辺特定土地区画整理事業
② 川崎市麻生区
③ 施行区域面積：463,979 m²
④ 1977 年 4 月 都市計画事業認可
1977 年 4 月〜1984 年 5 月 施行
⑤ 1984 年 3 月 換地処分
⑥ 新百合ヶ丘駅周辺土地区画整理組合
⑦ 道路，歩道，公園，緑道，歩行者専用道路，行政施設地，商業・業務施設地，共同住宅地，集合農地等

44 都通 4 丁目共同再建 144
① カルチェ・ド・ミロワ
② 神戸市灘区都通 4 丁目
③ 敷地面積：1,643.6 m²
建築面積：983.6 m²
延べ面積：3,747.2 m²
④ 1997 年 12 月
⑤ 1999 年 2 月
⑥ 都通 4 丁目街区再建委員会，住宅・都市整備公団，神戸市
⑦ 住宅，事務所，駐車場

45 大阪ビジネスパーク 148
① 大阪ビジネスパーク
② 大阪府大阪市中央区城見一丁目，二丁目
③ 地区面積：25.6 ha
敷地面積：約 182,000 m²
延べ面積：約 854,000 m²
④ 1969 年〜
⑤ 2005 年 7 月
⑥ OBP 開発協議会，住友生命保険相互会社，MID プロパティマネジメント株式会社，株式会社竹中工務店，KDDI 株式会社，富士通株式会社，読賣テレビ放送株式会社，東京海上日動火災保険株式会社，株式会社近畿大阪銀行，株式会社朝日ビルディング，マルイト株式会社，日建設計
⑦ 事務所，商業施設，ショールーム，ホテル，放送局，音楽ホール，駐車場

46 ユーカリが丘 NT 150
① ユーカリが丘ニュータウン計画
② 千葉県佐倉市他
③ 地区面積：約 245 ha
④ 1971 年 開発着手
1980 年 入居開始
⑤ 継続中
⑥ 山万株式会社
⑦ 住宅，商業施設，鉄道，福祉施設，子育て支援施設

47 初台淀橋街区 154
① 初台淀橋街区建設事業
② 新宿区西新宿三丁目及び渋谷区本町一丁目
③ 街区面積：約 4.4 ha
容積対象延床面積：約 26.6 ha
④ 1991 年 12 月 特定街区都市計画決定
⑤ 1999 年 3 月
⑥ 事業主：独立行政法人日本芸術文化振興会，東京オペラシティ建設・運営協議会
街区企画調整：（株）都市計画設計研究所
劇場設計：（株）TAK 建築・都市計画研究所，建設省関東地方建設局
ビル設計：東京オペラシティ設計共同企業体
⑦ 第二国立劇場，アメニティ関連施設，インテリジェントオフィス

48 神谷一丁目地区 156
① 神谷一丁目地区密集住宅市街地整備促進事業
② 東京都北区神谷一丁目
③ 地区面積：1.78 ha
公団取得用地（工場跡地）：2.89 ha
④ 1981 年 用地取得（住宅・都市整備公団）
1986 年度 住環境整備モデル事業大臣承認
⑤ 2000 年度 事業完了
⑥ 住宅・都市整備公団，北区，（株）都市企画工房
⑦ 住宅，工場アパート
公共施設整備：道路，公園，緩傾斜堤防

49 晴海トリトン 160
① 晴海アイランドトリトンスクエア
② 東京都中央区晴海一丁目
③ 地区面積：10.0 ha
敷地面積：84,800 m²
建築面積：69,500 m²
延床面積：671,600 m²
④ 都市計画決定：1992 年 6 月
組合設立：1993 年 7 月
第 1 期工事着工：1995 年 2 月
第 2 期工事着工：1997 年 6 月
⑤ 2001 年 4 月
⑥ 事業主体：
晴海一丁目地区第一種市街地再開発組合（主な組合員：住友商事，第一生命，日本建築センター他）
住宅・都市整備公団
設計会社：日建設計，山下設計，久米設計
施工会社：大林組，鹿島建設，竹中工務店他
⑦ 事務所，住宅，商業施設，音楽ホール，展示・文化施設，自動車整備工場，公共公益施設，地域冷暖房施設，駐車場等

50 御坊市島団地 162
① 御坊市島団地
② 和歌山県御坊市島
③ 計画設計面積（1〜5 期分）
敷地面積：12,093 m²
建築面積：4,139 m²
延床面積：12,186 m²
④ 1995 年〜2001 年（1〜5 期分）
⑤ 1997 年〜2001 年（1〜5 期分）
⑥ 御坊市，神戸大学平山研究室，（株）現代計画研究所・大阪事務所
⑦ 住宅

51 神戸真野地区 166
① 神戸市真野地区における一連のまちづくり活動
② 兵庫県神戸市真野地区
③ 約 40 ha
④ 1970 年〜
⑤ 継続中
⑥ まちづくり推進会
⑦ ―

52 多摩田園都市 168
① 東急多摩田園都市
② 神奈川県川崎市高津区，宮前区，横浜市青葉区，緑区，大和市
③ 地区面積：約 5,400 ha
土地区画整理事業区域：約 3,200 ha
④ 1953 年〜
⑤ 継続中
⑥ 東京急行電鉄株式会社
⑦ 住宅地（戸建，集合），商業業務用地，教育文化施設用地

53 沖縄モノレール 170
① 沖縄都市モノレール
② 沖縄県那覇市
③ 延長，駅数：約 13 km，15 駅
総事業費：約 1,100 億円
④ 1981 年
⑤ 2003 年
⑥ 国，沖縄開発庁，沖縄県，那覇市，沖縄都市モノレール株式会社
⑦ モノレール

54 醍醐市民バス 174
① 醍醐コミュニティバス
② 京都市伏見区醍醐地区
③ 地区人口：約 54,000 人
④ 2001 年頃から準備活動開始
⑤ 2004 年 2 月〜 運行開始
⑥ 醍醐コミュニティバス市民の会，京都大学，アジェンダ 21 フォーラム
⑦ ―

55 泉ガーデン 178
① 六本木一丁目西地区第一種市街地再開発事業

② 東京都港区六本木一丁目
③ 地区面積：3.2 ha
　敷地面積：23,869 m²
　建築面積：11,990 m²
　延床面積：208,401 m²（以下5棟の合計）
　　泉ガーデンタワー：地上45階/地下2階，157,365 m²
　　泉ガーデンウィング：地上6階/地下2階，3,401 m²
　　泉ガーデンレジデンス：地上32階/地下2階，44,097 m²
　　泉ガーデンギャラリー：地上1階/地下1階，2,175 m²
　　泉屋博古館分館：地上1階/地下1階，1,363 m²
④ 都市計画決定：1994年4月
　事業計画決定：1995年9月
⑤ 2002年7月
⑥ 施行：六本木一丁目西地区市街地再開発組合
　デベロッパー：住友不動産(株)，森ビル(株)
　設計・コンサルタント：(株)日建設計
⑦ 事務所，住宅，商業施設，宿泊施設，美術館，展示ギャラリー，公共公益施設，駐車場

56 金沢市まちづくり　180
① 中心市街地整備と一連の独自条例による金沢のまちづくり
② 石川県金沢市
③ ―
④ ―
⑤ ―
⑥ 金沢市
⑦ ―

57 神戸旧居留地　184
① 旧居留地連絡協議会による街並み，まちづくり
② 兵庫県神戸市中央区旧居留地地区
③ 地区面積：22 ha
④ 「旧居留地連絡協議会」に名称変更：1983年
　地区計画決定：1995年
　旧居留地/復興計画（策定）：1995年
　旧居留地/都心づくりガイドライン（策定）：1997年
　旧居留地/広告物ガイドライン（策定）：2003年
⑤ 継続中
⑥ 旧居留地連絡協議会
⑦ 事務所，商業施設，文化施設等

58 六甲道駅南地区　188
① 六甲道駅南地区震災復興第二種市街地再開発事業
② 兵庫県神戸市灘区六甲道駅南地区
③ 計画設計面積
　地区面積：5.9 ha
　敷地面積：31,550 m²
　建築面積：24,360 m²
　延床面積：182,980 m²
　公共施設：地区施設：
　　六甲道南公園（0.93 ha）
　　六甲道駅南線（22 m）等
　街角広場，歩行者デッキ等
④ 1995年3月 都市計画決定（第1段階）
　1997年2月 都市計画決定（第2段階）
⑤ 2005年9月 まちびらき
⑥ 六甲道駅南地区まちづくり連合協議会，六甲道駅南地区都市環境デザイン会議，神戸市
⑦ 店舗，事務所，住宅（915戸），公益施設，駐車場

59 各務原水と緑の回廊　192
59-1
① 学びの森
② 岐阜県各務原市那加雲雀町ほか
③ 約5.8 ha
　整備費：約6億円，用地費：約26億円
④ 2003年
⑤ 2007年11月3日 全面供用開始
⑥ 各務原市
　基本計画：石川幹子
　施工者：(株)横建，(資)堀組，(株)庭萬 等
⑦ 公園

59-2
① 那加メインロード
② 岐阜県各務原市那加門前町
③ 約1.3 km
　事業費：14億円
④ 2006年
⑤ 2013年（予定）
⑥ 各務原市
　基本計画：石川幹子
　実施設計：中央コンサルタンツ(株)
　施工者：(株)横建 等
⑦ 道路，歩道

59-3
① 瞑想の森
② 岐阜県各務原市那加扇平
③ 約8.5 ha
　事業費：約16.9億円（建築費を含む）
④ 2006年
⑤ 2007年3月オープン
⑥ 各務原市
　建築設計：(株)伊藤豊雄建築設計事務所
　周辺環境設計：石川幹子
　建築工事：戸田・市川・天龍特定建設工事共同企業体
⑦ 公園墓地

59-4
① 各務野自然遺産の森
② 岐阜県各務原市各務字車洞
③ 約36.8 ha
　事業費：約24.7億円
④ 2004年10月
⑤ 2007年12月
⑥ 各務原市
　基本計画・設計：慶応大学SFC研究所
　実施設計：(株)朝日コンサルタント，藤井建築設計事務所
　造園工事：(株)ヤハタ，(株)東海フェンス，(株)扇屋 等
⑦ 公園

59-5
① 桜回廊
② 各務原市（木曽川，新境川，大安寺川沿い，各務野櫻苑（各務おがせ町），三井山（三井山町））
③ 総延長：39 km
　事業費：約1.7億円
④ 2003年
⑤ 2014年（予定）
⑥ 各務原市
　実施設計：各務野，大同コンサルタンツ(株)
　施工者：桜並木 市民ボランティアによる植樹，各務野櫻苑(株)扇屋，(株)ヤハタ，三井山(株)永田組，(有)寿桂園
⑦ 桜並木，桜園

60 高松丸亀町商店街　196
① 高松丸亀町商店街A街区第一種市街地再開発事業
② 香川県高松市丸亀町，片原町
③ 地区面積：0.44 ha
　敷地面積：約3,100 m²
　建築面積：約2,700 m²
　延床面積：約17,000 m²
④ 2001年3月 市街地再開発事業・都市計画決定
　2004年4月 都市再生特別地区・都市計画決定
⑤ 2006年12月
⑥ 高松丸亀町商店街振興組合，高松丸亀町商店街A街区市街地再開発組合，高松丸亀町壱番街株式会社（地権者の共同出資会社），高松丸亀町まちづくり株式会社（運営委託契約を結んでいる第三セクター）
⑦ 商業施設，文化施設，住宅，駐輪場

●巻末データ（2）：受賞内容及び受賞者一覧●

No.	年度	賞　名	作品名	受賞者	都道府県
1	1959	石川賞計画設計部門	香里住宅団地計画	諌早信夫・草野茂・元吉勇太郎・藤原巧	大阪府
2	1960	石川賞計画設計部門	岡山市中心部の再開発計画	三宅俊治・川上秀光	岡山県
3	1962	石川賞論文調査部門	松戸常盤平住宅団地の計画	秀島乾・竹重貞蔵・渡辺孝夫・田住満作	千葉県
4	1963	石川賞計画設計部門	駒沢公園計画	堀内亨一・三橋一也・川本昭雄・加藤隆	東京都
5	1964	石川賞計画設計部門	八郎潟干拓地新農村集落計画	浦良一・石田頼房・井手久登	秋田県
6	1965	石川賞計画設計部門	鈴蘭台地区開発基本計画	川名吉エ門・水谷顕介・西村昂	兵庫県
7	1966	石川賞計画設計部門	坂出市における人工土地方式による再開発計画	浅田孝・大高正人・北畠照躬・番正辰雄・山本忠司	香川県
8	1967	石川奨励賞計画設計部門	久留米住宅団地の計画	今野博・吉田義明・村山吉男	東京都
9	1967	石川賞計画設計部門	新宿駅西口広場の計画	山田正男・板倉準三	東京都
10	1968	石川賞計画設計部門	高蔵寺ニュータウン計画	高山英華・津端修一	愛知県
11	1970	石川賞計画設計部門	広島市基町長寿園団地計画	長松太郎・広井正路	広島県
12	1974	設計奨励賞	防災拠点等の防災都市建設に関する一連の計画	村上處直	東京都
13	1976	設計奨励賞	豊中市庄内地区住環境整備計画の策定	庄内地区計画作業グループ（代表 片方信也）	大阪府
14	1976	石川賞	名護市等沖縄北部都市・集落の整備計画	象設計集団を中心とするグループ（代表 大竹康市）	沖縄県
15	1977	設計賞	筑波研究学園都市の計画・建設	計画部門代表 石川允・建設部門代表 今野博	茨城県
16	1978	設計賞	酒田市大火復興計画－防災都市づくり－の推進	金子冬吉・本田豊・大沼昭	山形県
17	1979	設計賞	港北ニュータウンせせらぎ公園の計画・設計	日本住宅公団港北開発局（代表 春原進・代表 支倉幸二）	神奈川県
18	1980	石川賞	神戸ポートアイランド	神戸市（代表 神戸市長 宮崎辰雄）	兵庫県
19	1981	設計賞	高陽新住宅市街地開発事業の計画と建設	広島県（代表 広島県知事 竹下虎之助）	広島県
20	1982	設計賞	浜松駅北口駅前広場	浜松市（代表 浜松市長 栗原勝・代表 浜松市助役 中沢一夫）	静岡県
21	1984	計画設計賞	高山市まちかど整備―市街地景観設計の成果	平田吉郎	岐阜県
22	1985	計画設計賞	多摩ニュータウン鶴牧・落合地区の緑とオープンスペースの構築	吉岡昭雄・浅谷陽治・笛木担（住宅・都市整備公団代表）	東京都
23	1985	石川奨励賞	都市計画道路土浦駅東学園線（高架橋）の計画と設計	箱根宏（土浦市代表）・薬袋正明（茨城県代表）	茨城県
24	1986	計画設計賞	世田谷区における桜丘区民センター広場をはじめとする一連の都市デザインプロジェクト	大場啓二（代表 世田谷区長）	東京都
25	1987	計画設計賞	アーバンデザイン手法による川崎駅東口周辺の都市活性化事業	伊藤三郎（代表 川崎市長）・渡辺定夫	神奈川県
26	1988	計画設計賞	複合都市の先駆け-厚木ニューシティ森の里-	吉田義明・鶴見隆（住宅・都市整備公団代表）	神奈川県
27	1989	計画設計賞	東通村中心地区ならびに庁舎・交流センターの計画	川原田敬造（代表 東通村長）・押田健雄	青森県
28	1989	計画設計賞	大阪市における歩行者空間の整備	玉井義弘（代表 建設局長）	大阪府
29	1989	石川賞	コンベンション掛川市における創意豊かな都市づくりの実践	榛村純一（代表 掛川市長）	静岡県
30	1990	計画設計奨励賞	上尾市仲町愛宕地区のまちづくり	荒井松司（代表 上尾市長），黒崎羊二	埼玉県
31	1990	計画設計賞	ベルコリーヌ南大沢におけるマスター・アーキテクト方式による景観形成	野村安広・佐藤方俊・向井昭蔵（代表 住宅・都市整備公団東京支社）	東京都
32	1991	石川賞	業務核都市・幕張新都心の総合的な街づくり	沼田武（代表 千葉県知事）	千葉県
33	1992	計画設計賞	遊びと想像の都市「日立駅前地区」	飯山利雄（代表 日立市長）	茨城県
34	1993	計画設計賞	花巻駅周辺地区における地方都市再生の試み	吉田功（代表 花巻市長）・加藤源	岩手県
35	1993	石川賞	神戸ハーバーランドを中心とした都市の再生、活性化のための一連の計画と事業	笹山幸俊（代表 神戸市長）	兵庫県
36	1994	計画設計奨励賞	真鶴町まちづくり条例と美の基準に基づくまちづくりの推進	三木邦之（代表 真鶴町長）	神奈川県
37	1994	計画設計賞	業務核都市立川における街とアートが一体となった都市景観の創出：ファーレ立川	木村光宏・板橋政昭・福永翼（代表 住宅・都市整備公団東京支社）	東京都
38	1994	計画設計賞	自然尊重型都市公園「21世紀の森と広場」	川井敏久（代表 松戸市長）	千葉県

No.	年度	賞 名	作品名	受賞者	都道府県
39	1995	計画設計賞	恵比寿ガーデンプレイスにみる大規模土地利用転換による都市複合空間形成への取り組み	枝元賢造（代表 サッポロビール株式会社社長）	東京都
40	1996	計画設計賞	帯広市の駅周辺拠点整備	高橋幹夫（代表 帯広市長）	北海道
41	1997	計画設計賞	富山駅北の拠点整備	中沖豊（代表 富山県知事）・正橋正一（代表 富山市長）	富山県
42	1997	石川賞	阪神・淡路大震災にかかる「阪神・淡路都市復興基本計画」	貝原俊民（代表 兵庫県知事）	兵庫県
43	1998	計画設計賞	パートナーシップによる川崎市新百合丘駅周辺の農住まちづくり	高橋清（代表 川崎市長）・中島豪一（川崎新都心街づくり財団 新百合農住都市開発株式会社代表）・加藤源蔵（社団法人地域社会計画センター代表理事長）	神奈川県
44	1999	計画設計奨励賞	都通4丁目街区共同再建事業	間野博（県立広島女子大学教授）・森崎輝行（森崎建築設計事務所長）・長濱萬藏（代表 都通4丁目街区再建組合理事長）・小野博保（代表 都市基盤整備公団関西支社震災復興事業本部本部長）・笹山幸俊（代表 神戸市長）	兵庫県
45	1999	計画設計賞	都市経営的発想による新都心の開発と運営・管理	河田剛（代表 大阪ビジネスパーク開発協議会総局長）	大阪府
46	1999	計画設計賞	ユーカリが丘ニュータウン計画	嶋田哲夫（代表 山万株式会社社長）・則武広行（代表 ユーカリが丘自治会協議会会長）	千葉県
47	2000	計画設計賞	初台淀橋街区建設事業における企画と計画・設計および事業マネージメント	大村虔一（東北大学大学院教授）・小泉嵩夫（代表 株式会社都市計画設計研究所代表取締役）	東京都
48	2000	計画設計賞	神谷一丁目地区に見る密集市街地整備の複合・連鎖的展開	松永豊（代表 都市基盤整備公団土地有効利用事業本部業務第四部長）・住吉洋二（代表 株式会社都市企画工房代表取締役）	東京都
49	2001	計画設計奨励賞	晴海トリトンスクエアにおける地元主体による事業化，管理運営に係わる取り組み	江間洋介（晴海を良くする会会長）・澤田光英（晴海一丁目地区市街地再開発組合理事長）・吉田不憂（中央区都市整備部長）・安昌寿（株式会社日建設計東京事務所副代表）	東京都
50	2001	計画設計賞	和歌山県御坊市島団地再生事業	柏木征夫（御坊市長）・平山洋介（代表 神戸大学平山研究室）・江川直樹（代表 現代計画研究所大阪事務所）	和歌山県
51	2002	石川賞	神戸市真野地区における一連のまちづくり活動	宮西悠司（まちづくりプランナー）	兵庫県
52	2002	石川賞	東急多摩田園都市における50年にわたる街づくりの実績	東京急行電鉄株式会社	東京都・神奈川県
53	2003	石川賞	沖縄都市モノレールの整備と総合的戦略的な都市整備計画	稲嶺惠一（沖縄県知事）・翁長雄志（那覇市長）・米村幸政（沖縄県都市モノレール建設促進協議会会長）	沖縄県
54	2004	計画設計賞	市民共同方式による醍醐コミュニティバスの実現	中川大（京都大学大学院工学研究科都市社会工学専攻助教授）・能村聡（まちひとづくり工房主宰）・村井信夫（醍醐地域コミュニティバスを走らせる市民の会代表）	京都府
55	2004	計画設計賞	泉ガーデンにおける交通結節点及び歩行者空間整備によるまちづくりへの貢献	永尾昇（東京都港区助役）・青島菊（六本木1丁目西地区市街地再開発組合理事長（現在泉ガーデン自治会長））・松井久生（住友不動産株式会社取締役専務執行役員）・櫻井潔（日建設計株式会社取締役常務執行役員）	東京都
56	2004	石川賞	中心市街地整備と一連の条例による金沢のまちづくり	金沢市（代表 金沢市長 山出保）	石川県
57	2006	石川賞	神戸市における旧居留地連絡協議会のまちづくり活動	野澤太一郎（旧居留地連絡協議会会長）	兵庫県
58	2007	計画設計賞	神戸市六甲道駅南地区震災復興第二種市街地再開発事業における都市デザインの活動と成果	矢田立郎（神戸市長）・六甲道駅南地区まちづくり連絡協議会・安田丑作（六甲道駅南地区都市環境デザイン調整会議代表）・株式会社環境開発研究所・株式会社アール・アイ・エー・株式会社ジオ・アカマツ・株式会社安井建築設計事務所・株式会社日本設計・株式会社現代計画研究所・株式会社GK設計・株式会社ヘッズ	兵庫県
59	2007	計画設計賞	水と緑の回廊により21世紀環境共生都市の基盤を創る―岐阜県各務原市における取り組み―	森真（各務原市長）・石川幹子（東京大学大学院教授）	岐阜県
60	2007	石川賞	タウンマネージメントプログラムによる商店街再生事業―高松丸亀町商店街A街区第一種市街地再開発事業―	古川康造（高松丸亀町商店街振興組合理事長）・古川新二（高松丸亀町商店街A街区市街地再開発組合理事長兼高松丸亀町壱番街株式会社代表取締役）・小林重敬（高松丸亀町タウンマネージメント委員会委員長）・西郷真理子（高松丸亀町まちづくり専門家チーム代表）	香川県

| 日本都市計画学会出版特別委員会　60周年記念出版事業小委員会 | ** 委員長　* 編集ワーキング |

高見沢 実	横浜国立大学**	大橋南海子	株式会社まちづくり工房	中島 直人	慶應義塾大学*
佐谷 和江	株式会社計画技術研究所 学会60周年記念事業担当理事	山口 信逸	清水建設株式会社	初田 香成	東京大学*
有路 信	社団法人日本公園緑地協会	鈴木 伸治	横浜市立大学	野原 卓	横浜国立大学*

執筆者（執筆順，数字はプロジェクト番号，所属は執筆時）

増永 理彦	神戸松蔭女子学院大学	1		羽生 冬佳	筑波大学	33
阿部 宏史	岡山大学	2		三宅 諭	岩手大学	34
大月 敏雄	東京大学	3		山本 隆	神戸ハーバーランド株式会社	35
竹内 智子	東京都	4		内海 麻利	駒澤大学	36
木村 一裕	秋田大学	5		遠藤 新	工学院大学	37
馬場 勇治	株式会社都市・計画・設計研究所	6		菅 博嗣	有限会社あいランドスケープ研究所	38
大谷 英人	高知工科大学	7		大村 謙二郎	筑波大学	39
井関 和朗	株式会社URリンケージ	8		波岡 和昭	株式会社街NAMI	40
初田 香成	東京大学	9		高山 純一	金沢大学	41
曾田 忠宏	高蔵寺ニュータウン再生市民会議	10		上原 正裕	財団法人兵庫県住宅建築総合センター	42
石丸 紀興	株式会社広島諸事・地域再生研究所	11, 19		佐谷 和江	株式会社計画技術研究所	43
加藤 孝明	東京大学	12		間野 博	県立広島大学	44
北條 蓮英	福井県立大学	13		森崎 輝行	森崎建築設計事務所	44
池田 孝之	財団法人海洋博覧会記念公園管理財団	14, 53		佐藤 道彦	大阪市	45
川手 昭二	筑波大学名誉教授	15		高林 一樹	大阪市	45
小地沢 将之	東北公益文科大学	16		高橋 洋二	日本大学	46
大橋 南海子	株式会社まちづくり工房	17		倉田 直道	工学院大学	47
花田 基樹	財団法人神戸市開発管理事業団	18		遠藤 薫	東京大学	48
若松 謙一	神戸市	18		山崎 隆司	住友商事株式会社	49
廣畠 康裕	豊橋技術科学大学	20		平山 洋介	神戸大学	50
浅野 聡	三重大学	21		糟谷 佐紀	神戸学院大学	50
松浦 健治郎	三重大学	21		宮西 悠司	まちづくりプランナー	51
金子 忠一	東京農業大学	22		中村 文彦	横浜国立大学	52
矢島 隆	一般財団法人計量計画研究所	23		中川 大	京都大学	54
伊藤 雅春	愛知学泉大学	24		山口 信逸	清水建設株式会社	55
鈴木 伸治	横浜市立大学	25		川上 光彦	金沢大学	56
蔀 健夫	神奈川県	26		山本 俊貞	株式会社地域問題研究所	57
北原 啓司	弘前大学	27		安田 丑作	財団法人神戸市都市整備公社	58
黒山 泰弘	大阪地下街株式会社	28		倉橋 正己	神戸市住宅供給公社	58
花澤 信太郎	静岡文化芸術大学	29		瀬口 哲夫	名古屋市立大学名誉教授	59
桑田 仁	芝浦工業大学	30		高塚 創	香川大学	60
鳥海 基樹	首都大学東京	31		西成 典久	香川大学	60
前田 英寿	芝浦工業大学	32				

索　引

あ　行

アクトシティ　69
上尾市愛宕地区　96
アサギ　46
アサギテラス　47
厚木ニューシティ森の里　86
アトリウム型公開空地　133
雨端　47

泉ガーデン　178
一計画二施行　160
一団地の住宅経営　37
イベント広場　78

ウェルブ六甲道　191
失われた10年　95
上物建設マスタープラン　141

衛星都市　31
液状化現象　62
駅前広場　26, 68, 93
エココリドール　25
恵比寿ガーデンプレイス　124
恵比寿地区整備計画　125
エリアマネジメント　140

オイル・ショック　35
応急仮設住宅　162
大潟村　16
大阪ビジネスパーク　148
大阪ビジネスパーク開発協議会　148
大阪府まちづくり推進機構　44
岡山県開発公社　7
岡山県都市再開発技術委員会　7
岡山市中央商業地区再開発計画　6
沖縄振興開発計画　171
沖縄都市モノレール　170
屋上庭園　38
オクタビア・ヒル　97
帯広圏総合都市交通施設整備計画調査　128
帯広市の駅周辺拠点整備　128
オープンスペース　56, 74
表八ヶ町　6

か　行

ガイドウェイバス　76
街路・河川修景事業　73
街路事業　180
科学万博　76
各務原市における緑のネットワークづくり　192
掛川駅前および駅南土地区画整理事業　92
掛川駅南口広場　93
囲み配置　66
風のミチ　47
活断層　137
金沢駅東広場　180
金沢市のまちづくりに関する条例　181
金沢21世紀美術館　183
金沢のまちづくり　180
神谷一丁目地区　156
借り上げ公営住宅　144
カルチェ・ドゥ・ミロワ　145
川崎駅周辺総合整備計画策定協議会　85
川崎駅東口　82
川崎市都市景観条例　84
完全パターンダイヤ　176

基幹空間　75
基幹空間系　75
企業市民　184
企業城下町　106
木曽川景観基本計画　194
逆線引き　123
給水規制条例　116
行政庁舎　88
共同建替　96
協働型まちづくり　96
業務核都市　51, 76, 95, 102, 118
業務継続計画　161
狂乱地価　100
近畿圏整備計画　31
緊急まちづくり行動計画　115
近代建築の5原則　38
近隣住区　11, 64, 74
近隣センター　66

空中街路　164
空中庭園　164
区画整理事業　55
クリスマスイルミネーション　127
クーリングタワー　84
グリーンパレス瞳　89
グリーンベルト　139, 169
グリーンマトリックスシステム　56
クルドサック形式　66
久留米住宅団地　24

景観アーキテクト　101
景観法　143
景観保存地区　71
結節点　69
原子力発電所　89
建築協定　24
現地立地行政組織　163
原爆スラム　37

コア方式　39
広域防災拠点　139
広域防災帯　137
公害調停　78
工業技術院　48
公共交通指向型開発　169, 179
広告物ガイドライン　186
工場集約地区　44
高蔵寺ニュータウン計画　30
交通結節点　179
交通ターミナル　68
江東再開発基本構想　40
高度経済成長　1
高度経済成長の終焉　35
神戸医療産業都市構想　63
神戸ガス燈通りイルミネーション　115
神戸旧居留地　184
神戸空港　63
神戸市都市景観条例　185
神戸市マスタープラン　114
神戸市真野地区　166
神戸東部新都心　139
港北ニュータウン　56
公民連携　57
高陽ニュータウン　64
香里丘文化会議　4
香里住宅団地計画　2

香里団地自治会　3
国際花と緑の博覧会　90
国鉄跡地　110
国鉄清算事業団用地　111, 130
国土交通省まちづくり交付金　109
国内線新ターミナルビル　171
5省協定　32
コープ愛宕　97
御坊市島団地　162
駒沢オリンピック公園　12
コミュニティ活動　3
コミュニティ住宅　44, 99
コミュニティ道路　91
コミュニティバス　174
コミュニティ・プログラム　163
コミュニティ防災拠点　137
コミュニティ真鶴　116
米づくり体験　122
コレクティブ道路　66
コンベンションセンター　61

さ　行

再開発協議会方式　42
再開発地区計画　179
サインシステム　69
坂出人工土地　20
酒田市大火復興計画　52
酒田大火　52
桜回廊都市　194
三大ニュータウン　1, 32

シェイプアップマイタウン計画　79
シェブロンヒルズ　98
シェルター　69
市街地再開発事業　118, 171, 180, 199
事業化コンペ方式　107
資産独立型共同建替え　144
自然遺産の森　194
自然尊重型都市公園　120
湿地の観察会　122
斜平行境界壁共有型住宅　66
修景広場　68
集合換地　111
十字架防災ベルト構想　40
住宅営団　36
住宅地区改良事業　21
住宅地区改良法　37
住宅・都市整備公団　78, 156
住棟形式　38
修復的再開発　43
周辺ベルト　71
住民参加　33
重要伝統的建造物群保存地区　70
重要文化的景観　183
首都改造構想　76

首都圏基本問題懇談会　48
首都圏整備協会　125
首都圏整備計画　12, 26, 31, 48
準防火地域　53
庄内地区住環境整備計画　42
常磐新線　77
消防用水　137
ショッピングモール　77
新幹線新駅　92
人工地盤　20, 38, 161
新交通システム　61, 76, 151, 173
人工島　60
人工土地方式　20
人工歩廊　38
新国立劇場　155
震災復興市街地再開発事業　188
震災復興市街地整備事業　138
人車分離　38
新住　65
新住宅市街地開発事業　32, 78
新宿西口広場　29
新宿西口副都心計画　26
新・庄内地域住環境整備計画　44
新つくば計画　51
新都市拠点整備事業　107
新都市計画法　1
新都市広場　107
新農村建設計画　16
新百合丘駅周辺地区　140

スキップフロア構成　38
鈴蘭台地区開発　18
スプロール　42
スマートインターチェンジ　173

生態系管理　57
せせらぎ公園　56
世田谷区の都市デザイン　80
セットバック　54, 119
戦災復興計画　36
線的再開発　7
千里ニュータウン　2

象設計集団　46, 81
ソーシャルワーク・プログラム　163

た　行

大街区　178
耐火建築促進法　8, 52
大架構方式　38
大規模地震災害対策要綱　161
大規模団地　1, 2
醍醐コミュニティバス　174
第3次庄内地域住環境整備計画　45
第3セクター　79, 115

大都市法　140
第二国立劇場周辺街区整備協議会　154
大容量蓄熱層　161
タウンセンター　66
ダウンゾーニング　96
タウンマネジメント　196
タウンマネジメント機関　149
多核・ネットワーク型都市構造　137
高さ制限　119
高松丸亀町商店街　196
高山市景観計画　73
高山市市街地景観保存条例　73
高山市まちかど整備　70
高山市歴史的風致維持向上計画　73
宅地開発研究所　65
宅地開発事業　10
宅鉄法　79
建替対策委員会　4
多摩ニュータウン　74
段階整備方式　161
団地再生　162
団地族　31

地域知と専門知の相互作用　197
地域防災拠点　137
地下鉄　174
地球温暖化　152, 161
地区改善的アプローチ　43
地区改良事業　45
地区計画　141, 166, 186
地区再開発協議会　42
地方都市中心市街地再生　196
地方の時代　59
Team Zoo　46
中心市街地活性化法　79
中心市街地再生　196
中層スター型　3
中部圏整備計画　31

つくばエクスプレス　51, 79
筑波研究学園都市　48, 76
筑波研究学園都市建設法　50, 76
筑波新都市　49
土浦高架街路　76

TOD　179
定期借地　198
定期借地権　141
定住拠点緊急整備事業　110
テクノピア構想　84
デザインガイドライン　104
デザイン・コード　101
デザイン調整　105
鉄骨純ラーメン構造　38
鉄道高架事業　180

テナントミックス　198
デュープロセス　116
伝統環境保存条例　181
伝統コア　71
伝統的建造物群保存地区制度　73
伝統的文化都市環境保存地区整備計画　70
天満屋岡山店再開発事業　9

東急多摩田園都市　168
東京オペラシティ　155
東京オリンピック　12
東京ミッドタウン　179
とかちプラザ　130
常盤平住宅団地　10
特定街区　155
特定優良賃貸住宅　99
特別都市計画法　48
都市環境デザイン基準　190
都市環境デザイン調整会議　190
都市計画事業認可取り消し訴訟　78
都市計画提案制度　166
都市計画道路　18
都市景観　126
都市景観条例　84
都市景観100選　142
都市再生機構　2, 139, 145
都市再生特別措置法　178
都市デザイン　26, 80, 82, 104, 107, 110
都市の顔づくり　129
都市防災問題　40
都市みらい推進機構　108
都市モノレール等整備事業　76
都心居住　126
都心づくりガイドライン　186
土地区画整理事業　10, 18, 24, 32, 68, 92, 118, 130, 155, 180
土地利用転換事業　39
鳥取大火　52
飛び換地　110
富山駅北地区　132
とやま都市MIRAI計画　132
富山ライトレール（ポートラム）　135
都立公園　12
どんぐり作戦　33

な 行

今帰仁公民館　47
名護市庁舎　46
那覇空港　171
那覇新都心地区　171

21世紀の森と広場　120
二段階都市計画　138, 189

日本住宅公団　2, 10, 18, 24, 50
ニュータウン　1, 2, 30, 64, 74, 150
ニュータウン内住み替えシステム　153

農住都市構想　140

は 行

ハウジング・プログラム　163
パークアンドライド　172
はしご道路　173
バスターミナル　69
八郎潟干拓事業　16
初台淀橋街区建設事業　154
パティオモール　108
花巻駅周辺地区　110
ハーバーランド　114
パブリックアート　118
パブリックスペース軸　126
バブル景気　59, 102
バブル崩壊　95
浜松駅北口駅前広場　68
バリアフリー化　66
晴海トリトンスクエア　160
阪神・淡路大震災　44, 62, 95, 115, 136, 144, 166, 184, 188
阪神・淡路都市復興基本計画　136

東日本大震災　41
ビジネスパーク　133
日立駅前開発地区　106
日立駅前都市デザイン調査委員会　107
日立シビックセンター　107
ひとみの里　89
美の基準　116
ひょうご都市づくりセンター　138
兵庫フェニックスプラン　137
病児保育所　4
ピロティ　38
ピンスタイル方式　66

ファーレ立川　118
フェネストレーション　101
深み度　101
富岩運河環水公園　134
フック・ニュータウン　31
プッシャーバージ　61
プラザ合意　102
ふるさとの顔づくりモデル土地区画整理事業　107
ブールバール　133
ブロック・アーキテクト　100

米軍基地返還　173

平行配置　66
ベッドタウン　32
防火建築帯　52
防火地域　53
防空中緑地　12
防災拠点　40
防災建築街区造成事業　21
防災建築街区造成法　8
防災都市建設　40
北陸新幹線　132
歩行者空間整備　90
歩行者専用道路　24, 91
歩行者デッキ　118, 151
歩行者ネットワーク　25
歩車分離　17
保存緑地　57
ポートアイランド　60
ポートピア'81　61
ポートライナー　61
ポートラム（富山ライトレール）　135
ポルティコ　185

ま 行

幕張新都心　102
幕張新都心環境デザインマニュアル　103
幕張ベイタウン　104
マスター・アーキテクト方式　100
マスタープラン　30, 50
「まちかど」整備事業　70
まちづくり協議会　189
まちづくり提案　189
まちなか区域　183
まちなか定住促進事業　183
町並み保全　70
まちなみ保存条例　181
マチヤグワー　47
松戸市長期構想　120
真鶴町まちづくり条例　116
学びの森　193
真野地区まちづくり構想　166
水と緑の回廊計画　192
密集市街地　156
密集事業　44
密集住宅市街地　144
港島トンネル　62
都通4丁目街区共同再建事業　144
民間共同開発事業　149

瞑想の森　193
メタボリズム　21
面的再開発　7

申出換地　111
木造賃貸共同住宅（木賃住宅）　42
基町再整備事業　39
基町・長寿園団地計画　36
モニュメント　69
モノレール　118, 170
森の回廊　193

や　行

UR賃貸住宅ストック再生・再編方針　4
優良再開発建築物整備促進事業　9
ユーカリが丘ニュータウン　150
ユニバーサルデザイン　69, 152, 171
ユネスコ創造都市　183

用賀プロムナード　80
容積移転手法　155
用地先行買収方式　10
横丁整備事業　73

ら　行

ラドバーン方式　168

緑環　120
緑住農開発モデル　51
緑道　56
緑隣館　99

リング系　75

歴史的市街地　185
歴史都市　183
歴史まちづくり法　73
連続立体交差事業　130
六甲道駅南地区　188
六本木ヒルズ　179

わ　行

ワークショップ　189, 197
ワークショップ方式　163
ワンセンターシステム　32

60 プロジェクトによむ
日本の都市づくり　　　　　　　　定価はカバーに表示

2011 年 11 月 20 日　　初版第 1 刷
2012 年 3 月 20 日　　　　第 2 刷

編集者　日本都市計画学会
発行者　朝　倉　邦　造
発行所　株式会社　朝倉書店
　　　　東京都新宿区新小川町 6-29
　　　　郵便番号　162-8707
　　　　電　話　03 (3260) 0141
　　　　FAX　03 (3260) 0180
　　　　http://www.asakura.co.jp

〈検印省略〉

© 2011 〈無断複写・転載を禁ず〉　　　　教文堂・渡辺製本
ISBN 978-4-254-26638-2　C 3052　　　　Printed in Japan

JCOPY　〈(社)出版者著作権管理機構　委託出版物〉
本書の無断複写は著作権法上での例外を除き禁じられています．複写される場合は，そのつど事前に，(社) 出版者著作権管理機構 (電話 03-3513-6969, FAX 03-3513-6979, e-mail: info@jcopy.or.jp) の許諾を得てください．

東大 西村幸夫編著

まちづくり学
―アイディアから実現までのプロセス―

26632-0 C3052　　B5判 128頁 本体2900円

単なる概念・事例の紹介ではなく，住民の視点に立ったモデルやプロセスを提示。〔内容〕まちづくりとは何か／枠組みと技法／まちづくり諸活動／まちづくり支援／公平性と透明性／行政・住民・専門家／マネジメント技法／サポートシステム

東大 西村幸夫・工学院大 野澤 康編

まちの見方・調べ方
地域づくりのための調査法入門

26637-5 C3052　　B5判 164頁 本体3200円

地域づくりに向けた「現場主義」の調査方法を解説。〔内容〕1.事実を知る（歴史，地形，生活，計画など），2.現場で考える（ワークショップ，聞き取り，地域資源，課題の抽出など），3.現象を解釈する（各種統計手法，住環境・景観分析，GISなど）

萩島 哲・佐藤誠治・菅原辰幸・大貝 彰・外井哲志・出口 敦・三島伸雄・岩尾 纏他著
新建築学シリーズ10

都 市 計 画

26890-4 C3352　　B5判 192頁 本体4600円

新編成の教科書構成で都市計画を詳述。〔内容〕歴史上の都市計画・デザイン／基本計画／土地利用計画／住環境整備／都市の再開発／交通計画／歩行者空間／環境計画／景観／都市モデル／都市の把握／都市とマルチメディア／将来展望／他

東工大 山中浩明編
シリーズ〈都市地震工学〉2

地震・津波ハザードの評価

26522-4 C3351　　B5判 144頁 本体3200円

地震災害として顕著な地盤の液状化と津波を中心に解説。〔内容〕地震の液状化予測と対策（形態，メカニズム，発生予測）／津波ハザード（被害と対策，メカニズム，シミュレーション）／設計用ハザード評価（土木構造物の設計用入力地震動）

東工大 竹内 徹編
シリーズ〈都市地震工学〉6

都市構造物の損害低減技術

26526-2 C3351　　B5判 128頁 本体3200円

都市を構成する建築物・橋梁等が大地震に遭遇する際の損害を最小限に留める最新技術を解説。〔内容〕免震構造（モデル化／応答評価他）／制震構造（原理と多質点振動／制震部材／一質点系応答他）／耐震メンテナンス（鋼材の性能／疲労補修他）

東工大 大野隆造編
シリーズ〈都市地震工学〉7

地 震 と 人 間

26527-9 C3351　　B5判 128頁 本体3200円

都市の震災時に現れる様々な人間行動を分析し，被害を最小化するための予防対策を考察。〔内容〕震災の歴史的・地理的考察／特性と要因／情報とシステム／人間行動／リスク認知とコミュニケーション／安全対策／報道／地震時火災と避難行動

東工大 翠川三郎編
シリーズ〈都市地震工学〉8

都市震災マネジメント

26528-6 C3351　　B5判 160頁 本体3800円

都市の震災による損失を最小限に防ぐために必要な方策をハード，ソフトの両面から具体的に解説〔内容〕費用便益分析にもとづく防災投資評価／構造物の耐震設計戦略／リアルタイム地震防災情報システム／地震防災教育の現状・課題・実践例

前東大 高橋鷹志・工学院大 長澤 泰・東大 西出和彦編
シリーズ〈人間と建築〉1

環 境 と 空 間

26851-5 C3352　　A5判 176頁 本体3800円

建築・街・地域という物理的構築環境をより人間的な視点から見直し，建築・住居系学科のみならず環境学部系の学生も対象とした新趣向を提示。〔内容〕人間と環境／人体のまわりのエコロジー（身体と座，空間知覚）／環境の知覚・認知・行動

前東大 高橋鷹志・工学院大 長澤 泰・阪大 鈴木 毅編
シリーズ〈人間と建築〉2

環 境 と 行 動

26852-2 C3352　　A5判 176頁 本体3200円

行動面から住環境を理解する。〔内容〕行動から環境を捉える視点（鈴木毅）／行動から読む住居（王青・古賀紀江・大月敏雄）／行動から読む施設（柳澤要・山下哲郎）／行動から読む地域（狩野徹・橘弘志・渡辺治・市岡綾子）

前東大 高橋鷹志・工学院大 長澤 泰・新潟大 西村伸也編
シリーズ〈人間と建築〉3

環 境 と デ ザ イ ン

26853-9 C3352　　A5判 192頁 本体3400円

〔内容〕人と環境に広がるデザイン（横山俊祐・岩佐明彦・西村伸也）／環境デザインを支える仕組み（山田哲弥・鞆田茂・西村伸也・田中康裕）／デザイン方法の中の環境行動（横山ゆりか・西村伸也・和田浩一）

工学院大 長澤 泰・東大 神田 順・東大 大野秀敏・東大 坂本雄三・東大 松村秀一・東大 藤井恵介編

建 築 大 百 科 事 典

26633-7 C3552　　B5判 720頁 本体28000円

「都市再生」を鍵に見開き形式で構成する新視点の総合事典。ユニークかつ魅力的なテーマを満載。〔内容〕安全・防災（日本の地震環境，建築時の労働災害，シェルター他）／ストック再生（建築の寿命，古い建物はどこまで強くなるのか？他）／各種施設（競技場は他に何に使えるか？，オペラ劇場の舞台裏他）／教育（豊かな保育空間をつくる，21世紀のキャンパス計画他）／建築史（ルネサンスとマニエリスム，京都御所他）／文化（場所の記憶―ゲニウス・ロキ，能舞台，路地の形式他）／他

上記価格（税別）は2012年2月現在